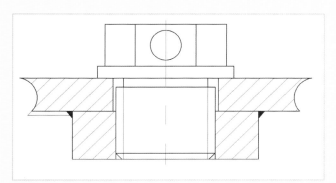

通气器

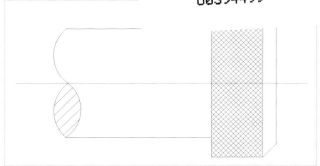

滚花零件

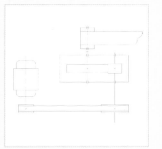

带式运输机传动方案简图

腹板式带轮

挂轮架

盘盖组装图

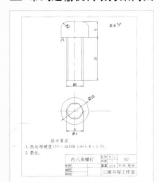

绘制内六角螺钉

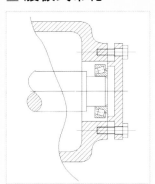

箱体装配图

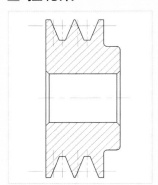

实心带轮

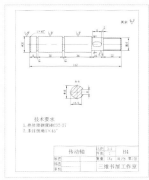

传动轴

圆锥滚子轴承

油标

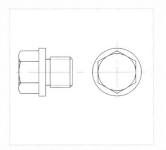

螺塞

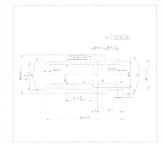

齿轮轴

螺丝刀

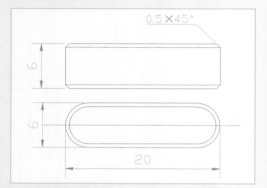

普通平键

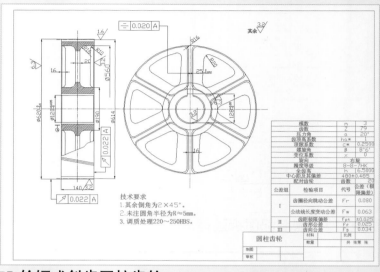

轮辐式斜齿圆柱齿轮

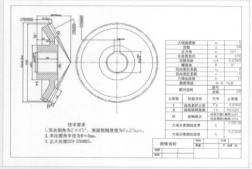

圆锥齿轮

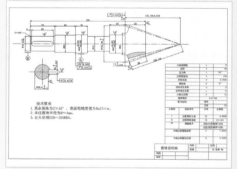

圆锥齿轮轴

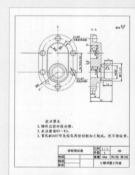

齿轮泵后盖

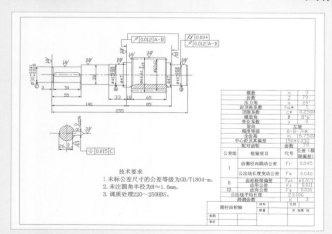

圆柱齿轮轴

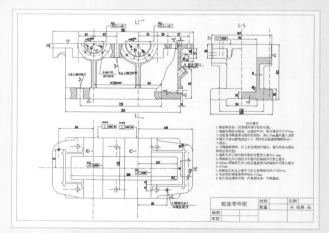

由减速器装配图拆画箱座零件图

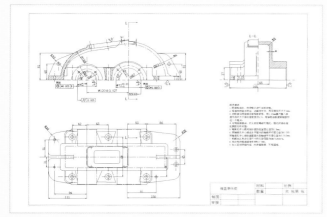

⊾ 由减速器装配图拆画箱盖零件图

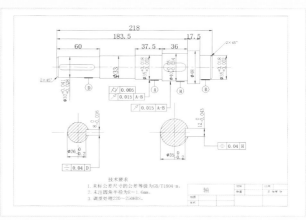

⊾ 阶梯轴零件图

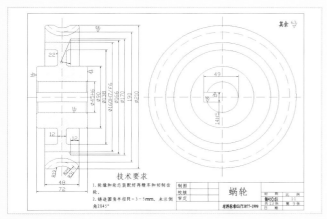

⊾ 绘制蜗轮

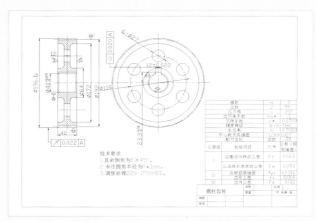

⊾ 大齿轮零件图

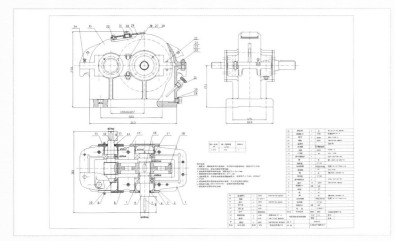

⊾ 减速器整体设计与装配图绘制

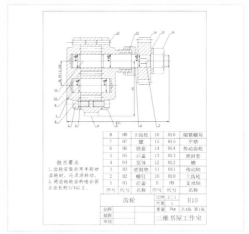

⊾ 齿轮泵装配

齿轮泵装配图

齿轮轴立体图

传动轴立体图

大齿轮立体图

弹簧

顶针

短齿轮轴

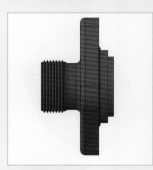
阀盖

法兰盘

固定板

机座

棘轮

减速器齿轮组件装配

减速器箱体

减速器总装立体图

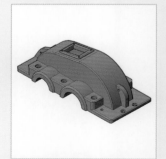
减速箱箱盖

长齿轮轴

壳体

泵盖图形

连接轴环

螺母立体图

螺塞立体图

螺栓

螺栓立体图

密封圈

内六角螺钉

平键立体图

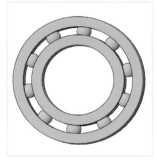

深沟球轴承

视孔盖立体图

手柄的创建

手推车小轮

锁

通气器立体图

弯管

弯管接头

镶块

销立体图

旋塞体

压紧螺母

摇杆

油标尺立体图

战斗机

轴承座

轴支架

支架

三通管

六角螺母

阀体

清华社"视频大讲堂"大系

CAD/CAM/CAE技术视频大讲堂

AutoCAD 2014 中文版机械设计
从入门到精通

CAD/CAM/CAE 技术联盟　编著

清华大学出版社

北　京

内 容 简 介

《AutoCAD 2014中文版机械设计从入门到精通》一书结合机械设计课程中最常用的工程设计实例——一级圆柱斜齿轮减速器设计，详细讲述了利用 AutoCAD 2014 进行机械设计的全过程，对知识讲解细致完善，涵盖方案选择、零件设计、装配图设计，以及工程图与效果图的计算机设计实现过程等，非常全面具体。全书分为3篇，共 14 章。其中，第 1 篇为基础知识，包括第 1～5 章，主要介绍 AutoCAD 必要的基本操作方法及技巧；第 2 篇为机械零件工程图设计，包括第 6～9 章，详细讲解一级圆柱斜齿轮减速器的设计和工程图绘制过程；第 3 篇为机械零件三维造型设计，包括第 10～14 章，详细讲解一级圆柱斜齿轮减速器三维效果图的绘制过程。各章之间紧密联系，前后呼应，形成一个整体。

另外，本书随书光盘中还配备了极为丰富的学习资源，具体内容如下：

1．77 集本书实例配套教学视频，可像看电影一样轻松学习，然后对照书中实例进行练习。

2．AutoCAD 应用技巧大全、疑难问题汇总、经典练习题、常用图块集、快捷键命令速查手册、快捷键速查手册、常用工具按钮速查手册等，能极大地方便学习，提高学习和工作效率。

3．12 套大型图纸设计方案及长达 8 小时同步教学视频，可以增强实战，拓展视野。

4．全书实例的源文件和素材，方便按照书中实例操作时直接调用。

本书适合入门级读者学习使用，也适合有一定基础的读者作参考，还可用作职业培训、职业教育的教材。

图书在版编目（CIP）数据

AutoCAD 2014 中文版机械设计从入门到精通/CAD/CAM/CAE 技术联盟编著. —北京：清华大学出版社，2014（2024.3 重印）

（清华社"视频大讲堂"大系　CAD/CAM/CAE 技术视频大讲堂）

ISBN 978-7-302-37868-6

Ⅰ．①A…　Ⅱ．①C…　Ⅲ．①机械设计-计算机辅助设计-AutoCAD 软件　Ⅳ．①TH122

中国版本图书馆 CIP 数据核字（2014）第 202653 号

责任编辑：赵洛育
封面设计：李志伟
版式设计：文森时代
责任校对：王　云
责任印制：沈　露

出版发行：清华大学出版社
　　　　网　　址：https://www.tup.com.cn, https://www.wqxuetang.com
　　　　地　　址：北京清华大学学研大厦 A 座　　　邮　编：100084
　　　　社 总 机：010-83470000　　　　　　　　　邮　购：010-62786544
　　　　投稿与读者服务：010-62776969，c-service@tup.tsinghua.edu.cn
　　　　质量反馈：010-62772015，zhiliang@tup.tsinghua.edu.cn

印 装 者：三河市龙大印装有限公司
经　　销：全国新华书店
开　　本：203mm×260mm　印　　张：30.75　插　页：6　字　数：891 千字
　　　　　（附 DVD 光盘 1 张）
版　　次：2014 年 12 月第 1 版　印　　次：2024 年 3 月第 16 次印刷
定　　价：89.80 元

产品编号：059025-02

前 言

Preface

在当今的计算机工程界，恐怕没有一款软件比 AutoCAD 更具有知名度和普适性了。它是美国 Autodesk 公司推出的集二维绘图、三维设计、参数化设计、协同设计及通用数据库管理和互联网通信功能为一体的计算机辅助绘图软件包。AutoCAD 自 1982 年推出以来，从初期的 1.0 版本，经多次版本更新和性能完善，现已发展到 AutoCAD 2014。它不仅在机械、电子、建筑、室内装潢、家具、园林和市政工程等工程设计领域得到了广泛的应用，而且在地理、气象、航海等特殊图形的绘制，甚至乐谱、灯光和广告等领域也得到了广泛的应用，目前已成为计算机 CAD 系统中应用最为广泛的图形软件之一。同时，AutoCAD 也是一个最具有开放性的工程设计开发平台，其开放性的源代码可以供各个行业进行广泛的二次开发，目前国内一些著名的二次开发软件，例如 CAXA 系列、天正系列等无不是在 AutoCAD 基础上进行本土化开发的产品。

近年来，世界范围内涌现了诸如 UG、Pro/ENGINEER、SolidWorks 等一些其他 CAD 软件，这些后起之秀虽然在不同的方面有很多优秀而实用的功能，但是 AutoCAD 毕竟历经风雨考验，以其开放性的平台和简单易行的操作方法，早已被工程设计人员所认可，成为工程界公认的规范和标准。

一、编写目的

鉴于 AutoCAD 强大的功能和深厚的工程应用底蕴，我们力图开发一套全方位介绍 AutoCAD 在各个工程行业实际应用情况的书籍。具体就每本书而言，我们不求事无巨细地将 AutoCAD 知识点全面讲解清楚，而是针对本专业或本行业需要，利用 AutoCAD 大体知识脉络作为线索，以实例作为"抓手"，帮助读者掌握利用 AutoCAD 进行本行业工程设计的基本技能和技巧。

二、本书特点

☑ **专业性强**

本书作者拥有多年计算机辅助机械设计领域的工作经验和教学经验，他们总结多年的设计经验以及教学的心得体会，历时多年精心编著，力求全面、细致地展现出 AutoCAD 2014 在机械设计应用领域的各种功能和使用方法。在具体讲解的过程中，严格遵守机械设计相关规范和国家标准，这种一丝不苟的细致作风融入字里行间，目的是培养读者严格细致的工程素养，传播规范的机械设计理论与应用知识。

☑ **实例经典**

本书中引用的一级圆柱斜齿轮减速器实例本身就是经典的大学相关专业机械设计课程中最常用的工程设计案例。究其原因，一是减速器在工程上有大量而广泛的应用；二是减速器"麻雀虽小，五脏俱全"，包含了机械设计中所有的典型零件，例如齿轮、轴、端盖、轴承、箱体、键、销、螺纹零件等，引用本实例，能够恰到好处地反映机械设计理念的精髓，并实现举一反三的效果。

☑ **涵盖面广**

本书在有限的篇幅内，包罗了 AutoCAD 常用的功能以及常见的机械零件设计讲解，涵盖了机械设计基本理论、AutoCAD 绘图基础知识、机械设计基础技能、二维工程图绘制以及三维立体图绘制等知识。"秀才不出屋，能知天下事"，只要本书在手，AutoCAD 机械设计知识全精通。

☑ **忠实工程实际**

与市面上绝大多数 AutoCAD 机械设计书籍不同，本书在设计实例讲解过程中，遵循先装配图，再零件图的设计准则。这一点很重要，却被绝大多数书籍所忽视。本书从全面提升机械设计与 AutoCAD 应用能力的角度出发，结合具体的案例来讲解如何利用 AutoCAD 2014 进行机械工程设计，真正让读者懂得计算机辅助机械设计，从而能独立完成各种机械工程设计。

三、本书的配套资源

光盘中提供了极为丰富的学习配套资源，期望读者朋友在最短的时间学会并精通这门技术。

1．配套教学视频

针对本书实例专门制作了 77 集配套教学视频，读者可以先看视频，像看电影一样轻松愉悦地学习本书内容，然后对照课本加以实践和练习，可以大大提高学习效率。

2．AutoCAD 应用技巧、疑难解答等资源

（1）AutoCAD 应用技巧大全：汇集了 AutoCAD 绘图的各类技巧，对提高作图效率很有帮助。

（2）AutoCAD 疑难问题汇总：疑难解答的汇总，对入门者来讲非常有用，可以扫除学习障碍，让学习少走弯路。

（3）AutoCAD 经典练习题：额外精选了不同类型的练习题，读者朋友只要认真去练，到一定程度就可以实现从量变到质变的飞跃。

（4）AutoCAD 常用图块集：在实际工作中，积累大量的图块可以拿来就用，或者改改就可以用，对于提高作图效率极为重要。

（5）AutoCAD 快捷键命令速查手册：汇集了 AutoCAD 常用快捷命令，熟记可以提高作图效率。

（6）AutoCAD 快捷键速查手册：汇集了 AutoCAD 常用快捷键，绘图高手通常会直接用快捷键。

（7）AutoCAD 常用工具按钮速查手册：熟练掌握 AutoCAD 工具按钮的使用方法也是提高作图效率的方法之一。

3．12 套机械零件图纸设计方案及长达 8 小时同步教学视频

为了帮助读者拓展视野，本光盘特意赠送多套设计图纸集，图纸源文件，视频教学录像（动画演示），总长 8 个小时。

4．全书实例的源文件和素材

本书附带了很多实例，光盘中包含实例和练习实例的源文件和素材，读者可以安装 AutoCAD 2014 软件，打开并使用它们。

四、关于本书的服务

1．"AutoCAD 2014 简体中文版"安装软件的获取

按照本书上的实例进行操作练习，以及使用 AutoCAD 2014 进行绘图，需要事先在电脑上安装 AutoCAD 2014 软件。"AutoCAD 2014 简体中文版"安装软件可以登录 http://www.autodesk.com.cn 联系购买正版软件，或者使用其试用版。另外，当地电脑城、软件经销商一般有售。

2．关于本书的技术问题或有关本书信息的发布

读者朋友遇到有关本书的技术问题，可以登录 www.tup.com.cn，找到该书后点击下部的"网络资源"下载，看该书的留言是否已经对相关问题进行了回复，如果没有请直接留言或者将问题发到邮箱 win760520@126.com 或 CADCAMCAE7510@163.com，我们将及时回复。

3．关于本书光盘的使用

本书光盘可以放在电脑 DVD 格式光驱中使用，其中的视频文件可以用播放软件进行播放，但不能在家用 DVD 播放机上播放，也不能在 CD 格式光驱的电脑上使用（现在 CD 格式的光驱已经很少）。如果光盘仍然无法读取，最快的办法是建议换一台电脑读取，然后复制过来，极个别光驱与光盘不兼容的现象是有的。另外，盘面有脏物建议要先行擦拭干净。

五、关于作者

本书由 CAD/CAM/CAE 技术联盟编著。CAD/CAM/CAE 技术联盟是一个 CAD/CAM/CAE 技术研讨、工程开发、培训咨询和图书创作的工程技术人员协作联盟，包含 20 多位专职和众多兼职 CAD/CAM/CAE 工程技术专家。

CAD/CAM/CAE 技术联盟负责人由 Autodesk 中国认证考试中心首席专家担任，全面负责 Autodesk 中国官方认证考试大纲制定、题库建设、技术咨询和师资力量培训工作，成员精通 Autodesk 系列软件。其创作的很多教材成为国内具有引导性的旗帜作品，在国内相关专业方向图书创作领域具有举足轻重的地位。

本书由 CAD/CAM/CAE 技术联盟主编。赵志超、张辉、赵黎黎、朱玉莲、徐声杰、张琪、卢园、杨雪静、孟培、闫聪聪、李兵、甘勤涛、孙立明、李亚莉、王敏、宫鹏涵、左昉、李谨等参与了具体章节的编写或为本书的出版提供了必要的帮助，对他们的付出表示真诚的感谢。

六、致谢

在本书的写作过程中，编辑刘利民先生和杨静华女士给予了很大的帮助和支持，提出了很多中肯的建议，在此表示感谢。同时，还要感谢清华大学出版社的所有编审人员为本书的出版所付出的辛勤劳动。本书的成功出版是大家共同努力的结果，谢谢所有给予支持和帮助的人们。

编　者

目　录

Contents

Note

第 2 篇 机械零件工程图设计篇

Note

第 3 篇　机械零件三维造型设计篇

AutoCAD 疑难问题汇总（光盘中）

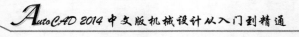

Note

AutoCAD 应用技巧大全（光盘中）

Note

▶▶ 第 1 篇

基础知识篇

本篇主要介绍 AutoCAD 相关基础知识和机械制图的相关方法与技巧。

通过本篇的学习，读者将掌握 AutoCAD 制图技巧，为后面的 AutoCAD 机械设计学习打下初步的基础。

第1章

AutoCAD 2014 入门

本章将循序渐进地介绍 AutoCAD 2014 绘图的有关基础知识，帮助读者了解操作界面基本布局，掌握如何设置系统参数，熟悉文件管理方法，学会各种基本输入操作方式，熟练进行图层设置、应用各种绘图辅助工具等，为后面进行系统学习做好必要的准备。

- ☑ 绘图环境与操作界面
- ☑ 文件管理
- ☑ 基本输入操作
- ☑ 图层设置
- ☑ 绘图辅助工具

任务驱动&项目案例

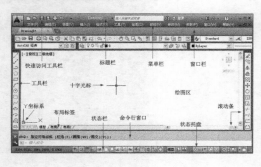

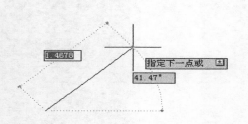

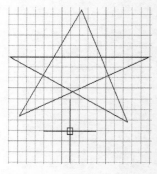

1.1　绘图环境与操作界面

本节主要介绍操作界面、初始绘图环境的设置，以及绘图系统的配置，帮助读者初步认识 AutoCAD 2014。

1.1.1　操作界面简介

操作界面是 AutoCAD 显示、绘制及编辑图形的区域。一个完整的 AutoCAD 操作界面如图 1-1 所示，包括标题栏、快速访问工具栏、交互信息工具栏、菜单栏、功能区、绘图区（包括十字光标、坐标系等）、工具栏、命令行窗口、布局标签、状态栏、状态托盘和滚动条等。

1．标题栏

在 AutoCAD 2014 中文版操作界面的最上端是标题栏，其中显示了系统当前正在运行的应用程序（AutoCAD 2014）和用户正在使用的图形文件。在用户第一次启动 AutoCAD 2014 时，标题栏中将显示系统在启动时创建并打开的图形文件的名称 Drawing1.dwg，如图 1-1 所示。

2．快速访问工具栏和交互信息工具栏

（1）快速访问工具栏

该工具栏中主要包括"新建"、"打开"、"保存"、"另存为"、"放弃"、"重做"和"打印"等几个最常用的工具，用户也可以单击其后面的下拉按钮设置需要的常用工具。

（2）交互信息工具栏

该工具栏中主要包括"搜索"、Autodesk 360、"Autodesk Exchange 应用程序"、"保持连接"和"帮助"等几个常用的数据交互访问工具。

3．菜单栏

菜单栏位于标题栏的下方，其中包括"文件"、"编辑"、"视图"、"插入"、"格式"、"工具"、"绘图"、"标注"、"修改"、"参数"、"窗口"和"帮助"12 个菜单项。同其他 Windows 程序一样，AutoCAD 2014 的菜单也是下拉式的，选择某一菜单项，即可打开其下拉菜单，从中选择命令执行相应的操作。菜单栏几乎囊括了 AutoCAD 2014 的所有绘图命令，在后面的章节中将围绕这些菜单命令展开讲述，在此从略。

4．功能区

在菜单栏的下方是功能区，其中包括"默认"、"插入"、"注释"、"参数化"、"视图"、"管理"、"输出"、"插件"和 Autodesk 360 等几个选项卡，每个选项卡都集成了大量与该功能相关的操作工具，以方便用户使用。用户可以单击选项卡后面的 按钮控制功能区的展开与收缩。

执行方式

☑　命令行：RIBBON（或 RIBBONCLOSE）。

☑　菜单栏："工具"→"选项板"→"功能区"。

5．绘图区

在操作界面中，中间大片的空白区域便是绘图区（有时也称为绘图窗口）。其所占的面积最大，用户使用 AutoCAD 2014 绘制、编辑图形的主要工作都是在该区域中完成的。

在绘图区中有一个作用类似于光标的十字线，其交点反映了光标在当前坐标系中的位置。在 AutoCAD 2014 中，将该十字线称为光标，AutoCAD 通过光标显示当前点的位置。十字线的方向与当前用户坐标系的 X 轴、Y 轴方向平行，其长度系统预设为屏幕大小的 5%，如图 1-1 所示。

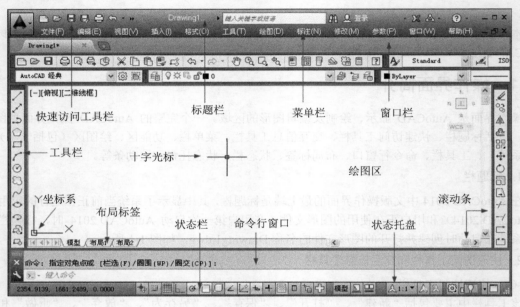

图 1-1　AutoCAD 2014 中文版的操作界面

6. 工具栏

工具栏是一组工具按钮的集合，把光标移动到某个按钮上，稍后即会显示相应的工具提示，同时在状态栏中将显示对应的说明和命令。此时，单击按钮也可以启动相应命令。

一般情况下，系统默认显示"标准"工具栏、"图层"工具栏、"特性"工具栏、"样式"工具栏（这 4 个工具栏位于绘图区的顶部，如图 1-2 所示），以及"绘图"工具栏（位于绘图区的左侧，如图 1-3 所示）、"修改"工具栏和"绘图次序"工具栏（位于绘图区的右侧，如图 1-3 所示）。

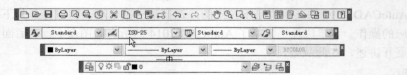

图 1-2　"标准"工具栏、"样式"工具栏、"特性"工具栏和"图层"工具栏

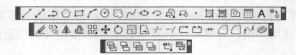

图 1-3　"绘图"工具栏、"修改"工具栏和"绘图次序"工具栏

7. 命令行窗口

命令行窗口默认位于绘图区的下方，是供用户输入命令和显示命令提示的区域。对于该窗口，有以下几点需要说明。

（1）移动拆分条，可以扩大与缩小命令行窗口。

（2）拖动命令行窗口，可以将其布置在屏幕上的其他位置。

（3）对当前命令行窗口中输入的内容，可以按 F2 键，在打开的 AutoCAD 文本窗口中用文本编辑的方法进行编辑，如图 1-4 所示。AutoCAD 文本窗口和命令行窗口功能相似，但可以更好地显示当前 AutoCAD 进程中命令的输入和执行过程。在执行某些 AutoCAD 命令时，会自动切换到该窗口，并列出有关信息。

（4）AutoCAD 通过命令行窗口反馈各种信息，包括出错信息，因此用户要时刻关注。

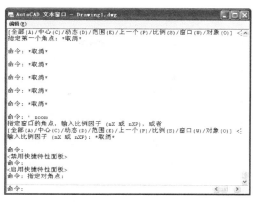

图 1-4　AutoCAD 文本窗口

8．布局标签

在绘图区左下方，系统默认显示一个名为"模型"的模型空间布局标签和两个名为"布局1"、"布局2"的图纸空间布局标签。在这里有两个概念需要解释一下。

（1）布局

布局是系统为绘图设置的一种环境，包括图纸大小、尺寸单位、角度设定以及数值精确度等。在系统预设的 3 个标签中，这些环境变量都按默认设置。用户可以根据实际需要改变这些变量的值。例如，默认的尺寸单位是公制的毫米，如果绘制图形的单位是英制的英寸，就可以改变尺寸单位环境变量的设置。具体方法将在后面章节中介绍，在此暂且从略。另外，用户还可以根据需要设置符合自己要求的新标签，具体方法也将在后面章节中介绍。

（2）模型

AutoCAD 的空间分模型空间和图纸空间。模型空间是通常绘图的环境；而在图纸空间中，用户可以创建名为"浮动视口"的区域，以不同视图显示所绘图形。用户可以在图纸空间中调整浮动视口并决定所包含视图的缩放比例。如果选择图纸空间，则可打印多个视图（打印任意布局的视图）。在后面的章节中，将专门详细地讲解有关模型空间与图纸空间的知识，注意学习体会。

在 AutoCAD 2014 中，系统默认打开模型空间，用户可以通过单击布局标签选择需要的布局。

9．状态栏

状态栏位于操作界面的底部，左侧显示的是绘图区中光标定位点的 X、Y、Z 坐标值，右侧显示的依次是"推断约束"、"捕捉模式"、"栅格显示"、"正交模式"、"极轴追踪"、"对象捕捉"、"三维对象捕捉"、"对象捕捉追踪"、"允许/禁止动态 UCS"、"动态输入"、"显示/隐藏线宽"、"显示/隐藏透明度"、"快捷特性"和"选择循环" 14 个功能开关按钮，如图 1-1 所示。单击这些开关按钮，可以实现相应功能的开关。

10．状态托盘

状态托盘中集中了一些常见的显示工具和注释工具，通过这些按钮可以控制图形或绘图区的状态，如图 1-5 所示。

（1）"模型或图纸空间"按钮：在模型空间与图纸空间之间进行转换。

（2）"快速查看布局"按钮：快速查看当前图形在布局空间的布局。

（3）"快速查看图形"按钮：快速查看当前图形在模型空间的位置。

（4）"注释比例"按钮：单击该按钮右侧的下拉按钮，在弹出的注释比例下拉列表中可以根据需要选择适当的注释比例，如图 1-6 所示。

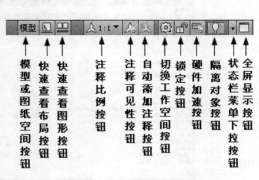

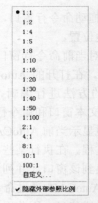

图 1-5　状态托盘　　　　　　　　　　　　　　　图 1-6　注释比例下拉列表

（5）"注释可见性"按钮：当该按钮亮显时表示显示所有比例的注释性对象；当其变暗时表示仅显示当前比例的注释性对象。

（6）"自动添加注释"按钮：注释比例更改时，自动将比例添加到注释对象。

（7）"切换工作空间"按钮：工作空间是由经过分组的菜单、工具栏、选项板和功能区控制面板组成的集合，使用户可以在专门的、面向任务的绘图环境中工作。除"AutoCAD 经典"工作空间外，每个工作空间都显示功能区和应用程序菜单，单击此按钮可以在"草图与注释"、"三维基础"和"三维建模"等各个工作空间之间进行转换。

（8）"锁定"按钮：控制是否锁定工具栏或图形窗口在图形界面上的位置。

（9）"硬件加速"按钮：设定图形卡的驱动程序以及硬件加速的相应选项。

（10）"隔离对象"按钮：当选择隔离对象时，在当前视图中将显示选定对象，而其他所有对象都会暂时隐藏；当选择隐藏对象时，在当前视图中将暂时隐藏选定对象，而其他所有对象都可见。

（11）状态栏菜单下拉按钮：单击该下拉按钮，在弹出的下拉菜单中可以选择打开或锁定相关选项位置，如图 1-7 所示。

（12）"全屏显示"按钮：单击该按钮，可以清除操作界面中的标题栏、工具栏和选项板等界面元素，使 AutoCAD 的绘图区全屏显示，如图 1-8 所示。

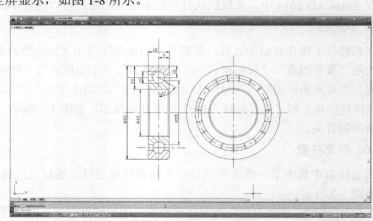

图 1-7　状态栏下拉菜单　　　　　　　　　　　　图 1-8　全屏显示

11．滚动条

在绘图区的下方和右侧还提供了用来浏览图形的水平和竖直方向的滚动条。在滚动条中单击或拖动滑块，可以在绘图区中按水平或竖直方向浏览图形。

1.1.2 初始绘图环境设置

1. 设置绘图单位

（1）执行方式

☑ 命令行：DDUNITS（或 UNITS）。

☑ 菜单栏："格式"→"单位"。

（2）操作步骤

执行上述命令后，在打开的"图形单位"对话框中可以定义单位和角度格式，如图 1-9 所示。

（3）选项说明

☑ "长度"与"角度"选项组：指定测量的长度与角度的当前单位及当前单位的精度。

☑ "插入时的缩放单位"下拉列表框：控制使用工具选项板（如设计中心或 i-drop）拖入当前图形的块的测量单位。如果块或图形创建时使用的单位与该选项指定的单位不同，则在插入这些块或图形时，将对其按比例缩放。插入比例是源块或图形使用的单位与目标图形使用的单位之比。如果插入块时不按指定单位缩放，则选择"无单位"。

☑ "输出样例"选项组：显示用当前单位和角度设置的例子。

☑ "光源"选项组：控制当前图形中光度控制光源的强度测量单位。

☑ "方向"按钮：单击该按钮，在打开的"方向控制"对话框中可进行方向控制，如图 1-10 所示。

图 1-9 "图形单位"对话框

图 1-10 "方向控制"对话框

2. 设置绘图边界

（1）执行方式

☑ 命令行：LIMITS。

☑ 菜单栏："格式"→"图形界限"。

（2）操作步骤

命令：LIMITS✓（在命令行窗口中输入命令，与通过菜单命令执行效果相同，命令提示如下）

重新设置模型空间界限：

指定左下角点或 [开(ON)/关(OFF)] <0.0000,0.0000>：（输入图形边界左下角的坐标后按 Enter 键）

指定右上角点 <12.0000,9.0000>：（输入图形边界右上角的坐标后按 Enter 键）

（3）选项说明

☑ 开(ON)：使绘图边界有效，此时系统将在绘图边界以外拾取的点视为无效。

☑ 关(OFF)：使绘图边界无效，此时用户可以在绘图边界以外拾取点或实体。

☑ 动态输入角点坐标：可以直接在屏幕上输入角点坐标，在输入横坐标值后，按下","键，接着输入纵坐标值，如图 1-11 所示。另外，也可以按光标位置直接单击确定角点位置。

图 1-11　动态输入

1.1.3　配置绘图系统

由于每台计算机所使用的显示器、输入/输出设备的类型不同，用户喜好的风格及计算机的目录设置也是不同的，所以每台计算机都是独特的。一般来说，使用 AutoCAD 2014 的默认配置就可以绘图，但为了提高用户的绘图效率，在利用 AutoCAD 作图前建议先进行必要的配置。

1．执行方式

☑ 命令行：preferences。

☑ 菜单栏："工具"→"选项"。

☑ 快捷菜单：选项（右击，在弹出的快捷菜单中选择"选项"命令，如图 1-12 所示）。

2．操作步骤

执行上述命令后，在打开的"选项"对话框中选择相应的选项卡，即可对绘图系统进行配置。下面仅就其中几个主要的选项卡进行说明，其他配置选项将在后面用到时再作具体说明。

（1）"系统"选项卡

"系统"选项卡如图 1-13 所示，主要用来设置 AutoCAD 的有关特性。

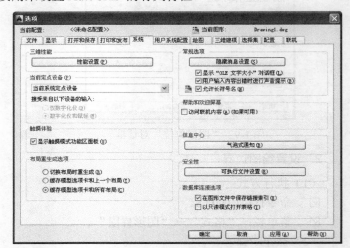

图 1-12　在快捷菜单中选择"选项"命令　　　　图 1-13　"系统"选项卡

（2）"显示"选项卡

"显示"选项卡如图 1-14 所示，主要用于控制 AutoCAD 窗口的外观。在该选项卡中，用户可以根据需要对"窗口元素"、"布局元素"、"显示精度"、"显示性能"、"十字光标大小"及"淡入度控制"等性能参数进行详尽的设置。有关各选项的具体设置，读者可自己参照"帮助"文件学习。

在默认情况下，AutoCAD 2014 的绘图窗口是白色背景、黑色线条。如果需要修改绘图窗口颜色，可按以下步骤操作。

（1）选择"工具"→"选项"命令，在弹出的"选项"对话框中选择"显示"选项卡，如图 1-14所示。单击"窗口元素"选项组中的"颜色"按钮，打开如图 1-15 所示的"图形窗口颜色"对话框。

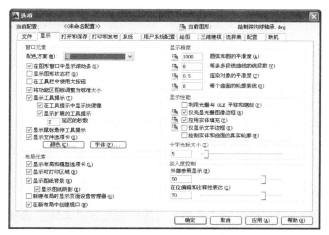

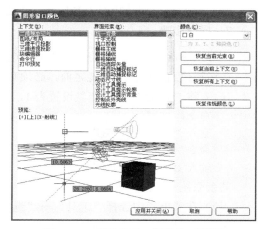

| 图 1-14 "显示"选项卡 | 图 1-15 "图形窗口颜色"对话框 |

（2）单击"颜色"下拉列表框右侧的下拉按钮，在弹出的下拉列表中选择需要的图形窗口颜色，然后单击"应用并关闭"按钮，即可将 AutoCAD 2014 的绘图窗口更改为所选的背景色。

1.2 文 件 管 理

本节将介绍有关文件管理的一些基本操作方法，包括新建文件、打开已有文件、保存文件、删除文件等，这些都是进行 AutoCAD 2014 操作最基础的知识。另外，在本节中还将介绍涉及文件管理的 AutoCAD 2014 新增知识，注意学习、体会。

1.2.1 新建文件

1. 执行方式

☑ 命令行：NEW。
☑ 菜单栏："文件"→"新建"。
☑ 工具栏："标准"→"新建" □。
☑ 快捷键：Ctrl+N。

2. 操作步骤

执行上述命令后，系统将打开如图 1-16 所示的"选择样板"对话框，在"文件类型"下拉列表框中有 3 种格式的图形样板，其后缀名分别是.dwt、.dwg、.dws。一般情况下，.dwt 文件是标准的样板文件，通常将一些规定的标准性的样板文件设成.dwt 文件；.dwg 文件是普通的样板文件；而.dws 文件是包含标准图层、标注样式、线型和文字样式的样板文件。

除了上述方法之外，AutoCAD 2014 还提供了一种快速创建图形文件的功能，而这也是新建图形文件的最快捷方法。

1. 执行方式

☑ 命令行：QNEW。

☑ 工具栏：快速访问工具栏→"新建" 🗋。

2. 操作步骤

执行上述命令后，系统将立即根据所选的图形样板创建新图形，而不显示任何对话框或提示。在运行快速创建图形功能之前，必须对系统变量进行如下设置。

（1）将 FILEDIA 系统变量设置为 1，将 STARTUP 系统变量设置为 0。方法如下：

```
命令：FILEDIA✓
输入 FILEDIA 的新值 <1>:✓
命令：STARTUP✓
输入 STARTUP 的新值 <0>:✓
```

其余系统变量的设置过程类似，在此不再赘述。

（2）在菜单栏中选择"工具"→"选项"命令，在弹出的"选项"对话框中选择"文件"选项卡，选择"样板设置"，然后选择需要的样板文件路径，如图 1-17 所示。

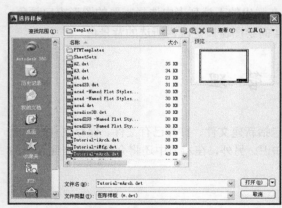

图 1-16　"选择样板"对话框　　　　图 1-17　"选项"对话框中的"文件"选项卡

1.2.2 打开文件

1. 执行方式

☑ 命令行：OPEN。

☑ 菜单栏："文件"→"打开"。

☑ 工具栏："标准"→"打开" 🖻或快速访问工具栏→"打开" 🖻。

2. 操作步骤

执行上述命令后，打开"选择文件"对话框，如图 1-18 所示，在"文件类型"下拉列表框中可选择.dwg 文件、.dwt 文件、.dxf 文件和.dws 文件等。其中，.dxf 文件是用文本形式存储的图形文件，能够被其他程序读取，许多第三方应用软件都支持.dxf 格式。

图 1-18　"选择文件"对话框

1.2.3　保存文件

1. 执行方式

☑　命令行：QSAVE（或 SAVE）。

☑　菜单栏："文件"→"保存"。

☑　工具栏："标准"→"保存" 或快速访问工具栏→"保存" 。

2. 操作步骤

执行上述命令后，若文件已命名，则 AutoCAD 自动保存；若文件未命名（即为默认名 Drawing1.dwg），则系统打开"图形另存为"对话框，如图 1-19 所示，用户可以在"保存于"下拉列表框中指定保存文件的路径，在"文件类型"下拉列表框中指定保存文件的类型，在"文件名"下拉列表框中输入文件名，然后单击"保存"按钮，将其保存起来。

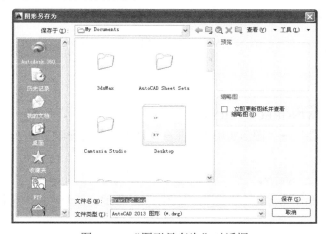

图 1-19　"图形另存为"对话框

为了防止因误操作或计算机系统故障导致正在绘制的图形文件丢失，可以对当前图形文件设置自动保存。操作步骤如下：

（1）利用系统变量 SAVEFILEPATH 设置所有自动保存文件的位置，如"C:\HU\"。

（2）利用系统变量 SAVEFILE 存储自动保存的文件名。该系统变量存储的文件格式是只读文件，用户可以从中查询自动保存的文件名。

（3）利用系统变量 SAVETIME 指定在使用自动保存时多长时间保存一次图形。

1.2.4 另存为

1. 执行方式

☑ 命令行：SAVEAS。

☑ 菜单栏："文件"→"另存为"。

2. 操作步骤

执行上述命令后，打开"图形另存为"对话框，如图 1-19 所示，从中进行相应设置后，AutoCAD 将以另外的名称保存当前图形。

1.2.5 退出

1. 执行方式

☑ 命令行：QUIT 或 EXIT。

☑ 菜单栏："文件"→"退出"。

☑ 按钮：AutoCAD 操作界面右上角的"关闭"按钮⊠。

2. 操作步骤

命令：QUIT✓（或 EXIT✓）

执行上述命令后，若用户对图形所做的修改尚未保存，则会弹出如图 1-20 所示的系统警告对话框。单击"是"按钮，系统将保存文件，然后退出；单击"否"按钮，系统将不保存文件。若用户对图形所做的修改已经保存，则直接退出。

1.2.6 图形修复

1. 执行方式

☑ 命令行：DRAWINGRECOVERY。

☑ 菜单栏："文件"→"图形实用工具"→"图形修复管理器"。

2. 操作步骤

命令：DRAWINGRECOVERY✓

执行上述命令后，弹出图形修复管理器，如图 1-21 所示，打开"备份文件"列表中的文件，可以重新保存，从而进行修复。

图1-20 系统警告对话框 　　　　图1-21 图形修复管理器

1.3 基本输入操作

在 AutoCAD 中有一些基本的输入操作方法，这些方法是进行 AutoCAD 绘图的必备基础知识，也是深入学习 AutoCAD 功能的前提。

1.3.1 命令输入方式

利用 AutoCAD 进行交互式绘图时，必须输入必要的指令和参数。AutoCAD 命令的输入方式有多种，下面以画直线为例分别进行介绍。

1. 在命令行窗口中输入命令

命令字符可不区分大小写。例如：

　　命令：LINE✓

执行上述命令后，在命令行窗口中经常会出现提示选项。例如，输入绘制直线命令"LINE"后，命令行中的提示如下：

　　命令：LINE✓
　　指定第一点：（在屏幕上指定一点或输入一个点的坐标）
　　指定下一点或 [放弃(U)]：

提示中不带括号的选项为默认选项，因此可以直接输入直线的起点坐标或在屏幕上指定一点；如果要选择其他选项，则应该首先输入该选项的标识字符，如"放弃"选项的标识字符"U"，然后按系统提示输入数据即可。在命令选项的后面有时还带有尖括号，尖括号内的数值为默认数值。

2. 在命令行窗口中输入命令缩写

为了提高输入效率，也可直接在命令行窗口中输入命令缩写，如 L（Line）、C（Circle）、A（Arc）、Z（Zoom）、R（Redraw）、M（More）、CO（Copy）、PL（Pline）、E（Erase）等。

3. 选择菜单命令

在此选择"绘图"→"直线"命令，在状态栏中可以看到对应的命令说明及命令名。

4. 单击工具栏中的相应按钮

单击该按钮，在状态栏中也可以看到对应的命令说明及命令名。

5. 在命令行中打开快捷菜单

如果在前面刚使用过要输入的命令，则可以在命令行窗口中右击，在弹出的快捷菜单中选择"近期使用的命令"命令，然后在其子菜单中选择需要的命令，如图 1-22 所示。"近期使用的命令"子菜单中存储了最近使用的多个命令，如果经常重复使用某几个操作的命令，这种方法就比较快速、简捷。

图 1-22　命令行快捷菜单

6. 在绘图区中右击

如果用户要重复使用上次使用的命令，可以直接在绘图区中右击，系统将立即重复执行上次使用的命令。这种方法适用于重复执行某个命令。

1.3.2　命令的重复、撤销与重做

1. 命令的重复

在命令行窗口中按 Enter 键，可重复调用上一个命令，不管上一个命令是完成了还是被取消了。

2. 命令的撤销

在命令执行的任何时刻都可以取消或终止命令的执行。

执行方式

☑　命令行：UNDO。

☑　菜单栏："编辑"→"放弃"。

☑　快捷键：Esc。

3. 命令的重做

已被撤销的命令还可以恢复重做（注意是恢复撤销的最后一个命令）。

执行方式

☑　命令行：REDO。

☑　菜单栏："编辑"→"重做"。

该命令可以一次执行多重放弃和重做操作。单击 UNDO 或 REDO 按钮右侧的下拉按钮，在弹出的下拉列表中可以选择要放弃或重做的操作，如图 1-23 所示。

图 1-23　多重放弃或重做

1.3.3　透明命令

在 AutoCAD 2014 中有些命令不仅可以直接在命令行中使用，还可以在其他命令的执行过程中插入并执行，待该命令执行完毕后，系统继续执行原命令，这种命令称为透明命令。透明命令一般多用于修改图形设置或打开辅助绘图工具。

1.3.2 节中 3 种命令的执行方式同样适用于透明命令的执行。例如：

　　命令：ARC↙
　　指定圆弧的起点或 [圆心(C)]：'ZOOM↙（透明使用显示缩放命令 ZOOM）
　　>>（执行 ZOOM 命令）
　　正在恢复执行 ARC 命令
　　指定圆弧的起点或 [圆心(C)]：（继续执行原命令）

1.3.4　按键定义

在 AutoCAD 2014 中，除了可以通过在命令行窗口中输入命令、在工具栏上单击相应工具按钮或选择菜单命令执行相应操作外，还可以使用键盘上的一组功能键或快捷键来快速实现指定功能，例如，按 F1 键，系统将调用 AutoCAD 帮助对话框。

系统使用 AutoCAD 传统标准（Windows 之前）或 Microsoft Windows 标准解释快捷键。有些功能键或快捷键在 AutoCAD 的菜单命令中已经指出，如"粘贴（P）"的快捷键为"Ctrl+V"。在使用的过程中只要多加留意，就能熟练掌握。

1.3.5　命令执行方式

有些命令有两种执行方式，通过对话框或命令行输入命令。如果指定使用命令行方式，则可以在命令名前加短划线来表示，如"_LAYER"表示用命令行方式执行"图层"命令；而如果在命令行窗口中输入"LAYER"，系统则会自动打开"图层特性管理器"选项板。

另外，有些命令同时存在命令行、菜单和工具栏 3 种执行方式。如果选择菜单或工具栏方式，则在命令行窗口中将显示该命令，并在前面加一下划线。例如，通过菜单或工具栏方式执行"直线"命令时，命令行窗口中会显示"_line"，命令的执行过程和结果与命令行方式相同。

1.3.6　坐标系与数据的输入方法

1. 坐标系

AutoCAD 采用两种坐标系：世界坐标系（WCS）与用户坐标系（UCS）。其中世界坐标系（WCS）为固定的笛卡儿坐标系统，实际上，所有对象均由其 WCS 坐标定义，而且 WCS 和 UCS 在新图形中是重合的，但是，基于 UCS 通常可更加方便地创建和编辑对象，可以进行自定义以满足用户的需求；而用户坐标系（UCS）是处于活动状态的坐标系，用于建立图形和建模的 XY 平面（工作平面）和 Z 轴方向，可以设置 UCS 原点及其 X、Y 和 Z 轴，以满足用户的需求。

用户刚进入 AutoCAD 时的坐标系统就是世界坐标系，是固定的坐标系统。世界坐标系也是坐标系统中的基准，绘制图形时多数情况下都是在该坐标系统下进行的。

执行方式

☑ 命令行：UCS。

☑ 菜单栏："工具"→"UCS"。

☑ 工具栏："标准"→"坐标系"。

AutoCAD 有两种视图显示方式：模型空间和图纸空间。模型空间采用单一视图显示法，通常使用的都是这种显示方式；在图纸空间下，可在绘图区创建图形的多视图，用户可以对其中每一个视图进行单独操作。在默认情况下，当前 UCS 与 WCS 重合。如图 1-24（a）所示为模型空间下的 UCS 坐标系图标，通常放在绘图区左下角处；如果当前 UCS 和 WCS 重合，则出现一个"W"，如图 1-24（b）所示；此外，也可以指定放在当前 UCS 的实际坐标原点位置，此时将出现一个"＋"，如图 1-24（c）所示。如图 1-24（d）所示为图纸空间下的坐标系图标。

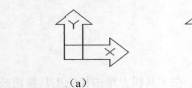 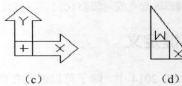

图 1-24　坐标系图标

2. 数据输入方法

在 AutoCAD 2014 中，点的坐标可以用直角坐标、极坐标、球面坐标和柱面坐标表示。每一种坐标又分别具有两种坐标输入方式：绝对坐标和相对坐标。其中直角坐标法和极坐标法最为常用，下面分别进行介绍。

（1）直角坐标法

用点的 X、Y 坐标值表示的坐标，称为直角坐标。

例如，在命令行中输入点的坐标提示下，输入"15,18"，则表示输入了一个 X、Y 坐标值分别为15、18 的点。这是绝对坐标输入方式，表示该点的坐标是相对于当前坐标原点的坐标值，如图 1-25（a）所示。如果输入"@10,20"，则为相对坐标输入方式，表示该点的坐标是相对于前一点的坐标值，如图 1-25（b）所示。

（2）极坐标法

极坐标是指用长度和角度表示的坐标，只能用来表示二维点的坐标。

在绝对坐标输入方式下，表示为"长度<角度"，如"25<50"，其中长度为该点到坐标原点的距离，角度为该点至原点的连线与 X 轴正向的夹角，如图 1-25（c）所示。

在相对坐标输入方式下，表示为"@长度<角度"，如"@25<45"，其中长度为该点到前一点的距离，角度为该点至前一点的连线与 X 轴正向的夹角，如图 1-25（d）所示。

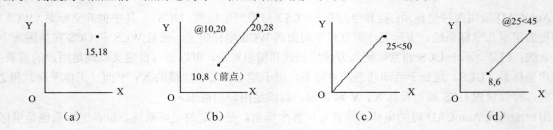

图 1-25　数据输入方法

3. 动态数据输入

单击状态栏上的 DYN 按钮，系统打开动态输入功能，此时可以在屏幕上动态地输入某些参数数据。例如，绘制直线时，在光标附近会动态地显示"指定第一点"，以及后面的坐标框，当前显示的是光标所在位置，可以输入数据，两个数据之间以逗号隔开，如图 1-26 所示。指定第一点后，系统动态显示直线的角度，同时要求输入线段长度值，如图 1-27 所示。其输入效果与"@长度<角度"方式相同。

图 1-26　动态输入坐标值

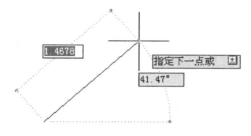

图 1-27　动态输入长度值

下面分别讲述点与距离值的输入方法。

（1）点的输入

绘图过程中常需要输入点的位置，AutoCAD 提供了如下几种输入点的方式。

❶ 用键盘直接在命令行窗口中输入点的坐标。

☑　直角坐标有两种输入方式：x,y（点的绝对坐标值，例如 100,50）和@ x,y（相对于前一点的坐标值，例如@50,-30）。坐标值均相对于当前的用户坐标系。

☑　极坐标的输入方式：长度<角度（其中，长度为点到坐标原点的距离，角度为原点至该点连线与 X 轴的正向夹角，例如 20<45）或@长度<角度（相对于上一点的相对极坐标，例如@50<-30）。

❷ 用鼠标等定位设备移动光标并单击，在屏幕上直接取点。

❸ 用对象捕捉方式捕捉屏幕上已有图形的特殊点（如端点、中点、中心点、插入点、交点、切点、垂足点等）。

❹ 直接输入距离：先用光标拖拉出橡皮筋线确定方向，然后用键盘输入距离。这样有利于准确控制对象的长度等参数。例如要绘制一条长 10mm 的线段，方法如下：

```
命令:LINE ↙
指定第一点:（在屏幕上指定一点）
指定下一点或 [放弃(U)]:
```

这时在屏幕上移动鼠标指明线段的方向，但不要单击确认，如图 1-28 所示，然后在命令行中输入"10"，这样就在指定方向上准确地绘制了长度为 10mm 的线段。

（2）距离值的输入

在 AutoCAD 命令中，有时需要提供高度、宽度、半径、长度等距离值。AutoCAD 提供了两种输入距离值的方式：一种是用键盘在命令行窗口中直接输入数值；另一种是在屏幕上拾取两点，以两点的距离值定出所需数值。

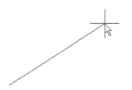

图 1-28　绘制直线

1.4 图层设置

AutoCAD 中的图层就如同在手工绘图中使用的重叠透明图纸,可以用来组织不同类型的信息,如图 1-29 所示。在 AutoCAD 中,图形的每个对象都位于一个图层上,所有图形对象都具有图层、颜色、线型和线宽这 4 个基本属性。在绘制时,图形对象将创建在当前的图层上。每个 CAD 文档中图层的数量是不受限制的,每个图层都有自己的名称。

图 1-29　图层示意图

1.4.1 建立新图层

新建的 CAD 文档中只能自动创建一个名为 0 的特殊图层。默认情况下,图层 0 将被指定使用 7 号颜色、CONTINUOUS 线型、“默认”线宽以及 NORMAL 打印样式。不能删除或重命名图层 0。通过创建新的图层,可以将类型相似的对象指定给同一个图层使其相关联。例如,可以将构造线、文字、标注和标题栏置于不同的图层上,并为这些图层指定通用特性。通过将对象分类放到各自的图层中,可以快速、有效地控制对象的显示以及对其进行更改。

（1）执行方式

☑　命令行：LAYER。

☑　菜单栏：“格式”→“图层”。

☑　工具栏：“图层”→“图层特性管理器” （如图 1-30 所示）。

☑　功能区：“常用”→“图层”→“图层特性管理器” 。

图 1-30　“图层”工具栏

（2）操作步骤

执行上述命令后,系统打开“图层特性管理器”选项板,如图 1-31 所示。

在“图层特性管理器”选项板中单击“新建”按钮 ,可建立新图层。默认的图层名为“图层 1”,可以根据绘图需要为其重命名,例如改为实体层、中心线层或标准层等。

在一个图形中可以创建的图层数以及在每个图层中可以创建的对象数实际上是无限的。图层最长可使用 255 个字符（字母或数字）命名,图层特性管理器按其名称的字母顺序排列图层。

注意：如果要建立不止一个图层,无须重复单击“新建”按钮,更有效的方法是在建立一个新的图层“图层 1”后,改变图层名,在其后输入一个逗号“,”,这样就又会自动建立一个新图层“图层 1”;改变图层名,再输入一个逗号,又一个新的图层建立了,依此类推,即可建立多个图层。另外,按两次 Enter 键,也可建立另一个新的图层。图层的名称也可以更改,直接双击图层名称,输入新的名称即可。

在图层属性设置中,主要涉及图层名称、关闭/打开图层、冻结/解冻图层、锁定/解锁图层、图层线条颜色、图层线条线型、图层线条宽度、图层打印样式以及图层是否打印 9 个参数。下面将分别讲述如何设置这些图层参数。

1. 设置图层线条颜色

在工程制图中，整个图形包含多种不同功能的图形对象，如实体、剖面线与尺寸标注等。为了便于直观地区分它们，有必要针对不同的图形对象使用不同的颜色，例如实体层使用白色，剖面线层使用青色等。

要改变图层的颜色时，单击图层所对应的颜色图标，弹出"选择颜色"对话框，如图 1-32 所示。这是一个标准的颜色设置对话框，其中包括"索引颜色"、"真彩色"和"配色系统"3 个选项卡。选择不同的选项卡，即可针对颜色进行相应的设置。

图 1-31　"图层特性管理器"选项板

图 1-32　"选择颜色"对话框

2. 设置图层线型

线型是指作为图形基本元素的线条的组成和显示方式，如实线、点划线等。在绘图工作中，常常以线型划分图层。为某一个图层设置适合的线型后，在绘图时只需将该图层设为当前工作层，即可绘制出符合线型要求的图形对象，极大地提高了绘图的效率。

单击图层所对应的线型图标，弹出"选择线型"对话框，如图 1-33 所示。默认情况下，在"已加载的线型"列表框中，系统只列出了 Continuous 线型。单击"加载"按钮，打开如图 1-34 所示的"加载或重载线型"对话框，可以看到 AutoCAD 还提供许多其他的线型，选择所需线型，然后单击"确定"按钮，即可把该线型加载到"选择线型"对话框的"已加载的线型"列表框中。

💡 **提示：** 按住 Ctrl 键可以选择几种线型同时加载。

图 1-33　"选择线型"对话框

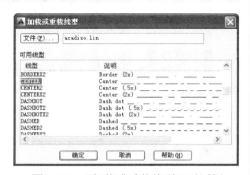

图 1-34　"加载或重载线型"对话框

3. 设置图层线宽

顾名思义，线宽设置就是改变线条的宽度。用不同宽度的线条表现图形对象的类型，可以提高图形的表达能力和可读性。例如，绘制外螺纹时大径使用粗实线，小径使用细实线。

单击图层所对应的线宽图标，弹出"线宽"对话框，如图 1-35 所示。选择一种线宽，单击"确定"按钮，即可完成对图层线宽的设置。

线宽的默认值为 0.25mm。当布局标签显示为"模型"状态时，显示的线宽同计算机的像素有关。当线宽为 0mm 时，显示为 1 像素的线宽。单击状态栏中的"线宽"按钮，屏幕上显示的图形线宽与实际线宽成一定比例，但线宽不随着图形的放大和缩小而变化，如图 1-36 所示。当"线宽"功能关闭时，将不显示图形的线宽，而以默认的宽度值显示。用户可以在"线宽"对话框中选择需要的线宽。

图 1-35 "线宽"对话框

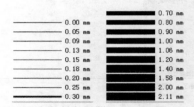

图 1-36 线宽显示效果图

1.4.2 设置图层

除了上述的通过图层特性管理器设置图层的方法外，还有几种更为简便的方法可以设置图层的颜色、线宽、线型等参数。

1. 直接设置图层

可以直接通过命令行或菜单设置图层的颜色、线型、线宽。

（1）设置图层颜色

❶ 执行方式

☑ 命令行：COLOR 或 COLOUR。

☑ 菜单栏："格式"→"颜色"。

☑ 功能区："常用"→"特性"→"颜色"。

❷ 操作步骤

执行上述命令后，系统打开"选择颜色"对话框，如图 1-37 所示。

（2）设置图层线型

❶ 执行方式

☑ 命令行：LINETYPE。

☑ 菜单栏："格式"→"线型"。

☑ 功能区："常用"→"特性"→"线型"。

❷ 操作步骤

执行上述命令后，系统打开"线型管理器"对话框，如图 1-38 所示。

图 1-37 "选择颜色"对话框

（3）设置图层线宽

❶ 执行方式

☑ 命令行：LINEWEIGHT 或 LWEIGHT。

☑ 菜单栏："格式"→"线宽"。

☑ 功能区："常用"→"特性"→"线宽"。

❷ 操作步骤

执行上述命令后，系统打开"线宽设置"对话框，如图 1-39 所示。

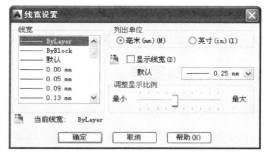

图 1-38 "线型管理器"对话框　　　　　　图 1-39 "线宽设置"对话框

2. 利用"对象特性"工具栏设置图层

通过 AutoCAD 2014 提供的"对象特性"工具栏（如图 1-40 所示），用户能够快速地查看和修改所选对象的图层、颜色、线型和线宽等特性。

图 1-40 "对象特性"工具栏

在绘图窗口中选择任何对象，都会在此工具栏上自动显示其所在图层、颜色、线型及打印样式等属性。如需修改，打开相应的下拉列表框，从中选择需要的选项即可。如果其中没有列出所需选项，还可通过选择相应选项打开相应对话框进行设置。例如，在"颜色"下拉列表框中选择"选择颜色"选项，如图 1-41 所示，在打开的"选择颜色"对话框中即可选择需要的颜色；在"线型"下拉列表框中选择"其他"选项，如图 1-42 所示，在打开的"线型管理器"对话框中即可选择需要的线型。

3. 利用"特性"选项板设置图层

（1）执行方式

☑ 命令行：DDMODIFY 或 PROPERTIES。

☑ 菜单栏："修改"→"特性"。

☑ 工具栏："标准"→"特性" ▣。

☑ 功能区："视图"→"选项板"→"特性" ▣。

（2）操作步骤

执行上述命令后，系统打开"特性"选项板。在其中可以方便地设置或修改图层、颜色、线型、线宽等属性，如图 1-43 所示。

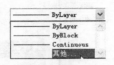

图 1-41　"选择颜色"选项　　　图 1-42　"其他"选项　　　图 1-43　"特性"选项板

1.4.3　控制图层

1．切换当前图层

不同的图形对象需要绘制在不同的图层中。这就要求在绘制前先将工作图层切换到所需的图层。打开"图层特性管理器"选项板，从中选择需要的图层，然后单击"当前"按钮✔即可。

2．删除图层

在"图层特性管理器"选项板的图层列表框中选择要删除的图层，单击"删除"按钮✖，即可删除该图层。从图形文件定义中删除选定的图层，只能删除未参照的图层。参照图层包括图层 0 及DEFPOINTS、包含对象（包括块定义中的对象）的图层、当前图层和依赖外部参照的图层。不包含对象（包括块定义中的对象）的图层、非当前图层和不依赖外部参照的图层都可以删除。

3．关闭/打开图层

在"图层特性管理器"选项板中单击💡图标，可以控制图层的可见性。图层打开时，💡图标呈鲜艳的颜色，该图层上的图形可以显示在屏幕上或绘制在绘图仪上。单击该图标，使其呈灰暗色时，该图层上的图形将不显示在屏幕上，而且不能被打印输出，但仍然作为图形的一部分保留在文件中。

4．冻结/解冻图层

在"图层特性管理器"选项板中单击☼图标，可以冻结图层或将图层解冻。☼图标呈雪花灰暗色时，表示该图层是处于冻结状态；☼图标呈太阳鲜艳色时，表示该图处于解冻状态。冻结图层上的对象不能显示，也不能打印，同时也不能编辑、修改该图层上的图形对象。在冻结图层后，该图层上的对象不影响其他图层上对象的显示和打印。

5．锁定/解锁图层

在"图层特性管理器"选项板中单击🔒图标，可以锁定图层或将图层解锁。锁定图层后，该图层上的图形依然显示在屏幕上并可打印输出，同时可以在该图层上绘制新的图形对象，但用户不能对该图层上的图形进行编辑、修改操作。由此可以看出，其目的就是防止对图形的意外修改。可以对当前层进行锁定，也可以对锁定图层上的图形进行查询和对象捕捉。

6. 打印样式

在 AutoCAD 2014 中，可以使用一个称为"打印样式"的新的对象特性。打印样式主要用于控制对象的打印特性，包括颜色、抖动、灰度、笔号、虚拟笔、淡显、线型、线宽、线条端点样式、线条连接样式和填充样式等。打印样式为用户提供了很大的灵活性，因为用户可以设置打印样式来替代其他对象特性。当然，也可以根据用户需要关闭这些替代设置。

7. 打印/不打印

在"图层特性管理器"选项板中单击 🖨 图标，可以设定打印时该图层是否打印，以在保证图形显示可见不变的条件下控制图形的打印特征。打印功能只对可见的图层起作用，对于已经被冻结或被关闭的图层不起作用。

8. 新视口冻结

在新布局视口中可冻结选定图层。例如，在所有新视口中冻结 DIMENSIONS 图层，将在所有新创建的布局视口中限制该图层上的标注显示，但不会影响现有视口中的 DIMENSIONS 图层。如果以后创建了需要标注的视口，则可以通过更改当前视口设置来替代默认设置。

1.5 绘图辅助工具

要快速、顺利地完成图形绘制工作，有时需要借助一些辅助工具，例如，用于确定绘制位置的精确定位工具和调整图形显示范围与方式的显示工具等。下面简略介绍这两种非常重要的辅助绘图工具。

1.5.1 精确定位工具

在绘制图形时，可以使用直角坐标和极坐标精确定位点，但是有些点（如端点、中心点等）的坐标是不知道的，要想精确地指定这些点，可想而知是很难的，有时甚至是不可能的。幸好 AutoCAD 2014 很好地解决了这个问题，利用其提供的辅助定位工具，可以很容易地在屏幕中捕捉到这些点，从而进行精确的绘图。

1. 栅格

AutoCAD 的栅格由有规则的点的矩阵组成，延伸到指定为图形界限的整个区域。使用栅格与在坐标纸上绘图是十分相似的，可以对齐对象并直观显示对象之间的距离。如果放大或缩小图形，则可能需要调整栅格间距，使其更适合新的比例。虽然栅格在屏幕上是可见的，但它并不是图形对象，因此并不会被打印成图形中的一部分，也不会影响在何处绘图。

单击状态栏上的"栅格"按钮或按 F7 键，即可打开或关闭栅格。启用栅格并设置栅格在 X 轴方向和 Y 轴方向上的间距的方法如下。

（1）执行方式

☑ 命令行：DSETTINGS（或 DS、SE 或 DDRMODES）。

☑ 菜单栏："工具"→"绘图设置"。

☑ 快捷菜单：右击"栅格"按钮→"设置"。

（2）操作步骤

执行上述命令后，将打开"草图设置"对话框，如图 1-44 所示。

如果需要显示栅格，则选中"启用栅格"复选框。在"栅格 X 轴间距"文本框中输入栅格点之间的水平距离，单位为毫米。如果要使用相同的间距设置垂直和水平分布的栅格点，则按 Tab 键；否则，在"栅格 Y 轴间距"文本框中输入栅格点之间的垂直距离。

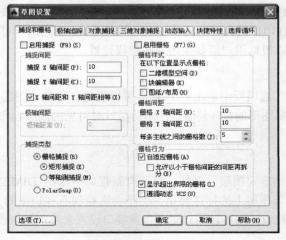

图 1-44　"草图设置"对话框

用户可以改变栅格与图形界限的相对位置。默认情况下，栅格以图形界限的左下角为起点，沿着与坐标轴平行的方向填充整个由图形界限所确定的区域。

另外，还可以通过 GRID 命令以命令行方式设置栅格，其功能与"草图设置"对话框类似，此处不再赘述。

◀》注意：如果栅格的间距设置得太小，当进行"打开栅格"操作时，AutoCAD 将在 AutoCAD 文本窗口中显示"栅格太密，无法显示"的提示信息，而不在屏幕上显示栅格点。使用"缩放"命令时，如果将图形缩放得很小，也会出现同样的提示，不显示栅格。

2. 捕捉

捕捉是指 AutoCAD 2014 可以生成一个隐含分布于屏幕上的栅格，这种栅格能够捕捉光标，使得光标只能落到其中的一个栅格点上。捕捉可分为"栅格捕捉"、"矩形捕捉"、"等轴测捕捉"和PolarSnap 这 4 种类型。默认设置为"矩形捕捉"，即捕捉点的阵列类似于栅格，如图 1-45 所示。在"矩形捕捉"模式下，用户可以指定捕捉模式在 X 轴方向和 Y 轴方向上的间距，也可改变捕捉模式与图形界限的相对位置。其与栅格的不同之处在于：捕捉间距的值必须为正实数；捕捉模式不受图形界限的约束。"等轴测捕捉"表示捕捉模式为等轴测，此模式是绘制正等轴测图时的工作环境，如图 1-46 所示。在"等轴测捕捉"模式下，栅格和光标十字线呈绘制等轴测图时的特定角度。在"栅格捕捉"模式下，如果指定点，光标将沿垂直或水平栅格点进行捕捉。将捕捉类型设定为 PolarSnap时，如果启用了捕捉模式并在极轴追踪打开的情况下指定点，光标将沿在"极轴追踪"选项卡上相对于极轴追踪起点设置的极轴对齐角度进行捕捉。

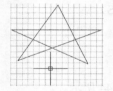　　　　　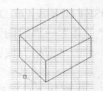

图 1-45　"矩形捕捉"实例　　　　　　图 1-46　"等轴测捕捉"实例

在绘制图1-45和图1-46中的图形时，输入参数点时光标只能落在栅格点上。两种模式的切换方法为：打开"草图设置"对话框，选择"捕捉和栅格"选项卡，在"捕捉类型"选项组中可以通过选中相应的单选按钮来切换"矩形捕捉"模式与"等轴测捕捉"模式。

3. 极轴追踪

极轴追踪是指在创建或修改对象时，按事先给定的角度增量和距离增量来追踪特征点，即捕捉相对于初始点且满足指定极轴距离和极轴角的目标点。

极轴追踪设置主要是设置追踪的距离增量和角度增量，以及与之相关联的捕捉模式。这些设置可以通过"草图设置"对话框的"捕捉和栅格"选项卡与"极轴追踪"选项卡来实现，如图1-47和图1-48所示。

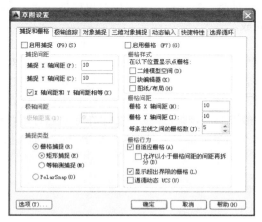

图1-47 "捕捉和栅格"选项卡

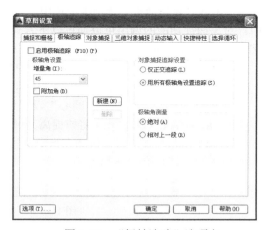

图1-48 "极轴追踪"选项卡

（1）设置极轴距离

在"草图设置"对话框的"捕捉和栅格"选项卡中，可以设置极轴距离，单位为毫米。绘图时，光标将按指定的极轴距离增量进行移动。

（2）设置极轴角度

在"草图设置"对话框的"极轴追踪"选项卡中，可以设置极轴角增量角度。在"极轴角设置"选项组中，既可在"增量角"下拉列表框中选择90、45、30、22.5、18、15、10和5（度）的极轴角增量，也可以直接输入指定其他任意角度。光标移动时，如果接近极轴角，将显示对齐路径和工具栏提示。例如，当极轴角增量设置为30°，光标移动90°时显示的对齐路径，如图1-49所示。

图1-49 设置极轴角度实例

"附加角"用于设置极轴追踪时是否采用附加角度追踪。选中"附加角"复选框，通过"新建"按钮或"删除"按钮来增加、删除附加角度值。

（3）对象捕捉追踪设置

该选项组主要用于设置对象捕捉追踪的模式。如果选中"仅正交追踪"单选按钮，则当采用追踪功能时，系统仅在水平和垂直方向上显示追踪数据；如果选中"用所有极轴角设置追踪"单选按钮，则当采用追踪功能时，系统不仅可以在水平和垂直方向上显示追踪数据，还可以在设置的极轴追踪角度与附加角度所确定的一系列方向上显示追踪数据。

（4）极轴角测量

该选项组主要用于设置极轴角的角度时采用的参考基准，其中，选中"绝对"单选按钮是指相对水平方向逆时针测量，选中"相对上一段"单选按钮则是以上一段对象为基准进行测量。

4. 对象捕捉

AutoCAD 2014 为所有的图形对象都定义了特征点，对象捕捉则是指在绘图过程中，通过捕捉这些特征点，迅速、准确地将新的图形对象定位在现有对象的确切位置上，如圆的圆心、线段中点或两个对象的交点等。在 AutoCAD 2014 中，可以通过单击状态栏中的"对象捕捉"按钮，或是在"草图设置"对话框的"对象捕捉"选项卡中选中"启用对象捕捉"复选框，来启用对象捕捉功能。在绘图过程中，对象捕捉功能的调用可以通过以下方式来完成。

☑ 通过"对象捕捉"工具栏：在绘图过程中，当系统提示需要指定点位置时，可以单击"对象捕捉"工具栏（如图 1-50 所示）中相应的特征点按钮，再把光标移动到要捕捉的对象上的特征点附近，AutoCAD 会自动提示并捕捉到这些特征点。例如，如果需要用直线连接一系列圆的圆心，可以将"圆心"设置为执行对象捕捉。如果有两个可能的捕捉点落在选择区域，则 AutoCAD 2014 将捕捉离光标中心最近的符合条件的点。如果在指定点时需要检查哪一个对象捕捉有效（例如在指定位置有多个对象捕捉符合条件），在指定点之前，按 Tab 键即可遍历所有可能的点。

图 1-50　"对象捕捉"工具栏

☑ 通过对象捕捉快捷菜单：在需要指定点位置时，按住 Ctrl 键或 Shift 键的同时右击，在弹出的快捷菜单（如图 1-51 所示）中选择某一种特征点执行对象捕捉，把光标移动到要捕捉的对象的特征点附近，即可捕捉到这些特征点。

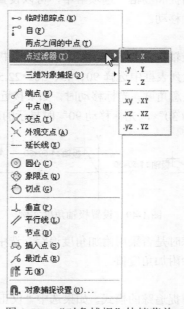

图 1-51　"对象捕捉"快捷菜单

☑　使用命令行：当需要指定点位置时，在命令行中输入相应特征点的关键字（如表 1-1 所示），
　　然后把光标移动到要捕捉的对象上的特征点附近，即可捕捉到这些特征点。

表 1-1　对象捕捉模式及关键字

模　式	关 键 字	模　式	关 键 字	模　式	关 键 字
临时追踪点	TT	捕捉自	FROM	端点	END
中点	MID	交点	INT	外观交点	APP
延长线	EXT	圆心	CEN	象限点	QUA
切点	TAN	垂足	PER	平行线	PAR
节点	NOD	最近点	NEA	无捕捉	NON

📢 注意：对象捕捉不可单独使用，必须配合其他绘图命令一起使用。仅当 AutoCAD 提示输入点时，
　　　　对象捕捉才生效。如果试图在命令行提示下使用对象捕捉，AutoCAD 将显示错误信息。
　　　　对象捕捉只捕捉屏幕上可见的对象，包括锁定图层、布局视口边界和多段线上的对象，
　　　　但不能捕捉不可见的对象，如未显示的对象、关闭或冻结图层上的对象或虚线的空白
　　　　部分。

5．自动对象捕捉

在绘制图形的过程中，使用对象捕捉的频率非常高，如果每次在捕捉时都要先选择捕捉模式，将
使工作效率大大降低。出于此种考虑，AutoCAD 提供了自动对象捕捉模式。如果启用自动捕捉功能，
当光标距指定的捕捉点较近时，系统会自动精确地捕捉这些特征点，并显示出相应的标记以及该捕捉
的提示。在"草图设置"对话框的"对象捕捉"选项卡中选中"启用对象捕捉"复选框，即可启用自
动捕捉功能，如图 1-52 所示。

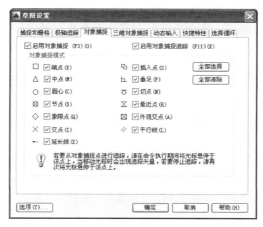

图 1-52　"对象捕捉"选项卡

📢 注意：用户可以根据需要设置自己经常要用的对象捕捉模式。一旦完成了设置，以后每次运行时，
　　　　所设定的对象捕捉模式就会被激活，而不是仅对一次选择有效。当同时采用多种模式时，
　　　　系统将捕捉距光标最近且满足多种对象捕捉模式之一的点。当光标距要获取的点非常近
　　　　时，按下 Shift 键将暂时不获取对象点。

6．正交绘图

所谓正交绘图，就是在命令的执行过程中，光标只能沿 X 轴或 Y 轴移动，所有绘制的线段和构

造线都将平行于 X 轴或 Y 轴，因此它们相互垂直成 90°相交，即正交。在"正交"模式下绘图，对于绘制水平线和垂直线非常有用，特别是当绘制构造线时经常会用到。此外，当捕捉模式为"等轴测捕捉"时，还迫使直线平行于 3 个等轴测中的一个。

要设置正交绘图，可以直接单击状态栏中的"正交"按钮，或按 F8 键，此时的 AutoCAD 文本窗口中将显示相应的开/关提示信息。此外，也可以在命令行中输入"ORTHO"，执行开启或关闭正交绘图操作。

> **注意：** "正交"模式将光标限制在水平或垂直（正交）轴上。因为不能同时打开"正交"模式和极轴追踪，因此"正交"模式打开时，AutoCAD 会关闭极轴追踪。如果再次打开极轴追踪，则 AutoCAD 将关闭"正交"模式。

1.5.2 图形显示工具

对于一个较为复杂的图形来说，在观察整幅图形时往往无法对其局部细节进行查看和操作，而在屏幕上显示一个细部时又看不到其他部分。为了解决这类问题，AutoCAD 提供了缩放、平移、视图、鸟瞰视图和视口等一系列图形显示控制命令，可以用来任意地放大、缩小或移动屏幕上的图形显示，或者同时从不同的角度、不同的部位来显示图形。另外，AutoCAD 2014 还提供了重画和重新生成命令来刷新屏幕、重新生成图形。

1. 图形缩放

图形缩放命令类似于照相机的镜头，可以放大或缩小屏幕所显示的范围，但它只改变视图的比例，对象的实际尺寸并不发生变化。当放大图形一部分的显示尺寸时，可以更清楚地查看该区域的细节；相反，如果缩小图形的显示尺寸，则可以查看更大的区域，如整体浏览。

图形缩放功能在绘制大幅面机械图纸，尤其是装配图时非常有用，是使用频率最高的命令之一。该命令可以透明地使用，也就是说，该命令可以在其他命令执行时运行。完成该透明命令的执行后，AutoCAD 会自动地返回到之前正在运行的命令。

执行图形缩放的方法如下：

（1）执行方式

☑ 命令行：ZOOM。

☑ 菜单栏："视图"→"缩放"。

☑ 工具栏："缩放"工具栏（如图 1-53 所示）。

图 1-53 "缩放"工具栏

（2）操作步骤

命令：ZOOM

指定窗口的角点，输入比例因子 (nX 或 nXP)，或者[全部(A)/中心点(C)/动态(D)/范围(E)/上一个(P)/比例(S)/窗口(W)/对象(O)] <实时>：

（3）选项说明

☑ 实时：这是"缩放"命令的默认操作，即在输入"ZOOM"后直接按 Enter 键，将自动调用实时缩放操作。实时缩放就是可以通过上下移动鼠标交替进行放大和缩小。在进行实时缩放时，系统会显示一个"+"号或"-"号。当缩放比例接近极限时，AutoCAD 将不再与光标一起显示"+"号或"–"号。需要从实时缩放操作中退出时，可按 Enter 键、Esc 键或者从菜单中选择 Exit 命令退出。

☑ 全部(A)：执行 ZOOM 命令后，在提示文字后输入"A"，即可执行"全部(A)"缩放操作。不论图形有多大，该操作都将显示图形的边界或范围，即使对象不包括在边界以内，它们也将被显示。因此，使用"全部(A)"缩放选项，可查看当前视口中的整个图形。

☑ 中心点(C)：通过确定一个中心点，可以定义一个新的显示窗口。操作过程中需要指定中心点，以及输入比例或高度。默认新的中心点就是视图的中心点，默认的输入高度就是当前视图的高度，直接按 Enter 键后，图形将不会被放大。输入比例，则数值越大，图形放大倍数也将越大。另外，也可以在数值后面紧跟一个 X，如 3X，表示在放大时不是按照绝对值变化，而是按相对于当前视图的相对值缩放。

☑ 动态(D)：通过操作一个表示视口的视图框，可以确定所需显示的区域。选择该选项，在绘图窗口中将出现一个小的视图框，按住鼠标左键左右移动可以改变该视图框的大小，定形后放开鼠标；再按下鼠标左键移动视图框，确定图形中的放大位置，系统将清除当前视口并显示一个特定的视图选择屏幕，该特定屏幕包含当前视图及有效视图的相关信息。

☑ 范围(E)：可以使图形缩放至整个显示范围。图形的显示范围由图形所在的区域构成，剩余的空白区域将被忽略。应用该选项，图形中所有的对象都尽可能地被放大。

☑ 上一个(P)：在绘制一幅复杂的图形时，有时需要放大图形的一部分以进行细节的编辑；当编辑完成后，又希望回到前一个视图。此时就可以使用"上一个(P)"选项来实现。当前视口由"缩放"命令的各种选项或"移动"视图、视图恢复、平行投影或透视命令引起的任何变化，系统都将进行保存。每一个视口最多可以保存 10 个视图。连续使用"上一个(P)"选项可以恢复前 10 个视图。

☑ 比例(S)：提供了 3 种使用方法，即在提示信息下直接输入比例系数，AutoCAD 将按照此比例因子放大或缩小图形的尺寸；如果在比例系数后面加一个 X，则表示相对于当前视图计算的比例因子；第三种方法则是相对于图纸空间。例如，可以在图纸空间阵列布排或打印出模型的不同视图。为了使每一张视图都与图纸空间单位成比例，即可选择"比例(S)"选项。每一个视图可以有单独的比例。

☑ 窗口(W)：是最常用的选项，通过确定一个矩形窗口的两个对角点来指定所需缩放的区域。对角点可以由鼠标指定，也可以通过输入坐标来确定。指定窗口的中心点将成为新的显示屏幕的中心点，窗口中的区域将被放大或缩小。调用 ZOOM 命令时，可以在没有选择任何选项的情况下，利用鼠标在绘图窗口中直接指定缩放窗口的两个对角点。

☑ 对象(O)：缩放以便尽可能大地显示一个或多个选定的对象并使其位于视图的中心。可以在启动 ZOOM 命令前后选择对象。

📢 **注意**：这里提到的诸如放大、缩小或移动的操作，仅是对图形在屏幕上的显示进行控制，图形本身并没有任何改变。

2．图形平移

当图形幅面大于当前视口时，例如使用"缩放"命令将图形放大后，如果需要在当前视口之外观察或绘制一个特定区域，可以使用"平移"命令来实现。"平移"命令能将在当前视口以外的图形部分移动进来查看或编辑，但不会改变图形的缩放比例。

（1）执行方式

☑ 命令行：PAN。

☑ 菜单栏："视图"→"平移"。

☑ 工具栏："标准"→"平移"。

☑ 快捷菜单：在绘图窗口中右击，在弹出的快捷菜单中选择"平移"命令。

（2）操作步骤

激活"平移"命令之后，光标将变成一只"小手"的形状，可以在绘图窗口中任意移动，以示当前正处于平移模式。单击并按住鼠标左键将光标锁定在当前位置，即"小手"已经抓住图形，然后拖动图形使其移动到所需位置上。松开鼠标左键后，将停止平移图形。可以反复按下鼠标左键、拖动、松开，将图形平移到其他位置上。

"平移"命令预先定义了一些不同的菜单选项与按钮，可用于在特定方向上平移图形。在激活"平移"命令后，这些选项可以从菜单"视图"→"平移"→"*"中调用。

（3）选项说明

☑ 实时：该选项是"平移"命令中最常用的选项，也是默认选项，前面提到的平移操作都是指实时平移，通过鼠标的拖动来实现任意方向上的平移。

☑ 点：该选项要求确定位移量，这就需要确定图形移动的方向和距离。可以通过输入点的坐标或用鼠标指定点的坐标来确定位移量。

☑ 左：移动图形使屏幕左部的图形进入显示窗口。

☑ 右：移动图形使屏幕右部的图形进入显示窗口。

☑ 上：向底部平移图形后，使屏幕顶部的图形进入显示窗口。

☑ 下：向顶部平移图形后，使屏幕底部的图形进入显示窗口。

1.6 实践与操作

通过本章的学习，读者对本章知识也有了大体的了解，本节将通过两个实践操作帮助读者进一步掌握本章的知识要点。

1.6.1 设置绘图环境

1. 目的要求

任何一个图形文件都有一个特定的绘图环境，包括图形边界、绘图单位、角度等。设置绘图环境通常有两种方法，即设置向导与单独的命令设置方法。通过练习设置绘图环境，可以促进读者对图形总体环境的认识。

2. 操作提示

（1）选择"文件"→"新建"命令，打开"选择样板"对话框。

（2）选择右下角"打开"中的"无样板打开-公制"选项，建立一个新文件。

（3）选择"格式"→"单位"命令，打开"图形单位"对话框。

（4）分别逐项设置：长度类型为"小数"，精度为0.00；角度类型为"十进制度数"，精度为0，角度方向为"顺时针"；用于缩放插入内容的单位为"毫米"；用于指定光源强度的单位为"国际"；然后单击"确定"按钮。

1.6.2　熟悉操作界面

1．目的要求

操作界面是用户绘制图形的平台，各个组成部分都有其独特的功能，熟悉操作界面有助于用户方便、快捷地进行绘图。本实验要求了解操作界面各部分功能，掌握改变绘图窗口颜色和光标大小的方法，能够熟练地打开、移动、关闭工具栏。

2．操作提示

（1）启动 AutoCAD 2014，进入操作界面。

（2）调整操作界面的大小。

（3）设置绘图窗口颜色与光标大小。

（4）打开、移动、关闭工具栏。

（5）分别利用命令行、菜单和工具栏绘制一条直线。

第 2 章

二维绘图命令

二维图形是指在二维平面空间绘制的图形，主要由一些基本图形元素组成，如点、直线、圆弧、圆、椭圆、矩形、多边形等。AutoCAD 提供了大量的绘图工具，可以帮助用户完成二维图形的绘制。

☑ 直线类命令   ☑ 点

☑ 圆类图形命令   ☑ 高级绘图命令

☑ 平面图形命令   ☑ 综合实例——轴

任务驱动&项目案例

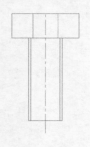
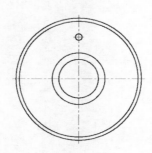

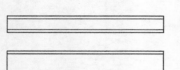

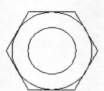
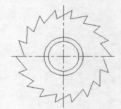

2.1　直线类命令

直线类命令包括"直线"、"射线"和"构造线"命令，这几个命令是 AutoCAD 中最简单的绘图命令。

2.1.1　直线段

不论多么复杂的图形，它们都是由点、直线、圆弧等按不同的粗细、间隔、颜色组合而成的。其中，直线是 AutoCAD 绘图中最简单、最基本的一种图形单元，连续的直线可以组成折线，直线与圆弧的组合又可以组成多段线。直线在机械制图中常用于表达物体棱边或平面的投影，而在建筑制图中则常用于建筑平面投影。在这里暂时不关注直线段的颜色、粗细、间隔等属性，先简单讲述如何开始绘制一条基本的直线段。

1．执行方式

- ☑ 命令行：LINE。
- ☑ 菜单栏："绘图"→"直线"。
- ☑ 工具栏："绘图"→"直线" ✎。
- ☑ 功能区："默认"→"绘图"→"直线" ✎。

2．操作步骤

命令：LINE✓
指定第一点：（输入直线段的起点，用鼠标指定点或者给定点的坐标）
指定下一点或 [放弃(U)]：（输入直线段的端点，也可以用鼠标指定一定角度后，直接输入直线的长度）
指定下一点或 [放弃(U)]：（输入下一直线段的端点。输入选项"U"表示放弃前面的输入；右击或按 Enter 键，结束命令）
指定下一点或 [闭合(C)/放弃(U)]：（输入下一直线段的端点，或输入选项"C"使图形闭合，结束命令）

3．选项说明

（1）若用 Enter 键响应"指定第一点"提示，系统会把上次绘线（或弧）的终点作为本次操作的起始点。特别地，若上次操作为绘制圆弧，按 Enter 键响应后绘出通过圆弧终点的与该圆弧相切的直线段，该线段的长度由鼠标在屏幕上指定的一点与切点之间线段的长度确定。

（2）在"指定下一点"提示下，用户可以指定多个端点，从而绘出多条直线段，但每一段直线又都是一个独立的对象，可以进行单独的编辑操作。

（3）绘制两条以上直线段后，若用 C 响应"指定下一点"提示，则系统会自动连接起始点和最后一个端点，从而绘出封闭的图形。

（4）若用 U 响应提示，则擦除最近一次绘制的直线段。

（5）若设置正交方式（单击状态栏上的"正交"按钮），只能绘制水平直线或垂直线段。

（6）若设置动态数据输入方式（单击状态栏上的 DYN 按钮），则可以动态输入坐标或长度值。下面的命令同样可以设置动态数据输入方式，效果与非动态数据输入方式类似。除了特别需要，以后不再强调，而只按非动态数据输入方式输入相关数据。

Note

2.1.2　实例——螺栓

本实例主要执行"直线"命令，由于图形中出现了两种不同的线型，所以需要设置图层来管理线型。整个图形都是由线段构成的，所以只需要利用 LINE 命令就能绘制图形。绘制流程图如图 2-1 所示。

操作步骤：（光盘\动画演示\第 2 章\螺栓.avi）

（1）设置图层

❶ 在命令行中输入"LAYER"或者选择菜单栏中的"格式"→"图层"命令或者单击"图层"工具栏中的 按钮，系统打开"图层特性管理器"选项板，如图 2-2 所示。

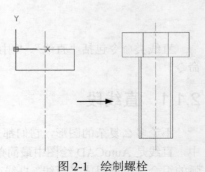

图 2-1　绘制螺栓

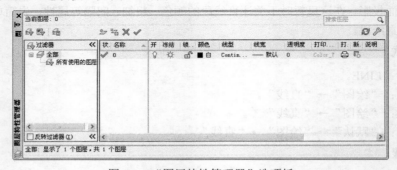

图 2-2　"图层特性管理器"选项板

❷ 单击"新建"按钮，创建一个新图层，把该图层的名字由默认的"图层 1"改为"中心线"，如图 2-3 所示。

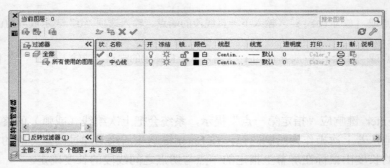

图 2-3　更改图层名

❸ 单击"中心线"图层对应的"颜色"选项，打开"选择颜色"对话框，选择红色为该层颜色，如图 2-4 所示。确认返回"图层特性管理器"选项板。

❹ 单击"中心线"图层对应的"线型"选项，打开"选择线型" 对话框，如图 2-5 所示。

❺ 在"选择线型"对话框中单击"加载"按钮，系统打开"加载或重载线型"对话框，选择 CENTER 线型，如图 2-6 所示。确认退出。

在"选择线型"对话框中选择 CENTER（点划线）为该层线型，确认返回"图层特性管理器"选项板。

❻ 单击"中心线"图层对应的"线宽"选项，打开"线宽"对话框，选择 0.09mm 线宽，如图 2-7 所示。确认退出。

图 2-4　"选择颜色"对话框

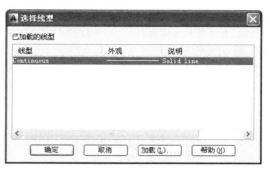

图 2-5　"选择线型"对话框

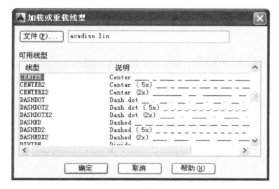

图 2-6　加载新线型

图 2-7　选择线宽

❼ 采用相同的方法再建立两个新图层，命名为"轮廓线"和"细实线"。"轮廓线"图层的颜色设置为黑色，线型为 Continuous（实线），线宽为 0.30mm；"细实线"图层的颜色设置为蓝色，线型为 Continuous（实线），线宽为 0.09mm。同时让两个图层均处于打开、解冻和解锁状态，各项设置如图 2-8 所示。

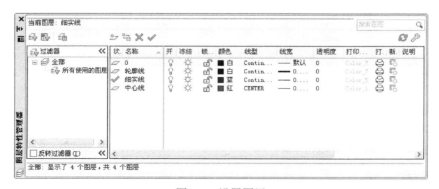

图 2-8　设置图层

❽ 选择"中心线"图层，单击"置为当前"按钮 ✓，将其设置为当前图层，然后确认关闭"图层特性管理器"选项板。

（2）绘制中心线

选择菜单栏中的"绘图"→"直线"命令，命令行提示与操作如下（按 Ctrl+9 快捷键可调出或关闭命令行）：

```
命令：LINE↙
指定第一点：40,25↙
指定下一点或 [放弃(U)]：40,-145↙
```

（3）绘制螺帽外框

将"轮廓线"图层设置为当前图层。选择菜单栏中的"绘图"→"直线"命令，绘制螺帽的一条轮廓线。命令行提示与操作如下：

```
命令：LINE↙
指定第一点：0, 0↙
指定下一点或 [放弃(U)]：@80,0↙
指定下一点或 [放弃(U)]：@0,-30↙
指定下一点或 [闭合(C)/放弃(U)]：@80<180↙
指定下一点或 [闭合(C)/放弃(U)]：C↙
```

结果如图 2-9 所示。

（4）完成螺帽绘制

选择菜单栏中的"绘图"→"直线"命令，绘制另外两条线段，端点分别为{（25,0），（@0,-30）}、{（55,0），（@0,-30）}。命令行提示与操作如下：

```
命令：LINE↙
指定第一点：30,0↙
指定下一点或 [放弃(U)]：@40<210↙
指定下一点或 [放弃(U)]：U↙
命令：LINE↙
指定第一点：55,0↙
指定下一点或 [放弃(U)]：@0,-30↙
指定下一点或 [放弃(U)]：↙
```

结果如图 2-10 所示。

图 2-9　绘制螺帽外框　　　　　　　图 2-10　绘制直线

（5）绘制螺杆

选择菜单栏中的"绘图"→"直线"命令，命令行提示与操作如下：

```
命令：LINE↙
指定第一点：20,-30↙
```

指定下一点或 [放弃(U)]: @0,-100↙
指定下一点或 [放弃(U)]: @40,0↙
指定下一点或 [闭合(C)/放弃(U)]: @0,100↙
指定下一点或 [闭合(C)/放弃(U)]: ↙

结果如图 2-11 所示。

（6）绘制螺纹

将"细实线"图层设置为当前图层。选择菜单栏中的"绘图"→"直线"命令，绘制螺纹，端点分别为{（22.56,-30），（@0,-100）}、{（57.44,-30），（@0,-100）}。命令行提示与操作如下：

命令: LINE↙
指定第一点: 22.56,-30↙
指定下一点或 [放弃(U)]: @0,-100↙
指定下一点或 [放弃(U)]: ↙
命令: LINE↙
指定第一点: 57.44,-30↙
指定下一点或 [放弃(U)]: @0,-100↙

（7）显示线宽

单击状态栏上的"显示/隐藏线宽"按钮╋，显示图线线宽，最终结果如图 2-12 所示。

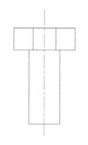

图 2-11 绘制螺杆

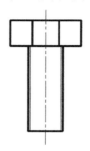

图 2-12 绘制螺纹

注意：在 AutoCAD 中通常有两种输入数据的方法，即输入坐标值或用鼠标在屏幕上指定。输入坐标值很精确，但比较麻烦；鼠标指定比较快捷，但不太精确。用户可以根据需要进行选择。例如，本例所绘制的螺栓由于是对称的，所以最好用输入坐标值的方法输入数据。

2.1.3 构造线

构造线就是无穷长度的直线，用于模拟手工作图中的辅助作图线。构造线用特殊的线型显示，在图形输出时可不作输出。应用构造线作为辅助线绘制机械图中的三视图是构造线的最主要用途，构造线的应用保证了三视图之间"主、俯视图长对正，主、左视图高平齐，俯、左视图宽相等"的对应关系。如图 2-13 所示为应用构造线作为辅助线绘制机械图中三视图的绘示示例，构造线的应用保证了三视图之间"主、俯视图长对正，主、左视图高平齐，俯、左视图宽相等"的对应关系。图中细实线为构造线，粗实线为三视图轮廓线。

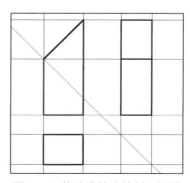

图 2-13 构造线辅助绘制三视图

1. 执行方式

☑ 命令行：XLINE。

☑ 菜单栏："绘图" → "构造线"。

☑ 工具栏："绘图" → "构造线" 。

☑ 功能区："默认" → "绘图" → "构造线"。

2. 操作步骤

命令：XLINE✓

指定点或 [水平(H)/垂直(V)/角度(A)/二等分(B)/偏移(O)]：（给出点1）

指定通过点：（给定通过点2，画一条双向无限长直线）

指定通过点：（继续给点，继续画线，如图2-14（a）所示，按Enter键结束命令）

3. 选项说明

（1）执行选项中有"指定点"、"水平"、"垂直"、"角度"、"二等分"和"偏移"6种方式绘制构造线，分别如图2-14（a）~图2-14（f）所示。

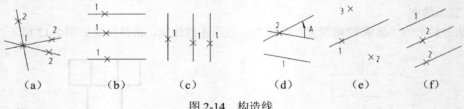

| （a） | （b） | （c） | （d） | （e） | （f） |

图2-14　构造线

（2）这种线模拟手工作图中的辅助作图线，用特殊的线型显示，在绘图输出时可不作输出。其常用于辅助作图。

2.2　圆类图形命令

圆类命令主要包括"圆"、"圆弧"、"椭圆"、"椭圆弧"和"圆环"等命令，这几个命令是AutoCAD中最简单的曲线命令。

2.2.1　圆

圆是最简单的封闭曲线，也是在绘制工程图形时经常用到的图形单元。

1. 执行方式

☑ 命令行：CIRCLE。

☑ 菜单栏："绘图" → "圆"。

☑ 工具栏："绘图" → "圆" ⊙。

☑ 功能区："默认" → "绘图" → "圆" ⊙。

2. 操作步骤

命令：CIRCLE✓

指定圆的圆心或 [三点(3P)/两点(2P)/切点、切点、半径(T)]：（指定圆心）

指定圆的半径或 [直径(D)]：（直接输入半径数值或用鼠标指定半径长度）

3.　选项说明

（1）三点(3P)：用指定圆周上 3 点的方法画圆。

（2）两点(2P)：指定直径的两端点画圆。

（3）切点、切点、半径(T)：按先指定两个相切对象，后给出半径的方法画圆。如图 2-15 所示给出了以"切点、切点、半径"方式绘制圆的各种情形（其中加黑的圆为最后绘制的圆）。

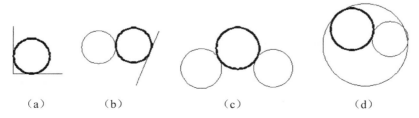

（a）　　　　　（b）　　　　　　　（c）　　　　　　　　（d）

图 2-15　圆与另外两个对象相切的各种情形

（4）"绘图"→"圆"菜单中多了一种"相切、相切、相切"的方法，当选择此方式时（如图 2-16 所示），系统提示：

> 指定圆上的第一个点：_tan 到：（指定相切的第一个圆弧）
> 指定圆上的第二个点：_tan 到：（指定相切的第二个圆弧）
> 指定圆上的第三个点：_tan 到：（指定相切的第三个圆弧）

图 2-16　绘制圆的菜单方法

2.2.2　实例——挡圈

由于图形中出现了两种不同的线型，所以需要设置图层来管理线型。图形中包括 5 个圆，所以需要利用"圆"命令的各种操作方式来绘制图形。绘制流程图如图 2-17 所示。

Note

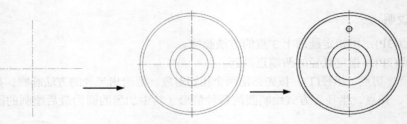

图 2-17　挡圈

操作步骤：（光盘\动画演示\第 2 章\挡圈.avi）

（1）设置图层

选择菜单栏中的"格式"→"图层"命令，系统打开"图层特性管理器"选项板。新建"中心线"和"轮廓线"两个图层，如图 2-18 所示。

（2）绘制中心线

将当前图层设置为"中心线"图层。选择菜单栏中的"绘图"→"直线"命令，命令行提示与操作如下：

```
命令：_line
指定第一点：(适当指定一点)
指定下一点或 [放弃(U)]：@400,0✓
指定下一点或 [放弃(U)]：✓
命令：_line
指定第一点：from✓（表示"捕捉自"功能）
基点：(单击状态栏上的"对象捕捉"按钮□，把光标移动到刚绘制线段中点附近，系统显示一个黄色
的小三角形表示中点捕捉位置，如图 2-19 所示，单击确定基点位置)
<偏移>：@0,200✓
指定下一点或 [放弃(U)]：@0,-400✓
指定下一点或 [放弃(U)]：✓
```

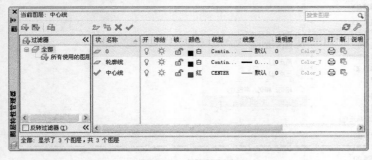

图 2-18　图层设置　　　　　　　　　　　　　图 2-19　捕捉中点

结果如图 2-20 所示。

（3）绘制同心圆

❶ 将当前图层转换为"轮廓线"图层。选择菜单栏中的"绘图"→"圆"命令，命令行提示与操作如下：

```
命令：_circle
指定圆的圆心或 [三点(3P)/两点(2P)/切点、切点、半径(T)]：(捕捉中心线交点为圆心)
指定圆的半径或 [直径(D)]：20✓
```

Note

```
命令: _circle
指定圆的圆心或 [三点(3P)/两点(2P)/切点、切点、半径(T)]: (捕捉中心线交点为圆心)
指定圆的半径或 [直径(D)] <20.0000>: d↙
指定圆的直径 <40.0000>: 60↙
```

❷ 用同样的方法绘制半径分别为 180 和 190 的同心圆，如图 2-21 所示。

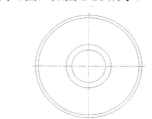

图 2-20　绘制中心线　　　　图 2-21　绘制同心圆

（4）绘制定位孔

选择菜单栏中的"绘图"→"圆"命令，命令行提示与操作如下：

```
命令: ↙ (直接按 Enter 键, 表示执行上次执行的命令)
CIRCLE 指定圆的圆心或 [三点(3P)/两点(2P)/切点、切点、半径(T)]: 2p↙
指定圆直径的第一个端点: from↙
基点: (捕捉同心圆圆心)
<偏移>: @0,120↙
指定圆直径的第二个端点: @0,20↙
```

结果如图 2-22 所示。

（5）补画定位圆中心线

将当前图层转换为"中心线"图层。选择菜单栏中的"绘图"→"直线"命令，命令行提示与操作如下：

```
命令: _line
指定第一点: from↙
基点: (捕捉定位圆圆心)
<偏移>: @-15,0↙
指定下一点或 [放弃(U)]: @30,0↙
指定下一点或 [放弃(U)]: ↙
```

结果如图 2-23 所示。

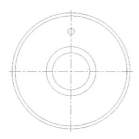

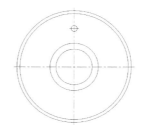

图 2-22　绘制定位孔　　　　图 2-23　补画中心线

（6）显示线宽

单击状态栏上的"显示/隐藏线宽"按钮 ┷，显示图线线宽，最终结果如图 2-17 所示。

2.2.3 圆弧

圆弧是圆的一部分，在工程造型中，它的使用比圆更普遍。通常强调的"流线形"造型或圆润的造型实际上就是圆弧造型。

1. 执行方式

☑ 命令行：ARC（缩写名：A）。

☑ 菜单栏："绘图"→"弧"。

☑ 工具栏："绘图"→"圆弧" 。

☑ 功能区："默认"→"绘图"→"圆弧" 。

2. 操作步骤

命令：ARC↙
圆弧创建方向：逆时针（按住 Ctrl 键可切换方向）
指定圆弧的起点或 [圆心(C)]：（指定起点）
指定圆弧的第二点或 [圆心(C)/端点(E)]：（指定第二点）
指定圆弧的端点：（指定端点）

3. 选项说明

（1）用命令行方式画圆弧时，可以根据系统提示选择不同的选项，具体功能和用"绘图"菜单中的"圆弧"子菜单提供的 11 种方式相似。这 11 种方式如图 2-24 所示。

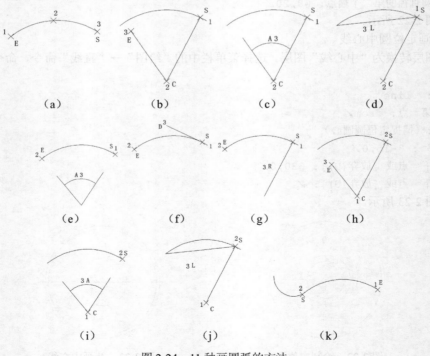

图 2-24   11 种画圆弧的方法

（2）需要强调的是"继续"方式，绘制的圆弧与上一线段或圆弧相切，因此只需提供端点即可。

2.2.4 实例——定位销

由于图形中出现了两种不同的线型，所以需要设置图层来管理线型。利用"直线"和"圆弧"命令绘制图形，绘制流程图如图 2-25 所示。

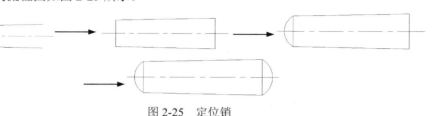

图 2-25 定位销

操作步骤：（光盘\动画演示\第 2 章\定位销.avi）

（1）设置图层

选择菜单栏中的"格式"→"图层"命令，系统打开"图层特性管理器"选项板。新建"中心线"和"轮廓线"两个图层，如图 2-26 所示。

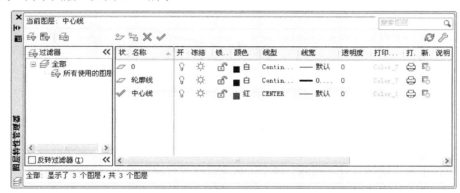

图 2-26 图层设置

（2）绘制中心线

将当前图层设置为"中心线"图层，选择菜单栏中的"绘图"→"直线"命令，绘制中心线，端点坐标值为{（100,100），（138,100）}，结果如图 2-27 所示。

（3）绘制销侧面斜线

❶ 将当前图层转换为"轮廓线"图层，选择菜单栏中的"绘图"→"直线"命令，命令行提示与操作如下：

```
命令：LINE ✓
指定第一点：104,104 ✓
指定下一点或 [放弃(U)]：@30<1.146✓
指定下一点或 [放弃(U)]：✓
命令：LINE✓
指定第一点：104,96 ✓
指定下一点或 [放弃(U)]：@30<-1.146✓
指定下一点或 [放弃(U)]：✓
```

绘制的结果如图 2-27 所示。

❷选择菜单栏中的"绘图"→"直线"命令，分别连接两条斜线的两个端点，结果如图 2-28 所示。

图 2-27　绘制斜线　　　　　　　　　　　　　　　　图 2-28　连接端点

📎 **技巧**：对于绘制直线，一般情况下都是采用笛卡儿坐标系下输入直线两端点的直角坐标来完成的，
例如：

命令：LINE ✔
指定第一点：（指定所绘直线段的起始端点的坐标(x1,y1)）
指定下一点或 [放弃(U)]：（指定所绘直线段的另一端点坐标(x2,y2)）
……
指定下一点或 [闭合(C)／放弃(U)]：（按空格键或 Enter 键结束本次操作）

但是对于绘制与水平线倾斜某一特定角度的直线时，直线端点的笛卡儿坐标往往不能精确算出，此时需要使用极坐标模式，即输入相对于第一端点的水平倾角和直线长度"@直线长度<倾角"，如图 2-29 所示。

图 2-29　极坐标系下的"直线"命令

（4）绘制圆弧顶

选择菜单栏中的"绘图"→"圆弧"命令，命令行提示与操作如下：

命令：_arc
指定圆弧的起点或 [圆心(C)]：（捕捉左上斜线端点）
指定圆弧的第二个点或 [圆心(C)/端点(E)]：（在中心线上适当位置捕捉一点，如图 2-30 所示）
指定圆弧的端点：（捕捉左下斜线端点，结果如图 2-31 所示）

图 2-30　指定第二点　　　　　　　　　　　　　图 2-31　圆弧顶绘制结果

命令：_arc
指定圆弧的起点或 [圆心(C)]：（捕捉右下斜线端点）
指定圆弧的第二个点或 [圆心(C)/端点(E)]：e✔
指定圆弧的端点：（捕捉右上斜线端点）
指定圆弧的圆心或 [角度(A)/方向(D)/半径(R)]：a✔
指定包含角：（适当拖动鼠标，利用拖动线的角度指定包含角，如图 2-32 所示）

最终结果如图 2-25 所示。

注意：系统默认圆弧的绘制方向为逆时针，即指定两点后，圆弧从第一点沿逆时针方向伸展到第二点，所以在指定端点时一定要注意点的位置顺序，否则将无法绘制出预想中的圆弧。定位销有圆锥形和圆柱形两种结构，为保证重复拆装时定位销与销孔的紧密性和便于定位销拆卸，应采用圆锥销。一般取定位销直径 $d=(0.7\sim0.8)d2$，$d2$ 为箱盖箱座连接凸缘螺栓直径。其长度应大于上下箱连接凸缘的总厚度，并且装配成上、下两头均有一定长度的外伸量，以便装拆，如图 2-33 所示。

图 2-32　指定包含角

图 2-33　定位销

2.2.5　圆环

圆环可以看作是两个同心圆。利用"圆环"命令可以快速完成同心圆的绘制。

1. 执行方式

- ☑ 命令行：DONUT。
- ☑ 菜单栏："绘图"→"圆环"。
- ☑ 功能区："默认"→"绘图"→"圆环" ◎。

2. 操作步骤

命令：DONUT↙

指定圆环的内径 <默认值>：（指定圆环内径）

指定圆环的外径 <默认值>：（指定圆环外径）

指定圆环的中心点或 <退出>：（指定圆环的中心点）

指定圆环的中心点或 <退出>：（继续指定圆环的中心点，则继续绘制相同内外径的圆环。用 Enter 键、空格键或鼠标右键结束命令，如图 2-34（a）所示）

3. 选项说明

（1）若指定内径为 0，则画出实心填充圆，如图 2-34（b）所示。

（2）用 FILL 命令可以控制圆环是否填充，具体方法如下：

命令：FILL↙

输入模式 [开(ON)/关(OFF)] <开>：（选择"开(ON)"选项表示填充，选择"关(OFF)"选项表示不填充，如图 2-34（c）所示）

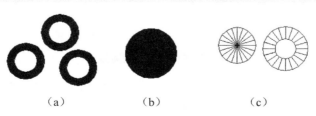

（a）　　　　　（b）　　　　　（c）

图 2-34　绘制圆环

2.2.6 椭圆与椭圆弧

1．执行方式

- ☑ 命令行：ELLIPSE。
- ☑ 菜单栏："绘图"→"椭圆"→"圆弧"。
- ☑ 工具栏："绘图"→"椭圆" ⬭ 或"绘图"→"椭圆弧" ⬮。
- ☑ 功能区："默认"→"绘图"→"圆心" ⬭ 或"默认"→"绘图"→"轴，端点" ⬭ 或 "默认"→"绘图"→"椭圆弧" ⬮。

2．操作步骤

命令：ELLIPSE✓
指定椭圆的轴端点或 [圆弧(A)/中心点(C)]：（指定轴端点1，如图 2-35（a）所示）
指定轴的另一个端点：（指定轴端点2，如图 2-35（a）所示）
指定另一条半轴长度或 [旋转(R)]：

3．选项说明

- ☑ 指定椭圆的轴端点：根据两个端点定义椭圆的第一条轴。第一条轴的角度确定了整个椭圆的角度。第一条轴既可定义椭圆的长轴也可定义短轴。
- ☑ 旋转(R)：通过绕第一条轴旋转圆来创建椭圆。相当于将一个圆绕椭圆轴翻转一个角度后的投影视图。
- ☑ 中心点(C)：通过指定的中心点创建椭圆。
- ☑ 圆弧(A)：该选项用于创建一段椭圆弧，与工具栏："绘图"→"椭圆弧" ⬮功能相同。其中第一条轴的角度确定了椭圆弧的角度。第一条轴既可定义椭圆弧长轴，也可定义椭圆弧短轴。选择该选项，系统继续提示：

指定椭圆弧的轴端点或 [中心点(C)]：（指定端点或输入"C"）
指定轴的另一个端点：（指定另一端点）
指定另一条半轴长度或 [旋转(R)]：（指定另一条半轴长度或输入"R"）
指定起始角度或 [参数(P)]：（指定起始角度或输入"P"）
指定终止角度或 [参数(P)/包含角度(I)]：

其中各选项含义如下。

- ❖ 角度：指定椭圆弧端点的两种方式之一，光标与椭圆中心点连线的夹角为椭圆端点位置的角度，如图 2-35（b）所示。

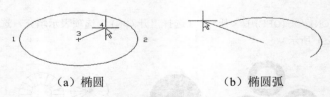

（a）椭圆　　　　　　　　　　（b）椭圆弧

图 2-35　椭圆和椭圆弧

- ❖ 参数(P)：指定椭圆弧端点的另一种方式，该方式同样是指定椭圆弧端点的角度，但通过以下矢量参数方程式创建椭圆弧。

$$p(u) = c + a \times \cos(u) + b \times \sin(u)$$

其中，c 为椭圆的中心点，a 和 b 分别为椭圆的长轴和短轴，u 为光标与椭圆中心点连线的夹角。

❖ 包含角度(I)：定义从起始角度开始的包含角度。

2.3 平面图形命令

平面图形包括矩形和正多边形两种基本图形单元。本节将学习这两种平面图形的命令和绘制方法。

2.3.1 矩形

矩形是最简单的封闭直线图形，在机械制图中常用来表达平行投影平面的面，而在建筑制图中常用来表达墙体平面。

1. 执行方式

☑ 命令行：RECTANG（快捷命令：REC）。

☑ 菜单栏："绘图"→"矩形"。

☑ 工具栏："绘图"→"矩形" □。

☑ 功能区："默认"→"绘图"→"矩形" □。

2. 操作步骤

命令：RECTANG✓
指定第一个角点或 [倒角(C)/标高(E)/圆角(F)/厚度(T)/宽度(W)]：
指定另一个角点或 [面积(A)/尺寸(D)/旋转(R)]：

3. 选项说明

☑ 第一个角点：通过指定两个角点确定矩形，如图 2-36（a）所示。

☑ 倒角(C)：指定倒角距离，绘制带倒角的矩形（如图 2-36（b）所示），每一个角点的逆时针和顺时针方向的倒角可以相同，也可以不同，其中第一个倒角距离是指角点逆时针方向倒角距离，第二个倒角距离是指角点顺时针方向倒角距离。

☑ 标高(E)：指定矩形标高（Z 坐标），即把矩形画在标高为 Z，且和 XOY 坐标面平行的平面上，并作为后续矩形的标高值。

☑ 圆角(F)：指定圆角半径，绘制带圆角的矩形，如图 2-36（c）所示。

☑ 厚度(T)：指定矩形的厚度，如图 2-36（d）所示。

☑ 宽度(W)：指定线宽，如图 2-36（e）所示。

（a）　　　　　（b）　　　　　（c）　　　　　（d）　　　　　（e）

图 2-36　绘制矩形

☑ 面积(A)：指定面积和长或宽创建矩形。选择该选项，系统提示：

输入以当前单位计算的矩形面积 <20.0000>：　（输入面积值）
计算矩形标注时依据 [长度(L)/宽度(W)] <长度>：（按 Enter 键或输入"W"）

> 输入矩形长度 <4.0000>: （指定长度或宽度）

指定长度或宽度后，系统将自动计算另一个维度后绘制出矩形。如果矩形被倒角或圆角，则长度或宽度计算中会考虑此设置，如图 2-37 所示。

☑ 尺寸(D)：使用长和宽创建矩形。第二个指定点将矩形定位在与第一角点相关的 4 个位置之一内。

☑ 旋转(R)：旋转所绘制的矩形的角度。选择该选项，系统提示：

> 指定旋转角度或 [拾取点(P)] <135>: （指定角度）
> 指定另一个角点或 [面积(A)/尺寸(D)/旋转(R)]：（指定另一个角点或选择其他选项）

指定旋转角度后，系统按指定角度创建矩形，如图 2-38 所示。

 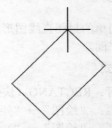

（a）倒角距离（1,1）　　　（b）圆角半径：1.0
面积：20 长度：6　　　面积：20 宽度：0

图 2-37　按面积绘制矩形　　　　　　　　图 2-38　按指定旋转角度创建矩形

2.3.2　实例——方头平键

利用"矩形"命令绘制方头平键，绘制流程图如图 2-39 所示。

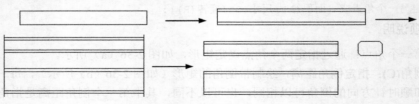

图 2-39　方头平键

操作步骤：（光盘\动画演示\第 2 章\方头平键.avi）

（1）绘制主视图外形

❶ 选择菜单栏中的"绘图"→"矩形"命令，命令行提示与操作如下：

> 命令：RETANG✓
> 指定第一个角点或 [倒角(C)/标高(E)/圆角(F)/厚度(T)/宽度(W)]：0,30 ✓
> 指定另一个角点或 [面积(A)/尺寸(D)/旋转(R)]：@100,11 ✓

结果如图 2-40 所示。

❷ 选择菜单栏中的"绘图"→"直线"命令，绘制主视图两条棱线。一条棱线端点的坐标值为（0,32）和（@100,0），另一条棱线端点的坐标值为（0,39）和（@100,0），结果如图 2-41 所示。

图 2-40　绘制主视图外形　　　　　　　图 2-41　绘制主视图棱线

（2）绘制构造线

选择菜单栏中的"绘图"→"构造线"命令，命令行提示与操作如下：

```
命令:XLINE↙
指定点或 [水平(H)/垂直(V)/角度(A)/二等分(B)/偏移(O)]：（指定主视图左边竖线上一点）
指定通过点：（指定竖直位置上一点）
指定通过点：↙
```

使用同样方法绘制右边竖直构造线，如图 2-42 所示。

（3）绘制俯视图

❶ 选择菜单栏中的"绘图"→"矩形"和"直线"命令，命令行提示与操作如下：

```
命令：RETANG↙
指定第一个角点或 [倒角(C)/标高(E)/圆角(F)/厚度(T)/宽度(W)]：（指定左边构造线上一点）
指定另一个角点或 [面积(A)/尺寸(D)/旋转(R)]：@100,18
```

❷ 接着绘制两条直线，端点分别为{（0,2），（@100,0）}和{（0,16），（@100,0）}，结果如图 2-43 所示。

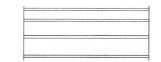

图 2-42　绘制竖直构造线　　　　　　图 2-43　绘制俯视图

（4）绘制左视图构造线

选择菜单栏中的"绘图"→"构造线"命令，命令行提示与操作如下：

```
命令：_xline
指定点或 [水平(H)/垂直(V)/角度(A)/二等分(B)/偏移(O)]：H↙
指定通过点：（指定主视图上右上端点）
指定通过点：（指定主视图上右下端点）
指定通过点：（捕捉俯视图上右上端点）
指定通过点：（捕捉俯视图上右下端点）
指定通过点：↙
命令：↙（按 Enter 键表示重复"构造线"命令）
指定点或 [水平(H)/垂直(V)/角度(A)/二等分(B)/偏移(O)]：A↙
输入构造线的角度 (0) 或 [参照(R)]：-45↙
指定通过点：（任意指定一点）
指定通过点：↙
命令：XLINE↙
指定点或 [水平(H)/垂直(V)/角度(A)/二等分(B)/偏移(O)]：V↙
指定通过点：（指定斜线与第三条水平线的交点）
指定通过点：（指定斜线与第四条水平线的交点）
```

结果如图 2-44 所示。

（5）绘制左视图

选择菜单栏中的"绘图"→"矩形"命令，设置矩形两个倒角距离为2，命令行提示与操作如下：

```
命令：_rectang↙
指定第一个角点或 [倒角(C)/标高(E)/圆角(F)/厚度(T)/宽度(W)]：C↙
指定矩形的第一个倒角距离 <0.0000>：（指定主视图上右上端点）
指定第二点：（指定主视图上右上第二个端点）
指定矩形的第二个倒角距离 <2.0000>：↙
指定第一个角点或 [倒角(C)/标高(E)/圆角(F)/厚度(T)/宽度(W)]：（按构造线确定位置指定一
个角点）
```

指定另一个角点或 [面积(A)/尺寸(D)/旋转(R)]：（按构造线确定位置指定另一个角点）

结果如图 2-45 所示。

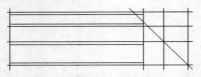

图 2-44　绘制左视图构造线

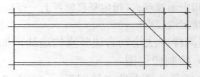

图 2-45　绘制左视图

（6）删除构造线

最终结果如图 2-39 所示。

2.3.3　正多边形

正多边形是相对复杂的一种平面图形，人类曾经为准确找到手工绘制正多边形的方法而长期求索。伟大数学家高斯为发现正十七边形的绘制方法而引以为毕生的荣誉，以致他的墓碑也被设计成正十七边形。现在利用 AutoCAD 可以轻松地绘制任意边的正多边形。

1. 执行方式

☑　命令行：POLYGON。

☑　菜单栏："绘图"→"多边形"。

☑　工具栏："绘图"→"多边形" ⬠。

☑　功能区："默认"→"绘图"→"多边形" ⬡。

2. 操作步骤

命令：POLYGON✓

输入侧面数 <4>：（指定多边形的边数，默认值为 4）

指定正多边形的中心点或 [边(E)]：（指定中心点）

输入选项 [内接于圆(I)/外切于圆(C)] <I>：（指定是内接于圆或外切于圆，I 表示内接，如图 2-46（a）所示，C 表示外切，如图 2-46（b）所示）

指定圆的半径：（指定外切圆或内接圆的半径）

3. 选项说明

如果选择"边"选项，则只要指定多边形的一条边，系统就会按逆时针方向创建该正多边形，如图 2-46（c）所示。

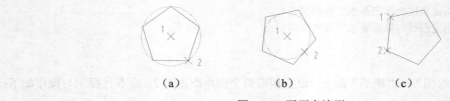

（a）　　　　　　　　　　（b）　　　　　　　　　　（c）

图 2-46　画正多边形

2.3.4　实例——螺母

利用"多边形"命令可绘制螺母，绘制流程图如图 2-47 所示。

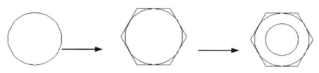

图 2-47 绘制螺母

操作步骤：（光盘\动画演示\第 2 章\螺母.avi）

（1）绘制一个圆

选择菜单栏中的"绘图"→"圆"命令，命令行提示与操作如下：

```
命令：circle✓
指定圆的圆心或 [三点(3P)/两点(2P)/切点、切点、半径(T)]：150,150✓
指定圆的半径或 [直径(D)]：50✓
```

得到的结果如图 2-48 所示。

（2）绘制正六边形

选择菜单栏中的"绘图"→"多边形"命令，命令行提示与操作如下：

```
命令：polygon✓
输入侧面数 <4>：6
指定正多边形的中心点或 [边(E)]：150,150✓
输入选项 [内接于圆(I)/外切于圆(C)] <I>：c✓
指定圆的半径：50✓
```

得到的结果如图 2-49 所示。

图 2-48 绘制圆

图 2-49 绘制正六边形

（3）绘制另一个圆

选择菜单栏中的"绘图"→"圆"命令，以（150,150）为中心，以 30 为半径绘制圆，方法同前，结果如图 2-47 所示。

2.4 点

点在 AutoCAD 中有多种不同的表示方式，用户可以根据需要进行设置。同时也可以设置等分点和测量点。

2.4.1 绘制点

通常认为，点是最简单的图形单元。在工程图形中，点通常用来标定某个特殊的坐标位置，或者作为某个绘制步骤的起点和基础。为了使点更明显，AutoCAD 为点设置了各种样式，用户可以根据需要来选择。

1. 执行方式

☑ 命令行：POINT。

☑ 菜单栏："绘图"→"点"→"单点"或"多点"。

☑ 工具栏："绘图"→"点"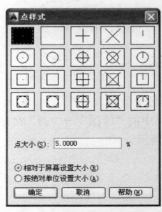。

☑ 功能区："默认"→"绘图"→"多点"。

2. 操作步骤

命令：POINT✓

指定点：（指定点所在的位置）

3. 选项说明

（1）通过菜单方法操作时（如图 2-50 所示），"单点"命令表示只输入一个点，"多点"命令表示可输入多个点。

（2）可以打开状态栏中的"对象捕捉"开关设置点捕捉模式，帮助用户拾取点。

（3）点在图形中的表示样式共有 20 种。可通过 DDPTYPE 命令或选择"格式"→"点样式"命令，弹出"点样式"对话框来设置，如图 2-51 所示。

图 2-50 "点"子菜单

图 2-51 "点样式"对话框

2.4.2 等分点

有时需要把某个线段或曲线按一定的等份数进行等分。这一点在手工绘图中很难实现，但在 AutoCAD 中可以通过相关命令轻松完成。

1. 执行方式

☑ 命令行：DIVIDE（快捷命令：DIV）。

☑ 菜单栏："绘图"→"点"→"定数等分"。

☑ 功能区："默认"→"绘图"→"定数等分"。

2. 操作步骤

> 命令：DIVIDE✓
>
> 选择要定数等分的对象：（选择要等分的实体）
>
> 输入线段数目或 [块(B)]：（指定实体的等分数，绘制结果如图 2-52（a）所示）

3. 选项说明

（1）等分数范围为 2~32767。

（2）在等分点处，按当前点样式设置画出等分点。

（3）在第二提示行选择"块(B)"选项时，表示在等分点处插入指定的块（BLOCK）（见第 4 章相关内容）。

2.4.3 测量点

和等分点类似，有时需要把某个线段或曲线按给定的长度为单元进行等分。在 AutoCAD 中可以通过相关命令来完成。

1. 执行方式

☑ 命令行：MEASURE（快捷命令：ME）。

☑ 菜单栏："绘图"→"点"→"定距等分"。

☑ 功能区："默认"→"绘图"→"定距等分" ✗。

2. 操作步骤

> 命令：MEASURE✓
>
> 选择要定距等分的对象：（选择要设置测量点的实体）
>
> 指定线段长度或 [块(B)]：（指定分段长度，绘制结果如图 2-52（b）所示）

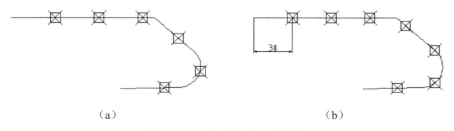

（a）   （b）

图 2-52　画出等分点和测量点

3. 选项说明

（1）设置的起点一般是指指定线的绘制起点。

（2）在第二提示行选择"块(B)"选项时，表示在测量点处插入指定的块，后续操作与 2.4.2 节等分点类似。

（3）在等分点处按当前点样式设置画出等分点。

（4）最后一个测量段的长度不一定等于指定分段长度。

2.4.4 实例——棘轮

本实例主要介绍等分点命令的使用方法，绘制棘轮的流程图如图 2-53 所示。

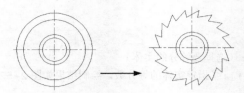

图 2-53　棘轮

操作步骤：（光盘\动画演示\第 2 章\棘轮.avi）

（1）绘制棘轮中心线

❶ 将当前图层设置为"中心线"图层。选择菜单栏中的"绘图"→"直线"命令，绘制中心线，命令行提示与操作如下：

```
命令:LINE↙
指定第一点: -120,0↙
指定下一点或 [放弃(U)]: @240,0↙
指定下一点或 [放弃(U)]: ↙
```

❷ 用同样方法，选择菜单栏中的"绘图"→"直线"命令绘制线段，端点坐标为(0,120)和(@0,-240)。

（2）绘制棘轮内孔及轮齿内外圆

❶ 将当前图层设置为"粗实线"图层。选择菜单栏中的"绘图"→"圆"命令，绘制棘轮内孔，命令行提示与操作如下：

```
命令: CIRCLE↙
指定圆的圆心或 [三点(3P)/两点(2P)/切点、切点、半径(T)]: 0,0↙
指定圆的半径或 [直径(D)]: 35↙
```

❷ 用同样方法，选择菜单栏中的"绘图"→"圆"命令，圆心坐标为 (0,0)，半径分别为 45、90 和 110。绘制结果如图 2-54 所示。

（3）等分圆形

❶ 选择菜单栏中的"格式"→"点样式"命令，弹出如图 2-55 所示的"点样式"对话框。选择其中的⊠样式，将点大小设置为相对于屏幕设置大小的 5%，单击"确定"按钮。

❷ 选择菜单栏中的"绘图"→"点"→"定数等分"命令，或在命令行中输入"DIVIDE"，将半径分别为 90 与 110 的圆 18 等分。命令行提示与操作如下：

```
命令: divide↙
选择要定数等分的对象:（指定圆）
输入线段数目或 [块(B)]: 18↙
```

绘制结果如图 2-56 所示。

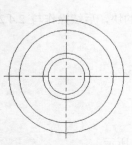

图 2-54　绘制圆

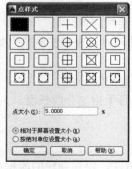

图 2-55　"点样式"对话框

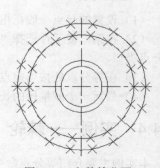

图 2-56　定数等分圆

（4）绘制齿廓

选择菜单栏中的"绘图"→"直线"命令，绘制齿廓，命令行提示与操作如下：

> 命令：LINE↙
> 指定第一点：
> 指定下一点或 [放弃(U)]：（捕捉 A 点）
> 指定下一点或 [放弃(U)]：（捕捉 B 点）

结果如图 2-57 所示。同理绘制其他直线，结果如图 2-58 所示。

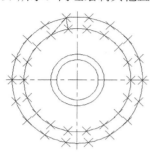

图 2-57　绘制直线

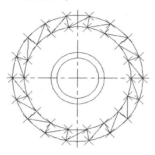

图 2-58　绘制轮廓

（5）删除多余的点和线

选中半径分别为 90 与 110 的圆和所有的点，按 Delete 键，将选中的点和线删除，结果如图 2-53 所示。

知识详解——棘轮机构的工作原理

如图 2-59 所示，在曲柄摇杆机构中，曲柄匀速连续转动带动摇杆左右摆动，当摇杆左摆时，棘爪 1 插入棘轮的齿内推动棘轮转过某一角度。当摇杆右摆时，棘爪 1 滑过棘轮，而棘轮静止不动，往复循环。棘爪 2 防止棘轮反转。

这种有齿的棘轮，其进程的变化最少是 1 个齿距，且工作时有响声。

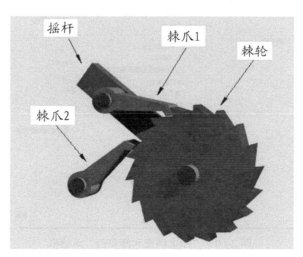

图 2-59　棘轮工作原理

2.5   高级绘图命令

除了前面介绍的一些绘图命令外，还有一些比较复杂的绘图命令，包括"图案填充"、"多段线"、"样条曲线"命令等。

2.5.1   图案填充

在有些图形，尤其是机械工程图中，有时会遇到绘制重复的、有规律的图线的问题，例如剖面线，这些图线如果用前面讲述的绘图命令绘制，会导致既繁琐又不准确的情况出现。为此，AutoCAD 设置了"图案填充"命令来快速完成这种工作。

1．执行方式

☑ 命令行：BHATCH。

☑ 菜单栏："绘图"→"图案填充"。

☑ 工具栏："绘图"→"图案填充"⬚。

☑ 功能区："默认"→"绘图"→"图案填充"⬚。

2．选项说明

执行上述命令后，打开如图 2-60 所示的"图案填充和渐变色"对话框，其中各项含义介绍如下。

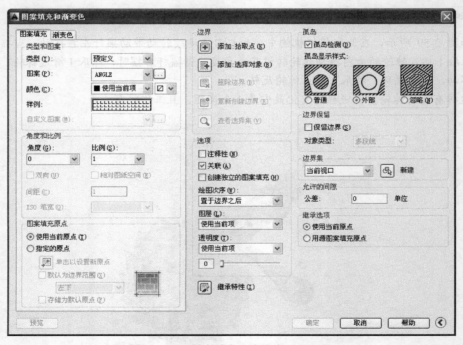

图 2-60   "图案填充和渐变色"对话框

（1）"图案填充"选项卡

此选项卡下的各选项用来确定图案及其参数。选择此选项卡后，弹出如图 2-60 左边所示的选项组。其中各选项含义介绍如下。

☑　　"类型"下拉列表框：用于确定填充图案的类型及图案。点取设置区中的小箭头，弹出一个下拉列表，如图 2-61 所示。在该下拉列表中，"用户定义"选项表示用户要临时定义填充图案，与命令行方式中的 U 选项作用相同；"自定义"选项表示选用 acad.pat 图案文件或其他图案文件（.pat 文件）中的图案填充；"预定义"选项表示用 AutoCAD 标准图案文件（acad.pat 文件）中的图案填充。

☑　　"图案"按钮：用于确定标准图案文件中的填充图案。在弹出的下拉列表中，用户可选择填充图案。选择所需要的填充图案后，在"样例"中的图案框内会显示出该图案。只有用户在"类型"下拉列表框中选择"预定义"选项，此选项才以正常亮度显示，即允许用户从自己定义的图案文件中选择填充图案。

如果用户选择的图案类型是"预定义"，则单击"图案"下拉列表框右侧的□按钮，将会弹出类似图 2-62 所示的对话框。在该对话框中将显示所选类型所具有的图案，用户可以从中确定所需要的图案。

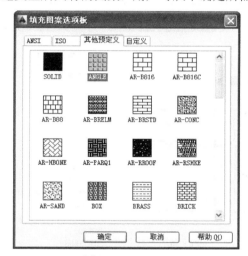

图 2-61　填充图案类型　　　　　　图 2-62　"填充图案选项板"对话框

☑　　"样例"图案框：此选项用来给出一个样本图案，显示当前用户所选用的填充图案。用户可以通过单击该图案的方式迅速查看或选取已有的填充图案。

☑　　"自定义图案"下拉列表框：用于从用户定义的填充图案。只有在"类型"下拉列表框中选择"自定义"选项后，该选项才以正常亮度显示，即允许用户从自己定义的图案文件中选取填充图案。

☑　　"角度"下拉列表框：用于确定填充图案时的旋转角度。每种图案在定义时的旋转角度为 0，用户可在该下拉列表框中输入所希望的旋转角度。

☑　　"比例"下拉列表框：用于确定填充图案的比例值。每种图案在定义时的初始比例为 1，用户可以根据需要放大或缩小，方法是在该下拉列表框中输入相应的比例值。

☑　　"双向"复选框：用于确定用户临时定义的填充线是一组平行线还是相互垂直的两组平行线。只有当在"类型"下拉列表框中选择"用户定义"选项，该复选框才可以使用。

☑　　"相对图纸空间"复选框：确定是否相对于图纸空间单位确定填充图案的比例值。选中此复选框，可以按适合于版面布局的比例方便地显示填充图案。注意，该选项仅适用于图形版面编排。

☑ "间距"文本框：指定线之间的间距，在"间距"文本框中输入值即可。只有当在"类型"下拉列表框中选择"用户定义"选项，该选项才可以使用。

☑ "ISO 笔宽"下拉列表框：用于告诉用户根据所选择的笔宽确定与 ISO 有关的图案比例。只有选择了已定义的 ISO 填充图案后，才可确定它的内容。

☑ "图案填充原点"选项组：控制填充图案生成的起始位置。有一些图案填充（如砖块图案）需要与图案填充边界上的一点对齐。默认情况下，所有图案填充原点都对应于当前的 UCS 原点。另外，也可以选择"指定的原点"及下面一级的选项重新指定原点。

（2）"渐变色"选项卡

渐变色是指从一种颜色到另一种颜色的平滑过渡，能产生光的效果，可为图形添加视觉效果。选择该选项卡后，弹出如图 2-63 所示的对话框，其中各选项含义介绍如下。

☑ "单色"单选按钮：应用单色对所选择的对象进行渐变填充。其下方的显示框显示用户所选择的真彩色，单击右侧的小方块按钮，系统将打开"选择颜色"对话框，如图 2-64 所示。

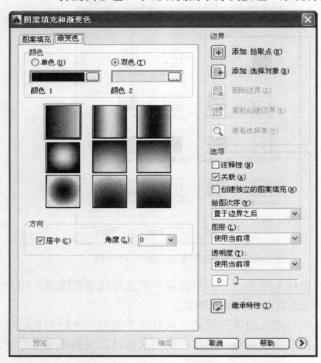

图 2-63　"渐变色"选项卡

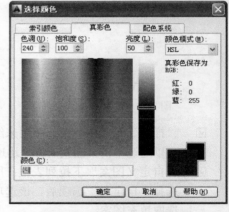

图 2-64　"选择颜色"对话框

☑ "双色"单选按钮：应用双色对所选择的对象进行渐变填充。填充颜色将从颜色 1 渐变到颜色 2。颜色 1 和颜色 2 的选取与单色选取类似。

☑ "渐变方式"样板：在"渐变色"选项卡的下方有 9 个"渐变方式"样板，分别表示不同的渐变方式，包括线形、球形和抛物线形等方式。

☑ "居中"复选框：该复选框决定渐变填充是否居中。

☑ "角度"下拉列表框：在该下拉列表框中选择角度，此角度即为渐变色倾斜的角度。不同的渐变色填充如图 2-65 所示。

（a）单色线形居中 0°渐变填充　　　（b）双色抛物线形居中 0°渐变填充

（c）双色线形不居中 45°渐变填充　　（d）单色球形居中 90°渐变填充

图 2-65　不同的渐变色填充

（3）"边界"选项组

☑　"添加:拾取点"按钮：以点取点的形式自动确定填充区域的边界。在填充的区域内任意点取一点，系统会自动确定包围该点的封闭填充边界，并且高亮度显示，如图 2-66 所示。

  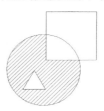

（a）选择一点　　　　　（b）填充区域　　　　　（c）填充结果

图 2-66　边界确定

☑　"添加:选择对象"按钮：以选取对象的方式确定填充区域的边界。可以根据需要选取构成填充区域的边界。同样，被选择的边界也会以高亮度显示，如图 2-67 所示。

（a）原始图　　　　（b）选择边界对象　　　　（c）填充结果

图 2-67　选择边界对象

☑　"删除边界"按钮：从边界定义中删除以前添加的任何对象，如图 2-68 所示。

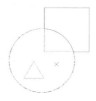 

（a）选取边界对象　　　　（b）删除边界　　　　（c）填充结果

图 2-68　删除边界

☑ "重新创建边界"按钮：围绕选定的图案填充或填充对象创建多段线或面域。

☑ "查看选择集"按钮：观看填充区域的边界。单击该按钮，AutoCAD 临时切换到作图屏幕，将所选择的作为填充边界的对象以高亮度方式显示。只有通过"拾取点"按钮或"选择对象"按钮选取了填充边界，"查看选择集"按钮才可以使用。

（4）"选项"选项组

☑ "注释性"复选框：指定图案填充为 annotative。

☑ "关联"复选框：用于确定填充图案与边界的关系。若选中该复选框，那么填充的图案与填充边界保持着关联关系，即图案填充后，当用钳夹（Grips）功能对边界进行拉伸等编辑操作时，AutoCAD 会根据边界的新位置重新生成填充图案。

☑ "创建独立的图案填充"复选框：控制当指定了几个独立的闭合边界时，是创建单个图案填充对象还是创建多个图案填充对象，如图 2-69 所示。

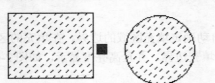
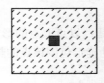

（a）不独立，选中时是一个整体　　　　　（b）独立，选中时不是一个整体

图 2-69　独立与不独立

☑ "绘图次序"下拉列表框：指定图案填充的绘图顺序。图案填充可以放在所有其他对象之后、所有其他对象之前、图案填充边界之后或图案填充边界之前。

（5）"继承特性"按钮

此按钮的作用是继承特性，即选用图中已有的填充图案作为当前的填充图案。

（6）"孤岛"选项组

☑ 孤岛显示样式：用于确定图案的填充方式。用户可以从中选取所要的填充方式。默认的填充方式为"普通"。用户也可以在快捷菜单中选择填充方式。

☑ "孤岛检测"复选框：确定是否检测孤岛。

（7）"边界保留"选项组

指定是否将边界保留为对象，并确定应用于这些对象的对象类型是多段线还是面域。

（8）"边界集"选项组

此选项组用于定义边界集。当单击"添加:拾取点"按钮以根据一指定点的方式确定填充区域时，有两种定义边界集的方式：一种是将包围所指定点的最近的有效对象作为填充边界，即"当前视口"选项，该选项是系统的默认方式；另一种方式是用户自己选定一组对象来构造边界，即"现有集合"选项，选定对象通过其上面的"新建"按钮实现，单击该按钮后，则 AutoCAD 临时切换到作图屏幕，并提示用户选取作为构造边界集的对象。此时若选择"现有集合"选项，AutoCAD 会根据用户指定的边界集中的对象来构造一封闭边界。

（9）"允许的间隙"选项组

设置将对象用作图案填充边界时可以忽略的最大间隙。默认值为 0，此值指定对象必须封闭区域而没有间隙。

（10）"继承选项"选项组

使用"继承特性"创建图案填充时，控制图案填充原点的位置。

2.5.2 实例——滚花零件

本实例主要介绍"图案填充"命令的使用方法，绘制滚花零件的流程图如图 2-70 所示。

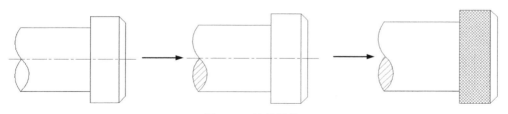

图 2-70 滚花零件

操作步骤：（光盘\动画演示\第 2 章\滚花零件.avi）

（1）设置图层

选择菜单栏中的"格式"→"图层"命令，系统打开"图层特性管理器"选项板，新建图层，如图 2-71 所示。

图 2-71 图层设置

（2）绘制图形

利用前面学过的绘图命令和编辑命令绘制图形轮廓，如图 2-72 所示。

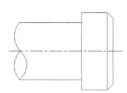

图 2-72 绘制图形

（3）填充断面

❶ 将"图案填充"图层设置为当前图层。利用"图案填充"命令，系统打开"图案填充和渐变色"对话框，在"类型"下拉列表框中选择"用户定义"选项，"角度"设置为 45°，"间距"设置为 0.2，如图 2-73 所示。

❷ 单击"添加:拾取点"按钮，系统切换到绘图平面，在断面处拾取一点，如图 2-74 所示。右击确认，系统弹出快捷菜单，选择"确认"命令，如图 2-75 所示。返回"图案填充和渐变色"对话框，单击"确定"按钮确认退出。

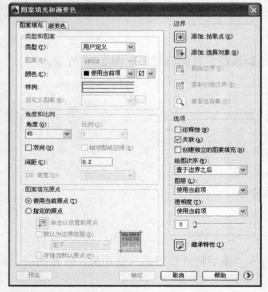

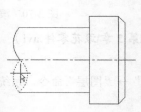

| 图 2-73 "图案填充和渐变色"对话框 | 图 2-74 拾取点 | 图 2-75 快捷菜单 |

❸ 填充结果如图 2-76 所示。

（4）绘制滚花表面

❶ 重新利用"图案填充"命令，弹出"图案填充和渐变色"对话框，在"类型"下拉列表框中选择"用户定义"选项，"角度"设置为 45°，"间距"设置为 0.2，如图 2-77 所示。

❷ 单击"添加:选择对象"按钮，系统切换到绘图平面，选择边界对象，选中的对象亮显，如图 2-78 所示。右击确认，系统弹出快捷菜单，选择"确认"命令，系统回到"边界图案填充"对话框，单击"确定"按钮确认退出。最终绘制的图形如图 2-70 所示。

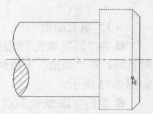

| 图 2-76 填充结果 | 图 2-77 "图案填充和渐变色"对话框 | 图 2-78 选择边界对象 |

2.5.3　多段线

多段线是一种由线段和圆弧组合而成的不同线宽的多线，这种线由于其组合形式多样，线宽变化弥补了直线或圆弧功能的不足，适合绘制各种复杂的图形轮廓，因而得到广泛的应用。

1. 执行方式

☑　命令行：PLINE。

☑　菜单栏："绘图"→"多段线"。

☑　工具栏："绘图"→"多段线" ⌐。

☑　功能区："默认"→"绘图"→"多段线" ⌐。

2. 操作步骤

命令：PLINE ✓
指定起点：（指定多段线的起始点）
当前线宽为 0.0000　（提示当前多段线的宽度）
指定下一个点或 [圆弧(A)/半宽(H)/长度(L)/放弃(U)/宽度(W)]：
指定下一点或 [圆弧(A)/闭合(C)/半宽(H)/长度(L)/放弃(U)/宽度(W)]：

3. 选项说明

☑　指定下一个点：确定另一端点绘制一条直线段，是系统的默认项。

☑　圆弧(A)：使系统变为绘圆弧方式。当选择了该选项后，系统会提示：

指定圆弧的端点或[角度(A)/圆心(CE)/闭合(CL)/方向(D)/半宽(H)/直线(L)/半径(R)/第二个点(S)/放弃(U)/宽度(W)]：

❖　圆弧的端点：绘制弧线段，此为系统的默认项。弧线段从多段线上一段的最后一点开始并与多段线相切。

❖　角度(A)：指定弧线段从起点开始包含的角度。若输入的角度值为正值，则按逆时针方向绘制弧线段；反之，按顺时针方向绘制弧线段。

❖　圆心(CE)：指定所绘制弧线段的圆心。

❖　闭合(CL)：用一段弧线段封闭所绘制的多段线。

❖　方向(D)：指定弧线段的起始方向。

❖　半宽(H)：指定从宽多段线线段的中心到其一边的宽度。

❖　直线(L)：退出绘制圆弧功能项并返回到 PLINE 命令的初始提示信息状态。

❖　半径(R)：指定所绘制弧线段的半径。

❖　第二个点(S)：利用三点绘制圆弧。

❖　放弃(U)：撤销上一步操作。

❖　宽度(W)：指定下一条直线段的宽度。与"半宽"相似。

☑　闭合(C)：绘制一条直线段来封闭多段线。

☑　半宽(H)：指定从宽多段线线段的中心到其一边的宽度。

☑　长度(L)：在与前一线段相同的角度方向上绘制指定长度的直线段。

☑　放弃(U)：撤销上一步操作。

☑　宽度(W)：指定下一段多线段的宽度。

如图 2-79 所示为利用"多段线"命令绘制的图形。

图 2-79　绘制多段线

2.5.4　实例——带轮截面

本实例主要讲述利用"多段线"命令绘制如图 2-80 所示的带轮截面轮廓线。

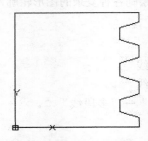

图 2-80　带轮截面轮廓线

操作步骤：（光盘\动画演示\第 2 章\带轮截面.avi）

选择菜单栏中的"绘图"→"多段线"命令，或者单击"绘图"工具栏中的"多段线"按钮，或者在命令行中输入"PLINE"后按 Enter 键，命令行提示与操作如下：

```
命令:PLINE✓
指定起点: 0,0✓
当前线宽为 0.0000
指定下一个点或 [圆弧(A)/半宽(H)/长度(L)/放弃(U)/宽度(W)]: 0,240✓
指定下一点或 [圆弧(A)/闭合(C)/半宽(H)/长度(L)/放弃(U)/宽度(W)]: 250,240✓
指定下一点或 [圆弧(A)/闭合(C)/半宽(H)/长度(L)/放弃(U)/宽度(W)]: 250,220✓
指定下一点或 [圆弧(A)/闭合(C)/半宽(H)/长度(L)/放弃(U)/宽度(W)]: 210,207.5✓
指定下一点或 [圆弧(A)/闭合(C)/半宽(H)/长度(L)/放弃(U)/宽度(W)]: 210,182.5✓
指定下一点或 [圆弧(A)/闭合(C)/半宽(H)/长度(L)/放弃(U)/宽度(W)]: 250,170✓
指定下一点或 [圆弧(A)/闭合(C)/半宽(H)/长度(L)/放弃(U)/宽度(W)]: 250,145✓
指定下一点或 [圆弧(A)/闭合(C)/半宽(H)/长度(L)/放弃(U)/宽度(W)]: 210,132.5✓
指定下一点或 [圆弧(A)/闭合(C)/半宽(H)/长度(L)/放弃(U)/宽度(W)]: 210,107.5✓
指定下一点或 [圆弧(A)/闭合(C)/半宽(H)/长度(L)/放弃(U)/宽度(W)]: 250,95✓
指定下一点或 [圆弧(A)/闭合(C)/半宽(H)/长度(L)/放弃(U)/宽度(W)]: 250,70✓
指定下一点或 [圆弧(A)/闭合(C)/半宽(H)/长度(L)/放弃(U)/宽度(W)]: 210,57.5✓
指定下一点或 [圆弧(A)/闭合(C)/半宽(H)/长度(L)/放弃(U)/宽度(W)]: 210,32.5✓
指定下一点或 [圆弧(A)/闭合(C)/半宽(H)/长度(L)/放弃(U)/宽度(W)]: 250,20✓
指定下一点或 [圆弧(A)/闭合(C)/半宽(H)/长度(L)/放弃(U)/宽度(W)]: 250,0✓
指定下一点或 [圆弧(A)/闭合(C)/半宽(H)/长度(L)/放弃(U)/宽度(W)]: C✓
```

结果如图 2-80 所示。

2.5.5　样条曲线

AutoCAD 使用一种称为非一致有理 B 样条（NURBS）曲线的特殊样条曲线类型。NURBS 曲线在控制点之间产生一条光滑的曲线，如图 2-81 所示。样条曲线可用于创建形状不规则的曲线，例如为地理信息系统（GIS）应用或汽车设计绘制轮廓线。

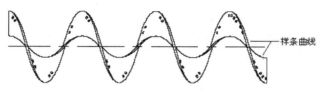

图 2-81 样条曲线

Note

1. 执行方式

☑ 命令行：SPLINE。

☑ 菜单栏："绘图"→"样条曲线"。

☑ 工具栏："绘图"→"样条曲线" ～。

☑ 功能区："默认"→"绘图"→"样条曲线" ～。

2. 操作步骤

> 命令：SPLINE↙
>
> 当前设置：方式=拟合 节点=弦
>
> 指定第一个点或 [方式(M)/节点(K)/对象(O)]：（指定一点或选择"对象(O)"选项）
>
> 输入下一个点或 [起点切向(T)/公差(L)]：（指定一点）
>
> 输入下一个点或 [端点相切(T)/公差(L)/放弃(U)]：
>
> 输入下一个点或 [端点相切(T)/公差(L)/放弃(U)/闭合(C)]：

3. 选项说明

☑ 方式(M)：通过指定拟合点来绘制样条曲线。更改"方式"将更新 SPLMETHOD 系统变量。

☑ 节点(K)：指定节点参数化，会影响曲线在通过拟合点时的形状。

☑ 对象(O)：将二维或三维的两次或 3 次样条曲线拟合多段线转换为等价的样条曲线，然后（根据 DELOBJ 系统变量的设置）删除该多段线。

☑ 起点切向(T)：基于切向创建样条曲线。

☑ 公差(L)：指定距样条曲线必须经过的指定拟合点的距离。公差应用于除起点和端点外的所有拟合点。

☑ 端点相切(T)：停止基于切向创建曲线。可通过指定拟合点继续创建样条曲线。选择"端点相切"后，将提示用户指定最后一个输入拟合点的最后一个切点。

☑ 闭合(C)：通过将最后一个点定义为与第一个点重合并使其在连接处相切，闭合样条曲线。

2.5.6 实例——螺丝刀

本实例主要介绍"样条曲线"命令的使用方法，绘制螺丝刀的流程图如图 2-82 所示。

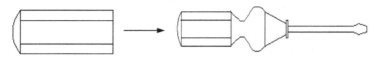

图 2-82 螺丝刀

操作步骤：（光盘\动画演示\第 2 章\螺丝刀.avi）

（1）绘制螺丝刀左部把手

选择菜单栏中的"绘图"→"矩形"命令，绘制矩形，两个角点的坐标为（45,180）和（170,120）；

选择菜单栏中的"绘图"→"直线"命令，绘制两条线段，坐标分别为{(45,166),(@125<0)}、{(45,134),(@125<0)}；单击"绘图"工具栏中的"圆弧"按钮 绘制圆弧，三点坐标分别为(45,180)、(35,150)、(45,120)。绘制的图形如图2-83所示。

（2）绘制螺丝刀的中间部分

❶ 选择菜单栏中的"绘图"→"样条曲线"命令，命令行提示与操作如下：

```
命令：SPLINE↙
当前设置：方式=拟合    节点=弦
指定第一个点或 [方式(M)/节点(K)/对象(O)]：170,180↙
输入下一个点或 [起点切向(T)/公差(L)]：192,165↙
输入下一个点或 [端点相切(T)/公差(L)/放弃(U)]：225,187↙
输入下一个点或 [端点相切(T)/公差(L)/放弃(U)/闭合(C)]：255,180↙
输入下一个点或 [端点相切(T)/公差(L)/放弃(U)/闭合(C)]：↙
命令：SPLINE↙
当前设置：方式=拟合    节点=弦
指定第一个点或 [方式(M)/节点(K)/对象(O)]：170,120↙
输入下一个点或 [起点切向(T)/公差(L)]：192,135↙
输入下一个点或 [端点相切(T)/公差(L)/放弃(U)]：225,113↙
输入下一个点或 [端点相切(T)/公差(L)/放弃(U)/闭合(C)]：255,120↙
输入下一个点或 [端点相切(T)/公差(L)/放弃(U)/闭合(C)]：↙
```

❷ 选择菜单栏中的"绘图"→"直线"命令，绘制一条连续线段，坐标分别为{(255,180),(308,160),(@5<90),(@5<0),(@30<-90),(@5<-180),(@5<90),(255,120),(255,180)}；再选择菜单栏中的"绘图"→"直线"命令，绘制一条连续线段，坐标分别为{(308,160),(@20<-90)}。绘制完成后的图形如图2-84所示。

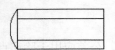
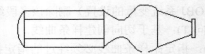

图2-83　绘制螺丝刀把手　　　　图2-84　绘制完成的螺丝刀中间部分的图形

（3）绘制螺丝刀的右部

选择菜单栏中的"绘图"→"多段线"命令，命令行提示与操作如下：

```
命令：PLINE↙
指定起点：313,155↙
当前线宽为 0.0000
指定下一点或 [圆弧(A)/闭合(C)/半宽(H)/长度(L)/放弃(U)/宽度(W)]：@162<0↙
指定下一点或 [圆弧(A)/闭合(C)/半宽(H)/长度(L)/放弃(U)/宽度(W)]：A↙
指定圆弧的端点或[角度(A)/圆心(CE)/闭合(CL)/方向(D)/半宽(H)/直线(L)/半径(R)/第二点(S)/放弃(U)/宽度(W)]：490,160↙
指定圆弧的端点或[角度(A)/圆心(CE)/闭合(CL)/方向(D)/半宽(H)/直线(L)/半径(R)/第二点(S)/放弃(U)/宽度(W)]：↙
命令：PLINE↙
指定起点：313,145↙
当前线宽为 0.0000
指定下一点或 [圆弧(A)/闭合(C)/半宽(H)/长度(L)/放弃(U)/宽度(W)]：@162<0↙
```

指定下一点或 [圆弧(A)/闭合(C)/半宽(H)/长度(L)/放弃(U)/宽度(W)]：A✓

指定圆弧的端点或[角度(A)/圆心(CE)/闭合(CL)/方向(D)/半宽(H)/直线(L)/半径(R)/第二点(S)/放弃(U)/宽度(W)]：490,140✓

指定圆弧的端点或[角度(A)/圆心(CE)/闭合(CL)/方向(D)/半宽(H)/直线(L)/半径(R)/第二点(S)/放弃(U)/宽度(W)]：L✓

指定下一点或 [圆弧(A)/闭合(C)/半宽(H)/长度(L)/放弃(U)/宽度(W)]：510,145✓

指定下一点或 [圆弧(A)/闭合(C)/半宽(H)/长度(L)/放弃(U)/宽度(W)]：@10<90✓

指定下一点或 [圆弧(A)/闭合(C)/半宽(H)/长度(L)/放弃(U)/宽度(W)]：490,160✓

指定下一点或 [圆弧(A)/闭合(C)/半宽(H)/长度(L)/放弃(U)/宽度(W)]：✓

最终绘制的图形如图 2-82 所示。

2.5.7　多线

多线是一种复合线，由连续的直线段复合组成。多线的一个突出优点是能够提高绘图效率，保证图线之间的统一性。

1. 执行方式

☑　命令行：MLINE。

☑　菜单栏："绘图"→"多线"。

2. 操作步骤

命令：MLINE✓

当前设置：对正 = 上，比例 = 20.00，样式 = STANDARD

指定起点或 [对正(J)/比例(S)/样式(ST)]：（指定起点）

指定下一点：（给定下一点）

指定下一点或 [放弃(U)]：（继续给定下一点绘制线段。输入"U"，则放弃前一段的绘制；右击或按Enter 键，结束命令）

指定下一点或 [闭合(C)/放弃(U)]：（继续给定下一点绘制线段。输入"C"，则闭合线段，结束命令）

2.6　综合实例——轴

本实例绘制的轴主要由直线、圆及圆弧组成，因此，可以用"直线"、"圆"及"圆弧"命令来绘制完成，流程图如图 2-85 所示。

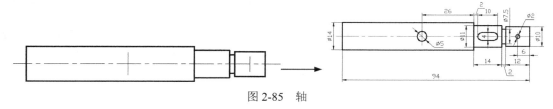

图 2-85　轴

操作步骤：（光盘\动画演示\第 2 章\轴.avi）

（1）设置绘图环境

命令：LIMITS✓

重新设置模型空间界限：

指定左下角点或 [开(ON)/关(OFF)] <0.0000,0.0000>:↙
指定右上角点 <420.0000,297.0000>: 297,210↙

（2）图层设置

选择菜单栏中的"格式"→"图层"命令，或者单击"图层"工具栏中的"图层特性管理器"按钮，新建两个图层。

❶ "轮廓线"图层，线宽属性为0.3mm，其余属性默认。

❷ "中心线"图层，颜色设为红色，线型加载为CENTER2，其余属性默认。

（3）绘制泵轴的中心线

将当前图层设置为"中心线"图层。选择菜单栏中的"绘图"→"直线"命令，绘制泵轴中心线，命令行提示与操作如下：

    命令：LINE↙
    指定第一点：65,130↙
    指定下一点或 [放弃(U)]：170,130↙
    指定下一点或 [放弃(U)]：↙
    命令：ZOOM↙
    指定窗口角点，输入比例因子 (nX 或 nXP)，或[全部(A)/中心点(C)/动态(D)/范围(E)/上一个(P)/比例(S)/窗口(W)] <实时>：E↙
    正在重生成模型
    命令：LINE↙ （绘制Ø5圆的竖直中心线）
    指定第一点：110,135↙
    指定下一点或 [放弃(U)]：110,125↙
    指定下一点或 [放弃(U)]：↙
    命令：↙ （绘制Ø2圆的竖直中心线）
    指定第一点：158,133↙
    指定下一点或 [放弃(U)]：158,127↙
    指定下一点或 [放弃(U)]：↙

（4）绘制泵轴的外轮廓线

将当前图层设置为"轮廓线"图层。选择菜单栏中的"绘图"→"矩形"命令，绘制泵轴外轮廓线，命令行提示与操作如下：

    命令：RECTANG↙ （绘制左端Ø14轴段）
    指定第一个角点或 [倒角(C)/标高(E)/圆角(F)/厚度(T)/宽度(W)]：70,123↙ （输入矩形的左下角点坐标）
    指定另一个角点或 [面积(A)/尺寸(D)/旋转(R)]：@66,14↙ （输入矩形的右上角点相对坐标）
    命令：LINE↙ （绘制Ø11轴段）
    指定第一点：_from 基点：（单击"对象捕捉"工具栏中的 图标，打开"捕捉自"功能，按提示操作）
    _int 于：（捕捉Ø14轴段右端与水平中心线的交点）
    <偏移>：@0,5.5↙
    指定下一点或 [放弃(U)]：@14,0↙
    指定下一点或 [放弃(U)]：@0,-11↙
    指定下一点或 [闭合(C)/放弃(U)]：@-14,0↙
    指定下一点或 [闭合(C)/放弃(U)]：↙
    命令：LINE↙

指定第一点：_from 基点：_int 于（捕捉 ∅11 轴段右端与水平中心线的交点）

<偏移>：@0,3.75↙

指定下一点或 [放弃(U)]：@ 2,0↙

指定下一点或 [放弃(U)]：↙

命令：LINE↙

指定第一点：_from 基点：_int 于（捕捉 ∅11 轴段右端与水平中心线的交点）

<偏移>：@0,-3.75↙

指定下一点或 [放弃(U)]：@2,0↙

指定下一点或 [放弃(U)]：↙

命令：RECTANG↙   （绘制右端 ∅10 轴段）

指定第一个角点或 [倒角(C)/标高(E)/圆角(F)/厚度(T)/宽度(W)]：152,125↙   （输入矩形的左下角点坐标）

指定另一个角点或 [面积(A)/尺寸(D)/旋转(R)]：@12,10↙   （输入矩形的右上角点相对坐标）

绘制结果如图 2-86 所示。

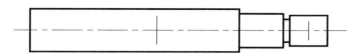

图 2-86   轴的外轮廓线

📣 **注意**： "_int 于："是"对象捕捉"功能启动后系统在命令行提示选择捕捉点的一种提示语言，此时通常会在绘图屏幕上显示可供选择的对象点的标记。

（5）绘制轴的孔及键槽

选择菜单栏中的"绘图"→"圆"命令及"多段线"命令，绘制轴的孔及键槽，命令行提示与操作如下：

命令：CIRCLE↙

指定圆的圆心或 [三点(3P)/两点(2P)/切点、切点、半径(T)]：

指定圆的半径或 [直径(D)]：D↙

指定圆的直径：5↙

命令：CIRCLE↙

指定圆的圆心或 [三点(3P)/两点(2P)/切点、切点、半径(T)]：

指定圆的半径或 [直径(D)] <2.5000>：D↙

指定圆的直径 <5.0000>：2↙

命令：PLINE↙   （利用"多段线"命令绘制泵轴的键槽）

指定起点：140,132↙

当前线宽为 0.0000

指定下一个点或 [圆弧(A)/半宽(H)/长度(L)/放弃(U)/宽度(W)]：@6,0↙

指定下一点或 [圆弧(A)/闭合(C)/半宽(H)/长度(L)/放弃(U)/宽度(W)]：A↙   （绘制圆弧）

指定圆弧的端点或[角度(A)/圆心(CE)/闭合(CL)/方向(D)/半宽(H)/直线(L)/半径(R)/第二个点(S)/放弃(U)/宽度(W)]：@0,-4↙

指定圆弧的端点或[角度(A)/圆心(CE)/闭合(CL)/方向(D)/半宽(H)/直线(L)/半径(R)/第二个点(S)/放弃(U)/宽度(W)]：L↙

指定下一点或 [圆弧(A)/闭合(C)/半宽(H)/长度(L)/放弃(U)/宽度(W)]：@-6,0↙

指定下一点或 [圆弧(A)/闭合(C)/半宽(H)/长度(L)/放弃(U)/宽度(W)]：A↙

指定圆弧的端点或[角度(A)/圆心(CE)/闭合(CL)/方向(D)/半宽(H)/直线(L)/半径(R)/第二个点(S)/放弃(U)/宽度(W)]：_endp 于（捕捉上部直线段的左端点，绘制左端的圆弧）

指定圆弧的端点或[角度(A)/圆心(CE)/闭合(CL)/方向(D)/半宽(H)/直线(L)/半径(R)/第二个点(S)/放弃(U)/宽度(W)]：✓

最终绘制的结果如图2-85所示。

（6）保存图形

在命令行中输入"QSAVE"，或者选择菜单栏中的"文件"→"保存"命令，或者单击"标准"工具栏中的🖫按钮，然后在打开的"图形另存为"对话框中输入文件名保存即可。

2.7 实践与操作

通过本章的学习，读者对本章知识也有了大体的了解，本节将通过3个实践操作帮助读者进一步掌握本章的知识要点。

2.7.1 绘制轴承座

1. 目的要求

本练习绘制如图2-87所示的图形，主要涉及"直线"和"圆"命令。为了做到准确无误，要求通过坐标值的输入指定线段和圆的起点和端点，从而使读者灵活掌握绘制方法。

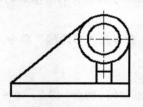

图2-87 轴承座

2. 操作提示

（1）利用"直线"命令绘制外轮廓线。

（2）利用"圆"命令细化图形。

2.7.2 绘制圆头平键

1. 目的要求

本练习绘制如图2-88所示的圆头平键，主要涉及"直线"和"圆弧"命令。本例对尺寸要求不是很严格，在绘图时可以适当指定位置，通过本例，要求读者掌握圆弧绘制方法，同时复习直线的绘制方法。

图2-88 圆头平键

2. 操作提示

（1）利用"直线"命令绘制两条平行直线。

（2）利用"圆弧"命令绘制图形中的圆弧部分，采用其中的起点、端点和包含角的方式。

2.7.3 绘制凸轮

1. 目的要求

凸轮的轮廓由不规则的曲线组成，为了准确绘制凸轮轮廓曲线，需要用到"样条曲线"命令，并且要利用点的等分来控制样条曲线的范围，如图 2-89 所示。

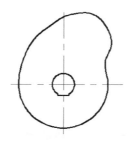

图 2-89 凸轮

2. 操作提示

（1）利用"直线"命令绘制辅助直线。

（2）利用"圆弧"命令绘制圆弧。

（3）利用"定数等分"命令等分圆弧。

（4）利用"样条曲线"命令绘制图形。

第**3**章

二维编辑命令

通过二维图形的编辑操作，配合绘图命令的使用，可以进一步完成复杂图形对象的绘制工作，并可使用户合理安排和组织图形，保证作图准确、减少重复。因此，对编辑命令的熟练掌握和使用有助于提高设计和绘图的效率。

- ☑ 选择对象
- ☑ 删除、恢复与复制等命令
- ☑ 改变几何特性及对象特性修改命令
- ☑ 对象约束
- ☑ 综合实例——带式运输机传动方案简图

任务驱动&项目案例

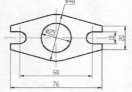

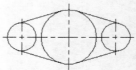

3.1 选 择 对 象

选择对象是进行编辑的前提。AutoCAD 提供了多种对象选择方法，如点取方法、用选择窗口选择对象、用选择线选择对象、用对话框选择对象等。

AutoCAD 2014 提供了两种编辑图形的途径：

☑ 先执行编辑命令，然后选择要编辑的对象。

☑ 先选择要编辑的对象，然后执行编辑命令。

这两种途径的执行效果是相同的，但选择对象是进行编辑的前提。AutoCAD 2014 提供了多种对象选择方法，如点取法、用选择窗口选择对象、用选择线选择对象、用对话框选择对象等。在 AutoCAD 2014 中，可以把选择的多个对象组成一个整体，如选择集和对象组，以进行整体编辑与修改。

无论使用哪种方法，AutoCAD 2014 都将提示用户选择对象，并且光标的形状由十字光标变为拾取框。

下面结合 SELECT 命令说明选择对象的方法。

SELECT 命令可以单独使用，也可以在执行其他编辑命令时被自动调用。此时屏幕提示：

选择对象：

等待用户以某种方式选择对象作为回答。AutoCAD 2014 提供了多种选择方式，可以输入"？"查看这些选择方式。此时将出现如下提示：

需要点或窗口(W)/上一个(L)/窗交(C)/框(BOX)/全部(ALL)/栏选(F)/圈围(WP)/圈交(CP)/编组(G)/添加(A)/删除(R)/多个(M)/前一个(P)/放弃(U)/自动(AU)/单个(SI)/子对象(SU)/对象(O)

选择对象：

上述各选项含义分别介绍如下。

☑ 点：该选项表示直接通过点取的方式选择对象。用鼠标或键盘移动拾取框，使其框住要选取的对象，然后单击，即可选中该对象并高亮显示。

☑ 窗口(W)：利用由两个对角顶点确定的矩形窗口选取位于其范围内的所有图形，与边界相交的对象不会被选中。指定对角顶点时应该按照从左向右的顺序，如图 3-1 所示。

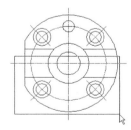
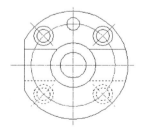

（a）选择前的图形（图中箭头所指为选择框）　　　（b）选择后的图形

图 3-1　窗口对象选择方式

☑ 上一个(L)：在"选择对象："提示下输入"L"后按 Enter 键，系统会自动选取最后绘出的一个对象。

☑ 窗交(C)：该方式与上述"窗口"方式类似，区别在于它不但选择矩形窗口内部的对象，也选中与矩形窗口边界相交的对象，如图 3-2 所示。

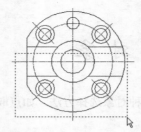 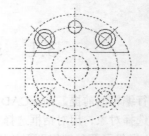

（a）选择前的图形（图中箭头所指为选择框）　　　（b）选择后的图形

图 3-2　"窗交"对象选择方式

☑ 框（BOX）：使用时，系统根据用户在屏幕上给出的两个对角点的位置而自动引用"窗口"或"窗交"选择方式。若从左向右指定对角点，为"窗口"方式；反之，则为"窗交"方式。

☑ 全部（ALL）：选取图面上的所有对象。

☑ 栏选（F）：用户临时绘制一些直线（这些直线不必构成封闭图形），凡是与这些直线相交的对象均被选中，如图 3-3 所示。

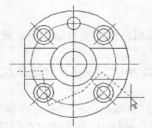 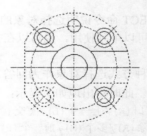

（a）选择前的图形（图中虚线为选择栏）　　　　（b）选择后的图形

图 3-3　"栏选"对象选择方式

☑ 圈围（WP）：使用一个不规则的多边形来选择对象。根据提示，用户依次输入构成多边形的所有顶点的坐标，直到最后按 Enter 键做出空回答结束操作，系统将自动连接第一个顶点与最后一个顶点形成封闭的多边形，凡是被多边形围住的对象均被选中（不包括边界），如图 3-4 所示。

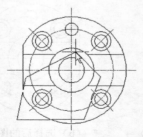 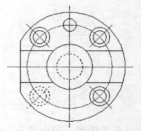

（a）图中箭头所指十字线拉出的多边形为选择框　　　（b）选择后的图形

图 3-4　"圈围"对象选择方式

☑ 圈交（CP）：类似于"圈围"方式，在提示后输入"CP"，后续操作与 WP 方式相同。区别在于，与多边形边界相交的对象也被选中。

☑ 编组（G）：使用预先定义的对象组作为选择集。事先将若干个对象组成组，用组名引用。

☑ 添加（A）：添加下一个对象到选择集。也可用于从移走模式（Remove）到选择模式的切换。

☑ 删除(R)：按住 Shift 键的同时选择对象，可以从当前选择集中移走该对象。对象由高亮显示状态变为正常状态。

☑ 多个(M)：指定多个点，不高亮显示对象。这种方法可以加快在复杂图形上的对象选择过程。若两个对象交叉，指定交叉点两次则可以选中这两个对象。

☑ 前一个(P)：用关键字 P 回答"选择对象："的提示，则把上次编辑命令最后一次构造的选择集或最后一次使用 SELECT（DDSELECT）命令预置的选择集作为当前选择集。这种方法适用于对同一选择集进行多种编辑操作。

☑ 放弃(U)：用于取消加入选择集的对象。

☑ 自动(AU)：是 AutoCAD 2014 的默认选择方式，其选择结果视用户在屏幕上的选择操作而定。如果选中单个对象，则该对象即为自动选择的结果；如果选择点落在对象内部或外部的空白处，则系统会提示：

指定对角点：

此时，系统会采取一种窗口的选择方式。对象被选中后，变为虚线形式，并高亮显示。

注意：若矩形框从左向右定义，即第一个选择的对角点为左侧的对角点，矩形框内部的对象被选中，框外部及与矩形框边界相交的对象不会被选中；若矩形框从右向左定义，则矩形框内部及与矩形框边界相交的对象都会被选中。

☑ 单个(SI)：选择指定的第一个对象或对象集，而不继续提示进行进一步的选择。

☑ 子对象(SU)：逐个选择原始形状，这些形状是实体中的一部分或三维实体上的顶点、边和面。可以选择，也可以创建多个子对象的选择集。选择集可以包含多种类型的子对象。

☑ 对象(O)：结束选择子对象，也可以使用其他对象选择方法。

☑ 选择对象：如果要选取的对象与其他对象相距很近，则很难准确选中，此时可使用"交替选择对象"方法。操作过程为：在"选择对象："提示下，先按下 Shift 键不放，把拾取框压住要选择的对象，然后按下空格键，此时必定有一被拾取框压住的对象被选中。由于各对象相距很近，该对象可能不是要选择的目标，继续按空格键，随后连续按空格键，AutoCAD 会依次选中拾取框中所压住的对象，直至所选目标。最终选中的对象被加入到当前选择集中。

3.2　删除与恢复类命令

这一类命令主要用于删除图形的某部分或对已被删除的部分进行恢复，包括删除、回退、重做、清除等。

3.2.1　"删除"命令

如果所绘制的图形不符合要求或不小心错绘了图形，可以使用"删除"命令将其删除。

1. 执行方式

☑ 命令行：ERASE。

☑ 菜单栏："修改"→"删除"。

☑ 工具栏："修改"→"删除" ✐。

☑ 快捷菜单：选择要删除的对象，在绘图区右击，在弹出的快捷菜单中选择"删除"命令。

☑ 功能区："默认"→"修改"→"删除" ✐。

2. 操作步骤

可以先选择对象，然后调用"删除"命令；也可以先调用"删除"命令，然后再选择对象。选择对象时，可以使用前面介绍的各种对象选择方法。

当选择多个对象时，多个对象都将被删除；若选择的对象属于某个对象组，则该对象组的所有对象都将被删除。

3.2.2 "恢复"命令

若不小心误删除了图形，可以使用"恢复"命令将其恢复。

1. 执行方式

- ☑ 命令行：OOPS 或 U。
- ☑ 工具栏："标准"→"放弃" ↶ 或快速访问工具栏→"放弃" ↶。
- ☑ 快捷键：Ctrl+Z。

2. 操作步骤

在命令行窗口中输入"OOPS"后，按 Enter 键。

3.2.3 "清除"命令

此命令与"删除"命令功能完全相同。

1. 执行方式

- ☑ 菜单栏："编辑"→"删除"。
- ☑ 快捷键：Delete。

2. 操作步骤

执行上述命令后，系统提示：

选择对象：（选择要清除的对象，按 Enter 键执行"清除"命令）

3.3 复制类命令

本节将详细介绍 AutoCAD 的复制类命令，利用这些命令，可以方便地编辑所绘制的图形。

3.3.1 灵活利用剪贴板

剪贴板是一个通用工具，适用于大多数软件，自然也适用于 AutoCAD。下面对其简要介绍。

1. "剪切"命令

（1）执行方式

- ☑ 命令行：CUTCLIP。
- ☑ 菜单栏："编辑"→"剪切"。
- ☑ 工具栏："标准"→"剪切" ✂。
- ☑ 快捷菜单：在绘图区右击，在弹出的快捷菜单中选择"剪切"命令。
- ☑ 快捷键：Ctrl+X。

☑ 功能区："默认"→"剪贴板"→"剪切" ✂ 。

（2）操作步骤

> 命令：CUTCLIP✓
>
> 选择对象：（选择要剪切的实体）

执行上述命令后，所选择的实体从当前图形被剪切到剪贴板上，同时从原图形中消失。

2. "复制"命令

（1）执行方式

☑ 命令行：COPYCLIP。

☑ 菜单栏："编辑"→"复制"。

☑ 工具栏："标准"→"复制" 🗋 。

☑ 快捷菜单：在绘图区右击，在弹出的快捷菜单中选择"复制"命令。

☑ 快捷键：Ctrl+C。

☑ 功能区："默认"→"剪贴板"→"复制" 🗋 。

（2）操作步骤

> 命令：COPYCLIP✓
>
> 选择对象：（选择要复制的实体）

执行上述命令后，所选择的实体从当前图形被剪切到剪贴板上，原图形保持不变。

使用"剪切"和"复制"功能复制对象时，已复制到目的文件的对象与源对象毫无关系，源对象的改变不会影响复制得到的对象。

3. "带基点复制"命令

（1）执行方式

☑ 命令行：COPYBASE。

☑ 菜单栏："编辑"→"带基点复制"。

☑ 快捷菜单：在绘图区右击，在弹出的快捷菜单中选择"带基点复制"命令。

☑ 快捷键：Shift+Ctrl+C。

（2）操作步骤

> 命令：copybase✓
>
> 指定基点：（指定基点）
>
> 选择对象：（选择要复制的实体）

执行上述命令后，所选择的实体从当前图形被剪切到剪贴板上，原图形保持不变。该命令与"复制"命令相比，具有明显的优越性，因为有基点信息，所以在粘贴插入时，可以根据基点找到准确的插入点。

4. "粘贴"命令

（1）执行方式

☑ 命令行：PASTECLIP。

☑ 菜单栏："编辑"→"粘贴"。

☑ 工具栏："标准"→"粘贴" 🗋 。

☑ 快捷菜单：在绘图区右击，在弹出的快捷菜单中选择"粘贴"命令。

☑ 快捷键：Ctrl+V。

☑ 功能区："默认"→"剪贴板"→"粘贴" 🗋 。

Note

（2）操作步骤

命令：PASTECLIP✓

执行上述命令后，保存在剪贴板上的实体被粘贴到当前图形中。

3.3.2 复制链接对象

1. 执行方式

☑ 命令行：COPYLINK。
☑ 菜单栏："编辑"→"复制链接"。

2. 操作步骤

命令：COPYLINK✓

对象链接和嵌入的操作过程与使用剪贴板粘贴的操作类似，但其内部运行机制却有很大的差异。链接对象与其创建应用程序始终保持联系。例如，Word 文档中包含一个 AutoCAD 图形对象，在 Word 中双击该对象，Windows 自动将其装入 AutoCAD 中，以供用户进行编辑。如果对原始 AutoCAD 图形作了修改，则 Word 文档中的图形也会随之发生相应的变化。如果是用剪贴板粘贴的图形，则它只是 AutoCAD 图形的一个备份，粘贴之后，就不再与 AutoCAD 图形保持任何联系，原始图形的变化不会对它产生任何影响。

3.3.3 "复制"命令

1. 执行方式

☑ 命令行：COPY。
☑ 菜单栏："修改"→"复制"。
☑ 工具栏："修改"→"复制" ⌷。
☑ 快捷菜单：选择要复制的对象，在绘图区右击，在弹出的快捷菜单中选择"复制"命令，如图 3-5 所示。
☑ 功能区："默认"→"修改"→"复制" ⌷。

2. 操作步骤

命令：COPY✓
选择对象：（选择要复制的对象）

图 3-5 在快捷菜单中选择"复制"命令

用前面介绍的对象选择方法选择一个或多个对象，按 Enter 键结束选择操作。系统继续提示：

当前设置： 复制模式 = 多个
指定基点或 [位移(D)/模式(O)] <位移>：（指定基点或位移）
指定第二个点或 [阵列(A)] <使用第一个点作为位移>：
指定第二个点或 [阵列(A)/退出(E)/放弃(U)] <退出>：

3. 选项说明

（1）指定基点

指定一个坐标点后，AutoCAD 2014 把该点作为复制对象的基点，并提示：

指定位移的第二点或 <用第一点作位移>：

指定第二个点后，系统将根据这两点确定的位移矢量把选择的对象复制到第二点处。如果此时直接按 Enter 键，即选择默认的"用第一点作位移"，则第一个点被当作相对于 X、Y、Z 的位移。例如，如果指定基点为（2,3）并在下一个提示下按 Enter 键，则该对象从它当前的位置开始在 X 方向上移动 2 个单位，在 Y 方向上移动 3 个单位。复制完成后，系统会继续提示：

指定位移的第二点：

这时，可以不断指定新的第二点，从而实现多重复制。

（2）位移(D)

直接输入位移值，表示以选择对象时的拾取点为基准，以拾取点坐标为移动方向纵横比移动指定位移后确定的点为基点。例如，选择对象时拾取点坐标为（2,3），输入位移为 5，则表示以（2,3）点为基准，沿纵横比为 3:2 的方向移动 5 个单位所确定的点为基点。

3.3.4　"镜像"命令

镜像对象是指把选择的对象围绕一条镜像线进行对称复制。镜像操作完成后，可以保留原对象，也可以将其删除。

1. 执行方式

☑ 命令行：MIRROR。

☑ 菜单栏："修改"→"镜像"。

☑ 工具栏："修改"→"镜像" ⚊。

☑ 功能区："默认"→"修改"→"镜像" ⚊。

2. 操作步骤

命令：MIRROR↙
选择对象：（选择要镜像的对象）
指定镜像线的第一点：（指定镜像线的第一个点）
指定镜像线的第二点：（指定镜像线的第二个点）
要删除源对象吗？[是(Y)/否(N)] <N>：（确定是否删除源对象）

这两点确定一条镜像线，被选择的对象以该线为对称轴进行镜像。包含该线的镜像平面与用户坐标系的 XY 平面垂直，即镜像操作的实现在与用户坐标系的 XY 平面平行的平面上。

3.3.5　实例——压盖

本实例主要介绍"镜像"命令的使用方法，绘制压盖的流程图如图 3-6 所示。

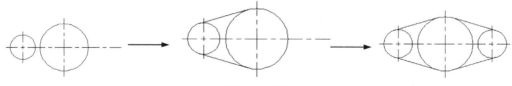

图 3-6　压盖

操作步骤：（光盘\动画演示\第 3 章\压盖.avi）

（1）设置图层

选择菜单栏中的"格式"→"图层"命令，打开"图层特性管理器"选项板。在该选项板中依次创建两个图层：第一个图层命名为"轮廓线"，线宽设置为 0.3mm，其余属性默认；第二个图层命名为"中心线"，颜色设置为红色，线型加载为 CENTER，其余属性默认。

Note

（2）绘制中心线

设置"中心线"图层为当前图层，然后在屏幕上的适当位置指定直线端点坐标，绘制一条水平中心线和两条竖直中心线，如图3-7所示。

（3）绘制图形

❶ 将"轮廓线"图层设置为当前图层，然后单击"绘图"工具栏中的"圆"按钮⊙，分别捕捉两中心线交点为圆心，指定适当的半径，绘制两个圆，如图3-8所示。

图3-7　绘制中心线

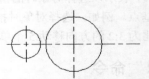

图3-8　绘制圆

❷ 单击"绘图"工具栏中的"直线"按钮∕，结合对象捕捉功能，绘制一条切线，如图3-9所示。

❸ 单击"修改"工具栏中的"镜像"按钮⚊，以水平中心线为对称线镜像刚绘制的切线。命令行提示与操作如下：

```
命令：mirror↙
选择对象：（选择切线）
选择对象：↙
指定镜像线的第一点：指定镜像线的第二点：（在中间的中心线上选取两点）
要删除源对象吗？[是(Y)/否(N)] <N>：↙
```

结果如图3-10所示。

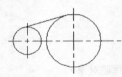

图3-9　绘制切线

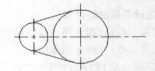

图3-10　镜像切线

❹ 单击"修改"工具栏中的"镜像"按钮⚊，以中间竖直中心线为对称线，选择对称线左边的图形对象进行镜像，结果如图3-6所示。

3.3.6　"偏移"命令

偏移对象是指保持所选对象的形状，在不同的位置以不同的尺寸大小新建一个对象。

1. 执行方式

☑　命令行：OFFSET

☑　菜单栏："修改"→"偏移"。

☑　工具栏："修改"→"偏移"⚊。

☑　功能区："默认"→"修改"→"偏移"⚊。

2. 操作步骤

```
命令：OFFSET↙
当前设置：删除源=否　图层=源　OFFSETGAPTYPE=0
指定偏移距离或 [通过(T)/删除(E)/图层(L)] <通过>：（指定距离值）
```

选择要偏移的对象，或 [退出(E)/放弃(U)] <退出>：（选择要偏移的对象。按 Enter 键会结束操作）
指定要偏移的那一侧上的点，或 [退出(E)/多个(M)/放弃(U)] <退出>：（指定偏移方向）

3. 选项说明

（1）指定偏移距离

输入一个距离值或按 Enter 键，系统将把该距离值作为偏移距离，如图 3-11 所示。

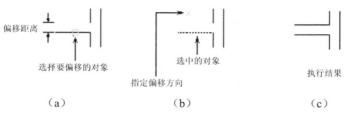

图 3-11　指定距离偏移对象

（2）通过(T)

指定偏移的通过点。选择该选项后将出现如下提示：

指定要偏移的那一侧上的点，或 [退出(E)/多个(M)/放弃(U)] <退出>：（选择要偏移的对象。按 Enter 键会结束操作）
指定通过点或 [退出(E)/多个(M)/放弃(U)] <退出>：（指定偏移对象的一个通过点）

操作完毕后，系统将根据指定的通过点绘出偏移对象，如图 3-12 所示。

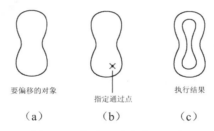

图 3-12　指定通过点偏移对象

3.3.7　实例——挡圈

本实例主要介绍"偏移"命令的使用方法，绘制挡圈的流程图如图 3-13 所示。

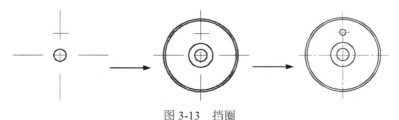

图 3-13　挡圈

操作步骤：（光盘\动画演示\第 3 章\挡圈.avi）

（1）设置图层

选择菜单栏中的"格式"→"图层"命令，打开"图层特性管理器"选项板，在其中创建两个图层："粗实线"图层，线宽 0.3mm，其余属性默认；"中心线"图层，线型为 CENTER，其余属性默认。

（2）绘制中心线

设置"中心线"图层为当前图层，然后单击"绘图"工具栏中的"直线"按钮 ，绘制中心线。

（3）绘制挡圈内孔

❶ 设置"粗实线"图层为当前图层，然后单击"绘图"工具栏中的"圆"按钮 ，以半径为 8 绘制一个圆，如图 3-14 所示。

❷ 单击"修改"工具栏中的"偏移"按钮 ，偏移绘制的圆。命令行提示与操作如下：

```
命令：_offset
指定偏移距离或 [通过(T)] <1.0000>: 6✓
选择要偏移的对象或 <退出>：（指定绘制的圆）
指定点以确定偏移所在一侧：（指定圆外侧）
选择要偏移的对象或 <退出>：✓
```

（4）绘制挡圈轮廓

单击"修改"工具栏中的"偏移"按钮 ，以初始绘制的圆为对象，向外偏移 38 和 40，如图 3-15 所示。

图 3-14　绘制内孔　　　　　　　　　　　图 3-15　绘制轮廓线

（5）绘制小孔

单击"绘图"工具栏中的"圆"按钮 ，以半径为 4 绘制一个圆，最终结果如图 3-13 所示。

3.3.8　"阵列"命令

建立阵列是指多重复制选择的对象并把这些副本按矩形或环形排列。把副本按矩形排列称为建立矩形阵列，把副本按环形排列称为建立极阵列。建立极阵列时，应该控制复制对象的次数和对象是否被旋转；建立矩形阵列时，应该控制行和列的数量以及对象副本之间的距离。

利用 AutoCAD 2014 提供的 ARRAY 命令可以建立矩形阵列、环形阵列（极阵列）和路径阵列。

1. 执行方式

☑　命令行：ARRAY。

☑　菜单栏："修改"→"阵列"→"矩形阵列"或"环形阵列"或"路径阵列"。

☑　工具栏："修改"→"矩形阵列" 或"路径阵列" 或"环形阵列" 。

☑　功能区："默认"→"修改"→"矩形阵列"或"环形阵列"或"路径阵列"。

2. 操作步骤

```
命令：ARRAY✓
选择对象：（使用对象选择方法）
输入阵列类型[矩形(R)/路径(PA)/极轴(PO)]<矩形>:PA✓
类型=路径　关联=是
选择路径曲线：（使用一种对象选择方法）
```

选择夹点以编辑阵列或 [关联(AS)/方法(M)/基点(B)/切向(T)/项目(I)/行(R)/层(L)/对齐项目(A)/Z 方向(Z)/退出(X)] <退出>：I

　　指定沿路径的项目之间的距离或 [表达式(E)] <125.3673>：（指定项目间距）

　　最大项目数 = 250

　　指定项目数或 [填写完整路径(F)/表达式(E)] <250>：（指定项目数）

　　选择夹点以编辑阵列或 [关联(AS)/方法(M)/基点(B)/切向(T)/项目(I)/行(R)/层(L)/对齐项目(A)/Z 方向(Z)/退出(X)] <退出>：B

　　指定基点或 [关键点(K)] <路径曲线的终点>：（指定基点或输入选项）

　　选择夹点以编辑阵列或 [关联(AS)/方法(M)/基点(B)/切向(T)/项目(I)/行(R)/层(L)/对齐项目(A)/Z 方向(Z)/退出(X)] <退出>：R

　　输入行数或 [表达式(E)] <1>：

　　指定行数之间的距离或 [总计(T)/表达式(E)] <187.9318>：10

　　指定行数之间的标高增量或 [表达式(E)] <0>：

　　选择夹点以编辑阵列或 [关联(AS)/方法(M)/基点(B)/切向(T)/项目(I)/行(R)/层(L)/对齐项目(A)/Z 方向(Z)/退出(X)] <退出>：M

　　输入路径方法 [定数等分(D)/定距等分(M)] <定距等分>：

3．选项说明

☑　关联(AS)：指定是否在阵列中创建项目作为关联阵列对象，或作为独立对象。

☑　基点(B)：指定阵列的基点。

☑　切向(T)：控制选定对象是否将相对于路径的起始方向重定向（旋转），然后再移动到路径的起点。

☑　项目(I)：编辑阵列中的项目数。

☑　行(R)：指定阵列中的行数和行间距，以及它们之间的增量标高。

☑　层(L)：指定阵列中的层数和层间距。

☑　对齐项目(A)：指定是否对齐每个项目以与路径的方向相切。对齐相对于第一个项目的方向。

☑　Z 方向(Z)：控制是否保持项目的原始 Z 方向或沿三维路径自然倾斜项目。

☑　退出(X)：退出命令。

☑　表达式(E)：使用数学公式或方程式获取值。

☑　定数等分(D)：沿整个路径长度平均定数等分项目。

3.3.9　实例——花键

　　轴和轮毂孔周向均布的多个键齿构成的连接称为花键连接。齿的侧面是工作面。由于是多齿传递载荷，所以花键连接比平键连接具有承载能力高、对轴削弱程度小，以及定心好和导向性能好等优点，适用于定心精度要求高、载荷大或经常滑移的连接。绘制花键的流程图如图 3-16 所示。

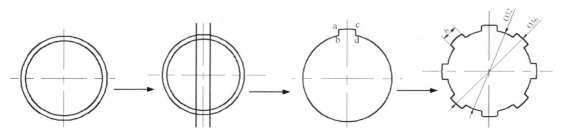

图 3-16　绘制花键

操作步骤：（光盘\动画演示\第 3 章\花键.avi）

（1）新建文件

选择菜单栏中的"文件"→"新建"命令，弹出"选择样板"对话框，单击"打开"按钮，创建一个新的图形文件。

（2）设置图层

选择菜单栏中的"格式"→"图层"命令，弹出"图层特性管理器"选项板。在该选项板中依次创建"轮廓线"、"中心线"和"剖面线"3 个图层，并设置"轮廓线"图层的线宽为 0.5mm，设置"中心线"图层的线型为 CENTER2。

（3）绘制中心线

将"中心线"图层设置为当前图层，单击"绘图"工具栏中的"直线"按钮 ，分别沿水平方向和竖直方向绘制中心线，效果如图 3-17 所示。

（4）绘制轮廓线

将"轮廓线"图层设置为当前图层，单击"绘图"工具栏中的"圆"按钮 ，选择图 3-17 中两中心线的交点为圆心，绘制半径为 16 和 18 的两个圆，效果如图 3-18 所示。

图 3-17　绘制中心线　　　　　　　　图 3-18　绘制圆

（5）绘制键齿

❶ 单击"修改"工具栏中的"偏移"按钮 ，将图 3-18 中竖直中心线向左、右各偏移 3，并将偏移后的直线转换到"轮廓线"层，效果如图 3-19 所示。

❷ 单击"修改"工具栏中的"修剪"按钮 ，修剪掉多余的直线，效果如图 3-20 所示。

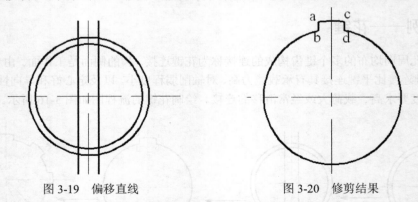

图 3-19　偏移直线　　　　　　　　　图 3-20　修剪结果

❸ 单击"修改"工具栏中的"环形阵列"按钮 ，设置项目总数为 8，填充角度为 360°，选取图 3-20 中中心线的交点为中心点，线段 ab、cd 以及弧线 ac 为阵列对象，结果如图 3-21 所示。

❹ 单击"修改"工具栏中的"修剪"按钮 ，修剪掉多余的直线，效果如图 3-22 所示。

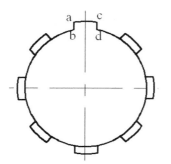

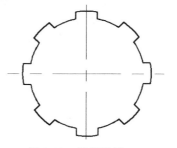

图 3-21　阵列结果　　　　　　　图 3-22　修剪结果

3.3.10　"旋转"命令

1. 执行方式

☑　命令行：ROTATE。

☑　菜单栏："修改"→"旋转"。

☑　工具栏："修改"→"旋转" ○。

☑　快捷菜单：选择要旋转的对象，在绘图区域右击，在弹出的快捷菜单中选择"旋转"命令。

☑　功能区："默认"→"修改"→"旋转" ○。

2. 操作步骤

命令：ROTATE✓
UCS 当前的正角方向：ANGDIR=逆时针　ANGBASE=0.00
选择对象：(选择要旋转的对象)
指定基点：(指定旋转的基点。在对象内部指定一个坐标点)
指定旋转角度，或 [复制(C)/参照(R)] <0.00>：(指定旋转角度或其他选项)

3. 选项说明

（1）复制(C)

选择该选项，旋转对象的同时保留原对象，如图 3-23 所示。

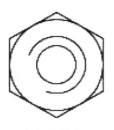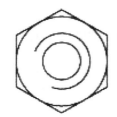

（a）旋转前　　　　　　　　　　　（b）旋转后

图 3-23　复制旋转

（2）参照(R)

采用参考方式旋转对象时，系统提示：

指定参照角 <0.00>：(指定要参考的角度，默认值为 0)
指定新的角度或 [点(P)] <0>：(输入旋转后的角度值)

操作完毕后，对象被旋转至指定的角度位置。

Note

注意：可以用拖动鼠标的方法旋转对象。选择对象并指定基点后，从基点到当前光标位置会出现一条连线。移动鼠标，选择的对象会动态地随着该连线与水平方向的夹角的变化而旋转，最后按 Enter 键确认旋转操作，如图 3-24 所示。

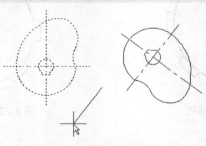

图 3-24　拖动鼠标旋转对象

3.3.11　实例——曲柄

本实例主要介绍"旋转"命令的使用方法，绘制曲柄的流程图如图 3-25 所示。

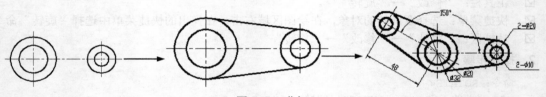

图 3-25　曲柄

操作步骤：（光盘\动画演示\第 3 章\曲柄.avi）

（1）设置图层

选择菜单栏中的"格式"→"图层"命令，弹出"图层特性管理器"选项板。在该选项板中依次创建两个图层："中心线"图层，线型为 CENTER，其余属性默认；"粗实线"图层，线宽为 0.30mm，其余属性默认。

（2）绘制中心线

❶ 将"中心线"图层设置为当前图层，然后单击"绘图"工具栏中的"直线"按钮✐，分别沿水平和垂直方向绘制中心线，坐标分别为{(100,100)，(180,100)}和{(120,120)，(120,80)}，效果如图 3-26 所示。

❷ 单击"修改"工具栏中的"偏移"按钮⬚，绘制另一条中心线，偏移距离为 48，效果如图 3-27 所示。

图 3-26　绘制中心线　　　　　　　　　　图 3-27　偏移中心线

（3）绘制轴孔

转换到"粗实线"图层，单击"绘图"工具栏中的"圆"按钮⊙，以水平中心线与左边竖直中心线的交点为圆心，以 32 和 20 为直径绘制同心圆；以水平中心线与右边竖直中心线的交点为圆心，以

20 和 10 为直径绘制同心圆，效果如图 3-28 所示。

（4）绘制连接板

单击"绘图"工具栏中的"直线"按钮✑，分别捕捉左、右外圆的切点为端点，绘制上、下两条连接线（即切线），效果如图 3-29 所示。

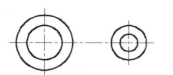

图 3-28　绘制同心圆

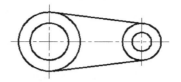

图 3-29　绘制切线

（5）旋转轴孔及连接板

单击"修改"工具栏中的"旋转"按钮〇，将所绘制的图形进行复制旋转。命令行提示与操作如下：

```
命令：ROTATE✓
UCS 当前的正角方向：ANGDIR=逆时针　ANGBASE=0
选择对象：（如图 3-30 所示，选择图形中要旋转的部分）
找到 1 个，总计 6 个
选择对象：✓
指定基点：_int 于（捕捉左边中心线的交点）
指定旋转角度，或 [复制(C)/参照(R)] <0.00>:C✓
旋转一组选定对象。
指定旋转角度，或 [复制(C)/参照(R)] <0.00>: 150✓
```

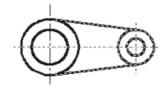

图 3-30　选择复制对象

最终效果如图 3-25 所示。

3.4　改变几何特性类命令

这一类编辑命令在对指定对象进行编辑后，将使对象的几何特性发生改变。其中主要包括"倒角"、"圆角"、"断开"、"修剪"、"延伸"、"拉长"、"分解"、"合并"、"移动"和"缩放"等命令。

3.4.1　"修剪"命令

1. 执行方式

☑　命令行：TRIM。

☑　菜单栏："修改"→"修剪"。

☑　工具栏："修改"→"修剪"✦。

☑　功能区："默认"→"修改"→"修剪"✦。

2. 操作步骤

> 命令：TRIM↙
> 当前设置：投影=UCS，边=无
> 选择剪切边... 选择对象：（选择用作修剪边界的对象）
> 按 Enter 键结束对象选择，系统提示：
> 选择要修剪的对象，或按住 Shift 键选择要延伸的对象，或[栏选(F)/窗交(C)/投影(P)/边(E)/删除(R)/放弃(U)]：

3. 选项说明

（1）在选择对象时，如果按住 Shift 键，系统会自动将"修剪"命令转换成"延伸"命令。有关"延伸"命令的具体用法将在后文中介绍。

（2）选择"边"选项时，可以选择对象的修剪方式。

☑ 延伸(E)：延伸边界进行修剪。在此方式下，如果剪切边没有与要修剪的对象相交，则系统会延伸剪切边直至与对象相交，然后再修剪，如图 3-31 所示。

图 3-31 延伸方式修剪对象

☑ 不延伸(N)：不延伸边界修剪对象。只修剪与剪切边相交的对象。

（3）选择"栏选(F)"选项时，系统以栏选的方式选择被修剪对象，如图 3-32 所示。

图 3-32 栏选修剪对象

（4）选择"窗交(C)"选项时，选择矩形区域（由两点确定）内部或与之相交的对象，如图 3-33 所示。

（5）被选择的对象可以互为边界和被修剪对象，此时系统会在选择的对象中自动判断边界，如图 3-33 所示。

图 3-33 窗交选择修剪对象

3.4.2　实例——卡盘

本实例主要介绍"修剪"命令的使用方法，绘制卡盘的流程图如图 3-34 所示。

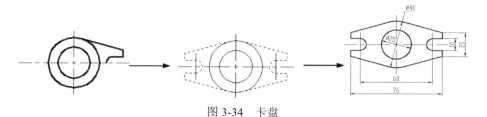

图 3-34　卡盘

操作步骤：（光盘\动画演示\第 3 章\卡盘.avi）

（1）设置图层

选择菜单栏中的"格式"→"图层"命令，弹出"图层特性管理器"选项板，在其中创建两个新图层。

❶ "粗实线"图层：线宽为 0.3mm，其余属性默认。

❷ "中心线"图层：颜色为红色，线型为 CENTER，其余属性默认。

（2）绘制中心线

设置"中心线"图层为当前图层。单击"绘图"工具栏中的"直线"按钮✐，绘制图形的对称中心线。

（3）绘制图形

❶ 设置"粗实线"图层为当前图层。单击"绘图"工具栏中的"圆"按钮⊙和"多段线"按钮⇨，绘制图形右上部分，如图 3-35 所示。

❷ 单击"修改"工具栏中的"镜像"按钮⚠，分别以水平中心线和竖直中心线为对称轴镜像所绘制的图形。

❸ 单击"修改"工具栏中的"修剪"按钮⊬，修剪所绘制的图形。命令行提示与操作如下：

```
命令：TRIM✓
当前设置：投影=UCS，边=无　选择剪切边...
选择对象：（选择 4 条多段线，如图 3-36 所示）
……总计 4 个　选择对象：✓
```

选择要修剪的对象，或按住 Shift 键选择要延伸的对象，或[栏选(F)/窗交(C)/投影(P)/边(E)/删除(R)/放弃(U)]：（分别选择中间大圆的左右段）

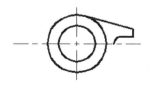

图 3-35　绘制右上部分

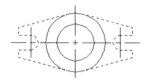

图 3-36　选择对象

最终绘制的图形效果如图 3-34 所示。

3.4.3　"倒角"命令

倒角是指用斜线连接两个不平行的线型对象。可以用斜线连接直线段、双向无限长线、射线和多段线。

系统采用两种方法确定连接两个线型对象的斜线：指定斜线距离；指定斜线角度、一个对象与斜线的距离。下面分别介绍这两种方法。

1. 指定斜线距离

斜线距离是指从被连接的对象与斜线的交点到被连接的两对象可能的交点之间的距离，如图 3-37 所示。

2. 指定斜线角度、一个对象与斜线的距离

采用这种方法连接对象时需要输入两个参数：斜线与一个对象的斜线距离、斜线与该对象的夹角，如图 3-38 所示。

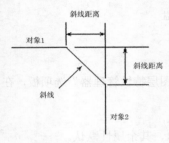

图 3-37　斜线距离

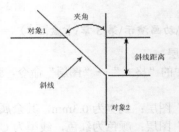

图 3-38　斜线距离与夹角

（1）执行方式

☑ 命令行：CHAMFER。

☑ 菜单栏："修改" → "倒角"。

☑ 工具栏："修改" → "倒角" □。

☑ 功能区："默认" → "修改" → "倒角" □。

（2）操作步骤

> 命令：CHAMFER↙
>
> （"修剪"模式）当前倒角距离 1 = 0.0000，距离 2 = 0.0000
>
> 选择第一条直线或 [放弃(U)/多段线(P)/距离(D)/角度(A)/修剪(T)/方式(E)/多个(M)]：（选择第一条直线或其他选项）
>
> 选择第二条直线，或按住 Shift 键选择直线以应用角点或 [距离(D)/角度(A)/方法(M)]：（选择第二条直线）

◀》 注意：有时在执行"圆角"和"倒角"命令时，发现命令不执行或执行后没什么变化，是因为系统默认圆角半径和倒角距离均为 0，如果不事先设定圆角半径或倒角距离，则系统就以默认值执行命令，所以看起来好像没有执行命令。

（3）选项说明

☑ 多段线(P)：对多段线的各个交叉点进行倒角。为了得到最好的连接效果，一般设置斜线是相等的值。系统根据指定的斜线距离把多段线的每个交叉点都作斜线连接，连接的斜线成为多段线新添加的构成部分，如图 3-39 所示。

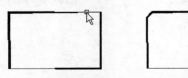

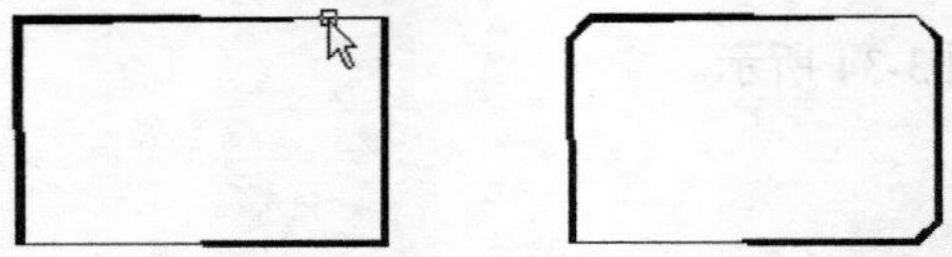

（a）选择多段线　　　　（b）倒角结果

图 3-39　斜线连接多段线

☑ 距离(D)：选择倒角的两个斜线距离。这两个斜线距离可以相同，也可以不相同；若二者均为 0，则系统不绘制连接的斜线，而是把两个对象延伸至相交并修剪超出的部分。

☑ 角度(A)：选择第一条直线的斜线距离和第一条直线的倒角角度。

☑ 修剪(T)：与圆角连接命令 FILLET 相同，该选项决定连接对象后是否剪切原对象。

☑ 方式(E)：决定采用"距离"方式还是"角度"方式来进行倒角。

☑ 多个(M)：同时对多个对象进行倒角编辑。

3.4.4　实例——螺塞

在盛放机油的机箱中，为了将污油排放干净，应在油池的最低位置处设置放油孔。平时放油孔用螺塞堵住，并配有封油垫圈。绘制螺塞的流程图如图 3-40 所示。

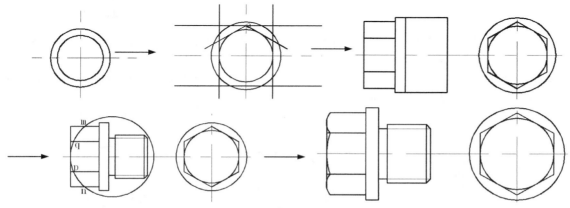

图 3-40　螺塞及封油垫圈流程图

在此选用外六角油塞及垫片 M14×1.5，其各部分的尺寸如图 3-41 所示。

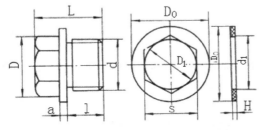

d	D₀	L	l	a	D	s	d₁	H
M14×1.5	22	22	12	3	19.6	17	15	2
M16×1.5	26	23	12	3	19.6	17	17	2
M20×1.5	30	28	15	4	25.4	22	22	2
M24×1.5	34	31	16	4	25.4	22	26	2.5
M27×1.5	38	34	18	4	31.2	27	29	2.5

(mm)

图 3-41　螺塞各部分尺寸

操作步骤：（光盘\动画演示\第 3 章\螺塞.avi）

（1）设置图层

选择菜单栏中的"格式"→"图层"命令，弹出"图层特性管理器"选项板。在该选项板中依次创建"轮廓线"、"中心线"和"剖面线" 3 个图层，并设置"轮廓线"图层的线宽为 0.3mm，设置"中心线"图层的线型为 CENTER2。

（2）绘制中心线

将"中心线"图层设置为当前图层。单击"绘图"工具栏中的"直线"按钮，绘制中心线，效果如图 3-42 所示。

（3）绘制主视图

❶ 将当前图层设置为"轮廓线"图层。选择菜单栏中的"绘图"→"圆"→"圆心、半径"命令，以图 3-42 中的中心线的交点为圆心，分别绘制半径为 8.5、11 的圆，效果如图 3-43 所示。

❷ 单击"修改"工具栏中的"偏移"按钮，将图 3-43 中的水平中心线向上、下分别偏移 9.8，竖直中心线向左、右偏移 8.5，并将偏移的直线转换为"轮廓线"图层，效果如图 3-44 所示。

图 3-42　绘制中心线　　　　　图 3-43　绘制圆　　　　　图 3-44　偏移中心线

❸ 单击"绘图"工具栏中的"直线"按钮，分别以图 3-44 中 a 为起点绘制与水平线成-30°、-150°的斜线，效果如图 3-45 所示。

❹ 单击"修改"工具栏中的"镜像"按钮，以图 3-45 中绘制的两条斜线为镜像对象，水平中心线为镜像线，镜像结果如图 3-46 所示。

❺ 单击"修改"工具栏中的"修剪"按钮，修剪掉多余的直线，效果如图 3-47 所示。

图 3-45　绘制斜线　　　　　图 3-46　镜像结果　　　　　图 3-47　修剪结果

（4）绘制左视图

❶ 单击"绘图"工具栏中的"直线"按钮，分别以图 3-47 中的 a、b、c、d、e、m 点为起点，绘制水平辅助线，效果如图 3-48 所示。

❷ 单击"修改"工具栏中的"偏移"按钮，将竖直中心线向左偏移，偏移距离分别为 20、32、35、44，并将偏移的直线转换到"轮廓线"图层，效果如图 3-49 所示。

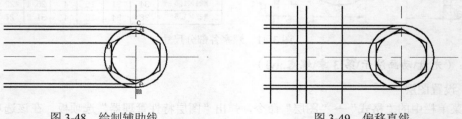

图 3-48　绘制辅助线　　　　　　　　图 3-49　偏移直线

❸ 单击"修改"工具栏中的"修剪"按钮和"删除"按钮，修剪并删除掉多余的直线，效果如图 3-50 所示。

❹ 单击"修改"工具栏中的"偏移"按钮，将图 3-50 中的水平中心线向上、向下各偏移 6、7，将竖直中心线向左偏移 30，并将偏移的直线转换到"轮廓线"图层，然后单击"修改"工具栏中的

"修剪"按钮，修剪掉多余的直线，效果如图 3-51 所示。

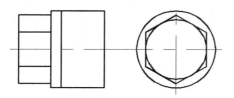

图 3-50　修剪结果

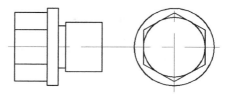

图 3-51　偏移结果

❺ 将当前图层转换到"剖面线"图层，再次单击"修改"工具栏中的"偏移"按钮，将水平中心线向上、下各偏移 6，然后单击"修改"工具栏中的"修剪"按钮，修剪掉多余的直线，效果如图 3-52 所示。

🔊 **注意：** 按螺纹连接件的比例画法，螺纹的小径应是螺纹大径的 0.85 倍，如图 3-52 所示，$d_1 = 0.85d$。

❻ 单击"修改"工具栏中的"倒角"按钮，对螺纹进行距离为 1 的倒角。命令行提示与操作如下：

```
命令: _chamfer
("修剪"模式) 当前倒角距离 1 = 0.0000，距离 2 = 0.0000
选择第一条直线或 [放弃(U)/多段线(P)/距离(D)/角度(A)/修剪(T)/方式(E)/多个(M)]: d✓
指定第一个倒角距离 <0.0000>: 1✓
指定第二个倒角距离 <1.0000>:✓
选择第一条直线或 [放弃(U)/多段线(P)/距离(D)/角度(A)/修剪(T)/方式(E)/多个(M)]: (选择螺纹外轮廓线)
选择第二条直线，或按住 Shift 键选择直线以应用角点或 [距离(D)/角度(A)/方法(M)]: (选择螺塞端面线)
```

用同样方法，对螺塞端面另一个角进行倒角，结果如图 3-53 所示。

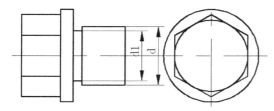

图 3-52　偏移直线

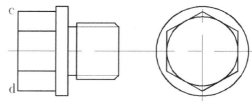

图 3-53　绘制倒角

❼ 单击"绘图"工具栏中的"直线"按钮，绘制倒角线，效果如图 3-54 所示。

❽ 单击"修改"工具栏中的"偏移"按钮，将图 3-54 中直线 cd 向右偏移 15；然后选择菜单栏中的"绘图"→"圆"→"圆心、半径"命令，以偏移的直线与水平中心线的交点为圆心，绘制半径为 15 的圆；最后删除刚偏移的直线，效果如图 3-55 所示。

❾ 单击"绘图"工具栏中的"直线"按钮，以图 3-55 中点 m 为起点，绘制长度为 4.91 的直线 mk；然后以 mk 的中点 o 为圆心、oq 为半径绘制圆，效果如图 3-56 所示。

❿ 单击"修改"工具栏中的"镜像"按钮，以水平中心线为镜像线，对图 3-56 中绘制的圆进行镜像处理；然后单击"修改"工具栏中的"修剪"按钮，修剪掉多余的线条，效果如图 3-57 所示。

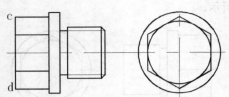

图 3-54　绘制倒角线

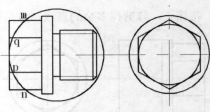

图 3-55　绘制圆

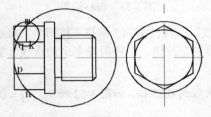

图 3-56　绘制圆

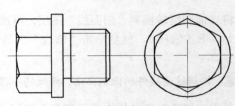

图 3-57　镜像结果

📢 **注意**：为了将污油排放干净，应在油池的最低位置处设置放油孔（如图 3-58 所示），并将其安置在减速器不与其他部件靠近的一侧，以便于放油。

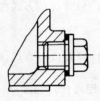
（a）不正确

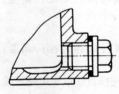
（b）正确

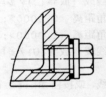
（c）正确

图 3-58　放油孔的位置

3.4.5　"移动"命令

1．执行方式

☑　命令行：MOVE。
☑　菜单栏："修改"→"移动"。
☑　工具栏："修改"→"移动" ✛。
☑　快捷菜单：选择要复制的对象，在绘图区右击，在弹出的快捷菜单中选择"移动"命令。
☑　功能区："默认"→"修改"→"移动" ✛。

2．操作步骤

命令：MOVE↙
选择对象：（选择对象）

用前面介绍的对象选择方法选择要移动的对象，按 Enter 键结束选择。系统继续提示：

指定基点或 [位移(D)] <位移>：（指定基点或位移）
指定第二个点或 <使用第一个点作为位移>：

其中各选项功能与"复制"命令类似。

3.4.6　实例——油标

油标用来指示油面高度，应设置在便于检查和油面较稳定之处。常见的油标有油尺、圆形油标、长形油标等。

油尺结构简单，在减速器中应用较多。为便于加工和节省材料，油尺的手柄和尺杆常由两个元件铆接或焊接在一起。油尺在减速器上安装，可采用螺纹连接，也可采用 H9/h8 配合装入。本实例主要介绍"移动"命令的使用方法，绘制油标尺的流程图如图 3-59 所示。

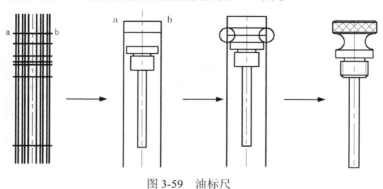

图 3-59　油标尺

在此选用的油标尺为 M16，其各部分的尺寸如图 3-60 所示。

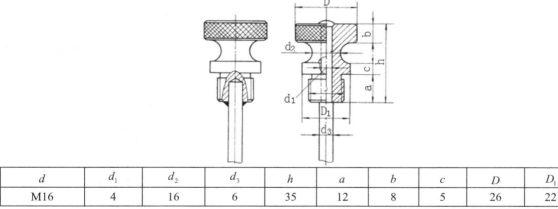

d	d_1	d_2	d_3	h	a	b	c	D	D_1
M16	4	16	6	35	12	8	5	26	22

图 3-60　油标尺各部分尺寸

操作步骤：（光盘\动画演示\第 3 章\油标尺.avi）

（1）新建文件

选择菜单栏中的"文件"→"新建"命令，弹出"选择样板"对话框，单击"打开"按钮，创建一个新的图形文件。

（2）设置图层

选择菜单栏中的"格式"→"图层"命令，弹出"图层特性管理器"选项板。在该选项板中依次创建"轮廓线"、"中心线"和"剖面线"3 个图层，并设置"轮廓线"图层的线宽为 0.3mm，设置"中心线"图层的线型为 CENTER2。

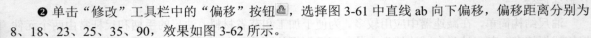

（3）绘制图形

❶ 将"中心线"图层设置为当前图层。单击"绘图"工具栏中的"直线"按钮✐，沿竖直方向绘制一条中心线。将"轮廓线"图层设置为当前图层，以绘制的竖直中心线为对称轴，绘制一条长度为30 的直线 ab，效果如图 3-61 所示。

❷ 单击"修改"工具栏中的"偏移"按钮❤，选择图 3-61 中直线 ab 向下偏移，偏移距离分别为 8、18、23、25、35、90，效果如图 3-62 所示。

❸ 再次单击"修改"工具栏中的"偏移"按钮❤，将图 3-62 中的竖直中心线分别向左、右偏移，偏移距离为 3、6、8、11、13，并将偏移后的直线转换到"轮廓线"图层，效果如图 3-63 所示。

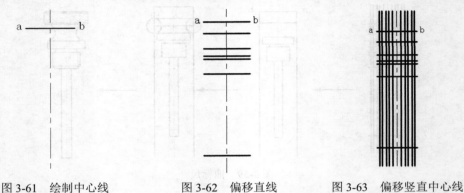

图 3-61　绘制中心线　　　　图 3-62　偏移直线　　　　图 3-63　偏移竖直中心线

❹ 单击"修改"工具栏中的"修剪"按钮✂，修剪掉多余的直线，效果如图 3-64 所示。

❺ 单击"修改"工具栏中的"偏移"按钮❤，将图 3-64 中的直线 ab 向下偏移，偏移距离为 13，如图 3-65 所示。

❻ 单击"绘图"工具栏中的"圆"按钮◉，分别以图 3-65 中的 c 和 d 为圆心，绘制半径为 5 的圆，效果如图 3-66 所示。

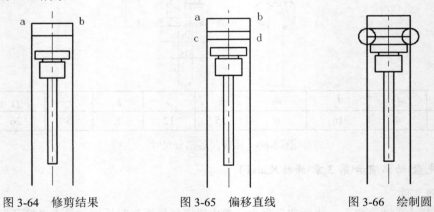

图 3-64　修剪结果　　　　　图 3-65　偏移直线　　　　　图 3-66　绘制圆

❼ 单击"修改"工具栏中的"移动"按钮✥，将图 3-66 中绘制的两个圆分别向左、右移动 2。命令行提示与操作如下：

```
命令：MOVE✔
选择对象：（选择左边圆）
指定基点或 [位移(D)] <位移>：（指定任意一点）
指定第二个点或 <使用第一个点作为位移>：@2,0✔
```

❽ 用同样方法，将右边圆向左移动 2。单击"修改"工具栏中的"修剪"按钮，修剪掉多余的直线，同时单击"修改"工具栏中的"删除"按钮，效果如图 3-67 所示。

❾ 将"剖面线"图层设置为当前图层，单击"修改"工具栏中的"偏移"按钮，将图 3-67 中的直线 em 和 fn 分别向右和左偏移，偏移距离为 1.2，如图 3-68 所示。

❿ 单击"修改"工具栏中的"倒角"按钮，对图 3-68 中的 m 和 n 点进行倒角；然后单击"修改"工具栏中的"修剪"按钮，修剪掉多余的直线；最后补充绘制相应的直线，效果如图 3-69 所示。

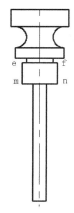

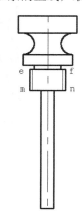

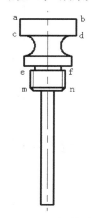

图 3-67　修剪结果　　　　　图 3-68　偏移直线　　　　　图 3-69　绘制倒角

注意：检查油面高度时拔出油尺，以杆上油痕判断油面高度。油尺上两条刻线的位置分别对应最高和最低油面，如图 3-70 所示。

⓫ 单击"修改"工具栏中的"倒角"按钮，对图 3-69 中的点 a、b、c、d 进行倒角，倒角距离为 1；然后补充绘制相应的直线，效果如图 3-71 所示。

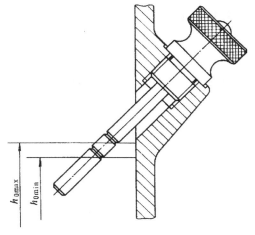

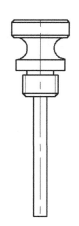

图 3-70　油尺的刻线　　　　　　　　　　图 3-71　倒角

⓬ 将当前图层设置为"剖面线"图层；单击"绘图"工具栏中的"图案填充"按钮，在弹出的"图案填充和渐变色"对话框中选择填充图案为 ANSI37；单击"添加:选择对象"按钮，暂时回到绘图窗口中进行选择；选择主视图上相关区域，按 Enter 键回到"图案填充和渐变色"对话框；单击"确定"按钮，完成剖面线的绘制，效果如图 3-72 所示。

◀)) 注意：油尺多安装在箱体侧面，设计时应合理确定油尺插孔的位置及倾斜角度，既要避免箱体内
的润滑油溢出，又要便于油尺的插取及油尺插孔的加工，如图 3-73 所示。

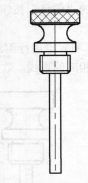

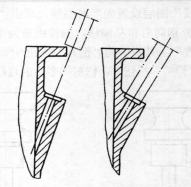

图 3-72　图案填充　　　　　　　　　图 3-73　油尺座的位置

3.4.7　"分解"命令

1. 执行方式

- ☑　命令行：EXPLODE。
- ☑　菜单栏："修改"→"分解"。
- ☑　工具栏："修改"→"分解" ⬚。
- ☑　功能区："默认"→"修改"→"分解" ⬚。

2. 操作步骤

命令：EXPLODE✓
选择对象：（选择要分解的对象）

选择一个对象后，该对象会被分解。系统继续提示该行信息，允许分解多个对象。

3.4.8　"合并"命令

利用 AutoCAD 2014 提供的合并功能可以将直线、圆、椭圆弧和样条曲线等独立的线段合并为一
个对象，如图 3-74 所示。

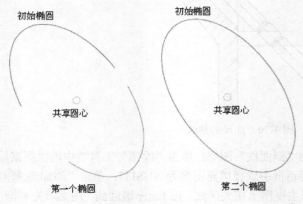

图 3-74　合并对象

1. 执行方式

☑　命令行：JOIN。

☑　菜单栏："修改"→"合并"。

☑　工具栏："修改"→"合并" ⊶ 。

☑　功能区："默认"→"修改"→"合并" ⊶ 。

2. 操作步骤

```
命令：JOIN↙
选择源对象或要一次合并的多个对象：（选择一个对象）找到 1 个
选择要合并的对象：　（选择另一个对象）找到 1 个，总计 2 个
选择要合并的对象：↙
2 条直线已合并为 1 条直线
```

3.4.9　实例——通气器

通气器用于通气，使箱内外气压一致，以避免由于运转时箱内油温升高、内压增大，从而引起减速器润滑油的渗漏。

简易式通气器的通气孔不直接通向顶端，以免灰尘落入，一般用于较清洁的场合。其绘制流程图如图 3-75 所示。

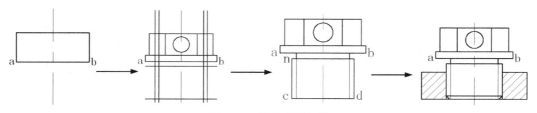

图 3-75　简易式通气器

在此选择的通气器为 M16×1.5，其各部分的尺寸如图 3-76 所示。

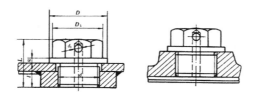

（mm）

d	D	D_1	S	L	l	a	d_1
M12×1.25	18	16.5	14	19	10	2	4
M16×1.5	22	19.6	17	23	12	2	5
M20×1.5	30	25.4	22	28	15	4	6
M22×1.5	32	25.4	22	29	15	4	7
M27×1.5	38	31.2	27	34	18	4	8

图 3-76　通气器各部分的尺寸

操作步骤：（*光盘\动画演示\第 3 章\通气器.avi*）

（1）新建文件

选择菜单栏中的"文件"→"新建"命令，弹出"选择样板"对话框，单击"打开"按钮，创建

一个新的图形文件。

（2）设置图层

选择菜单栏中的"格式"→"图层"命令，弹出"图层特性管理器"选项板。在该选项板中依次创建"轮廓线"、"中心线"和"剖面线"3 个图层，并设置"轮廓线"图层的线宽为 0.3mm，设置"中心线"图层的线型为 CENTER2。

（3）绘制图形

将"中心线"图层设置为当前图层。单击"绘图"工具栏中的"直线"按钮，绘制一条竖直中心线。

❶ 单击"绘图"工具栏中的"矩形"按钮口，绘制一个长度为 22、宽度为 9 的矩形。

❷ 单击"修改"工具栏中的"移动"按钮✛，将绘制的矩形移动到如图 3-77 所示的位置。

❸ 单击"修改"工具栏中的"分解"按钮，将图 3-77 中的矩形分解成单独的线段。命令行提示与操作如下：

```
命令：EXPLODE↙
选择对象：（选择图 3-77 中矩形）
```

❹ 单击"修改"工具栏中的"偏移"按钮，将图 3-77 中的直线 ab 进行偏移，偏移距离为 2，效果如图 3-78 所示。

❺ 单击"修改"工具栏中的"偏移"按钮，将图 3-78 中的竖直中心线向左、右偏移，偏移距离分别为 4.9 和 9.8，并将偏移的直线转换为"轮廓线"图层，如图 3-79 所示。

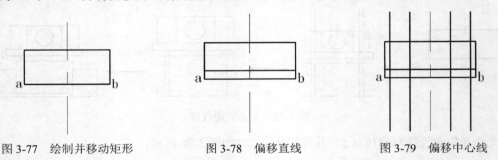

图 3-77　绘制并移动矩形　　　图 3-78　偏移直线　　　图 3-79　偏移中心线

❻ 单击"修改"工具栏中的"修剪"按钮，修剪掉多余的线条，效果如图 3-80 所示。

❼ 单击"绘图"工具栏中的"圆"按钮，以图 3-80 中线段 cd 的中点为圆心，绘制半径为 2.5 的圆，效果如图 3-81 所示。

图 3-80　修剪结果　　　　　　　图 3-81　绘制通气孔

❽ 单击"修改"工具栏中的"偏移"按钮，再次将竖直中心线向左、右偏移，偏移距离分别为 6.8 和 8，并将偏移的直线转换为"轮廓线"图层；然后将图 3-81 中的直线 ab 向下偏移，偏移距离分别为 1.5 和 12，效果如图 3-82 所示。

❾ 单击"修改"工具栏中的"修剪"按钮，修剪掉多余的线条，效果如图 3-83 所示。

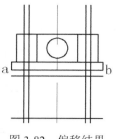 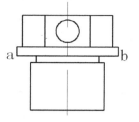

图 3-82 偏移结果　　　　　　　图 3-83 修剪结果

❿ 单击"修改"工具栏中的"偏移"按钮⬒，再次将竖直中心线向左、右偏移，偏移距离为6.8，并将偏移的直线转换为"剖面线"图层，效果如图3-84所示。

📢 注意：为了提高画图速度，螺纹连接件各个部分的尺寸（除公称长度外）都可用 *d*（公称直径）的一定比例画出，称为比例画法或简化画法。对于螺纹来说，其简化画法是使螺纹小径=0.85×螺纹大径；对于外螺纹来说，螺纹小径用细实线表示，螺纹大径用粗实线表示。

⓫ 单击"修改"工具栏中的"倒角"按钮⬡，命令行提示与操作如下：

命令：_chamfer
（"修剪"模式）当前倒角距离 1 = 1.0000，距离 2 = 1.0000
　选择第一条直线或 [放弃(U)/多段线(P)/距离(D)/角度(A)/修剪(T)/方式(E)/多个(M)]:d ✓
　指定第一个倒角距离 <1.0000>:✓
　指定第二个倒角距离 <1.0000>:✓
　选择第一条直线或 [放弃(U)/多段线(P)/距离(D)/角度(A)/修剪(T)/方式(E)/多个(M)]:
（选择图3-84中的直线nc）
　选择第二条直线，或按住 Shift 键选择直线以应用角点或 [距离(D)/角度(A)/方法(M)]:（选择图3-84中的直线cd）

⓬ 同理，对图3-84中的d点进行倒角；然后单击"绘图"工具栏中的"直线"按钮╱，打开对象捕捉功能，捕捉端点绘制倒角线，效果如图3-85所示。

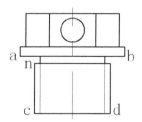 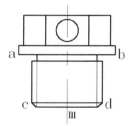

图 3-84 绘制螺纹小径　　　　　图 3-85 绘制倒角线

⓭ 单击"绘图"工具栏中的"矩形"命令，绘制一个长度为30、宽度为8的矩形；然后单击"修改"工具栏中的"移动"按钮✛，将绘制的矩形移动到如图3-86所示的位置。

⓮ 单击"修改"工具栏中的"修剪"按钮╱，修剪掉多余的线条；然后单击"绘图"工具栏中的"直线"按钮╱，补充绘制需要添加的直线，效果如图3-87所示。

⓯ 将当前图层设置为"剖面线"图层；单击"绘图"工具栏中的"图案填充"按钮▨，在弹出的对话框中选择填充图案为ANSI31；单击"添加:选择对象"按钮，暂时回到绘图窗口中进行选择；选择主视图上相关区域，按 Enter 键回到"图案填充和渐变色"对话框；单击"确定"按钮，完成剖面线的绘制，效果如图3-88所示。

注意: 作剖视图所用的剖切平面沿轴线（或对称中心线）通过实心零件或标准件（如螺栓、双头螺柱、螺钉、螺母、垫圈等）时，这些零件均按不剖绘制，仍画其外形。

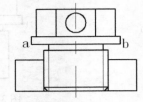
图3-86　移动矩形

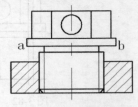
图3-87　修剪图形

图3-88　图案填充

⓰ 单击"绘图"工具栏中的"直线"按钮 ✎，绘制视孔盖，效果如图3-89所示。

注意: 通气器多安装在视孔盖上或箱盖上。当安装在钢板制视孔盖上时，用一个扁螺母固定，为防止螺母松脱落到箱内，将螺母焊在视孔盖上，如图3-89所示。这种形式结构简单，应用广泛。安装在铸造视孔盖或箱盖上时，要在铸件上加工螺纹孔和端部平面，如图3-90所示。

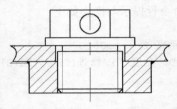
图3-89　简易式通气器

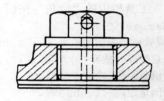
图3-90　通气器

3.4.10　"拉伸"命令

拉伸对象是指拖拉选择的对象，使其形状发生改变，如图3-91所示。拉伸对象时应指定拉伸的基点和移至点。利用一些辅助工具如捕捉、钳夹功能及相对坐标等可以提高拉伸的精度。

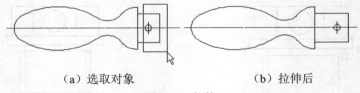

（a）选取对象　　　　　　（b）拉伸后

图3-91　拉伸

1. **执行方式**

☑　命令行：STRETCH。

☑　菜单栏："修改"→"拉伸"。

☑　工具栏："修改"→"拉伸" ▣。

☑　功能区："默认"→"修改"→"拉伸" ▣。

2. **操作步骤**

命令: STRETCH✔
以交叉窗口或交叉多边形选择要拉伸的对象...
选择对象: C✔

指定第一个角点：指定对角点：找到 2 个（采用交叉窗口的方式选择要拉伸的对象）

选择对象：

指定基点或 [位移(D)] <位移>：（指定拉伸的基点）

指定第二个点或 <使用第一个点作为位移>：（指定拉伸的移至点）

此时，若指定第二个点，则系统将根据这两点决定的矢量拉伸对象。若直接按 Enter 键，则系统会把第一个点作为 X 和 Y 轴的分量值。

STRETCH 拉伸完全包含在交叉窗口内的顶点和端点，部分包含在交叉选择窗口内的对象将被拉伸，如图 3-91 所示。

注意：用交叉窗口选择拉伸对象后，落在交叉窗口内的端点被拉伸，而落在外部的端点保持不动。

3.4.11 "拉长"命令

1. 执行方式

☑ 命令行：LENGTHEN。

☑ 菜单栏："修改"→"拉长"。

☑ 功能区："默认"→"修改"→"拉长"。

2. 操作步骤

命令：LENGTHEN↙

选择对象或 [增量(DE)/百分数(P)/全部(T)/动态(DY)]：（选定对象）

当前长度：30.5001（给出选定对象的长度，如果选择圆弧则还将给出圆弧的包含角）

选择对象或 [增量(DE)/百分数(P)/全部(T)/动态(DY)]：DE↙（选择拉长或缩短的方式，如选择"增量(DE)"方式）

输入长度增量或 [角度(A)] <0.0000>：10↙（输入长度增量数值。如果选择圆弧段，则可输入选项"A"给定角度增量）

选择要修改的对象或 [放弃(U)]：（选定要修改的对象，进行拉长操作）

选择要修改的对象或 [放弃(U)]：（继续选择，按 Enter 键结束命令）

3. 选项说明

☑ 增量(DE)：用指定增加量的方法改变对象的长度或角度。

☑ 百分数(P)：用指定占总长度的百分比的方法改变圆弧或直线段的长度。

☑ 全部(T)：用指定新的总长度或总角度值的方法来改变对象的长度或角度。

☑ 动态(DY)：打开动态拖拉模式。在这种模式下，可以使用拖动鼠标的方法来动态地改变对象的长度或角度。

3.4.12 "缩放"命令

1. 执行方式

☑ 命令行：SCALE。

☑ 菜单栏："修改"→"缩放"。

☑ 工具栏："修改"→"缩放"。

☑ 快捷菜单：选择要缩放的对象，在绘图区右击，在弹出的快捷菜单中选择"缩放"命令。

☑ 功能区："默认"→"修改"→"缩放"。

2. 操作步骤

命令：SCALE↙
选择对象：（选择要缩放的对象）
指定基点：（指定缩放操作的基点）
指定比例因子或 [复制(C)/参照(R)] <1.0000>：

3. 选项说明

（1）采用参考方向缩放对象时，系统提示：

指定参照长度 <1>：（指定参考长度值）
指定新的长度或 [点(P)] <1.0000>：（指定新长度值）

若新长度值大于参考长度值，则放大对象；否则，缩小对象。操作完毕后，系统以指定的基点按指定的比例因子缩放对象。如果选择"点(P)"选项，则指定两点来定义新的长度。

（2）可以用拖动鼠标的方法缩放对象。选择对象并指定基点后，从基点到当前光标位置会出现一条连线，线段的长度即为比例大小。移动鼠标时，选择的对象会动态地随着该连线长度的变化而缩放，按 Enter 键会确认缩放操作。

（3）选择"复制(C)"选项时，可以复制缩放对象，即缩放对象时，保留原对象，如图 3-92 所示。

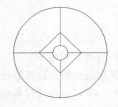　　　　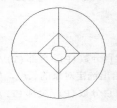

缩放前　　　　　　　　　　　　　　缩放后

图 3-92　复制缩放

3.4.13　"延伸"命令

"延伸"命令是指延伸对象直至另一个对象的边界线，如图 3-93 所示。

选择边界　　　　　　　选择要延伸的对象　　　　　　执行结果

图 3-93　延伸对象

1. 执行方式

☑　命令行：EXTEND。
☑　菜单栏："修改"→"延伸"。
☑　工具栏："修改"→"延伸" ⊣。
☑　功能区："默认"→"修改"→"延伸" ⊣。

2. 操作步骤

> 命令：EXTEND↙
> 当前设置：投影=UCS，边=无
> 选择边界的边...
> 选择对象或 <全部选择>：（选择边界对象）

此时可以选择对象来定义边界。若直接按 Enter 键，则选择所有对象作为可能的边界对象。

系统规定可以用作边界对象的对象有：直线段、射线、双向无限长线、圆弧、圆、椭圆、二维和三维多段线、样条曲线、文本、浮动的视口和区域。如果选择二维多段线作为边界对象，则系统会忽略其宽度而把对象延伸至多段线的中心线。

选择边界对象后，系统继续提示：

> 选择要延伸的对象，或按住 Shift 键选择要修剪的对象，或[栏选(F)/窗交(C)/投影(P)/边(E)/放弃(U)]：

"延伸"命令与"修剪"命令操作方式类似。

3.4.14 "圆角"命令

圆角是指用指定的半径决定的一段平滑的圆弧连接两个对象。系统规定可以圆滑连接一对直线段、非圆弧的多段线、样条曲线、双向无限长线、射线、圆、圆弧和椭圆。可以在任何时刻圆滑连接多段线的每个节点。

1. 执行方式

- ☑ 命令行：FILLET。
- ☑ 菜单栏："修改"→"圆角"。
- ☑ 工具栏："修改"→"圆角"▱。
- ☑ 功能区："默认"→"修改"→"圆角"▱。

2. 操作步骤

> 命令：FILLET↙
> 当前设置：模式 = 修剪，半径 = 0.0000
> 选择第一个对象或[放弃(U)/多段线(P)/半径(R)/修剪(T)/多个(M)]：（选择第一个对象或其他选项）
> 选择第二个对象，或按住 Shift 键选择对象以应用角点或 [半径(R)]：（选择第二个对象）

3. 选项说明

- ☑ 多段线(P)：在一条二维多段线的两段直线段的节点处插入圆滑的弧。选择多段线后，系统会根据指定的圆弧半径把多段线各顶点用圆滑的弧连接起来。
- ☑ 修剪(T)：决定在圆滑连接两条边时，是否修剪这两条边，如图 3-94 所示。

（a）修剪方式　　　　　　（b）不修剪方式

图 3-94　圆角连接

- ☑ 多个(M)：同时对多个对象进行圆角编辑，而不必重新调用命令。

☑　按住 Shift 键并选择两条直线，可以快速创建零距离倒角或零半径圆角。

3.4.15　实例——实心带轮

本实例将结合"延伸"、"倒角"、"圆角"等命令绘制实心带轮，具体流程图如图 3-95 所示。

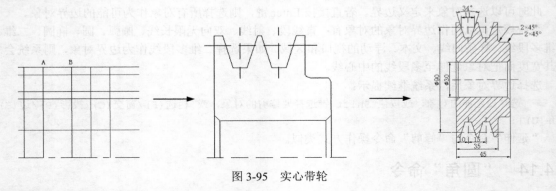

图 3-95　实心带轮

操作步骤：（光盘\动画演示\第 3 章\实心带轮.avi）

（1）新建文件

选择菜单栏中的"文件"→"新建"命令，弹出"选择样板"对话框，单击"打开"按钮，创建一个新的图形文件。

（2）设置图层

选择菜单栏中的"格式"→"图层"命令，弹出"图层特性管理器"选项板。在该选项板中依次创建"轮廓线"、"中心线"和"剖面线"3 个图层，并设置"轮廓线"图层的线宽为 0.3mm，设置"中心线"图层的线型为 CENTER2。

（3）绘制轮廓线

❶ 将"中心线"图层设置为当前图层；单击"绘图"工具栏中的"直线"按钮，沿水平方向绘制一条中心线；然后单击"修改"工具栏中的"偏移"按钮，将绘制的水平中心线向上偏移，偏移距离分别为 15、32、36、45、49，并将偏移的直线转换到"轮廓线"图层，效果如图 3-96 所示。

❷ 将"轮廓线"图层设置为当前图层；单击"绘图"工具栏中的"直线"按钮，沿竖直方向绘制一条直线；然后单击"修改"工具栏中的"偏移"按钮，将刚绘制的竖直直线向右偏移，偏移的距离分别为 10、25、35、45，效果如图 3-97 所示。

（4）绘制中心线

将图 3-97 中的直线 AB 转换到"中心线"图层，然后单击"修改"工具栏中的"修剪"按钮，修剪掉多余的线段，效果如图 3-98 所示。

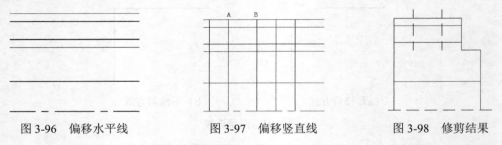

图 3-96　偏移水平线　　　　图 3-97　偏移竖直线　　　　图 3-98　修剪结果

（5）绘制轮齿

❶ 单击"修改"工具栏中的"偏移"按钮凸，将左边一条竖直中心线向左偏移 5.5 产生一个交点；将"轮廓线"图层设置为当前图层；单击"绘图"工具栏中的"直线"按钮╱，通过该交点向右下方绘制一条角度为-73°的直线。

❷ 单击"修改"工具栏中的"延伸"按钮╱，将-73°的直线向左上方延伸到最上方水平线位置。命令行提示与操作如下：

```
命令: _extend
当前设置:投影=UCS,边=无
选择边界的边...
选择对象或 <全部选择>:(选择最上水平线)
选择对象:↙
选择要延伸的对象,或按住 Shift 键选择要修剪的对象,或[栏选(F)/窗交(C)/投影(P)/边(E)/
放弃(U)]:(选择-73°直线)
选择要延伸的对象,或按住 Shift 键选择要修剪的对象,或[栏选(F)/窗交(C)/投影(P)/边(E)/
放弃(U)]:↙
```

效果如图 3-99 所示。

❸ 单击"修改"工具栏中的"镜像"按钮▲，选择图 3-99 中绘制的斜线为镜像对象，以中心线 m 为镜像线，镜像结果如图 3-100 所示。

❹ 再次单击"修改"工具栏中的"偏移"按钮凸，将图 3-100 中的竖直中心线 n 向左偏移 5.5，与镜像生成的斜线交于一点。将"轮廓线"图层设置为当前图层，单击"绘图"工具栏中的"直线"按钮╱和"修改"工具栏中的"延伸"按钮╱，通过该交点绘制另一条角度为-73°的直线，效果如图 3-101 所示。

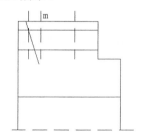
图 3-99　绘制斜线

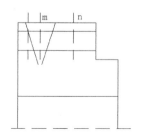
图 3-100　镜像结果

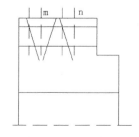
图 3-101　绘制斜线

❺ 单击"修改"工具栏中的"镜像"按钮▲，选择图 3-100 中绘制的斜线为镜像对象，以中心线 n 为镜像线，镜像结果如图 3-102 所示。

❻ 单击"修改"工具栏中的"修剪"按钮╱和"删除"按钮╱，修剪并删除掉多余的直线，效果如图 3-103 所示。

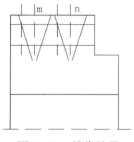
图 3-102　镜像结果

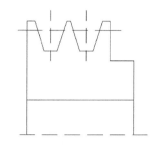
图 3-103　修剪结果

（6）绘制轮孔

❶ 单击"修改"工具栏中的"倒角"按钮◻，设置倒角距离为 2，对带轮图形进行倒角，效果如图 3-104（a）所示。

❷ 单击"绘图"工具栏中的"直线"按钮╱和"修改"工具栏中的"修剪"按钮╫，绘制倒角线，并进一步修剪完善图形，效果如图 3-104（b）所示。

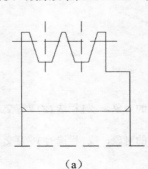
（a）

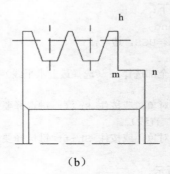
（b）

图 3-104　绘制倒角

❸ 单击"修改"工具栏中的"圆角"按钮◻，命令行提示与操作如下：

```
命令: _fillet
当前设置: 模式 = 不修剪, 半径 = 0.0000
选择第一个对象或 [放弃(U) /多段线(P) /半径(R) /修剪(T) /多个(M)]: t
输入修剪模式选项 [修剪(T) /不修剪(N)] <不修剪>: t
选择第一个对象或 [放弃(U) /多段线(P) /半径(R) /修剪(T) /多个(M)]: r
指定圆角半径 <0.0000>: 2
选择第一个对象或 [放弃(U) /多段线(P) /半径(R) /修剪(T) /多个(M)]: （选择图 3-104（b）
中的直线 mn）
选择第二个对象，或按住 Shift 键选择对象以应用角点或 [半径(R)]: （选择图 3-104（b）中的
直线 hm）
```

❹ 使用同样的方法对其他角点进行圆角，得到的结果如图 3-105 所示。

（7）镜像带轮

单击"修改"工具栏中的"镜像"按钮▲，选择图 3-106 中虚线部分为镜像对象，以中心线 xy 为镜像线，镜像结果如图 3-107 所示。

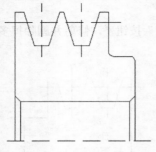
图 3-105　绘制圆角

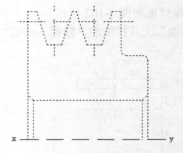
图 3-106　选择镜像对象

（8）图案填充

将当前图层设置为"剖面线"图层。单击"绘图"工具栏中的"图案填充"按钮▦，在弹出的对

话框中选择填充图案为 ANSI31，将"角度"设置为 0，"比例"设置为 1，其他为默认值。单击"添加:选择对象"按钮，暂时回到绘图窗口中进行选择。选择主视图上相关区域，按 Enter 键回到"图案填充和渐变色"对话框。单击"确定"按钮，完成剖面线的绘制。这样就完成了主视图的绘制，效果如图 3-108 所示。

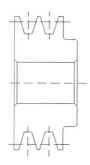

图 3-107　镜像结果

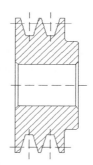

图 3-108　图案填充结果

3.4.16　"打断"命令

1. 执行方式

☑　命令行：BREAK。
☑　菜单栏："修改"→"打断"。
☑　工具栏："修改"→"打断"□。
☑　功能区："默认"→"修改"→"打断"□。

2. 操作步骤

命令：BREAK↙
选择对象：（选择要打断的对象）
指定第二个打断点或 [第一点(F)]：（指定第二个断开点或输入"F"）

3. 选项说明

如果选择"第一点(F)"，则系统将丢弃前面的第一个选择点，重新提示用户指定两个断开点。

3.4.17　"打断于点"命令

"打断于点"命令与"打断"命令类似，是指在对象上指定一点，从而把该对象在此点拆分成两部分。

1. 执行方式

☑　工具栏："修改"→"打断于点"□。
☑　功能区："默认"→"修改"→"打断于点"□。

2. 操作步骤

选择对象：（选择要打断的对象）
指定第二个打断点或 [第一点(F)]：_f（系统自动执行"第一点(F)"选项）
指定第一个打断点：（选择打断点）
指定第二个打断点：@（系统自动忽略此提示）

3.4.18 "光顺曲线"命令

在两条选定直线或曲线之间的间隙中创建样条曲线。

1. 执行方式

☑ 命令行：BLEND。
☑ 菜单栏："修改" → "光顺曲线"。
☑ 工具栏："修改" → "光顺曲线" ﾉ。

2. 操作步骤

```
命令：BLEND↙
连续性=相切
选择第一个对象或[连续性(CON)]：CON
输入连续性[相切(T)/平滑(S)]<切线>：
选择第一个对象或[连续性(CON)]：
选择第二个点：
```

3. 选项说明

☑ 连续性(CON)：在两种过渡类型中指定一种。
☑ 相切(T)：创建一条 3 阶样条曲线，在选定对象的端点处具有相切（G1）连续性。
☑ 平滑(S)：创建一条 5 阶样条曲线，在选定对象的端点处具有曲率（G2）连续性。如果选择 "平滑" 选项，则不要将显示从控制点切换为拟合点，否则会将样条曲线更改为 3 阶，从而改变样条曲线的形状。

3.5 对象特性修改命令

在编辑对象时，还可以对图形对象本身的某些特性进行编辑，从而方便地进行图形绘制。

3.5.1 钳夹功能

利用钳夹功能可以快速、方便地编辑对象。AutoCAD 在图形对象上定义了一些特殊点，称为夹持点，利用它们可以灵活地控制对象，如图 3-109 所示。

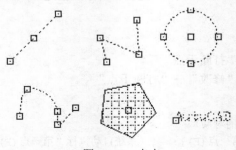

图 3-109　夹点

要使用钳夹功能编辑对象，必须先打开钳夹功能。打开方法是：选择 "工具" → "选项" → "选择"命令，在弹出的对话框中选择"选择集"选项卡，在"夹点选项组"中选中"启用夹点"复选框即可。

💡 **提示**：在该选项卡中还可以设置代表夹点的小方格的尺寸和颜色。

除了上述方法，也可以通过 GRIPS 系统变量控制是否打开钳夹功能，1 代表打开，0 代表关闭。打开了钳夹功能后，应该在编辑对象前先选择对象。夹点表示了对象的控制位置。

使用钳头功能编辑对象时，要选择一个夹点作为基点，称为基准夹点。然后，选择一种编辑操作，如删除、移动、复制选择、旋转和缩放等。可以用空格键、Enter 键或其他快捷键循环选择这些功能。

下面以其中的拉伸对象操作为例进行讲述，其他操作类似。

在图形上拾取一个夹点，该夹点将改变颜色，此夹点即为钳夹编辑的基准夹点。这时系统提示：

```
** 拉伸 **
指定拉伸点或 [基点(B)/复制(C)/放弃(U)/退出(X)]:
```

在上述拉伸编辑提示下输入缩放命令或右击，在弹出的快捷菜单中选择"缩放"命令，系统就会转换为"缩放"操作，其他操作类似。

3.5.2 "特性"选项板

1. 执行方式

☑ 命令行：DDMODIFY 或 PROPERTIES。
☑ 菜单栏："修改"→"特性"。
☑ 工具栏："标准"→"特性"🗖。
☑ 功能区："视图"→"选项板"→"特性"🗖。
☑ 快捷键：Ctrl+1。

2. 操作步骤

```
命令：DDMODIFY✓
```

利用 AutoCAD 2014 提供的"特性"选项板（如图 3-110 所示），可以方便地设置或修改对象的各种属性。不同的对象具有不同类型的属性和不同的属性值，当修改属性值后，对象将改变为新的属性。

图 3-110 "特性"选项板

3.5.3 特性匹配

利用特性匹配功能可以将目标对象的属性与源对象的属性进行匹配，使目标对象变为与源对象相同。在机械设计中，该功能常用于方便、快捷地修改对象属性，并保持不同对象的属性相同。

1. 执行方式

☑ 命令行：MATCHPROP。
☑ 菜单栏："修改"→"特性匹配"。
☑ 工具栏："标准"→"特性匹配"📋。
☑ 功能区："视图"→"选项板"→"特性匹配"📋。

2. 操作步骤

命令：MATCHPROP✓
选择源对象：（选择源对象）
选择目标对象或 [设置(S)]：（选择目标对象）

如图 3-111（a）所示为两个不同属性的对象，以左边的圆为源对象，对右边的矩形进行属性匹配，结果如图 3-111（b）所示。

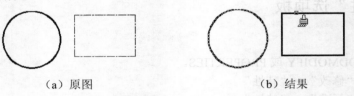

（a）原图　　　　　　　　　　　　　（b）结果

图 3-111　特性匹配

3.6　对象约束

约束能够用于精确地控制草图中的对象。草图约束有两种类型：尺寸约束和几何约束。

几何约束建立起草图对象的几何特性（如要求某一直线具有固定长度）或者两个或更多草图对象的关系类型（如要求两条直线垂直或平行，或是几个弧具有相同的半径）。在绘图区用户可以使用"参数化"选项卡内的"全部显示"、"全部隐藏"或"显示"来显示有关信息，并显示代表这些约束的直观标记（如图 3-112 所示的水平标记═ 和共线标记✓ ）。

尺寸约束建立起草图对象的大小（如直线的长度、圆弧的半径等）或者两个对象之间的关系（如两点之间的距离）。如图 3-113 所示为一带有尺寸约束的示例。

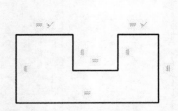

图 3-112　"几何约束"示意图

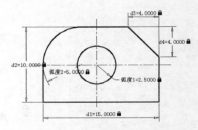

图 3-113　"尺寸约束"示意图

3.6.1　建立几何约束

使用几何约束，可以指定草图对象必须遵守的条件，或是草图对象之间必须维持的关系。几何约束面板及工具栏（面板在功能区"参数化"选项卡下的"几何"面板中）如图 3-114 所示，其中主要几何约束选项的功能如表 3-1 所示。

Note

图 3-114　"几何"面板及工具栏

表 3-1　几何约束选项的功能

约 束 模 式	功　　　能
重合	约束两个点使其重合，或者约束一个点使其位于曲线（或曲线的延长线）上。可以使对象上的约束点与某个对象重合，也可以使其与另一对象上的约束点重合
共线	使两条或多条直线段沿同一直线方向
同心	将两个圆弧、圆或椭圆约束到同一个中心点，结果与将重合约束应用于曲线的中心点所产生的结果相同
固定	将几何约束应用于一对对象时，选择对象的顺序以及选择每个对象的点可能会影响对象彼此间的放置方式
平行	使选定的直线位于彼此平行的位置。平行约束在两个对象之间应用
垂直	使选定的直线位于彼此垂直的位置。垂直约束在两个对象之间应用
水平	使直线或点对位于与当前坐标系的 X 轴平行的位置。默认选择类型为对象
竖直	使直线或点对位于与当前坐标系的 Y 轴平行的位置
相切	将两条曲线约束为保持彼此相切或其延长线保持彼此相切。相切约束在两个对象之间应用
平滑	将样条曲线约束为连续，并与其他样条曲线、直线、圆弧或多段线保持 G2 连续性
对称	使选定对象受对称约束，相对于选定直线对称
相等	将选定圆弧和圆的尺寸重新调整为半径相同，或将选定直线的尺寸重新调整为长度相同

绘图中可指定二维对象或对象上的点之间的几何约束。之后编辑受约束的几何图形时，将保留约束。因此，通过使用几何约束，可以在图形中包括设计要求。

3.6.2　几何约束设置

在使用 AutoCAD 2014 绘图时，可以控制约束栏的显示。通过"约束设置"对话框中的"几何"选项卡（如图 3-11 所示），可控制约束栏上显示或隐藏的几何约束类型。可单独或全局显示/隐藏几何约束和约束栏。具体可执行以下操作：

☑　显示（或隐藏）所有的几何约束。

☑　显示（或隐藏）指定类型的几何约束。

☑　显示（或隐藏）所有与选定对象相关的几何约束。

1. 执行方式

☑　命令行：CONSTRAINTSETTINGS。

☑ 菜单栏："参数"→"约束设置"。

☑ 工具栏："参数化"→"约束设置" 。

☑ 功能区："参数化"→"几何"→"约束设置，几何" 。

2．操作步骤

命令：CONSTRAINTSETTINGS✓

执行上述命令后，打开"约束设置"对话框。在该对话框中选择"几何"选项卡，从中可以控制约束栏上约束类型的显示，如图 3-115 所示。

3．选项说明

（1）"约束栏显示设置"选项组：控制图形编辑器中是否为对象显示约束栏或约束点标记。例如，可以为水平约束和竖直约束隐藏约束栏的显示。

图 3-115　"约束设置"对话框的"几何"选项卡

（2）"全部选择"按钮：选择几何约束类型。

（3）"全部清除"按钮：清除选定的几何约束类型。

（4）"仅为处于当前平面中的对象显示约束栏"复选框：仅为当前平面上受几何约束的对象显示约束栏。

（5）"约束栏透明度"选项组：设置图形中约束栏的透明度。

（6）"将约束应用于选定对象后显示约束栏"复选框：手动应用约束后或使用 AUTOCONSTRAIN 命令时显示相关约束栏。

3.6.3　实例——同心相切圆

本实例主要介绍"几何约束"命令的使用方法，绘制同心相切圆的流程图如图 3-116 所示。

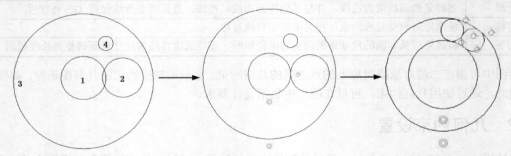

图 3-116　同心相切圆

操作步骤：（光盘\动画演示\第 3 章\同心相切圆.avi）

（1）绘制圆

单击"绘图"工具栏中的"圆"按钮 ，以适当半径绘制 4 个圆，结果如图 3-117 所示。

（2）添加几何约束

❶ 在任意工具栏上右击，在弹出的快捷菜单中选择"几何约束"命令，打开"几何约束"工具栏，如图 3-114 所示。

❷ 选择菜单栏中的"参数"→"几何约束"→"相切"命令，使两圆相切。命令行提示与操作

如下:

> 命令:_ GcTangent
> 选择第一个对象:(使用鼠标选择圆 1)
> 选择第二个对象:(使用鼠标选择圆 2)

❸ 系统自动将圆 2 向左移动与圆 1 相切,结果如图 3-118 所示。

❹ 单击"几何约束"工具栏中的"同心"按钮◎,或选择菜单栏中的"参数"→"几何约束"→"同心"命令,使其中两圆同心。命令行提示与操作如下:

> 命令:_GcConcentric
> 选择第一个对象:(选择圆 1)
> 选择第二个对象:(选择圆 3)

系统自动建立同心的几何关系,如图 3-119 所示。

❺ 以同样方法,使圆 3 与圆 2 建立相切几何约束,如图 3-120 所示。

❻ 以同样方法,使圆 1 与圆 4 建立相切几何约束,如图 3-121 所示。

❼ 以同样方法,使圆 4 与圆 2 建立相切几何约束,如图 3-122 所示。

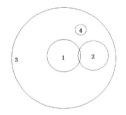
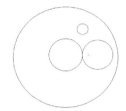
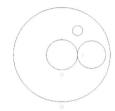

图 3-117　绘制圆　　　图 3-118　建立相切几何关系　　　图 3-119　建立同心几何关系

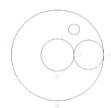
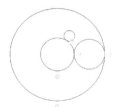
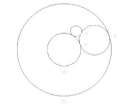

图 3-120　建立圆 3 与圆 2　　　图 3-121　建立圆 1 与圆 4　　　图 3-122　建立圆 4 与圆 2
　　　相切几何关系　　　　　　　相切几何关系　　　　　　　相切几何关系

❽ 以同样方法,使圆 3 与圆 4 建立相切几何约束,最终结果如图 3-116 所示。

3.6.4　自动约束设置

在使用 AutoCAD 绘图时,通过"约束设置"对话框中的"自动约束"选项卡,可将设定公差范围内的对象自动设置为相关约束。

1. 执行方式

☑　命令行:CONSTRAINTSETTINGS。

☑　菜单栏:"参数"→"约束设置"。

☑　工具栏:"参数化"→"约束设置"📖。

☑　功能区:"参数化"→"标注"→"约束设置,标注"📐。

2. 操作步骤

命令：CONSTRAINTSETTINGS✓

执行上述命令后，打开"约束设置"对话框。在该对话框中选择"自动约束"选项卡，从中可以控制自动约束相关参数，如图 3-123 所示。

3. 选项说明

（1）"自动约束"列表框：显示自动约束的类型以及优先级。可以通过"上移"和"下移"按钮调整优先级的先后顺序；同时还可以单击✔按钮选择或去掉某约束类型作为自动约束类型。

（2）"相切对象必须共用同一交点"复选框：指定两条曲线必须共用一个点（在距离公差内指定），以便应用相切约束。

（3）"垂直对象必须共用同一交点"复选框：指定直线必须相交或一条直线的端点必须与另一条直线或直线的端点重合（在距离公差内指定）。

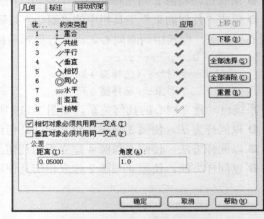

图 3-123　"约束设置"对话框的"自动约束"选项卡

（4）"公差"选项组：设置可接受的"距离"和"角度"公差值，以确定是否可以应用约束。

3.6.5　实例——约束控制未封闭三角形

本实例主要介绍自动约束命令的使用方法，对未封闭三角形进行约束控制的流程图如图 3-124 所示。

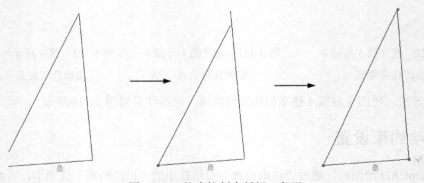

图 3-124　约束控制未封闭三角形

操作步骤：（光盘\动画演示\第 3 章\约束控制未封闭三角形.avi）

（1）设置约束与自动约束。

选择"参数"→"约束设置"命令，打开"约束设置"对话框。选择"几何"选项卡，单击"全部选择"按钮，选择全部约束方式，如图 3-125 所示。选择"自动约束"选项卡，将"距离"和"角度"公差设置为1，取消选中"相切对象必须共用同一交点"和"垂直对象必须共用同一交点"复选框，约束优先顺序按照图 3-126 所示进行设置。

图 3-125 "几何"选项卡设置

图 3-126 "自动约束"选项卡设置

（2）在任意工具栏上右击，在弹出的快捷菜单中选择"参数化"命令，打开"参数化"工具栏，如图 3-127 所示。

图 3-127 "参数化"工具栏

❶ 单击"参数化"工具栏中的"固定"按钮，命令行提示与操作如下：

命令：_GcFix
选择点或 [对象(O)] <对象>：选择三角形底边

此时，底边被固定，并显示固定标记，如图 3-128 所示。

❷ 单击"参数化"工具栏中的"自动约束"按钮，命令行提示与操作如下：

命令：_AutoConstrain
选择对象或 [设置(S)]：（选择底边）
选择对象或 [设置(S)]：（选择左边，这里已知左边两个端点的距离为 0.7，在自动约束公差范围内）
选择对象或 [设置(S)]：✓

此时，左边下移，底边和左边两个端点重合，并显示固定标记，而原来重合的上顶点现在分离，如图 3-129 所示。

图 3-128 固定约束

图 3-129 自动重合约束

❸ 以同样方法，使上边两个端点进行自动约束，两者重合，并显示重合标记，如图 3-130 所示。

❹ 再次单击"参数化"工具栏中的"自动约束"按钮，选择三角形底边和右边为自动约束对象，如图 3-131 所示。

注意：这里右边必然要缩短。

Note

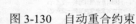

图 3-130　自动重合约束　　　　　　图 3-131　自动重合与自动垂直约束

3.7　综合实例——带式运输机传动方案简图

本节将结合 AutoCAD 的各个知识点，以减速器项目的设计过程为指引，向读者全面展示 AutoCAD 在机械设计领域的应用过程。下面绘制带式运输机传动方案简图，其流程图如图 3-132 所示。

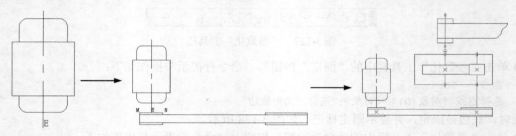

图 3-132　带式运输机传动方案简图

操作步骤：（光盘\动画演示\第 3 章\带式运输机传动方案简图.avi）

3.7.1　绘制电动机

（1）新建文件

选择菜单栏中的"文件"→"新建"命令，弹出"选择样板"选项板，单击"打开"按钮，创建一个新的图形文件。

（2）设置图层

选择菜单栏中的"格式"→"图层"命令，弹出"图层特性管理器"选项板。在该选项板中依次创建"轮廓线"、"中心线"和"剖面线"3 个图层，并设置"轮廓线"图层的线宽为 0.3mm，设置"中心线"图层的线型为 CENTER2，如图 3-133 所示。

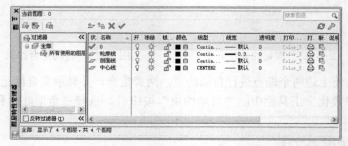

图 3-133　"图层特性管理器"选项板

Note

（3）绘制电动机

❶ 单击"绘图"工具栏中的"直线"按钮✐，绘制一条竖直中心线；然后单击"绘图"工具栏中的"矩形"按钮▭，沿竖直方向绘制一条中心线，以其上端点为起始点，绘制一个长为 1.4mm、宽为 0.6mm 的矩形，如图 3-134 所示。

❷ 单击"修改"工具栏中的"移动"按钮✛，将图 3-134 中绘制的矩形向左移动 0.7mm，向下移动 0.3mm，效果如图 3-135 所示。

❸ 单击"绘图"工具栏中的"矩形"按钮▭，以图 3-135 中的 A 点为起点，绘制一个长为 1.8mm、宽为 1.6mm 的矩形；然后单击"修改"工具栏中的"移动"按钮✛，将绘制的矩形向左移动 0.9mm；接着用同样的方法绘制一个长为 1.4mm、宽为 0.5mm 的矩形，效果如图 3-136 所示。

❹ 单击"修改"工具栏中的"分解"按钮▱，将图 3-136 中的矩形进行分解。

❺ 单击"修改"工具栏中的"圆角"按钮◻，对图 3-136 中的 A 点进行圆角。命令行提示与操作如下：

```
命令：_fillet
当前设置：模式 = 不修剪，半径 = 0.0000
选择第一个对象或 [放弃(U) /多段线(P) /半径(R) /修剪(T) /多个(M)]：t↙
输入修剪模式选项 [修剪(T) /不修剪(N)] <不修剪>：t↙
选择第一个对象或 [放弃(U) /多段线(P) /半径(R) /修剪(T) /多个(M)]：r↙
指定圆角半径 <0.0000>：0.25↙
选择第一个对象或 [放弃(U) /多段线(P) /半径(R) /修剪(T) /多个(M)]：（选择图 3-136 中的
直线 AB）
选择第二个对象，或按住 Shift 键选择对象以应用角点或 [半径(R)]：（选择图 3-136 中的直线
AE）
```

❻ 同理，对图 3-136 中的点 B、C、D 进行圆角，最终效果如图 3-137 所示。

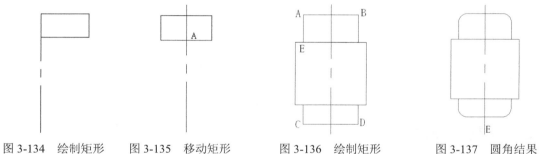

图 3-134 绘制矩形   图 3-135 移动矩形   图 3-136 绘制矩形   图 3-137 圆角结果

3.7.2 绘制传送带

（1）绘制皮带

❶ 单击"绘图"工具栏中的"直线"按钮✐，绘制一条长为 8mm 的水平直线。

❷ 单击"修改"工具栏中的"偏移"按钮△，将步骤❶中绘制的直线向下偏移，偏移距离分别为 0.1mm、0.5mm、0.6mm，效果如图 3-138 所示。

图 3-138 绘制并偏移直线

（2）绘制带轮

❶ 单击"绘图"工具栏中的"直线"按钮 ✓，连接图 3-138 中的 A 和 B 两点，并将线段 AB 向右偏移，偏移距离分别为 1.1mm、6mm、8mm，效果如图 3-139 所示。

图 3-139　偏移直线

❷ 单击"修改"工具栏中的"修剪"按钮 ✓，修剪掉图 3-139 中的线段 CD 和 EF，效果如图 3-140 所示。

图 3-140　修剪直线

（3）连接电动机与传送带

单击"修改"工具栏中的"移动"按钮 ✣，命令行提示与操作如下：

```
命令：_move
选择对象：（选择图 3-141 中绘制的传送带）
选择对象：✓
指定基点或 [位移(D)] <位移>：（选择图 3-141 中 MN 的中点）
指定第二个点或 <使用第一个点作为位移>（选择图 3-134 中的 E 点）
```

最终效果如图 3-141 所示。

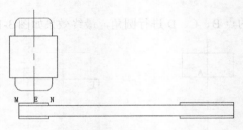

图 3-141　移动图形

3.7.3　绘制减速器

（1）单击"绘图"工具栏中的"矩形"按钮 ▭，绘制长为 5mm、宽为 2mm 的矩形，效果如图 3-142 所示。

（2）单击"修改"工具栏中的"分解"按钮 ，将图 3-142 中的矩形进行分解。

（3）单击"修改"工具栏中的"偏移"按钮 ，将图 3-142 中的线段 AB 进行偏移，偏移距离分别为 2mm 和 4mm，效果如图 3-143 所示。

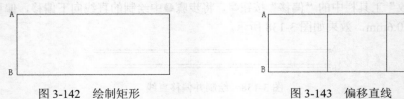

图 3-142　绘制矩形　　　　图 3-143　偏移直线

（4）单击"绘图"工具栏中的"矩形"按钮▢，以图 3-143 中的 A 点为起点，绘制一个长为 3mm、宽为 0.6mm 的矩形；然后单击"修改"工具栏中的"移动"按钮✛，将绘制的矩形向下移动 0.7mm，向右移动 0.5mm。用相同的方法，以 A 为起点绘制长为 1mm、宽为 0.7mm 的矩形；然后单击"修改"工具栏中的"移动"按钮✛，将绘制的矩形向下移动 0.65mm，向右移动 3.5mm，效果如图 3-144 所示。

（5）单击"修改"工具栏中的"偏移"按钮⬚，将图 3-144 中的线段 CD 和 EF 分别向左、右各偏移 0.05mm，将线段 AE 向下偏移 0.1mm，线段 BF 向上偏移 0.1mm，效果如图 3-145 所示。

（6）单击"修改"工具栏中的"修剪"按钮⊸，修剪掉图 3-145 中多余的直线，效果如图 3-146 所示。

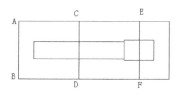

图 3-144　绘制并移动矩形

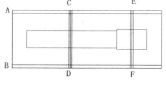

图 3-145　偏移直线

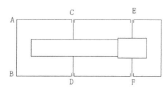

图 3-146　修剪结果

（7）单击"修改"工具栏中的"镜像"按钮⚏，命令行提示与操作如下：

```
命令：_mirror
选择对象：（选择图 3-147 中的虚线部分）
选择对象：✓
指定镜像线的第一点：（选择图 3-146 中的 A 点）
指定镜像线的第二点：（选择图 3-146 中的 E 点）
要删除源对象吗？[是(Y)→否(N)] <N>：✓
```

（8）用相同的方法对下面的短线进行镜像处理，并向外延长线段 CD 和 EF，延长的距离为 0.2mm，最终效果如图 3-148 所示。

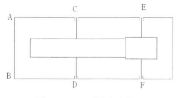

图 3-147　选择对象

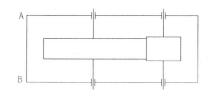

图 3-148　镜像结果

3.7.4　绘制卷筒

（1）单击"绘图"工具栏中的"矩形"按钮▢，绘制长为 1mm、宽为 1.6mm 的矩形，效果如图 3-149 所示。

（2）单击"绘图"工具栏中的"矩形"按钮▢，以图 3-149 中的 A 点为起点，绘制一个长度为 4.5mm、宽度为 1mm 的矩形，然后单击"修改"工具栏中的"移动"按钮✛，将绘制的矩形向下移动 0.3mm，效果如图 3-150 所示。

（3）单击"绘图"工具栏中的"样条曲线"按钮～，以图 3-150 中的 M 点为起点绘制样条曲线；然后单击"修改"工具栏中的"分解"按钮▥，将两个矩形进行分解；最后单击"修改"工具栏中的"修剪"按钮⊸，修剪掉多余的线段，效果如图 3-151 所示。

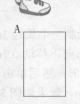

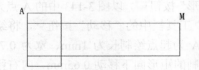

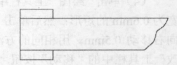

图 3-149 绘制矩形   图 3-150 绘制并移动矩形   图 3-151 绘制样条曲线

（4）单击"修改"工具栏中的"移动"按钮✥，将卷筒和减速器用联轴器连接起来，效果如图 3-152 所示。

（5）单击"修改"工具栏中的"移动"按钮✥，将图 3-141 中的电动机和传送带与图 3-152 中的卷筒和减速器连接起来，并补画其他图形，最终效果如图 3-153 所示。

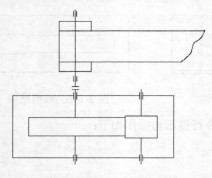

图 3-152 连接卷筒与减速器

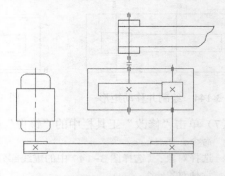

图 3-153 带式运输机传动方案简图

3.8 实践与操作

通过本章的学习，读者对本章知识也有了大体的了解，本节将通过 3 个实践操作帮助读者进一步掌握本章的知识要点。

3.8.1 绘制均布结构图形

1. 目的要求

本例设计的图形是一个常见的机械零件，如图 3-154 所示。在绘制的过程中，除了要用到"直线"、"圆"等基本绘图命令外，还要用到"剪切"和"阵列"等编辑命令。通过本例的练习，可以帮助读者进一步掌握"剪切"和"阵列"等编辑命令的用法。

2. 操作提示

（1）设置新图层。

（2）绘制中心线和基本轮廓。

（3）进行阵列编辑。

（4）进行剪切编辑。

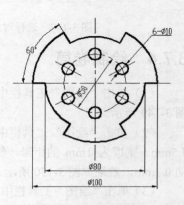

图 3-154 均布结构图形

3.8.2　绘制支架

1．目的要求

本例主要利用基本二维绘图命令将支架的外轮廓绘出，然后利用"多段线"命令将其合并，再利用"偏移"命令完成整个图形的绘制，如图 3-155 所示。

图 3-155　支架

2．操作提示

（1）新建图层。
（2）绘制辅助线和圆。
（3）偏移辅助线。
（4）修剪图形。

3.8.3　绘制挂轮架

1．目的要求

该挂轮架主要由直线、相切的圆及圆弧组成，因此可利用"直线"、"圆"及"圆弧"命令，并配合"修剪"命令来绘制图形；挂轮架的上部是对称的结构，可以利用"镜像"命令对其进行操作；对于其中的圆角均采用"圆角"命令绘出，如图 3-156 所示。

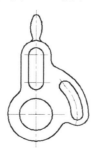

图 3-156　挂轮架

2．操作提示

（1）绘制中心线和辅助线。
（2）绘制挂轮架中部图形。
（3）绘制挂轮架右部图形。
（4）绘制挂轮架上部图形。

第4章

文本、表格与尺寸标注

　　文字注释是图形中十分重要的一部分内容，进行各种设计时，通常不仅要绘出图形，还要在图形中标注一些文字，如技术要求、注释说明等，对图形对象加以解释。AutoCAD 提供了多种写入文字的方法，本章将介绍文本的注释和编辑功能。图表在 AutoCAD 图形中也有大量的应用，如明细表、参数表和标题栏等，AutoCAD 新增的图表功能使绘制图表变得更加方便快捷。尺寸标注是绘图设计过程中相当重要的一个环节，AutoCAD 2014 提供了方便、准确的标注尺寸功能。

- ☑ 文本、表格
- ☑ 尺寸标注与尺寸约束
- ☑ 绘制机械制图 A3 样板图
- ☑ 综合实例——圆锥齿轮

任务驱动&项目案例

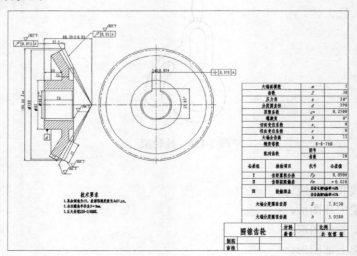

4.1　文　　本

文本是建筑图形的基本组成部分，常用于图签、说明、图纸目录等内容中。本节将讲述文本标注的基本方法。

4.1.1　设置文本样式

1.执行方式

☑　命令行：STYLE 或 DDSTYLE。
☑　菜单栏："格式"→"文字样式"。
☑　工具栏："文字"→"文字样式" A 或"样式"→"文字样式" A。

2.操作步骤

执行上述命令，系统打开"文字样式"对话框，如图 4-1 所示。

利用该对话框可以新建文字样式或修改当前文字样式。如图 4-2～图 4-4 所示为各种文字样式。

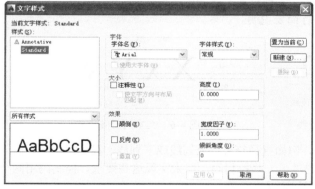

图 4-1　"文字样式"对话框 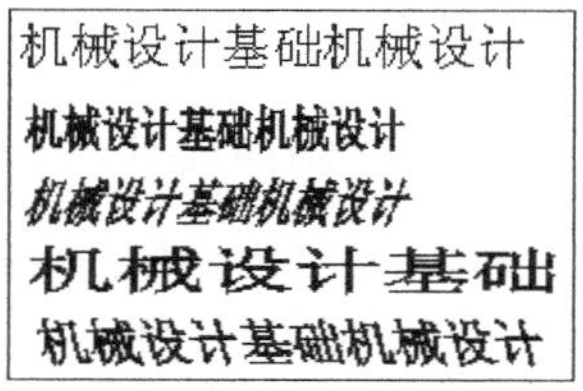　　　　　图 4-2　不同宽度比例、倾斜角度、不同高度字体

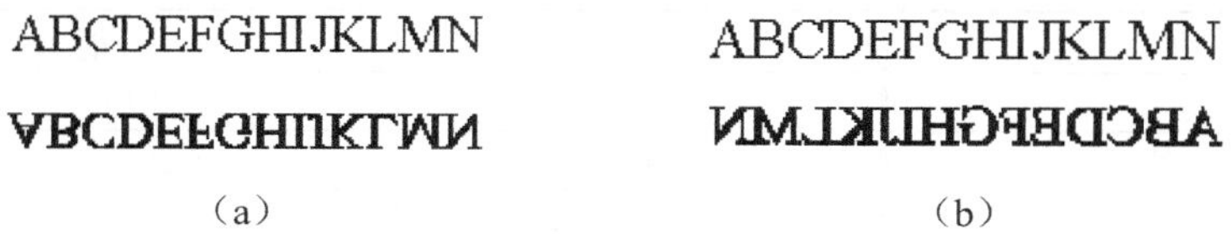

ABCDEFGHIJKLMN　　　　　ABCDEFGHIJKLMN

ABCDEFGHIJKLMN　　　　　ABCDEFGHIJKLMN

（a）　　　　　　　　　　（b）

图 4-3　文字倒置标注与反向标注 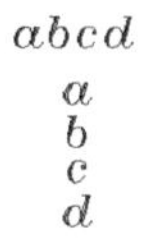　　　　　图 4-4　垂直标注文字

4.1.2　单行文本标注

1.执行方式

☑　命令行：TEXT 或 DTEXT。
☑　菜单栏："绘图"→"文字"→"单行文字"。
☑　工具栏："文字"→"单行文字" AI。
☑　功能区："默认"→"注释"→"单行文字" AI。

Note

2. 操作步骤

```
命令: TEXT↙
当前文字样式: "Standard" 文字高度: 2.5000 注释性: 否 对正: 左
指定文字的起点或 [对正(J)/样式(S)]:
```

3. 选项说明

(1) 指定文字的起点

在此提示下直接在作图屏幕上点取一点作为文本的起始点，AutoCAD 提示:

```
指定高度 <0.2000>: (确定字符的高度)
指定文字的旋转角度 <0>: (确定文本行的倾斜角度)
（输入文本或按 Enter 键）
……
```

(2) 对正(J)

在上面的提示下输入"J"，用来确定文本的对齐方式，对齐方式决定文本的哪一部分与所选的插入点对齐。执行此选项，AutoCAD 提示:

```
输入选项 [左(L)/居中(C)/右(R)/对齐(A)/中间(M)/布满(F)/左上(TL)/中上(TC)/右上
(TR)/左中(ML)/正中(MC)/右中(MR)/左下(BL)/中下(BC)/右下(BR)]:
```

在此提示下选择一个选项作为文本的对齐方式。当文本串水平排列时，AutoCAD 为标注文本串定义了如图 4-5 所示的底线、基线、中线和顶线。各种对齐方式如图 4-6 所示，图中大写字母对应上述提示中的各个命令。下面以"对齐"为例进行简要说明。

图 4-5 文本行的底线、基线、中线和顶线

图 4-6 文本的对齐方式

实际绘图时，有时需要标注一些特殊字符，例如直径符号、上划线或下划线、温度符号等，由于这些符号不能直接从键盘上输入，AutoCAD 提供了一些控制码，用来实现这些要求。控制码用两个百分号（%%）加一个字符构成，常用的控制码如表 4-1 所示。

表 4-1 AutoCAD 常用控制码

符 号	功 能	符 号	功 能
%%O	上划线	\U+0278	电相位
%%U	下划线	\U+E101	流线
%%D	"度数"符号	\U+2261	标识
%%P	"正/负"符号	\U+E102	界碑线
%%C	"直径"符号	\U+2260	不相等
%%%	百分号%	\U+2126	欧姆
\U+2248	几乎相等	\U+03A9	欧米加
\U+2220	角度	\U+214A	地界线
\U+E100	边界线	\U+2082	下标 2
\U+2104	中心线	\U+00B2	平方
\U+0394	差值		

4.1.3 多行文本标注

1. 执行方式

- ☑ 命令行: MTEXT。
- ☑ 菜单栏: "绘图"→"文字"→"多行文字"。
- ☑ 工具栏: "绘图"→"多行文字" A 或 "文字"→"多行文字" A。
- ☑ 功能区: "默认"→"注释"→"多行文字" A。

2. 操作步骤

```
命令:MTEXT↙
当前文字样式:  "说明"  文字高度:  3.0000  注释性:  是
指定第一角点: (指定矩形框的第一个角点)
指定对角点或 [高度(H)/对正(J)/行距(L)/旋转(R)/样式(S)/宽度(W)/栏(C)]:
```

3. 选项说明

（1）指定对角点

直接在屏幕上点取一个点作为矩形框的第二个角点，AutoCAD 以这两个点为对角点形成一个矩形区域，其宽度作为将来要标注的多行文本的宽度，而且第一个点作为第一行文本顶线的起点。系统打开如图 4-7 所示的"文字格式"工具栏和多行文字编辑器，可利用此对话框与编辑器输入多行文本并对其格式进行设置。该对话框与 Word 软件界面类似，此处不再赘述。

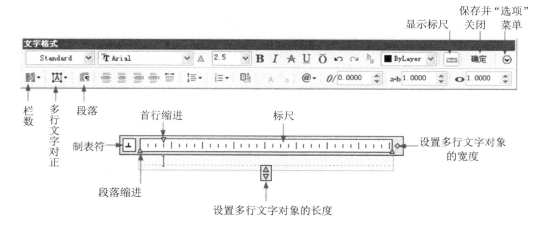

图 4-7 "文字格式"工具栏和多行文字编辑器

（2）其他选项

- ☑ 对正(J): 确定所标注文本的对齐方式。
- ☑ 行距(L): 确定多行文本的行间距，这里所说的行间距是指相邻两文本行的基线之间的垂直距离。
- ☑ 旋转(R): 确定文本行的倾斜角度。
- ☑ 样式(S): 确定当前的文本样式。
- ☑ 宽度(W): 指定多行文本的宽度。

☑ 栏(C)：可以将多行文字对象的格式设置为多栏。

（3）"文字格式"工具栏

"文字格式"工具栏用来控制文本的显示特性。可以在输入文本之前设置文本的特性，也可以改变已输入文本的特性。要改变已有文本的显示特性，首先应选中要修改的文本，有以下 3 种方法：

☑ 将光标定位到文本开始处，按下鼠标左键，将光标拖到文本末尾。

☑ 双击某一个字，则该字被选中。

☑ 三击鼠标，则选中全部内容。

下面对"文字格式"工具栏中部分选项的功能进行介绍。

☑ "文字高度"下拉列表框：该下拉列表框用来确定文本的字符高度，可在其中直接输入新的字符高度，也可从其中选择已设定过的高度。

☑ **B** 和 *I* 按钮：这两个按钮用来设置粗体或斜体效果。注意，它们只对 TrueType 字体有效。

☑ "下划线"按钮 U̲ 与"上划线"按钮 O̅：这两个按钮用于设置或取消上（下）划线。

☑ "堆叠"按钮：该按钮为层叠/非层叠文本按钮，用于层叠所选的文本，也就是创建分数形式。当文本中某处出现"/"、"^"或"#"这 3 种层叠符号之一时可层叠文本，方法是选中需层叠的文字，然后单击此按钮，则符号左边文字作为分子，右边文字作为分母。AutoCAD 提供了 3 种分数形式，如果选中"abcd/efgh"后单击此按钮，得到如图 4-8（a）所示的分数形式。如果选中"abcd^efgh"后单击此按钮，则得到图 4-8（b）所示的形式。此形式多用于标注极限偏差；如果选中"abcd # efgh"后单击此按钮，则创建斜排的分数形式，如图 4-8（c）所示。另外，如果选中已经层叠的文本对象后单击此按钮，则文本恢复到非层叠形式。

$$\frac{abcd}{efgh} \qquad \frac{abcd}{efgh} \qquad abcd\!\diagup\!efgh$$

(a)　　　　(b)　　　　(c)

图 4-8　文本层叠

☑ "倾斜角度"微调框 0/：设置文字的倾斜角度。

☑ "符号"按钮 @：用于输入各种符号。单击该按钮，系统打开符号列表，如图 4-9 所示。用户可以从中选择符号输入到文本中。

☑ "插入字段"按钮：插入一些常用或预设字段。单击该按钮，系统打开"字段"对话框，如图 4-10 所示。用户可以从中选择字段插入到标注文本中。

☑ "追踪"微调框 **a·b**：增大或减小选定字符之间的距离。1.0 设置是常规间距。设置为大于 1.0 时可增大间距，设置为小于 1.0 时可减小间距。

☑ "宽度比例"微调框 ●：扩展或收缩选定字符。1.0 设置代表此字体中字母的常规宽度。可以增大该宽度或减小该宽度。

☑ "栏数"按钮：单击显示栏弹出下拉菜单。该菜单提供 3 个栏选项："不分栏"、"静态栏"和"动态栏"。

☑ "多行文字对正"按钮：显示"多行文字对正"下拉菜单，并且有 9 个对齐选项可用。"左上"为默认。

Note

图 4-9 符号列表

图 4-10 "字段"对话框

（4）"选项"菜单

在"文字格式"工具栏上单击"选项"按钮⊙，系统打开"选项"菜单，如图 4-11 所示。其中许多选项与 Word 中相关选项类似，这里只对其中比较特殊的选项进行简单介绍。

☑ 符号：在光标位置插入列出的符号或不间断空格，此时也可以手动插入符号。

☑ 输入文字：显示"选择文件"对话框，如图 4-12 所示。选择任意 ASCII 或 RTF 格式的文件。输入的文字保留原始字符格式和样式特性，但可以在多行文字编辑器中编辑和格式化输入的文字。选择要输入的文本文件后，可以在文字编辑框中替换选定的文字或全部文字，或在文字边界内将插入的文字附加到选定的文字中。输入文字的文件必须小于 32KB。

图 4-11 "选项"菜单

图 4-12 "选择文件"对话框

☑ 背景遮罩：用设定的背景对标注的文字进行遮罩。选择该命令，系统将打开"背景遮罩"对话框，如图 4-13 所示。

☑ 删除格式：清除选定文字的粗体、斜体或下划线格式。

☑ 插入字段：选择该命令，系统将打开"字段"对话框，如图 4-10 所示。"字段"对话框中可用的选项随字段类别和字段名称的变化而变化。

☑ 字符集：显示代码页菜单。选择一个代码页并将其应用到选定的文字中。

图 4-13 "背景遮罩"对话框

4.1.4 多行文本编辑

1. 执行方式

☑ 命令行：DDEDIT。

☑ 菜单栏："修改"→"对象"→"文字"→"编辑"。

☑ 工具栏："文字"→"编辑" $\mathcal{A}$。

☑ 快捷菜单：选择文字对象，在绘图区域中右击，在弹出的快捷菜单中选择"编辑"命令。

2. 操作步骤

```
命令：DDEDIT✓
选择注释对象或 [放弃(U)]：
```

要求选择想要修改的文本，同时光标变为拾取框。用拾取框单击对象，如果选取的文本是用 TEXT 命令创建的单行文本，则可对其直接进行修改；如果选取的文本是用 MTEXT 命令创建的多行文本，则选取后将打开多行文字编辑器，可根据前面的介绍对各项设置或内容进行修改。

4.2 表　　格

AutoCAD 2014 中的"表格"绘图功能使创建表格变得更加容易，用户可以直接插入设置好样式的表格，而不用绘制由单独的图线组成的栅格。

4.2.1 设置表格样式

1. 执行方式

☑ 命令行：TABLESTYLE。

☑ 菜单栏："格式"→"表格样式"。

☑ 工具栏："样式"→"表格样式" 📊。

☑ 功能区："默认"→"注释"→"表格样式" 📊。

2. 操作步骤

执行上述命令，系统打开"表格样式"对话框，如图 4-14 所示。

3. 选项说明

单击"新建"按钮，系统打开"创建新的表格样式"对话框，如图 4-15 所示。输入新的表格样式名后，单击"继续"按钮，系统打开"新建表格样式"对话框，如图 4-16 所示，从中可以定义新的表格样式。

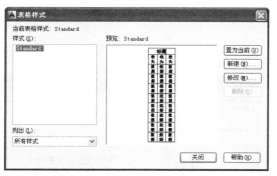

图 4-14 "表格样式"对话框

图 4-15 "创建新的表格样式"对话框

"新建表格样式"对话框中有"常规"、"文字"和"边框" 3 个选项卡，如图 4-16 所示，分别用于控制表格中数据、表头和标题的有关参数，如图 4-17 所示。

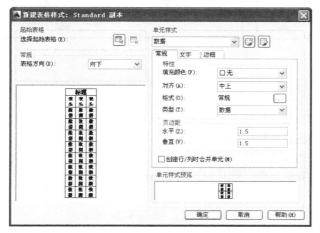

图 4-16 "新建表格样式"对话框

图 4-17 表格样式

（1）"常规"选项卡如图 4-16 所示。

❶ "特性"选项组

☑ "填充颜色"下拉列表框：指定填充颜色。

☑ "对齐"下拉列表框：为单元内容指定一种对齐方式。

☑ "格式"按钮：设置表格中各行的数据类型和格式。

☑ "类型"下拉列表框：将单元样式指定为标签或数据，在包含起始表格的表格样式中插入默认文字时使用，也用于在工具选项板上创建表格工具的情况。

❷ "页边距"选项组

☑ "水平"文本框：设置单元中的文字或块与左右单元边界之间的距离。

☑ "垂直"文本框：设置单元中的文字或块与上下单元边界之间的距离。

☑ "创建行/列时合并单元"复选框：将使用当前单元样式创建的所有新行或列合并到一个单元中。

（2）"文字"选项卡如图 4-18 所示。

☑ "文字样式"下拉列表框：指定文字样式。

☑ "文字高度"文本框：指定文字高度。

☑ "文字颜色"下拉列表框：指定文字颜色。

☑ "文字角度"文本框：设置文字角度。

（3）"边框"选项卡如图 4-19 所示。

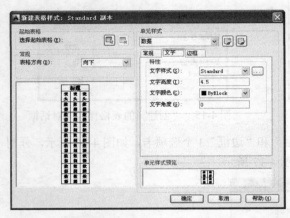

图 4-18　"文字"选项卡

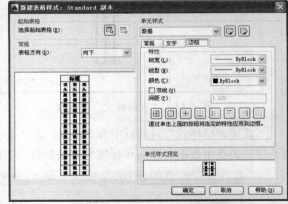

图 4-19　"边框"选项卡

❶ "特性"选项组

☑ "线宽"下拉列表框：设置要用于显示边界的线宽。

☑ "线型"下拉列表框：通过单击边框按钮，设置线型以应用于指定边框。

☑ "颜色"下拉列表框：指定颜色以应用于显示的边界。

☑ "双线"复选框：指定选定的边框为双线型。

☑ "间距"文本框：确定双线边界的间距。默认间距为 0.1800。

❷ 边界按钮

控制单元边界的外观。边框特性包括栅格线的线宽和颜色，如图 4-20 所示。

图 4-20　边框按钮

☑ 所有边框：将边界特性设置应用到指定单元样式的所有边界。

☑ 外边框：将边界特性设置应用到指定单元样式的外部边界。

☑ 内部框：将边界特性设置应用到指定单元样式的内部边界。

☑ 底部边框：将边界特性设置应用到指定单元样式的底部边界。

☑ 左边框：将边界特性设置应用到指定的单元样式的左边界。

☑ 上边框：将边界特性设置应用到指定的单元样式的上边界。

☑ 右边框：将边界特性设置应用到指定的单元样式的右边界。

☑ 无边框：隐藏指定单元样式的边界。

4.2.2 创建表格

1. 执行方式

☑ 命令行：TABLE。

☑ 菜单栏："绘图"→"表格"。

☑ 工具栏："绘图"→"表格" 。

☑ 功能区："默认"→"注释"→"表格"。

2. 操作步骤

执行上述命令，系统打开"插入表格"对话框，如图 4-21 所示。

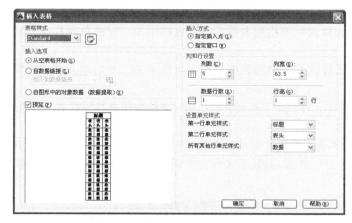

图 4-21 "插入表格"对话框

3. 选项说明

（1）"表格样式"选项组：在要从中创建表格的当前图形中选择表格样式。通过单击下拉列表旁边的按钮，用户可以创建新的表格样式。

（2）"插入选项"选项组：指定插入表格的方式。

☑ "从空表格开始"单选按钮：创建可以手动填充数据的空表格。

☑ "自数据链接"单选按钮：从外部电子表格中的数据创建表格。

☑ "自图形中的对象数据（数据提取）"单选按钮：启动"数据提取"向导。

（3）"预览"选项组：显示当前表格样式的样例。

（4）"插入方式"选项组：指定表格位置。

☑ "指定插入点"单选按钮：指定表格左上角的位置。可以使用定点设备，也可以在命令提示下输入坐标值。如果表格样式将表格的方向设置为由下而上读取，则插入点位于表格的左下角。

☑ "指定窗口"单选按钮：指定表格的大小和位置。可以使用定点设备，也可以在命令提示下输入坐标值。选定此选项时，行数、列数、列宽和行高取决于窗口的大小以及列和行设置。

（5）"列和行设置"选项组：设置列和行的数目和大小。

☑ "列数"微调框：选中"指定窗口"单选按钮并指定列宽时，"自动"选项将被选定，且列数由表格的宽度控制。如果已指定包含起始表格的表格样式，则可以选择要添加到此起始表格的其他列的数量。

☑ "列宽"微调框：指定列的宽度。当选中"指定窗口"单选按钮并指定列数时，即选定了"自动"选项，且列宽由表格的宽度控制。最小列宽为一个字符。

☑ "数据行数"微调框：指定行数。当选中"指定窗口"单选按钮并指定行高时，即选定了"自动"选项，且行数由表格的高度控制。带有标题行和表格头行的表格样式最少应有 3 行。最小行高为一个文字行。如果已指定包含起始表格的表格样式，则可以选择要添加到此起始表格的其他数据行的数量。

☑ "行高"微调框：按照行数指定行高。文字行高基于文字高度和单元边距，这两项均在表格样式中设置。当选中"指定窗口"单选按钮并指定行数时，即选定了"自动"选项，且行高由表格的高度控制。

（6）"设置单元样式"选项组：对于不包含起始表格的表格样式，应指定新表格中行的单元格式。

☑ "第一行单元样式"下拉列表框：指定表格中第一行的单元样式。默认情况下，使用标题单元样式。

☑ "第二行单元样式"下拉列表框：指定表格中第二行的单元样式。默认情况下，使用表头单元样式。

☑ "所有其他行单元样式"下拉列表框：指定表格中所有其他行的单元样式。默认情况下，使用数据单元样式。

在图 4-21 所示的"插入表格"对话框中进行相应设置后，单击"确定"按钮，系统在指定的插入点或窗口自动插入一个空表格，并显示多行文字编辑器，用户可以逐行逐列输入相应的文字或数据，如图 4-22 所示。

图 4-22 多行文字编辑器

4.2.3 编辑表格文字

1. 执行方式

☑ 命令行：TABLEDIT。
☑ 定点设备：表格内双击。
☑ 快捷菜单：编辑单元文字。

2. 操作步骤

执行上述命令，系统打开图 4-22 所示的多行文字编辑器，用户可以对指定表格单元的文字进行编辑。

4.3 尺 寸 标 注

尺寸标注相关命令的菜单方式集中在"标注"菜单中，工具栏方式集中在"标注"工具栏中，如

图 4-23 和图 4-24 所示。

Note

图 4-23　"标注"菜单　　　　图 4-24　"标注"工具栏

4.3.1　设置尺寸样式

1. 执行方式

☑　命令行：DIMSTYLE。

☑　菜单栏："格式"→"标注样式"或"标注"→"标注样式"。

☑　工具栏："标注"→"标注样式" ◢。

☑　功能区："标注"→"标注样式" ◢。

2. 操作步骤

执行上述命令，系统打开"标注样式管理器"对话框，如图 4-25 所示。利用此对话框可方便、直观地定制和浏览尺寸标注样式，包括产生新的标注样式、修改已存在的样式、设置当前尺寸标注样式、样式重命名以及删除一个已有样式等。

3. 选项说明

☑　"置为当前"按钮：单击该按钮，将在"样式"列表框中选中的样式设置为当前样式。

☑　"新建"按钮：用于定义一个新的尺寸标注样式。单击此按钮，系统打开"创建新标注样式"对话框，如图 4-26 所示。利用此对话框可创建一个新的尺寸标注样式，单击"继续"按钮，系统打开"新建标注样式"对话框，如图 4-27 所示。利用此对话框可对新样式的各项特性进行设置。该对话框中各部分的含义和功能将在后面内容中进行介绍。

Note

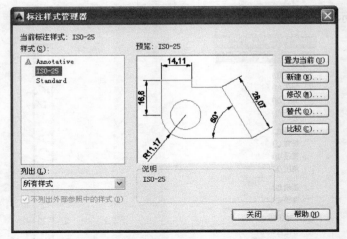

图 4-25 "标注样式管理器"对话框

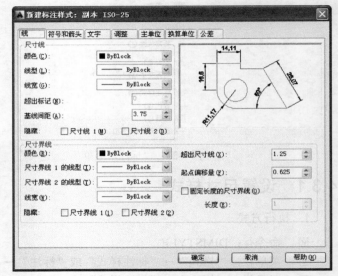

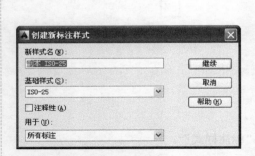

图 4-26 "创建新标注样式"对话框   图 4-27 "新建标注样式"对话框

☑ "修改"按钮：用于修改一个已存在的尺寸标注样式。单击此按钮，系统打开"修改标注样式"对话框。该对话框中的各选项与"新建标注样式"对话框中的完全相同，用户可以对已有标注样式进行修改。

☑ "替代"按钮：用于设置临时覆盖尺寸标注样式。单击此按钮，系统打开"替代当前样式"对话框。该对话框中的各选项与"新建标注样式"对话框中的完全相同，用户可改变选项的设置覆盖原来的设置，但这种修改只对指定的尺寸标注起作用，而不影响当前尺寸变量的设置。

☑ "比较"按钮：用于比较两个尺寸标注样式在参数上的区别或浏览一个尺寸标注样式的参数设置。单击此按钮，系统打开"比较标注样式"对话框，如图 4-28 所示。用户可以把比较结果复制到剪贴板上，然后再粘贴到其他的 Windows 应用软件上。

在图 4-27 所示的"新建标注样式"对话框中有 7 个选项卡，分别说明如下。

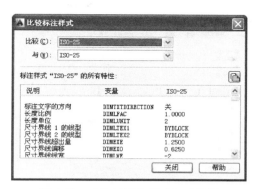

图 4-28　"比较标注样式"对话框

1. 线

在"新建标注样式"对话框中的第一个选项卡是"线"选项卡，如图 4-28 所示。该选项卡用于设置尺寸线、尺寸界线的形式和特性。下面分别进行说明。

（1）"尺寸线"选项组

设置尺寸线的特性。其中部分选项的含义介绍如下。

- ☑　"颜色"下拉列表框：设置尺寸线的颜色。可直接输入颜色名字，也可从下拉列表中选择，如果选择"选择颜色"选项，则系统将打开"选择颜色"对话框供用户选择其他颜色。
- ☑　"线宽"下拉列表框：设置尺寸线的线宽，在其下拉列表中列出了各种线宽的名字和宽度。
- ☑　"超出标记"微调框：当尺寸箭头设置为短斜线、短波浪线，或尺寸线上无箭头时，可利用此微调框设置尺寸线超出尺寸界线的距离。
- ☑　"基线间距"微调框：设置以基线方式标注尺寸时，相邻两尺寸线之间的距离。
- ☑　"隐藏"复选框组：确定是否隐藏尺寸线及相应的箭头。选中"尺寸线 1"复选框表示隐藏第一段尺寸线；选中"尺寸线 2"复选框表示隐藏第二段尺寸线。

（2）"尺寸界线"选项组

该选项组用于确定尺寸界线的形式。其中部分选项的含义介绍如下。

- ☑　"颜色"下拉列表框：设置尺寸界线的颜色。
- ☑　"线宽"下拉列表框：设置尺寸界线的线宽。
- ☑　"超出尺寸线"微调框：确定尺寸界线超出尺寸线的距离。
- ☑　"起点偏移量"微调框：确定尺寸界线的实际起始点相对于指定的尺寸界线的起始点的偏移量。
- ☑　"固定长度的尺寸界线"复选框：选中该复选框，系统以固定长度的尺寸界线标注尺寸。可以在下面的"长度"文本框中输入长度值。
- ☑　"隐藏"复选框组：确定是否隐藏尺寸界线。选中"尺寸界线 1"复选框表示隐藏第一段尺寸界线；选中"尺寸界线 2"复选框表示隐藏第二段尺寸界线。

（3）尺寸样式显示框

在"新建标注样式"对话框的右上方是一个尺寸样式显示框，该框以样例的形式显示用户设置的尺寸样式。

2. 符号和箭头

在"新建标注样式"对话框中的第二个选项卡是"符号和箭头"选项卡，如图 4-29 所示。该选项卡用于设置箭头、圆心标记、弧长符号和半径标注折弯的形式和特性。下面分别进行说明。

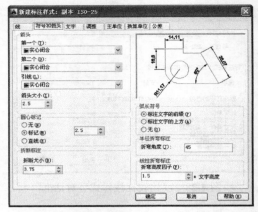

图4-29 "符号和箭头"选项卡

（1）"箭头"选项组

设置尺寸箭头的形式，AutoCAD 提供了多种多样的箭头形状，列在"第一个"和"第二个"下拉列表框中。另外，还允许采用用户自定义的箭头形状。两个尺寸箭头可以采用相同的形式，也可采用不同的形式。

- ☑ "第一个"下拉列表框：用于设置第一个尺寸箭头的形式。可单击右侧小箭头从下拉列表中选择，其中列出了各种箭头形式的名字以及各类箭头的形状。一旦确定了第一个箭头的类型，则第二个箭头将自动与其匹配，要想第二个箭头取不同的形状，可在"第二个"下拉列表框中设定。

如果选择了"用户箭头"，则打开如图 4-30 所示的"选择自定义箭头块"对话框。可以事先把自定义的箭头存成一个图块，在此对话框中输入该图块名即可。

- ☑ "第二个"下拉列表框：确定第二个尺寸箭头的形式，可与第一个箭头不同。
- ☑ "引线"下拉列表框：确定引线箭头的形式，与"第一个"设置类似。
- ☑ "箭头大小"微调框：设置箭头的大小。

（2）"圆心标记"选项组

- ☑ "标记"单选按钮：中心标记为一个记号。
- ☑ "直线"单选按钮：中心标记采用中心线的形式。
- ☑ "无"单选按钮：既不产生中心标记，也不产生中心线，如图 4-31 所示。
- ☑ "大小"微调框：设置中心标记和中心线的大小和粗细。

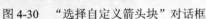

图4-30 "选择自定义箭头块"对话框   图4-31 圆心标记

（3）"弧长符号"选项组

控制弧长标注中圆弧符号的显示，有 3 个单选按钮，分别介绍如下。

- ☑ "标注文字的前缀"单选按钮：将弧长符号放在标注文字的前面，如图 4-32（a）所示。
- ☑ "标注文字的上方"单选按钮：将弧长符号放在标注文字的上方，如图 4-32（b）所示。
- ☑ "无"单选按钮：不显示弧长符号，如图 4-32（c）所示。

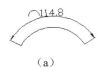（a）　　　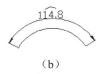（b）　　　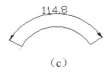（c）

图 4-32　弧长符号

（4）"半径折弯标注"选项组

控制折弯（Z 字型）半径标注的显示。折弯半径标注通常在中心点位于页面外部时创建。在"折弯角度"文本框中可以输入连接半径标注的尺寸界线和尺寸线横向直线的角度，如图 4-33 所示。

（5）"线性折弯标注"选项组

控制线性标注折弯的显示。当标注不能精确表示实际尺寸时，通常将折弯线添加到线性标注中。

（6）"折断标注"选项组

控制折断标注的间距宽度。

3．文字

在"新建标注样式"对话框中的第 3 个选项卡是"文字"选项卡，如图 4-34 所示。该选项卡用于设置尺寸文本的形式、布置和对齐方式等。

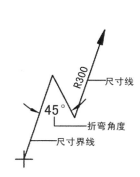

图 4-33　折弯角度

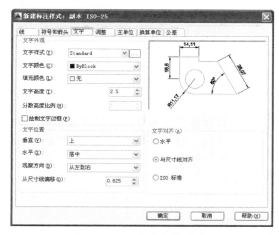

图 4-34　"文字"选项卡

（1）"文字外观"选项组

☑　"文字样式"下拉列表框：选择当前尺寸文本采用的文本样式。可单击右侧小箭头从下拉列表中选取一个样式，也可单击右侧的▢▢按钮，打开"文字样式"对话框，以创建新的文本样式或对文本样式进行修改。

☑　"文字颜色"下拉列表框：设置尺寸文本的颜色，其操作方法与设置尺寸线颜色的方法相同。

☑　"文字高度"微调框：设置尺寸文本的字高。如果选用的文本样式中已设置了具体的字高（不是 0），则此处的设置无效；如果文本样式中设置的字高为 0，则以此处的设置为准。

☑　"分数高度比例"微调框：确定尺寸文本的比例系数。

☑　"绘制文字边框"复选框：选中此复选框，AutoCAD 在尺寸文本周围加上边框。

（2）"文字位置"选项组

☑　"垂直"下拉列表框：确定尺寸文本相对于尺寸线在垂直方向的对齐方式。单击右侧的向下箭头弹出下拉列表，可选择的对齐方式有以下 4 种。

❖　居中：将尺寸文本放在尺寸线的中间。

❖ 上：将尺寸文本放在尺寸线的上方。

❖ 外部：将尺寸文本放在远离第一条尺寸界线起点的位置，即和所标注的对象分列于尺寸线的两侧。

❖ JIS：使尺寸文本的放置符合 JIS（日本工业标准）规则。

上述几种文本布置方式如图 4-35 所示。

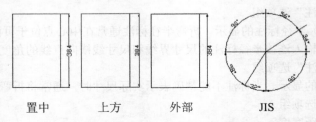

图 4-35　尺寸文本在垂直方向的放置

☑ "水平"下拉列表框：确定尺寸文本相对于尺寸线和尺寸界线在水平方向的对齐方式。单击右侧的向下箭头弹出下拉列表，对齐方式有以下 5 种：居中、第一条尺寸界线、第二条尺寸界线、第一条尺寸界线上方和第二条尺寸界线上方，如图 4-36 所示。

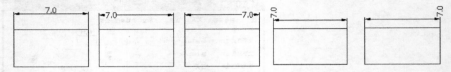

图 4-36　尺寸文本在水平方向的放置

☑ "从尺寸线偏移"微调框：当尺寸文本放在断开的尺寸线中间时，此微调框用来设置尺寸文本与尺寸线之间的距离（尺寸文本间隙）。

（3）"文字对齐"选项组

用来控制尺寸文本排列的方向。

☑ "水平"单选按钮：尺寸文本沿水平方向放置。不论标注什么方向的尺寸，尺寸文本总保持水平。

☑ "与尺寸线对齐"单选按钮：尺寸文本沿尺寸线方向放置。

☑ "ISO 标准"单选按钮：当尺寸文本在尺寸界线之间时，沿尺寸线方向放置；当尺寸文本在尺寸界线之外时，沿水平方向放置。

4．调整

在"新建标注样式"对话框中的第 4 个选项卡是"调整"选项卡，如图 4-37 所示。该选项卡根据两条尺寸界线之间的空间，设置将尺寸文本、尺寸箭头放在两尺寸界线的里边还是外边。如果空间允许，AutoCAD 总是把尺寸文本和箭头放在尺寸界线的里边；如果空间不够，则根据本选项卡的各项设置放置。

（1）"调整选项"选项组

☑ "文字或箭头（最佳效果）"单选按钮：选中此单选按钮，按以下方式放置尺寸文本和箭头。

如果空间允许，则把尺寸文本和箭头都放在两尺寸界线之间；如果两尺寸界线之间只够放置尺寸文本，则把文本放在尺寸界线之间，而把箭头放在尺寸界线的外边；如果只够放置箭头，则把箭头放在里边，把文本放在外边；如果两尺寸界线之间既放不下文本，也放不下箭头，则把二者均放在外边。

☑ "箭头"单选按钮：选中此单选按钮，按以下方式放置尺寸文本和箭头。

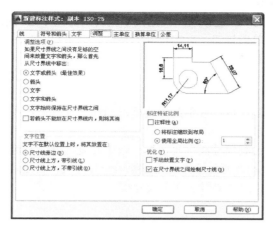

图 4-37 "调整"选项卡

如果空间允许，则把尺寸文本和箭头都放在两尺寸界线之间；如果空间只够放置箭头，则把箭头放在尺寸界线之间，把文本放在外边；如果尺寸界线之间的空间放不下箭头，则把箭头和文本均放在外边。

☑ "文字"单选按钮：选中此单选按钮，按以下方式放置尺寸文本和箭头。

如果空间允许，则把尺寸文本和箭头都放在两尺寸界线之间，否则把文本放在尺寸界线之间，把箭头放在外边；如果尺寸界线之间的空间放不下尺寸文本，则把文本和箭头都放在外边。

☑ "文字和箭头"单选按钮：选中此单选按钮，如果空间允许，则把尺寸文本和箭头都放在两尺寸界线之间；否则把文本和箭头都放在尺寸界线外边。

☑ "文字始终保持在尺寸界线之间"单选按钮：选中此单选按钮，AutoCAD 总是把尺寸文本放在两条尺寸界线之间。

☑ "若箭头不能放在尺寸界线内，则将其消除"复选框：选中此复选框，则当尺寸界线之间的空间不够时省略尺寸箭头。

（2）"文字位置"选项组

用来设置尺寸文本的位置。其中 3 个单选按钮的含义介绍如下。

☑ "尺寸线旁边"单选按钮：选中此单选按钮，把尺寸文本放在尺寸线的旁边，如图 4-38（a）所示。

☑ "尺寸线上方，带引线"单选按钮：把尺寸文本放在尺寸线的上方，并用引线与尺寸线相连，如图 4-38（b）所示。

☑ "尺寸线上方，不带引线"单选按钮：把尺寸文本放在尺寸线的上方，中间无引线，如图 4-38（c）所示。

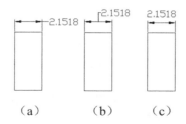

（a）   （b）   （c）

图 4-38 尺寸文本的位置

（3）"标注特征比例"选项组

☑ "注释性"复选框：指定标注为 annotative。

☑ "将标注缩放到布局"单选按钮：确定图纸空间内的尺寸比例系数，默认值为 1。

☑ "使用全局比例"单选按钮：确定尺寸的整体比例系数。其后面的"比例值"微调框可以用来选择需要的比例。

（4）"优化"选项组

设置附加的尺寸文本布置选项，包含两个选项，分别介绍如下。

☑ "手动放置文字"复选框：选中此复选框，标注尺寸时由用户确定尺寸文本的放置位置，忽略前面的对齐设置。

☑ "在尺寸界线之间绘制尺寸线"复选框：选中此复选框，不论尺寸文本在尺寸界线里边还是外边，AutoCAD 均在两尺寸界线之间绘出一尺寸线；否则当尺寸界线内放不下尺寸文本而将其放在外边时，尺寸界线之间无尺寸线。

5．主单位

在"新建标注样式"对话框中的第 5 个选项卡是"主单位"选项卡，如图 4-39 所示。该选项卡用来设置尺寸标注的主单位和精度，以及给尺寸文本添加固定的前缀或后缀。本选项卡含 5 个选项组，分别对长度型标注和角度型标注进行设置。

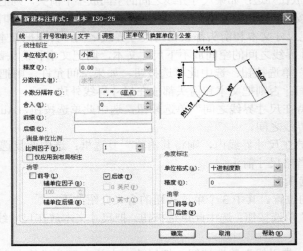

图 4-39　"主单位"选项卡

（1）"线性标注"选项组

用来设置标注长度型尺寸时采用的单位和精度。

☑ "单位格式"下拉列表框：确定标注尺寸时使用的单位制（角度型尺寸除外）。在该下拉列表中 AutoCAD 提供了"科学"、"小数"、"工程"、"建筑"、"分数"和"Windows 桌面"6 种单位制，用户可根据需要进行选择。

☑ "分数格式"下拉列表框：设置分数的形式。AutoCAD 提供了"水平"、"对角"和"非堆叠"3 种形式供用户选用。

☑ "小数分隔符"下拉列表框：确定十进制单位（Decimal）的分隔符，AutoCAD 提供了 3 种形式：点（．）、逗点（，）和空格。

☑ "舍入"微调框：设置除角度之外的尺寸测量的圆整规则。在文本框中输入一个值，如果输入"1"，则所有测量值均圆整为整数。

☑ "前缀"文本框：设置固定前缀。可以输入文本，也可以用控制符产生特殊字符，这些文本将被加在所有尺寸文本之前。

☑ "后缀"文本框：给尺寸标注设置固定后缀。

（2）"测量单位比例"选项组

确定 AutoCAD 自动测量尺寸时的比例因子。其中"比例因子"微调框用来设置除角度之外所有尺寸测量的比例因子。例如，如果用户确定比例因子为 2，则 AutoCAD 把实际测量为 1 的尺寸标注为 2。如果选中"仅应用到布局标注"复选框，则设置的比例因子只适用于布局标注。

（3）"消零"选项组

用于设置是否省略标注尺寸时的 0。

☑ "前导"复选框：选中此复选框，省略尺寸值处于高位的 0。例如，0.50000 标注为.50000。

☑ "后续"复选框：选中此复选框，省略尺寸值小数点后末尾的 0。例如，12.5000 标注为 12.5，而 30.0000 标注为 30。

☑ "0 英尺"复选框：采用"工程"和"建筑"单位制时，如果尺寸值小于 1 尺，省略英尺。例如，0'-6 1/2" 标注为 6 1/2"。

☑ "0 英寸"复选框：采用"工程"和"建筑"单位制时，如果尺寸值是整数尺时，省略英寸。例如，1'-0"标注为 1'。

（4）"角度标注"选项组

用来设置标注角度时采用的角度单位。

☑ "单位格式"下拉列表框：设置角度单位制。AutoCAD 提供了"十进制度数"、"度/分/秒"、"百分度"和"弧度"4 种角度单位。

☑ "精度"下拉列表框：设置角度型尺寸标注的精度。

（5）"消零"选项组

设置是否省略标注角度时的 0。

6. 换算单位

在"新建标注样式"对话框中的第 6 个选项卡是"换算单位"选项卡，如图 4-40 所示。该选项卡用于对替换单位进行设置。

（1）"显示换算单位"复选框

选中此复选框，则替换单位的尺寸值也同时显示在尺寸文本上。

（2）"换算单位"选项组

用于设置替换单位。其中各项的含义介绍如下。

☑ "单位格式"下拉列表框：选取替换单位采用的单位制。

☑ "精度"下拉列表框：设置替换单位的精度。

☑ "换算单位倍数"微调框：指定主单位和替换单位的转换因子。

☑ "舍入精度"微调框：设定替换单位的圆整规则。

☑ "前缀"文本框：设置替换单位文本的固定前缀。

☑ "后缀"文本框：设置替换单位文本的固定后缀。

（3）"消零"选项组

设置是否省略尺寸标注中的 0。

（4）"位置"选项组

设置替换单位尺寸标注的位置。

☑ "主值后"单选按钮：把替换单位尺寸标注放在主单位标注的后边。

☑ "主值下"单选按钮：把替换单位尺寸标注放在主单位标注的下边。

7．公差

在"新建标注样式"对话框中的第 7 个选项卡是"公差"选项卡，如图 4-41 所示。该选项卡用来确定标注公差的方式。

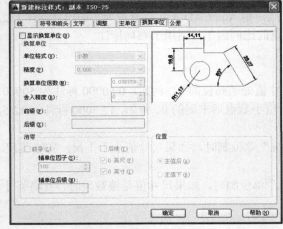

图 4-40 "换算单位"选项卡

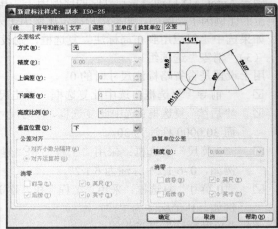

图 4-41 "公差"选项卡

（1）"公差格式"选项组

设置公差的标注方式。

☑ "方式"下拉列表框：设置以何种形式标注公差。单击右侧的向下箭头弹出下拉列表，其中列出了 AutoCAD 提供的 5 种标注公差的形式，用户可从中进行选择。这 5 种形式分别是"无"、"对称"、"极限偏差"、"极限尺寸"和"基本尺寸"，其中"无"表示不标注公差，即前面介绍的通常标注情形。其余 4 种标注情况如图 4-42 所示。

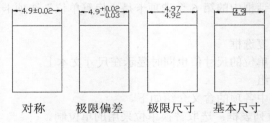

对称　　　极限偏差　　极限尺寸　　基本尺寸

图 4-42 公差标注的形式

☑ "精度"下拉列表框：确定公差标注的精度。

☑ "上偏差"微调框：设置尺寸的上偏差。

☑ "下偏差"微调框：设置尺寸的下偏差。

☑ "高度比例"微调框：设置公差文本的高度比例，即公差文本的高度与一般尺寸文本的高度之比。

☑ "垂直位置"下拉列表框：控制"对称"和"极限偏差"形式的公差标注的文本对齐方式。

    ❖ 上：公差文本的顶部与一般尺寸文本的顶部对齐。

    ❖ 中：公差文本的中线与一般尺寸文本的中线对齐。

    ❖ 下：公差文本的底线与一般尺寸文本的底线对齐。

这 3 种对齐方式如图 4-43 所示。

上　　　　　中　　　　　下

图 4-43　公差文本的对齐方式

（2）"消零"选项组

设置是否省略公差标注中的 0。

（3）"换算单位公差"选项组

对形位公差标注的替换单位进行设置。其中各项的设置方法与前面介绍的相同。

4.3.2　尺寸标注方法

1. 线性标注

（1）执行方式

☑　命令行：DIMLINEAR。

☑　菜单栏："标注"→"线性"。

☑　工具栏："标注"→"线性" ⊢。

☑　功能区："默认"→"注释"→"标注"→"线性" ⊢。

（2）操作步骤

　　命令：DIMLINEAR✓

　　指定第一个延伸线原点或 <选择对象>：

　　指定第二条尺寸界线原点：

在此提示下有两种选择，直接按 Enter 键选择要标注的对象或确定尺寸界线的起始点，或者按 Enter 键并选择要标注的对象或指定两条尺寸界线的起始点后，系统继续提示：

　　指定尺寸线位置或[多行文字(M)/文字(T)/角度(A)/水平(H)/垂直(V)/旋转(R)]：

（3）选项说明

☑　指定尺寸线位置：确定尺寸线的位置。用户可移动鼠标选择合适的尺寸线位置，然后按 Enter 键或单击，AutoCAD 则自动测量所标注线段的长度并标注出相应的尺寸。

☑　多行文字(M)：用多行文本编辑器确定尺寸文本。

☑　文字(T)：在命令行提示下输入或编辑尺寸文本。选择此选项后，AutoCAD 提示：

　　输入标注文字 <默认值>：

其中的默认值是 AutoCAD 自动测量得到的被标注线段的长度，直接按 Enter 键即可采用此长度值，也可输入其他数值代替默认值。当尺寸文本中包含默认值时，可使用尖括号 "<>" 表示默认值。

☑　角度(A)：确定尺寸文本的倾斜角度。

☑　水平(H)：水平标注尺寸，不论标注什么方向的线段，尺寸线均水平放置。

☑　垂直(V)：垂直标注尺寸，不论被标注线段沿什么方向，尺寸线总保持垂直。

☑　旋转(R)：输入尺寸线旋转的角度值，旋转标注尺寸。

对齐标注的尺寸线与所标注的轮廓线平行；坐标尺寸标注点的纵坐标或横坐标；角度标注标注两个对象之间的角度；直径或半径标注标注圆或圆弧的直径或半径；圆心标记则标注圆或圆弧的中心或中心线，具体由"新建（修改）标注样式"对话框的"尺寸和箭头"选项卡的"圆心标记"选项组决定。上面所述的这几种尺寸标注与线性标注类似，此处不再赘述。

2．基线标注

基线标注用于产生一系列基于同一条尺寸界线的尺寸标注，适用于长度尺寸标注、角度标注和坐标标注等。在使用基线标注方式之前，应该先标注出一个相关的尺寸，如图 4-44 所示。基线标注两平行尺寸线间距由"新建（修改）标注样式"对话框的"线"选项卡的"尺寸线"选项组的"基线间距"微调框中的值决定。

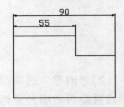

图 4-44　基线标注

（1）执行方式

☑　命令行：DIMBASELINE。

☑　菜单栏："标注"→"基线"。

☑　工具栏："标注"→"基线" ⊟。

☑　功能区："注释"→"标注"→"连续"→"基线" ⊟。

（2）操作步骤

　　命令：DIMBASELINE✓

　　指定第二条尺寸界线原点或 [放弃(U)/选择(S)] <选择>：

直接确定另一个尺寸的第二条尺寸界线的起点，AutoCAD 将以上次标注的尺寸为基准标注，标注出相应尺寸。

直接按 Enter 键，系统提示：

　　选择基准标注：（选取作为基准的尺寸标注）

连续标注又称为尺寸链标注，用于产生一系列连续的尺寸标注，后一个尺寸标注均把前一个标注的第二条尺寸界线作为它的第一条尺寸界线。与基线标注一样，在使用连续标注方式之前，应该先标注出一个相关的尺寸。其标注过程与基线标注类似，如图 4-45 所示。

3．快速标注

"快速标注"命令使用户可以交互地、动态地、自动化地进行尺寸标注。在 QDIM 命令中可以同时选择多个圆或圆弧标注直径或半径，也可同时选择多个对象进行基线标注和连续标注，选择一次即可完成多个标注，因此可节省时间，提高工作效率。

图 4-45　连续标注

（1）执行方式

☑　命令行：QDIM。

☑　菜单栏："标注"→"快速标注"。

☑　工具栏："标注"→"快速标注" ⊡。

☑　功能区："注释"→"标注"→"快速标注" ⊡。

（2）操作步骤

　　命令：QDIM✓

　　关联标注优先级 = 端点

　　选择要标注的几何图形：（选择要标注尺寸的多个对象后按 Enter 键）

　　指定尺寸线位置或 [连续(C)/并列(S)/基线(B)/坐标(O)/半径(R)/直径(D)/基准点(P)/编辑(E)/设置(T)] <连续>：

（3）选项说明

☑　指定尺寸线位置：直接确定尺寸线的位置，按默认尺寸标注类型标注出相应尺寸。

☑　连续(C)：产生一系列连续标注的尺寸。

☑　并列(S)：产生一系列交错的尺寸标注，如图 4-46 所示。

☑　基线(B)：产生一系列基线标注的尺寸。后面的"坐标(O)"、"半径(R)"、"直径(D)"含义与此类同。

☑ 基准点(P)：为基线标注和连续标注指定一个新的基准点。

☑ 编辑(E)：对多个尺寸标注进行编辑。系统允许对已存在的尺寸标注添加或移去尺寸点。选择此选项，AutoCAD 提示：

指定要删除的标注点或 [添加(A)/退出(X)] <退出>：

在此提示下确定要移去的点之后按 Enter 键，AutoCAD 对尺寸标注进行更新。如图 4-47 所示为图 4-46 中删除中间 4 个标注点后的尺寸标注。

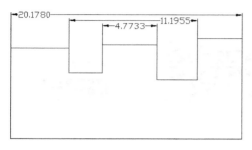

图 4-46 交错尺寸标注

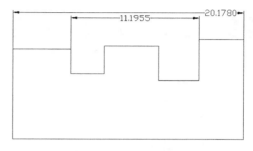

图 4-47 删除标注点

4. 引线标注

（1）执行方式

☑ 命令行：QLEADER。

（2）操作步骤

命令：QLEADER✓
指定第一个引线点或 [设置(S)] <设置>：
指定下一点：（输入指引线的第二点）
指定下一点：（输入指引线的第三点）
指定文字宽度 <0.0000>：（输入多行文本的宽度）
输入注释文字的第一行 <多行文字(M)>：（输入单行文本或按 Enter 键打开多行文字编辑器输入多行文本）
输入注释文字的下一行：（输入另一行文本）
输入注释文字的下一行：（输入另一行文本或按 Enter 键）

也可以在上述操作过程中选择"设置(S)"选项，打开"引线设置"对话框，进行相关参数设置，如图 4-48 所示。

另外，还有一个名为 LEADER 的命令行命令也可以进行引线标注，其与 QLEADER 命令类似，此处不再赘述。

5. 形位公差标注

（1）执行方式

☑ 命令行：TOLERANCE。

☑ 菜单栏："标注"→"公差"。

☑ 工具栏："标注"→"公差" ⊞。

☑ 功能区："注释"→"标注"→"公差" ⊞。

图 4-48 "引线设置"对话框

Note

（2）操作步骤

执行上述命令，打开如图 4-49 所示的"形位公差"对话框。单击"符号"项下面的黑方块，打开如图 4-50 所示的"特征符号"对话框，可从中选取公差代号。"公差 1"和"公差 2"项白色文本框左侧的黑块控制是否在公差值之前加一个直径符号，单击，则出现一个直径符号，再单击则又消失。白色文本框用于确定公差值，在其中输入一个具体数值。右侧黑块用于插入"包容条件"符号，单击，AutoCAD 将会打开如图 4-51 所示的"附加符号"对话框，可从中选取所需符号。

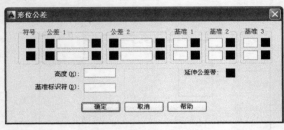

图 4-49　"形位公差"对话框　　　图 4-50　"特征符号"对话框　图 4-51　"附加符号"对话框

4.3.3　尺寸编辑

1．编辑尺寸

（1）执行方式

☑　命令行：DIMEDIT。

☑　菜单栏："标注"→"对齐文字"→"默认"。

☑　工具栏："标注"→"编辑标注" 📐。

（2）操作步骤

> 命令：DIMEDIT✓
> 输入标注编辑类型 [默认(H)/新建(N)/旋转(R)/倾斜(O)] <默认>：

（3）选项说明

☑　默认(H)：按尺寸标注样式中设置的默认位置和方向放置尺寸文本，如图 4-52（a）所示。

☑　新建(N)：打开多行文字编辑器，可利用此编辑器对尺寸文本进行修改。

☑　旋转(R)：改变尺寸文本行的倾斜角度。尺寸文本的中心点不变，使文本沿给定的角度方向倾斜排列，如图 4-52（b）所示。

☑　倾斜(O)：修改长度型尺寸标注的尺寸界线，使其倾斜一定角度，与尺寸线不垂直，如图 4-52（c）所示。

2．编辑尺寸文字

（1）执行方式

☑　命令行：DIMTEDIT。

☑　菜单栏："标注"→"对齐文字"→（除"默认"命令外的其他命令）。

☑　工具栏："标注"→"编辑标注文字" 🅰。

（2）操作步骤

> 命令：DIMTEDIT✓
> 选择标注：（选择一个尺寸标注）
> 为标注文字指定新位置或 [左对齐(L)/右对齐(R)/居中(C)/默认(H)/角度(A)]：

（3）选项说明

☑　为标注文字指定新位置：更新尺寸文本的位置。用鼠标把文本拖动到新的位置。

☑ 左对齐（右对齐）：使尺寸文本沿尺寸线左（右）对齐，如图 4-52（d）、图 4-52（e）所示。
☑ 居中(C)：把尺寸文本放在尺寸线上的中间位置，如图 4-52（a）所示。
☑ 默认(H)：把尺寸文本按默认位置放置。
☑ 角度(A)：改变尺寸文本行的倾斜角度。

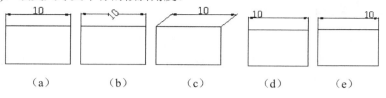

图 4-52 尺寸标注的编辑

4.4 尺寸约束

尺寸约束是 AutoCAD 2014 新增加的参数化设计功能，可以通过参数化的尺寸改变驱动图形对象大小。

4.4.1 建立尺寸约束

建立尺寸约束是限制图形几何对象的大小，也就是与在草图上标注尺寸相似，同样设置尺寸标注线，与此同时再建立相应的表达式，不同的是可以在后续的编辑工作中实现尺寸的参数化驱动。标注约束面板及工具栏（面板在"参数化"选项卡内的"标注"面板中）如图 4-53 所示。

图 4-53 "标注约束"面板及工具栏

在生成尺寸约束时，用户可以选择草图曲线、边、基准平面或基准轴上的点，以生成水平、竖直、平行、垂直和角度尺寸。

生成尺寸约束时，系统会生成一个表达式，其名称和值显示在一个弹出的对话框文本区域中，如图 4-54 所示，用户可以编辑该表达式的名和值。

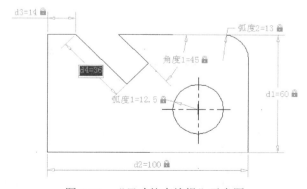

图 4-54 "尺寸约束编辑"示意图

生成尺寸约束时，只要选中了几何体，其尺寸及其延伸线和箭头就会全部显示出来。将尺寸拖动到位，然后单击。完成尺寸约束后，用户还可以随时更改尺寸约束。只需在图形区选中该值并双击，然后可以使用生成过程所采用的同一方式，编辑其名称、值或位置。

4.4.2 尺寸约束设置

在用 AutoCAD 绘图时，可以控制约束栏的显示，使用"约束设置"对话框内的"标注"选项卡，如图 4-55 所示，可控制显示标注约束时的系统配置。标注约束控制设计的大小和比例，具体内容如下：

☑ 对象之间或对象上的点之间的距离。

☑ 对象之间或对象上的点之间的角度。

1. 执行方式

☑ 命令行：CONSTRAINTSETTINGS。

☑ 菜单栏："参数"→"约束设置"。

☑ 功能区："参数化"→"标注"→"标注约束设置" ⊻。

☑ 工具栏："参数化"→"约束设置" ⊡。

2. 操作步骤

命令：CONSTRAINTSETTINGS✓

执行上述命令后，系统打开"约束设置"对话框。在该对话框中选择"标注"选项卡，如图 4-55 所示。利用此选项卡可以控制约束栏上约束类型的显示。

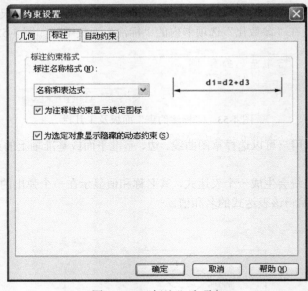

图 4-55 "标注"选项卡

3. 选项说明

（1）"标注约束格式"选项组：该选项组内可以设置标注名称格式和锁定图标的显示。

（2）"标注名称格式"下拉列表框：为应用标注约束时显示的文字指定格式。将名称格式设置为显示名称、值或名称和表达式。例如，宽度=长度/2。

（3）"为注释性约束显示锁定图标"复选框：针对已应用注释性约束的对象显示锁定图标。

（4）"为选定对象显示隐藏的动态约束"复选框：显示选定时已设置为隐藏的动态约束。

4.4.3　实例——利用尺寸驱动更改方头平键尺寸

本实例主要介绍尺寸约束命令的使用方法，其利用尺寸驱动更改方头平键尺寸的流程图如图 4-56 所示。

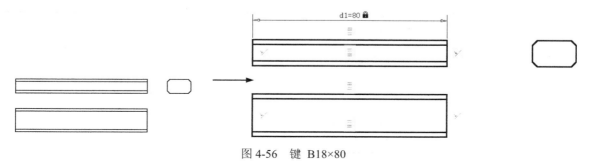

图 4-56　键 B18×80

操作步骤：（光盘\动画演示\第 4 章\利用尺寸驱动更改方头平键尺寸.avi）

（1）绘制方头平键（键 B18×100）或打开 2.3.2 节所绘制的方头平键，如图 4-57 所示。

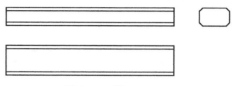

图 4-57　键 B18×100

（2）在任意工具栏中右击，打开"几何约束"工具栏，单击"共线"按钮，使左端各竖直直线建立共线的几何约束。采用同样的方法创建右端各直线共线的几何约束。

（3）单击"几何约束"工具栏中的"相等"按钮＝，使最上端水平线与下面各条水平线建立相等的几何约束。

（4）单击"标注约束"工具栏中的"水平"按钮╤，或选择菜单栏中的"参数"→"标注约束"→"水平"命令，更改水平尺寸。命令行提示与操作如下：

```
命令：_DcHorizontal
指定第一个约束点或 [对象(O)] <对象>：（单击最上端直线左端）
指定第二个约束点：（单击最上端直线右端）
指定尺寸线位置（在合适位置单击）
标注文字 =100（输入长度 80）
```

（5）系统自动将长度 100 调整为 80，最终结果如图 4-56 所示。

4.5　绘制机械制图 A3 样板图

国家标准对机械制图的图幅大小有严格的规定，绘图时应优先采用表 4-2 规定的基本幅面。图幅代号分别为 A0、A1、A2、A3 和 A4，必要时可按规定加长幅面，如图 4-58 所示。流程图如图 4-59 所示。

表 4-2　图纸幅面

幅面代号	A0	A1	A2	A3	A4
B×L	841×1198	594×841	420×594	297×420	210×297
e	20			10	
c	10			5	
a	25				

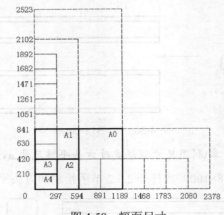

图 4-58　幅面尺寸

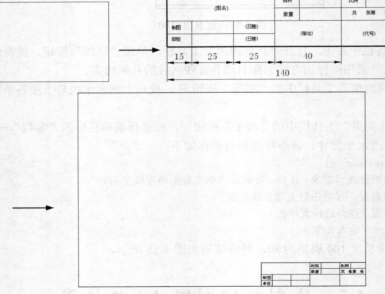

图 4-59　绘制机械制图 A3 样板图

操作步骤：（光盘\动画演示\第 4 章\绘制机械制图 A3 样板图.avi）

（1）绘制图框

单击"绘图"工具栏中的"矩形"按钮□绘制一个矩形，指定矩形两个角点的坐标分别为（25,10）和（410,287），如图 4-60 所示。命令行提示与操作如下：

```
命令：_rectang
指定第一个角点或 [倒角(C)/标高(E)/圆角(F)/厚度(T)/宽度(W)]：25,10↙
指定另一个角点或 [面积(A)/尺寸(D)/旋转(R)]：410,287↙
```

（2）绘制标题栏

标题栏结构由于分隔线并不整齐，所以可以先绘制一个 28×4（每个单元格的尺寸是 5×8）的标准表格，然后在此基础上编辑合并单元格形成如图 4-61 所示的形式。

图 4-60　绘制矩形

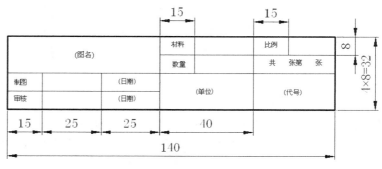

图 4-61　标题栏示意图

❶ 选择菜单栏中的"格式"→"表格样式"命令，打开"表格样式"对话框，如图 4-62 所示。

❷ 单击"修改"按钮，系统打开"修改表格样式"对话框，在"单元样式"下拉列表框中选择"数据"选项，在下面的"文字"选项卡中将"文字高度"设置为 3，如图 4-63 所示。再打开"常规"选项卡，将"页边距"选项组中的"水平"和"垂直"都设置成 1，如图 4-64 所示。

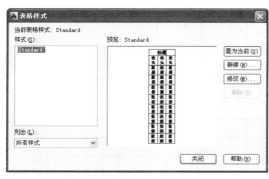

图 4-62　"表格样式"对话框

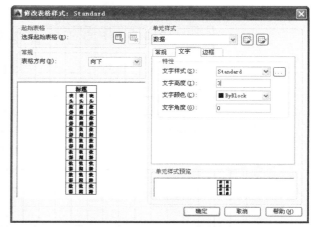

图 4-63　"修改表格样式"对话框

❸ 系统回到"表格样式"对话框，单击"关闭"按钮退出。

注意：表格的行高＝文字高度＋2×垂直页边距，此处设置为 3＋2×1＝5。

❹ 单击"绘图"工具栏中的"表格"按钮，系统打开"插入表格"对话框，在"列和行设置"选项组中将"列数"设置为 28，将"列宽"设置为 5，将"数据行数"设置为 2（加上标题行和表头行共 4 行），将"行高"设置为 1 行（即为 10）；在"设置单元样式"选项组中将"第一行单元样式"、"第二行单元样式"和"所有其他行单元样式"都设置为"数据"，如图 4-65 所示。

图 4-64　设置"常规"选项卡

图 4-65　"插入表格"对话框

注意： 表格宽度设置值不能小于文字宽度+2×水平页边距，如果小于此值，则以此值为表格宽度。在图 4-65 中，之所以将文字高度设置成 3，是考虑到表格的宽度设置，由于默认的文字宽度因子为 1，所以文字宽度+2×水平页边距刚好为 5，满足宽度设置要求。此时没有打开状态上的"显示线宽"按钮。

❺ 在图框线右下角附近指定表格位置，系统生成表格，同时打开多行文字编辑器，如图 4-66 所示，直接按 Enter 键，不输入文字，生成的表格如图 4-67 所示。

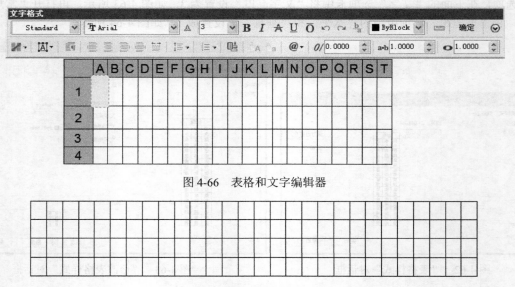

图 4-66　表格和文字编辑器

图 4-67　生成的表格

❻ 单击表格的一个单元格，系统显示其编辑夹点，右击，在弹出的快捷菜单中选择"特性"命令，如图 4-68 所示，系统打开"特性"选项板，将"单元高度"改为 8，如图 4-69 所示，这样该单元格所在行的高度就统一改为 8。同样方法将其他行的高度改为 8，如图 4-70 所示。

❼ 选择 A1 单元格，按住 Shift 键，同时选择右边的 12 个单元格以及下面的 13 个单元格，右击，在打开的快捷菜单中选择"合并"→"全部"命令，如图 4-71 所示。这些单元格完成合并，如图 4-72 所示。

Note

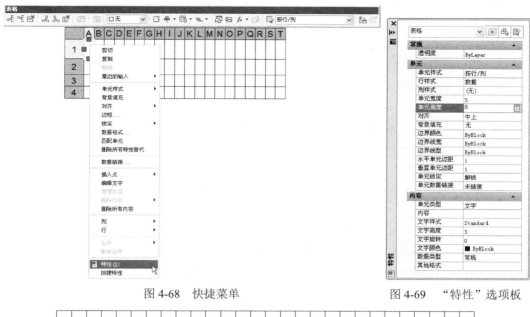

图 4-68　快捷菜单　　　　　　　　　　　　图 4-69　"特性"选项板

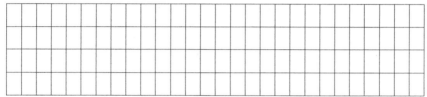

图 4-70　修改表格高度

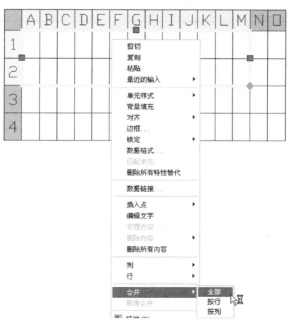

图 4-71　快捷菜单

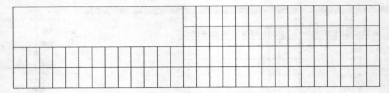

图 4-72   合并单元格

用同样方法，合并其他单元格，结果如图 4-73 所示。

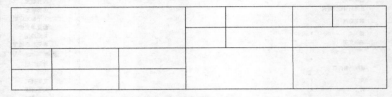

图 4-73   完成表格绘制

❽ 在单元格中三击鼠标左键，打开文字编辑器，在单元格中输入文字，将文字大小改为 4，如图 4-74 所示。

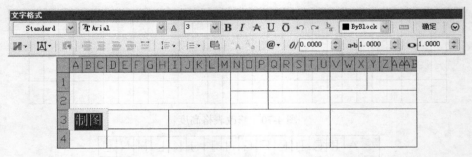

图 4-74   输入文字

用同样方法，输入其他单元格文字，结果如图 4-75 所示。

			材料		比例	
			数量		共 张第 张	
制图						
审核						

图 4-75   完成标题栏文字输入

（3）移动标题栏

刚生成的标题栏无法准确确定与图框的相对位置，需要移动，命令行提示与操作如下：

```
命令：move↙
选择对象：（选择刚绘制的表格）
选择对象：↙
指定基点或 [位移(D)] <位移>：（捕捉表格的右下角点）
指定第二个点或 <使用第一个点作为位移>：（捕捉图框的右下角点）
```

这样，就将表格准确放置在图框的右下角，如图 4-76 所示。

（4）保存样板图

选择菜单栏中的"文件"→"另存为"命令，打开"图形另存为"对话框，如图 4-77 所示。此时将图形保存为 DWT 格式文件即可。

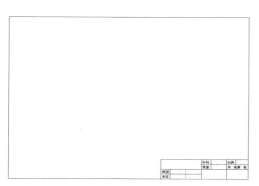

图 4-76　移动表格

图 4-77　"图形另存为"对话框

4.6　综合实例——圆锥齿轮

锥齿轮结构各部分尺寸可由表 4-3 中的公式得到。其中，该表中 d 的尺寸仍然由与之相配合的轴所决定，可查阅国家标准 GB 2822—2005 中取标准值。本节将介绍圆锥齿轮的绘制过程，绘制流程图如图 4-78 所示。

表 4-3　锥齿轮结构各部分尺寸

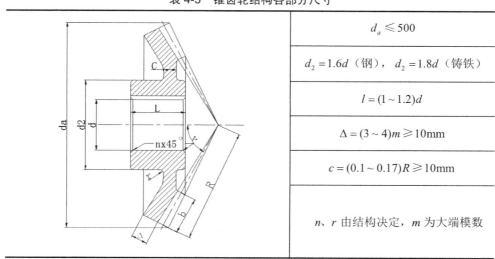

	$d_a \leqslant 500$
	$d_2 = 1.6d$（钢），$d_2 = 1.8d$（铸铁）
	$l = (1 \sim 1.2)d$
	$\Delta = (3 \sim 4)m \geqslant 10\mathrm{mm}$
	$c = (0.1 \sim 0.17)R \geqslant 10\mathrm{mm}$
	n、r 由结构决定，m 为大端模数

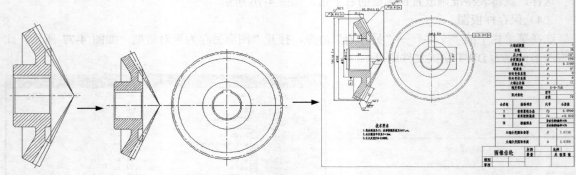

图 4-78　圆锥齿轮

操作步骤：（光盘\动画演示\第 4 章\圆锥齿轮.avi）

4.6.1　绘制主视图

（1）新建文件

选择菜单栏中的"文件"→"新建"命令，弹出"选择样板"对话框，选择已创建的"A3 样板图"，单击"打开"按钮，创建一个新的图形文件。

（2）设置图层

选择菜单栏中的"工具"→"选项板"→"图层"命令，弹出"图层特性管理器"选项板。在该选项板中依次创建"轮廓线"、"点划线"和"剖面线"3 个图层，并设置"轮廓线"图层的线宽为0.5mm，设置"点划线"图层的线型为 CENTER2。

（3）绘制中心线

将"点划线"图层设置为当前图层，单击"绘图"工具栏中的"直线"按钮 ，绘制 3 条中心线用来确定图形中各对象的位置，水平中心线长度为 310，竖直中心线长度为 210，并且两条中心线之间的距离为 190，如图 4-79 所示。

（4）绘制轮廓线

单击"修改"工具栏中的"偏移"按钮 ，将水平中心线向上偏移，偏移的距离分别为 24、27.5、42.5、95、97.328。将图 4-80 中左边的竖直中心线向右偏移，偏移的距离分别为 30、35、50、80.592，并将偏移的直线转换到"轮廓线"图层，效果如图 4-80 所示。

（5）绘制轮齿

❶ 单击"绘图"工具栏中的"直线"按钮 ，连接图 4-80 中 a、b 两点，同时单击"绘图"工具栏中的"直线"按钮 ，以 b 为起点绘制两条角度线，命令行提示与操作如下：

> 命令：_line 指定第一点：（选取图 4-80 中 b 点）
> 指定下一点或 [放弃(U)]：@120<118✓
> 命令：_line 指定第一点：（选取图 4-80 中 b 点）
> 指定下一点或 [放弃(U)]：@120<121✓

效果如图 4-81 所示。

❷ 再次单击"绘图"工具栏中的"直线"按钮 ，命令行提示与操作如下：

> 命令：_line 指定第一点：（选取图 4-82 中的 a 点）
> 指定下一点或 [放弃(U)]：@50<207.75✓

❸ 单击"修改"工具栏中的"偏移"按钮 ，将刚绘制的角度线向下偏移 35，同时将图 4-81 中

的直线 cd 向右偏移 12，效果如图 4-82 所示。

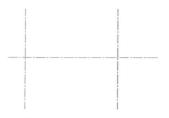

图 4-79　绘制中心线

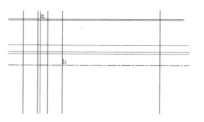

图 4-80　偏移直线

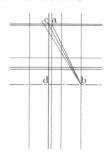

图 4-81　绘制角度线

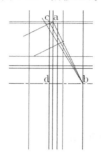

图 4-82　偏移直线

❹ 单击"修改"工具栏中的"偏移"按钮，将图 4-82 中角度 121°的斜线向左偏移 15，同时单击"修改"工具栏中的"修剪"按钮和"删除"按钮，修剪掉多余的线条，效果如图 4-83 所示。

❺ 单击"修改"工具栏中的"修剪"按钮和"删除"按钮，对图形进行进一步的修剪，修剪结果如图 4-84 所示。

❻ 单击"绘图"工具栏中的"直线"按钮，以图 4-84 中的 m 为起点竖直向下绘制直线，终点在直线 pk 上，效果如图 4-85 所示。

❼ 单击"修改"工具栏中的"圆角"按钮，对图 4-84 中的 n 角点进行圆角，圆角半径为 16，对角点 o、k、s 进行圆角，圆角半径为 3，效果如图 4-85 所示。

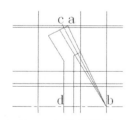

图 4-83　修剪结果 1

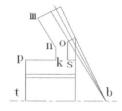

图 4-84　修剪结果 2

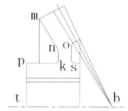

图 4-85　圆角结果

❽ 单击"修改"工具栏中的"倒角"按钮，对图中的相应部分进行倒角，倒角距离为 2，然后单击"绘图"工具栏中的"直线"按钮绘制直线，最后单击"修改"工具栏中的"修剪"按钮，修剪掉多余的直线，效果如图 4-86 所示。

❾ 单击"修改"工具栏中的"镜像"按钮，选择图 4-87 中虚线部分为镜像对象，中心线 tb 为镜像线，镜像结果如图 4-88 所示。

❿ 单击"修改"工具栏中的"删除"按钮，删除图 4-89 中的直线 xy，然后将当前图层设置为"剖面线"图层，单击"绘图"工具栏

图 4-86　倒角结果

中的"图案填充"按钮，在弹出的对话框中选择的填充图案为 ANSI31，将"角度"设置为 0°。"比例"设置为 1，其他为默认值。单击"添加:选择对象"按钮，暂时回到绘图窗口中进行选择，选择主视图上相关区域，按 Enter 键再次回到"图案填充和渐变色"对话框，单击"确定"按钮，完成剖面线的绘制，这样就完成了主视图的绘制，效果如图 4-89 所示。

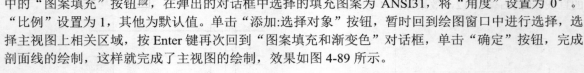

| 图 4-87　选择镜像对象 | 图 4-88　镜像结果 | 图 4-89　图案填充结果 |

4.6.2　绘制左视图

（1）单击"绘图"工具栏中的"直线"按钮，从主视图向左视图绘制对应的辅助线，图形效果如图 4-90 所示。

（2）单击"绘图"工具栏中的"圆"按钮，按照辅助线绘制相应的同心圆，图形效果如图 4-91 所示。

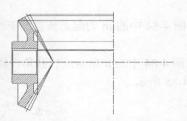
图 4-90　绘制辅助线

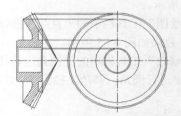
图 4-91　绘制同心圆

（3）单击"修改"工具栏中的"偏移"按钮，将左视图中的竖直中心线向左右偏移，偏移距离为 7，然后将水平中心线向上偏移，偏移距离为 27.8，同时将偏移的中心线转换到"轮廓线"图层，效果如图 4-92 所示。

（4）单击"修改"工具栏中的"修剪"按钮和"删除"按钮，删除并修剪掉多余的线条，并且将主视图中 118°的角度线和左视图中分度圆直径转换到"点划线"图层，图形效果如图 4-93 所示。

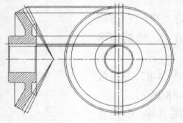
图 4-92　偏移直线

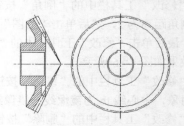
图 4-93　修剪结果

4.6.3 添加标注

（1）无公差尺寸标注

❶ 创建新标注样式。采用 4.3 节介绍的方法，在新文件中创建标注样式，并进行相应的设置，然后将其设置为当前使用的标注样式。

❷ 标注无公差尺寸。

☑ 标注无公差线性尺寸：选择菜单栏中的"标注"→"线性"命令，标注图中无公差线性尺寸，如图 4-94 所示。

☑ 标注无公差直径尺寸：选择菜单栏中的"标注"→"线性"命令，通过修改标注文字对圆进行标注，如图 4-95 所示。

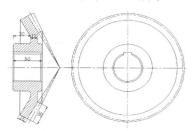

图 4-94　标注无公差线性尺寸

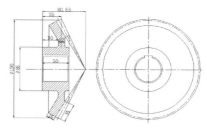

图 4-95　标注无公差直径尺寸

（2）带公差尺寸标注

❶ 设置带公差标注样式。采用 4.3 节介绍的方法，在新文件中创建标注样式，并进行相应的设置，然后将其设置为当前使用的标注样式。

❷ 标注带公差尺寸。选择菜单栏中的"标注"→"线性"命令，对图中带公差尺寸进行标注，结果如图 4-96 所示。

（3）几何公差标注

❶ 基准符号。单击"绘图"工具栏中的"矩形"按钮▢、"图案填充"按钮▨、"直线"按钮╱及"多行文字"按钮 A，绘制基准符号。

❷ 标注几何公差。选择菜单栏中的"标注"→"公差"命令，标注几何公差，效果如图 4-97 所示。

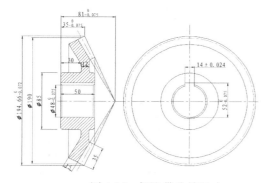

图 4-96　标注带公差尺寸

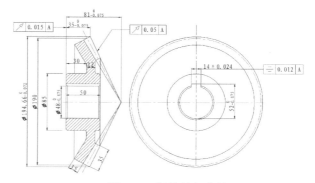

图 4-97　标注几何公差

（4）标注表面结构符号

❶ 单击"绘图"工具栏中的"直线"按钮╱，绘制如图 4-98 所示的表面结构符号。

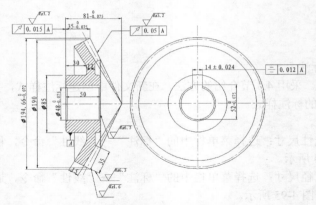

图 4-98　绘制表面结构符号

❷ 单击"修改"工具栏中的"复制"按钮，将表面结构符号复制到图中合适位置，然后单击"绘图"工具栏中的"多行文字"按钮A，标注表面结构符号，采用同样的方式创建其余表面结构符号。最终效果如图 4-99 所示。（后面章节中将介绍以"块"的方式标注图形中的表面结构符号。）

（5）标注参数表

❶ 修改表格样式。选择菜单栏中的"格式"→"表格样式"命令，在弹出的"表格样式"对话框中单击"修改"按钮，打开"修改表格样式"对话框。在该对话框中进行如下设置："常规"选项卡中填充颜色设为"无"，对齐方式为"正中"，水平单元边距和垂直单元边距都为 1.5；"文字"选项卡中文字样式为 Standard，文字高度为 6，文字颜色为 ByBlock；在"边框"选项卡的"特性"选项组中单击"颜色"选项所对应的下拉按钮，设置颜色为"洋红"；表格方向为"向下"。设置好表格样式后，确定退出。

❷ 创建并填写表格。选择菜单栏中的"绘图"→"表格"命令，创建表格，并将表格宽度拉到合适的尺寸，然后双击单元格，打开多行文字编辑器，在各单元格中输入相应的文字或数据，并将多余的单元格合并，效果如图 4-100 所示。

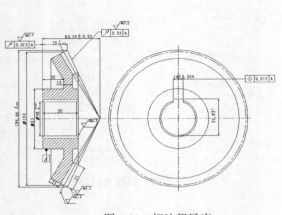

图 4-99　标注粗糙度

大端面模数		m		5
齿数		Z		38
压力角		a		20°
分度圆直径		d		190
顶隙系数		c^*		0.2500
螺旋角		β		0°
切向变位系数		x_1		0
径向变位系数		x		0
大端全齿高		h		11
精度等级		8-8-7bB		
配对齿轮		图号		
		齿数		20
公差组	检验项目	代号		公差值
I	齿距累积公差	Fp		0.0900
II	齿距极限偏差	fm		± 0.020
III	接触斑点	沿齿长接触率>60%		
		沿齿高接触率>65%		
大端分度圆弦齿厚		S		7.8530
大端分度圆弦齿高		h		5.0380

图 4-100　参数表

（6）标注技术要求

单击"绘图"工具栏中的"多行文字"按钮 **A**，标注技术要求，如图 4-101 所示。

技术要求

1. 其余倒角为 $C2$，表面粗糙度值为 $Ra25\,\mu m$。
2. 未注圆角半径为 $R\approx 3mm$。
3. 正火处理220-250HBS。

图 4-101　标注技术要求

（7）插入标题栏

单击"绘图"工具栏中的"多行文字"按钮 **A**，填写标题栏中相应的内容。至此，圆锥齿轮绘制完毕，最终效果如图 4-78 所示。

4.7　实践与操作

通过本章的学习，读者对本章知识也有了大体的了解，本节将通过 3 个实践操作帮助读者进一步掌握本章的知识要点。

4.7.1　标注技术要求

1．目的要求

本例主要利用"多行文字"命令，填写技术要求并在技术要求中插入字符及堆叠等，如图 4-102 所示。

1. 当无标准齿轮时，允许检查下列三项代替检查径向综合公差和
   一齿径向综合公差
   a. 齿圈径向跳动公差 Fr 为 0.056
   b. 齿形公差 ff 为 0.016
   c. 基节极限偏差 $\pm f_{pb}$ 为 0.018
2. 未注倒角 $C1$。
3. 尺寸为 $\phi 30^{+0.05}_{-0.06}$ 的孔抛光处理。

图 4-102　技术要求

2．操作提示

（1）设置文字标注的样式。

（2）利用"多行文字"命令进行标注。

（3）利用快捷菜单输入特殊字符。在输入尺寸公差时要注意一定要输入"+0.05^-0.06"，然后选择这些文字，并单击"文字格式"对话框中的"堆叠"按钮。

4.7.2　绘制变速器组装图明细表

1．目的要求

本例主要让读者掌握如何设置表格样式，并利用"表格"命令插入空表格并调整列宽等，如图 4-103 所示。

14	端盖	1	HT150	
13	端盖	1	HT150	
12	定距环	1	Q235A	
11	大齿轮	1	40	
10	键 16×70	1	Q275	GB 1095-79
9	轴	1	45	
8	轴承	2		30208
7	端盖	1	HT200	
6	轴承	2		30211
5	轴	1	45	
4	键8×50	1	Q275	GB 1095-79
3	端盖	1	HT200	
2	调整垫片	2组	08F	
1	减速器箱体	1	HT200	
序号	名　称	数量	材　料	备　注

图 4-103　变速器组装图明细表

2. 操作提示

（1）设置表格样式。
（2）插入空表格，并调整列宽。
（3）重新输入文字和数据。

4.7.3　绘制并标注泵轴尺寸

1. 目的要求

本例主要让读者掌握如何设置文字样式和标注样式，并利用尺寸和引线尺寸命令标注泵轴尺寸，如图 4-104 所示。

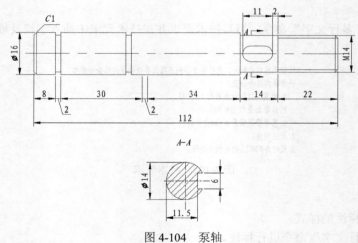

图 4-104　泵轴

2. 操作提示

（1）绘制图形。
（2）设置文字样式和标注样式。
（3）标注线性尺寸。
（4）标注连续尺寸。
（5）标注引线尺寸。

第 5 章

快速绘图工具

为了方便绘图和提高绘图效率，AutoCAD 提供了一些快速绘图工具，包括图块及其属性、设计中心、工具选项板以及样板图等。这些工具的一个共同特点是可以将分散的图形通过一定的方式组织成一个单元，在绘图时将这些单元插入到图形中，达到提高绘图速度和图形标准化的目的。

- ☑ 图块及其属性
- ☑ 设计中心与工具选项板
- ☑ 综合实例——圆锥齿轮轴

任务驱动&项目案例

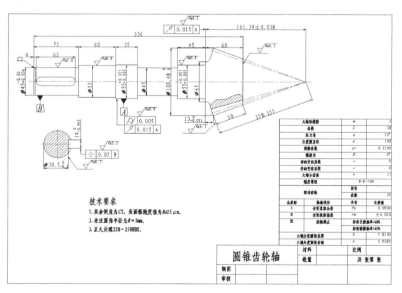

5.1 图块及其属性

把一组图形对象组合成图块加以保存,需要时可以把图块作为一个整体以任意比例和旋转角度插入到图中任意的位置,这样不仅可以避免大量的重复工作,提高绘图速度和工作效率,而且还可以大大节省磁盘空间。

5.1.1 图块操作

1. 图块定义

(1)执行方式

☑ 命令行:BLOCK。

☑ 菜单栏:"绘图"→"块"→"创建"。

☑ 工具栏:"绘图"→"创建块" ⧄。

☑ 功能区:"默认"→"块"→"创建" ⧄。

(2)操作步骤

执行上述命令,系统打开如图 5-1 所示的"块定义"对话框。利用该对话框指定定义对象、基点及其他参数,可定义图块并命名。

2. 图块保存

(1)执行方式

☑ 命令行:WBLOCK。

(2)操作步骤

执行上述命令,系统打开如图 5-2 所示的"写块"对话框。利用该对话框可把图形对象保存为图块或把图块转换成图形文件。

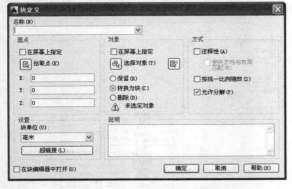

图 5-1 "块定义"对话框

图 5-2 "写块"对话框

📢 **注意:** 以 BLOCK 命令定义的图块只能插入到当前图形中,而以 WBLOCK 保存的图块既可以插入到当前图形中,也可以插入到其他图形中。

3. 图块插入

(1)执行方式

☑ 命令行:INSERT。

☑ 菜单栏："插入"→"块"。

☑ 工具栏："插入"→"插入块" ⟐ 或"绘图"→"插入块" ⟐。

☑ 功能区："默认"→"块"→"插入" ⟐。

（2）操作步骤

执行上述命令，系统打开"插入"对话框，如图 5-3 所示。利用该对话框设置插入点位置、插入比例以及旋转角度可以指定要插入的图块及插入位置。

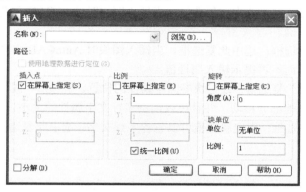

图 5-3 "插入"对话框

5.1.2 图块的属性

1. 属性定义

（1）执行方式

☑ 命令行：ATTDEF。

☑ 菜单栏："绘图"→"块"→"定义属性"。

☑ 功能区："默认"→"块"→"定义属性" ✎。

（2）操作步骤

执行上述命令，系统打开"属性定义"对话框，如图 5-4 所示。

图 5-4 "属性定义"对话框

（3）选项说明

☑ "模式"选项组

❖ "不可见"复选框：选中此复选框，属性为不可见显示方式，即插入图块并输入属性值后，属性值在图中并不显示出来。

❖ "固定"复选框：选中此复选框，属性值为常量，即属性值在属性定义时给定，在插入图块时 AutoCAD 不再提示输入属性值。

❖ "验证"复选框：选中此复选框，当插入图块时 AutoCAD 重新显示属性值让用户验证该值是否正确。

❖ "预设"复选框：选中此复选框，当插入图块时 AutoCAD 自动把事先设置好的默认值赋予属性，而不再提示输入属性值。

❖ "锁定位置"复选框：锁定块参照中属性的位置。解锁后，属性可以相对于使用夹点编辑的块的其他部分移动，并且可以调整多行文字属性的大小。

❖ "多行"复选框：指定属性值可以包含多行文字。选中此复选框后，可以指定属性的边界宽度。

☑ "属性"选项组

❖ "标记"文本框：输入属性标签。属性标签可由除空格和感叹号以外的所有字符组成。AutoCAD 自动把小写字母改为大写字母。

❖ "提示"文本框：输入属性提示。属性提示是插入图块时 AutoCAD 要求输入属性值的提示。如果不在此文本框内输入文本，则以属性标签作为提示。如果在"模式"选项组中选中"固定"复选框，即设置属性为常量，则不需设置属性提示。

❖ "默认"文本框：设置默认的属性值。可把使用次数较多的属性值作为默认值，也可不设默认值。

其他各选项组比较简单，此处不再赘述。

2．修改属性定义

（1）执行方式

☑ 命令行：DDEDIT。

☑ 菜单栏："修改"→"对象"→"文字"→"编辑"。

（2）操作步骤

命令：DDEDIT✓
选择注释对象或 [放弃(U)]：

在此提示下选择要修改的属性定义，系统打开"编辑属性定义"对话框，如图 5-5 所示。可以在该对话框中修改属性定义。

3．图块属性编辑

（1）执行方式

☑ 命令行：EATTEDIT。

☑ 菜单栏："修改"→"对象"→"属性"→"单个"。

☑ 工具栏："修改 II"→"编辑属性" ▽。

（2）操作步骤

命令：EATTEDIT✓
选择块：

选择块后，系统打开"增强属性编辑器"对话框，如图 5-6 所示。通过该对话框不仅可以编辑属性值，而且还可以编辑属性的文字选项和图层、线型、颜色等特性值。

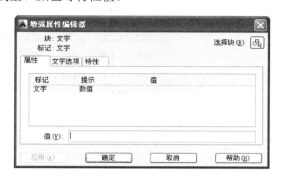

图 5-5　"编辑属性定义"对话框　　　　　图 5-6　"增强属性编辑器"对话框

5.2　设计中心与工具选项板

使用 AutoCAD 2014 设计中心可以很容易地组织设计内容，并把它们拖动到当前图形中。工具选项板是"工具选项板"面板中选项卡形式的区域，提供组织、共享和放置块及填充图案的有效方法，还可以包含由第三方开发人员提供的自定义工具。另外，还可以利用设置中的组织内容，将其创建为工具选项板。设计中心与工具选项板的使用大大方便了绘图，加快绘图的效率。

5.2.1　设计中心

1. 启动设计中心

（1）执行方式

☑　命令行：ADCENTER。

☑　菜单栏："工具"→"选项板"→"设计中心"。

☑　工具栏："标准"→"设计中心" 🖽。

☑　快捷键：Ctrl+2。

（2）操作步骤

执行上述命令，系统打开设计中心。第一次启动设计中心时，默认打开的选项卡为"文件夹"。内容显示区采用大图标显示，左边的资源管理器采用 tree view 显示方式显示系统的树形结构，在浏览资源的同时，在内容显示区将会显示所浏览资源的有关细目或内容，如图 5-7 所示。另外，也可以搜索资源，方法与 Windows 资源管理器类似。

2. 利用设计中心插入图形

设计中心的一个最大优点是可以将系统文件夹中的 DWG 图形当成图块插入到当前图形中。

（1）从文件夹列表或查找结果列表框选择要插入的对象，拖动对象到打开的图形。

（2）右击，从弹出的快捷菜单中选择"缩放"、"旋转"等命令，如图 5-8 所示。

（3）在相应的命令行提示下输入比例和旋转角度等数值。

被选择的对象根据指定的参数插入到图形中。

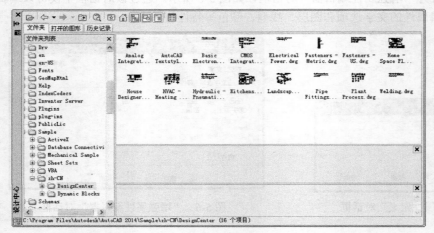

图 5-7　AutoCAD 2014 设计中心的资源管理器和内容显示区　　　　图 5-8　快捷菜单

5.2.2　工具选项板

1. 打开工具选项板

（1）执行方式

☑　命令行：TOOLPALETTES。

☑　菜单栏："工具"→"选项板"→"工具选项板"。

☑　工具栏："标准"→"工具选项板"。

☑　快捷键：Ctrl+3。

（2）操作步骤

执行上述命令，系统自动打开工具选项板，如图 5-9 所示。该工具选项板中有系统预设置的 3 个选项卡。可以右击，在打开的快捷菜单中选择"新建选项板"命令，如图 5-10 所示。系统新建一个空白选项卡，可以命名该选项卡，如图 5-11 所示。

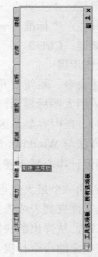

图 5-9　工具选项板　　　　图 5-10　快捷菜单　　　　图 5-11　新建选项卡

2. 将设计中心内容添加到工具选项板

在 DesignCenter 文件夹上右击，在弹出的快捷菜单中选择"创建块的工具选项板"命令，如图 5-12 所示。设计中心中储存的图元就出现在工具选项板中新建的 DesignCenter 选项卡上，如图 5-13 所示。这样就可以将设计中心与工具选项板结合起来，建立一个快捷方便的工具选项板。

3. 利用工具选项板绘图

只需要将工具选项板中的图形单元拖动到当前图形，该图形单元就会以图块的形式插入到当前图形中。如图 5-14 所示是将工具选项板"机械"选项卡中的"滚珠轴承-公制"图形单元拖到当前图形并填充绘制的滚珠轴承图。

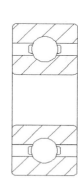

图 5-12　快捷菜单　　　　　图 5-13　创建工具选项板　图 5-14　滚珠轴承图

5.3　综合实例——圆锥齿轮轴

本节将介绍圆锥齿轮轴的绘制过程，由于圆锥齿轮轴是对称结构，因此，可以利用图形的对称性，绘制图形的一半再进行镜像处理来完成。绘制流程图如图 5-15 所示。

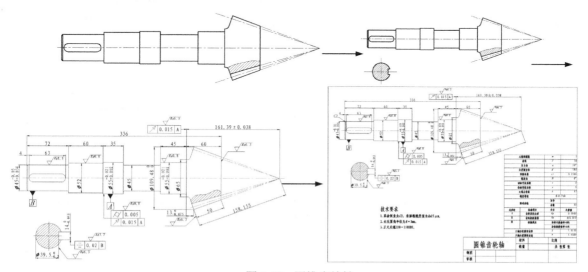

图 5-15　圆锥齿轮轴

操作步骤：（光盘\动画演示\第 5 章\圆锥齿轮轴.avi）

5.3.1　绘制主视图

（1）新建文件

选择菜单栏中的"文件"→"新建"命令，弹出"选择样板"对话框，单击"打开"按钮，创建一个新的图形文件。

（2）设置图层

选择菜单栏中的"视图"→"选项板"→"图层特性"命令，弹出"图层特性管理器"选项板。在该选项板中依次创建"轮廓线"、"点划线"和"剖面线"3 个图层，并设置"轮廓线"图层的线宽为 0.5mm，设置"点划线"图层的线型为 CENTER2。

（3）绘制轮廓线

❶ 将"点划线"图层设置为当前图层，选择菜单栏中的"绘图"→"直线"命令，沿水平方向绘制一条中心线，将"轮廓线"图层设置为当前图层，再次选择菜单栏中的"绘图"→"直线"命令，沿竖直方向绘制一条直线，效果如图 5-16 所示。

❷ 单击"修改"工具栏中的"偏移"按钮，将竖直线向右偏移 72、132、167、231、276、336、437.389，效果如图 5-17 所示。

图 5-16　绘制定位直线　　　　　　　　　　图 5-17　偏移竖直直线

❸ 再次单击"修改"工具栏中的"偏移"按钮，将水平中心线向上偏移，偏移距离分别为 22.5、26、27.5、32.5、54.74，同时将偏移的直线转换到"轮廓线"图层，效果如图 5-18 所示。

❹ 单击"修改"工具栏中的"修剪"按钮，修剪掉多余的直线，效果如图 5-19 所示。

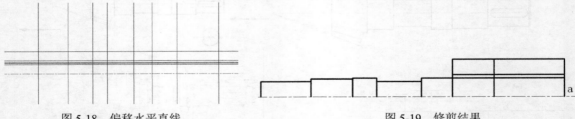

图 5-18　偏移水平直线　　　　　　　　　　图 5-19　修剪结果

（4）绘制锥齿

❶ 将"轮廓线"图层设置为当前图层，单击"绘图"工具栏中的"直线"按钮，以图 5-19 中的 a 点为起点，绘制角度为 159.75°和 161.4°的斜线，并将角度为 161.4°的斜线转换到"点划线"图层，如图 5-20 所示。

❷ 单击"绘图"工具栏中的"直线"按钮，以图 5-20 中的 b 点为起点，绘制角度为 251.57°的斜线，如图 5-21 所示。

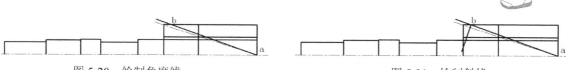

图 5-20　绘制角度线　　　　　　　　　　　　图 5-21　绘制斜线

❸ 单击"修改"工具栏中的"修剪"按钮，修剪掉多余的直线，效果如图 5-22 所示。

❹ 单击"修改"工具栏中的"镜像"按钮，镜像对象为图 5-22 中心线上方部分，直线 ac 为镜像线，得到的结果如图 5-23 所示。

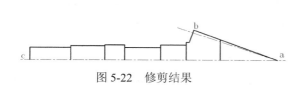

图 5-22　修剪结果　　　　　　　　　　　　图 5-23　镜像结果

（5）绘制键槽

❶ 单击"修改"工具栏中的"偏移"按钮，将水平中心线分别向上、下偏移，偏移距离为 7，同时将偏移的直线转换到"轮廓线"图层，效果如图 5-24 所示。

❷ 单击"修改"工具栏中的"偏移"按钮，将图 5-24 中的直线 mn 向右偏移，偏移距离为 4、67，效果如图 5-25 所示。

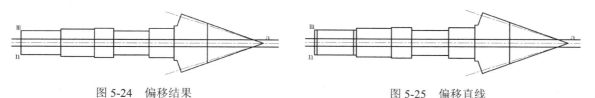

图 5-24　偏移结果　　　　　　　　　　　　图 5-25　偏移直线

❸ 单击"修改"工具栏中的"修剪"按钮，对图 5-25 中偏移的直线进行修剪，效果如图 5-26 所示。

❹ 单击"修改"工具栏中的"圆角"按钮，对图 5-26 中角点 m、n、p、o 进行圆角，圆角半径为 7mm，单击"修改"工具栏中的"修剪"按钮和"删除"按钮，修剪并删除掉多余的线条，图形效果如图 5-27 所示。

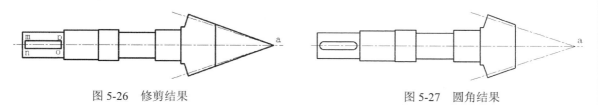

图 5-26　修剪结果　　　　　　　　　　　　图 5-27　圆角结果

（6）绘制齿根线

❶ 将"轮廓线"图层设置为当前图层，单击"绘图"工具栏中的"直线"按钮，以图 5-27 中的 a 点为起点，绘制角度为 196.25°的斜线，然后单击"修改"工具栏中的"修剪"按钮，修剪掉多余的直线，如图 5-28 所示。

❷ 单击"修改"工具栏中的"圆角"按钮，对图 5-28 中角点 k、x 进行圆角，圆角半径为 5mm，将"点划线"图层设置为当前图层，然后单击"绘图"工具栏中的"直线"按钮，连接图 5-28 中的 at、ae 和 ay，图形效果如图 5-29 所示。

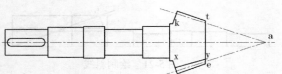

图 5-28　绘制角度线

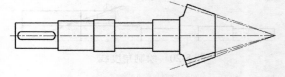

图 5-29　绘制圆角

（7）绘制局部剖面图

❶ 将"剖面线"图层设置为当前图层，单击"绘图"工具栏中的"样条曲线"按钮～，绘制一条波浪线，然后单击"绘图"工具栏中的"图案填充"按钮，完成剖面线的绘制，最后单击"修改"工具栏中的"倒角"按钮，对图中相应位置进行倒角，这样就完成了主视图的绘制，效果如图 5-30 所示。

❷ 下面开始绘制键槽处的剖面图，将"点划线"图层设置为当前图层，单击"绘图"工具栏中的"直线"按钮，在对应的位置绘制中心线，然后将当前图层设置为"轮廓线"图层，单击"绘图"工具栏中的"圆"按钮，以刚绘制的中心线的交点为圆心，绘制半径为 22.5 的圆，效果如图 5-31 所示。

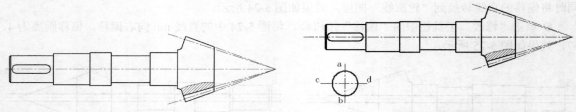

图 5-30　完成主视图　　　　　　　　　　　图 5-31　绘制剖面图

❸ 单击"修改"工具栏中的"偏移"按钮，将直线 ab 向右偏移 17mm，直线 cd 分别向上、下各偏移 7mm，效果如图 5-32 所示。

❹ 单击"修改"工具栏中的"修剪"按钮，修剪掉多余的直线，效果如图 5-33 所示。

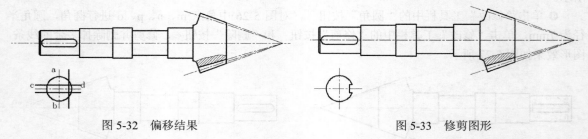

图 5-32　偏移结果　　　　　　　　　　　图 5-33　修剪图形

❺ 将当前图层设置为"剖面线"图层，单击"绘图"工具栏中的"图案填充"按钮，完成剖面线的绘制，这样就完成了键槽剖面图的绘制，效果如图 5-34 所示。

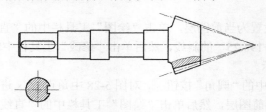

图 5-34　图案填充结果

❻单击"修改"工具栏中的"圆角"按钮□，对各个轴肩进行圆角。

📢 **注意**：轴肩高度 h、圆角半径 R 及轴上零件的倒角 C_1 或圆角 R_1 要保证如下关系：$h > R_1 > R$ 或 $h > C_1$，如图 5-35 所示。轴径与圆角半径的关系如表 5-1 所示，如 $d = 50\text{mm}$，由表查得 $R = 1.6\text{mm}$，$C_1 = 2\text{mm}$，则 $h \approx 2.5 \sim 3.5\text{mm}$。

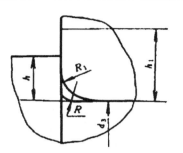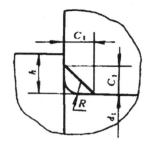

图 5-35 轴肩高度和圆角半径

表 5-1 零件倒圆和倒角的推荐值

直径 d	>10~18	>18~30	>30~50	>50~80	>80~120	>120~180	>180~250
R	0.8	1.0	1.6	2.0	2.5	3.0	4.0
C_1	1.2	1.6	2.0	2.5	3.0	4.0	5.0

📢 **注意**：安装滚动轴承处的 R 和 R_1 可由轴承标准中查取。轴肩高度 h 除了应大于 R_1 外，还要小于轴承内圈厚度 h_1，以便拆卸轴承，如图 5-36（a）所示。如果有结构原因，必须使 $h \geqslant h_1$ 时，可采用轴槽结构，供拆卸轴承用，如图 5-36（b）所示。如果可以通过其他零件拆卸轴承，则 h 不受此限制。

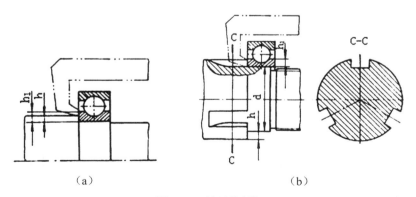

（a） （b）

图 5-36 轴承的拆卸

5.3.2 添加标注

（1）标注轴向尺寸

❶选择菜单栏中的"格式"→"标注样式"命令，创建"圆锥齿轮轴标注（不带偏差）"标注样式，进行相应的设置，完成后将其设置为当前标注样式，然后选择菜单栏中的"标注"→"线性"命令，对齿轮轴中不带偏差的轴向尺寸进行标注，效果如图 5-37 所示。

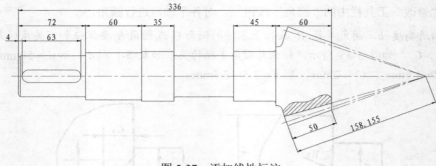

图 5-37 添加线性标注

❷ 选择菜单栏中的"格式"→"标注样式"命令,弹出"标注样式管理器"对话框。单击"新建"按钮,弹出"创建新标注样式"对话框,输入新样式名"圆锥齿轮轴标注(带偏差)"。在"创建新标注样式"对话框中单击"继续"按钮,在弹出的对话框中选择"公差"选项卡,在"公差格式"的"方式"中选择"极限偏差",设置"精度"为 0.000,设置"垂直位置"为"中",单击"确定"按钮完成标注样式的新建。将新建的标注样式置为当前标注,标注带有偏差的轴向尺寸,效果如图 5-38 所示。

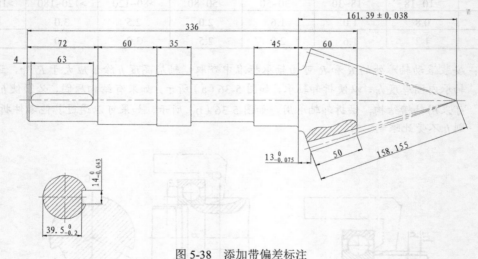

图 5-38 添加带偏差标注

(2)标注径向尺寸

❶ 将"圆锥齿轮轴标注(不带偏差)"标注样式设置为当前标注样式,使用线性标注对不带偏差的轴径尺寸进行标注,选择菜单栏中的"标注"→"线性"命令,标注各个直径尺寸,然后双击标注的文字,在弹出的"特性"选项板中修改标注文字。

❷ 将"圆锥齿轮轴标注(带偏差)"标注样式设置为当前标注样式,选择菜单栏中的"格式"→"标注样式"命令,弹出"标注样式管理器"对话框。单击"修改"按钮,弹出"修改标注样式"对话框,选择"主单位"选项卡,在"线性标注"下的"前缀"中输入"%%C",单击"确定"按钮完成标注样式的修改。标注带有偏差的径向尺寸,最终效果如图 5-39 所示。

(3)标注表面结构符号

查阅"轴的工作表面的表面粗糙度"推荐表中的数值,标注图中的表面结构符号,效果如图 5-40 所示。

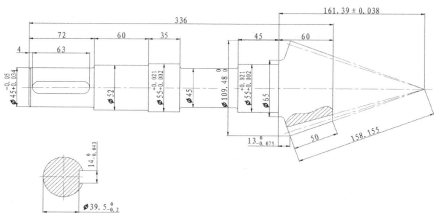

图 5-39　标注径向尺寸

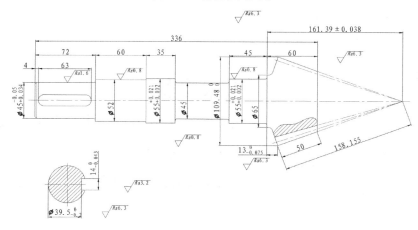

图 5-40　标注表面结构符号

（4）标注几何公差

❶ 选择菜单栏中的"标注"→"公差"命令，弹出"形位公差"对话框。选择所需的符号、基准，并输入公差数值，单击"确定"按钮完成几何公差的标注。标注结果如图 5-41 所示。

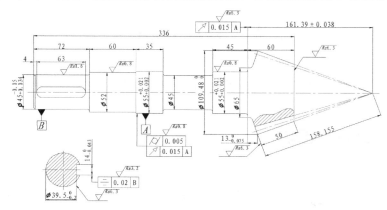

图 5-41　标注几何公差

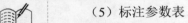

❷ 选择菜单栏中的"标注"→"角度"命令，对图中的角度尺寸进行标注，然后选择菜单栏中的"标注"→"半径"命令，对图中的圆角进行标注，在命令行中输入"QLEADER"，对图中的倒角进行标注，至此完成了主视图的标注。

（5）标注参数表

❶ 修改表格样式。选择菜单栏中的"格式"→"表格样式"命令，对表格样式进行相应的设置，确定退出。

❷ 创建并填写表格。选择菜单栏中的"绘图"→"表格"命令，创建表格，然后双击单元格，打开多行文字编辑器，在各单元格中输入相应的文字或数据，并将多余的单元格合并，同时也可以调入前面绘制的表格进行修改整理，效果如图 5-42 所示。

（6）标注技术要求

选择菜单栏中的"绘图"→"文字"→"多行文字"命令，标注技术要求，如图 5-43 所示。

大端面模数	m	5
齿数	Z	38
压力角	a^2	20°
分度圆直径	d	190
顶隙系数	c*	0.2500
螺旋角	β	0°
切向变位系数	x	0
径向变位系数	x	0
大端全齿高	h	11
精度等级		8-8-7bB

配对齿轮		图号	
		齿数	20

公差组	检验项目	代号	公差值
I	齿距累积公差	Fp	0.0900
II	齿距极限偏差	fm	±0.020
III	接触斑点	沿齿长接触率≥60%	
		沿齿高接触率≥65%	
大端分度圆齿厚		S	7.8530
大端分度圆齿高		h	5.0380

图 5-42　参数表

技术要求

1. 其余倒角为 C2，表面粗糙度值为 Ra25 μm。

2. 未注圆角半径为 R ≈ 3mm。

3. 正火处理 220~250HBS。

图 5-43　标注技术要求

（7）插入标题栏

选择菜单栏中的"插入"→"块"命令，插入标题栏图块，然后再选择菜单栏中的"绘图"→"文字"→"多行文字"命令，填写相应的内容。另外，也可以直接调入前面绘制的 A3 样板图进行修改，至此，圆锥齿轮轴绘制完毕。

5.4　实践与操作

通过本章的学习，读者对本章知识已有了大体的了解，本节将通过两个实践操作帮助读者进一步掌握本章的知识要点。

5.4.1　定义"螺母"图块

1. 目的要求

本例主要让读者掌握如何定义块，并比较"创建块"和 WBLOCK 命令的区别，如图 5-44 所示。

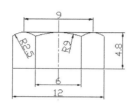

图 5-44　绘制图块

2．操作提示

（1）利用"块定义"对话框进行适当设置定义块。

（2）利用 WBLOCK 命令进行适当设置，保存块。

5.4.2　利用设计中心绘制盘盖组装图

1．目的要求

本例主要让读者掌握如何利用设计中心和工具选项板将所需的文件插入到图形中，如图 5-45 所示。

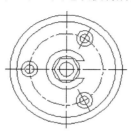

图 5-45　盘盖组装图

2．操作提示

（1）打开设计中心与工具选项板。

（2）建立一个新的工具选项板选项卡。

（3）在设计中心中查找已经绘制好的常用机械零件图。

（4）将这些零件图拖入到新建立的工具选项板选项卡中。

（5）打开一个新图形文件界面。

（6）将需要的图形文件模块从工具选项板上拖入到当前图形中，并进行适当的缩放、移动、旋转等操作。

第 2 篇

机械零件工程图设计篇

减速器是工程实践中应用最广泛的机械部件，其结构紧凑，涵盖了机械设计中所有典型的零件，具有机械设计的典型代表性。几十年来，在各大中专院校机械工程专业中，均把减速器设计作为典型的机械设计课堂教学范例和机械设计课程设计选题。

本篇将完整地介绍一级圆柱斜齿轮减速器的设计思路、理论依据和完整的 AutoCAD 实现过程。通过本篇的学习，读者将掌握机械设计方法、理论及其相应的 AutoCAD 制图技巧。

第6章

常用机械零件设计

本章通过对传动件的绘制，学习主视图与（俯视图）左视图的相互投影，对应同步的绘制方法。同时，进一步深入学习二维绘图和编辑命令。另外，本章还对工程制图的标注设置和属性修改进行了系统的介绍和实践指导。

- ☑ 螺纹连接件的绘制
- ☑ 轴承零件的绘制
- ☑ 带轮零件的绘制
- ☑ 齿轮零件的绘制
- ☑ 轴类零件的绘制

任务驱动&项目案例

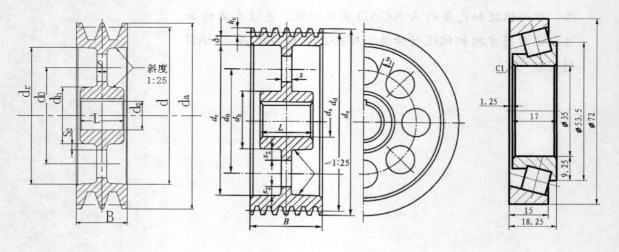

6.1　螺纹连接件的绘制

　　常用的螺纹连接件有螺栓、双头螺柱、螺钉、螺母和垫圈等。螺栓用于被连接零件允许钻成通孔的情况；双头螺柱用于被连接零件之一较厚或不允许钻成通孔的情况，故两端都有螺纹，一端螺纹用于旋入被连接零件的螺孔内；螺钉用于不经常拆开和受力较小的连接中，按其用途可分为连接螺钉和紧定螺钉；螺母与螺栓大多数已经标准化，其尺寸已经规范化，所以其设计工作主要是根据强度和尺寸需要选择合适的规格和型号的零件。在绘制过程中，一定要严格按相关标准规定的尺寸绘制。螺纹连接件的绘制流程图如图 6-1 所示。

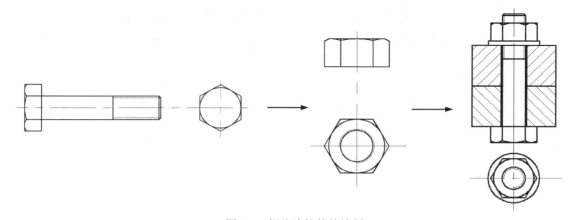

图 6-1　螺纹连接件的绘制

操作步骤：（光盘\动画演示\第 6 章\螺纹连接件的绘制.avi）

6.1.1　螺栓的绘制

　　以螺栓 GB 5782—1986-M10×80 为例，绘制螺栓的两个视图。
　　（1）新建文件
　　选择菜单栏中的"文件"→"新建"命令，弹出"选择样板"对话框，单击"打开"按钮，创建一个新的图形文件。
　　（2）图层设置
　　选择菜单栏中的"格式"→"图层"命令，弹出"图层特性管理器"选项板。在该选项板中依次创建"轮廓线"、"点划线"和"剖面线" 3 个图层，并设置"轮廓线"图层的线宽为 0.3mm，设置"点划线"图层的线型为 CENTER2。
　　（3）绘制中心线
　　将"点划线"图层设置为当前图层，单击"绘图"工具栏中的"直线"按钮，沿水平方向绘制一条长度为 120mm 的中心线，沿竖直方向绘制一条长度为 40mm 的中心线，效果如图 6-2 所示。
　　（4）绘制辅助线
　　单击"修改"工具栏中的"偏移"按钮，将图 6-2 中的水平中心线分别向上、下偏移，偏移距离为 5、10，并将偏移的直线转换到"轮廓线"图层，效果如图 6-3 所示。

图 6-2　绘制中心线

图 6-3　偏移直线

（5）绘制螺栓左视图

❶ 单击"绘图"工具栏中的"直线"按钮，以图 6-3 中的 a 点为起点，绘制角度为-150°的斜线，效果如图 6-4 所示。

❷ 单击"绘图"工具栏中的"直线"按钮，以图 6-4 中的 b 点为起点，绘制一条长度为 5mm 的竖直直线，然后单击"修改"工具栏中的"修剪"按钮，修剪掉多余的线条，效果如图 6-5 所示。

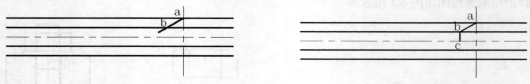

图 6-4　绘制斜线

图 6-5　绘制直线

❸ 单击"修改"工具栏中的"镜像"按钮，选择步骤❶和步骤❷中绘制的斜线和竖直直线为镜像对象，以水平中心线和竖直中心线为镜像线，镜像结果如图 6-6 所示。

❹ 单击"绘图"工具栏中的"圆"按钮，绘制图 6-6 中六边形的内切圆，效果如图 6-7 所示。

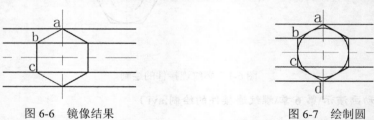

图 6-6　镜像结果

图 6-7　绘制圆

📢 **注意**：根据简化画法，图 6-7 中 ad 的长度为两倍的螺栓大径的长度。此例中选用的螺栓型号为 M10，因此 ad 的长度为 20mm。图 6-7 中圆的半径由作图决定。

（6）绘制螺栓主视图

❶ 单击"修改"工具栏中的"偏移"按钮，将图 6-7 中的竖直中心线向左偏移，偏移距离为 25、45、75、82，并将偏移的直线转换到"轮廓线"图层，效果如图 6-8 所示。

❷ 单击"修改"工具栏中的"修剪"按钮，修剪掉多余的直线，效果如图 6-9 所示。

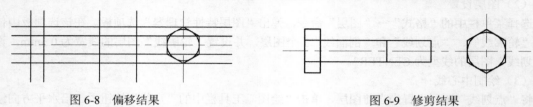

图 6-8　偏移结果

图 6-9　修剪结果

❸ 单击"修改"工具栏中的"偏移"按钮，将图 6-9 中的水平中心线分别向上、下偏移，偏移距离为 4.3，并将偏移的直线转换到"剖面线"图层，然后单击"修改"工具栏中的"修剪"按钮，修剪掉多余的线段，效果如图 6-10 所示。

❹ 单击"修改"工具栏中的"倒角"按钮，对螺栓进行距离为 0.7 的倒角；然后单击"绘图"

工具栏中的"直线"按钮 ✒，绘制倒角线；最后单击"修改"工具栏中的"修剪"按钮 ⊬，修剪掉多余的直线，效果如图 6-11 所示。

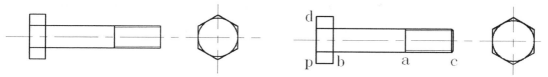

图 6-10　绘制螺纹小径　　　　　　　　　　　　图 6-11　绘制倒角

📢 **注意**：根据简化画法，图 6-11 中螺纹 ac 的长度为两倍的螺纹大径的长度，根据所选螺栓型号 M10 可得 ac 长度为 20，螺栓的公称长度 bc 应大于被紧固零件的厚度 δ_1、δ_2，垫圈的厚度 h 和螺母厚度 m 的总和，并且要有一定的伸出长度 a（a 一般约为螺纹大径的 0.3~0.5 倍），因此螺栓的公称长度初算：$l' = \delta_1 + \delta_2 + h + m + a$。根据计算初值查手册，在螺栓公称长度系列中选取与计算初值最接近的标准值。

❺ 单击"修改"工具栏中的"偏移"按钮 ⊯，将图 6-11 中的最左侧线段 dp 向右偏移；偏移距离为 15；然后单击"绘图"工具栏中的"圆"按钮 ⊘，以刚偏移的直线与水平中心线交点为圆心，绘制一个半径为 15 的圆，效果如图 6-12 所示。

❻ 单击"绘图"工具栏中的"直线"按钮 ✒，以点 o 为起点，绘制一条长度为 5 的直线 om；然后单击"绘图"工具栏中的"圆"按钮 ⊘，以 om 中点为圆心，rn 为半径绘制圆；最后单击"修改"工具栏中的"镜像"按钮 ⚐，以刚绘制的圆为镜像对象，以水平中心线为镜像线进行镜像，效果如图 6-13 所示。

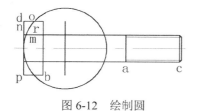　　　　　　　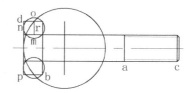

图 6-12　绘制圆　　　　　　　　　　　　　图 6-13　镜像结果

❼ 单击"修改"工具栏中的"修剪"按钮 ⊬，修剪掉多余的直线，效果如图 6-14 所示。

📢 **注意**：根据简化画法，图 6-14 中 sk 的长度为 0.7 倍的螺纹公称直径，R 为 1.5 倍的螺纹公称半径，h 为 0.25 倍的螺纹公称直径，r 由作图决定。

至此，螺栓就绘制完成了，最终效果如图 6-15 所示。

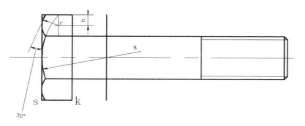　　　　　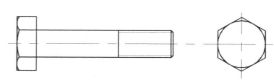

图 6-14　修剪结果　　　　　　　　　　　　　图 6-15　螺栓的最终效果

6.1.2　螺母的绘制

以螺母 GB 6170—1986-M10 为例，绘制螺母的两个视图。首先查国标得到 $D = 10$，$c = 0.6$，

$d_a = 10$，$d_w = 14.6$，$e = 17.77$，$m = 8.4$，$s = 16$。

（1）绘制俯视图

❶ 单击"绘图"工具栏中的"圆"按钮⊘，以$s = 16$为直径作圆，效果如图6-16所示。

❷ 单击"绘图"工具栏中的"正多边形"按钮⬠，绘制圆的外切正六边形，效果如图6-17所示。

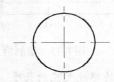

图6-16　绘制圆

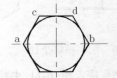

图6-17　绘制外切正六边形

（2）绘制主视图

❶ 单击"绘图"工具栏中的"直线"按钮／，以图6-17中的点a、b、c、d为起点绘制辅助线，并以$m = 8.4$作六棱柱，如图6-18所示。

❷ 将"剖面线"图层设置为当前图层；单击"绘图"工具栏中的"圆"按钮⊘，以图6-18中O点为圆心；以$D = 10$为直径，绘制一个3/4圆；然后将当前图层设置为"轮廓线"图层，并以$D_1 = 9.24$为直径画圆，如图6-19所示。

❸ 单击"绘图"工具栏中的"圆"按钮⊘，以图6-19中点O为圆心，$d_w = 14.6$为直径画圆；作辅助线找出点e和f，过e和f点作与端面成30°角的斜线，并作出相贯线，效果如图6-20所示。

❹ 单击"修改"工具栏中的"删除"按钮✐，删除掉多余的直线，最终结果如图6-21所示。

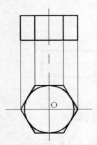

图6-18　绘制六棱柱

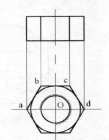

图6-19　绘制螺纹大小径

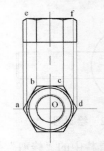

图6-20　绘制相贯线

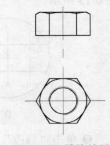

图6-21　最终结果

6.1.3　螺纹连接件的绘制

（1）绘制连接板

❶ 单击"修改"工具栏中的"旋转"按钮○，将图6-15中绘制的螺栓旋转90°，效果如图6-22所示。

❷ 将当前图层设置为"轮廓线"图层，单击"绘图"工具栏中的"矩形"按钮▭，绘制一个长为36、宽为36的矩形，效果如图6-23所示。

❸ 单击"绘图"工具栏中的"直线"按钮／，连接图6-23中线段ab、cd的中点得到线段mn，连接ac和bd的中点得到线段op，然后单击"修改"工具栏中的"偏移"按钮⬚，将线段op向左、右偏移，偏移距离为5.5，效果如图6-24所示。

❹ 单击"修改"工具栏中的"删除"按钮✐，删除掉多余的直线；然后单击"修改"工具栏中的"移动"按钮✛，以图6-24中p点为基点，图6-22中q点为目标点，移动整个图形，效果如图6-25所示。

❺ 单击"修改"工具栏中的"修剪"按钮／，修剪掉多余的直线。

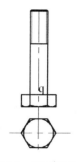

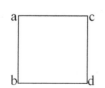

图 6-22　旋转螺栓　　图 6-23　绘制矩形　　图 6-24　绘制连接板　　图 6-25　移动矩形

注意：被连接的两板孔径为 1.1d，d 为螺栓的公称直径。

（2）绘制剖面图

将当前图层设置为"剖面线"图层；单击"绘图"工具栏中的"图案填充"按钮，在打开的"图案填充和渐变色"对话框中选择填充图案为 ANSI31。单击"添加:选择对象"按钮，暂时回到绘图窗口中进行选择；选择主视图上相关区域，按 Enter 键回到"图案填充和渐变色"对话框；单击"确定"按钮，完成剖面线的绘制，效果如图 6-26 所示。

注意：被连接的两板要剖开。国家标准规定当剖切平面通过轴、销、螺栓等实心机件的轴线时，这些机件应按未剖切绘制，因此图中螺栓按未剖画出。在装配图中，相互邻接的金属零件，其剖面线的倾斜方向不同或方向一致而间距不等，如图 6-26 中所示，被连接两板剖面线方向应相反。同一个零件在不同剖视图或断面图中的剖面线方向和间隔均要一致。

（3）绘制垫圈

单击"绘图"工具栏中的"矩形"按钮，绘制一个长为 20、宽为 2 的矩形；然后单击"修改"工具栏中的"移动"按钮，将绘制的矩形移动到图 6-26 中，效果如图 6-27 所示。

注意：垫圈为标准件，查国家标准 GB 95－1985 可得到其公称尺寸和厚度。在简化画法中，其公称尺寸为 2.2d，厚度为 0.2d（d 为螺栓公称直径）。

（4）绘制螺母

调用相关命令绘制螺母，并且补画螺母的相贯线，然后单击"修改"工具栏中的"修剪"按钮，修剪掉多余的直线，效果如图 6-28 所示。

（5）绘制俯视图中的螺栓

单击"绘图"工具栏中的"圆"按钮，在俯视图中绘制螺栓，效果如图 6-29 所示。

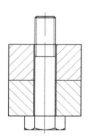

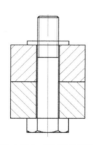

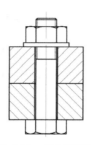

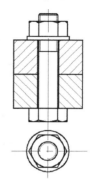

图 6-26　绘制剖面线　　图 6-27　绘制垫圈　　图 6-28　绘制螺母　　图 6-29　完成螺纹连接件的绘制

Note

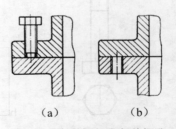

┌───┐

① **知识详解——起盖螺钉的应用**

为防止漏油，在箱体与箱盖接合面处常涂有密封胶或水玻璃，接合面被粘住不易分开。为便于开启箱盖，可在箱盖凸缘上装设 1~2 个起盖螺钉。拆卸箱盖时，可先拧动此螺钉顶起箱盖。起盖螺钉的直径一般等于凸缘连接螺栓直径，螺纹有效长度大于凸缘厚度。钉杆端部要做成圆形或半圆形，以免损伤螺纹，如图 6-30（a）所示。也可在箱座凸缘上制出起盖用螺纹孔，如图 6-30（b）所示。螺纹孔直径等于凸缘连接螺栓直径，这样必要时可用凸缘连接螺栓旋入螺纹孔顶起箱盖。

图 6-30　起盖螺钉和起盖螺孔

└───┘

6.2　轴承零件的绘制——圆锥滚子轴承

圆锥滚子轴承的滚动体是截锥形滚子，内外圈滚道均有锥度，属于分离型轴承。这类轴承能同时承受较大的径向载荷和单向轴向载荷，但一般不用来承受纯径向载荷。圆锥滚子轴承应成对使用、反向安装在同一支点或两个支点上，适用于轴的刚性较大、两轴孔同轴度好的场合。其绘制流程图如图 6-31 所示。

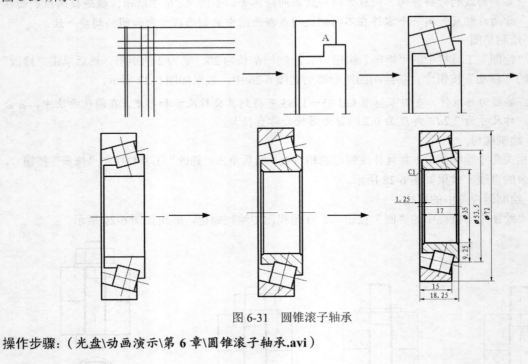

图 6-31　圆锥滚子轴承

操作步骤：（光盘\动画演示\第 6 章\圆锥滚子轴承.avi）

6.2.1　绘制主视图

（1）新建文件

选择菜单栏中的"文件"→"新建"命令，弹出"选择样板"对话框，单击"打开"按钮，创建一个新的图形文件。

（2）设置图层

选择菜单栏中的"格式"→"图层"命令，弹出"图层特性管理器"选项板。在该选项板中依次创建"轮廓线"、"点划线"和"剖面线"3 个图层，并设置"轮廓线"图层的线宽为 0.5mm，设置"点划线"图层的线型为 CENTER2。

（3）绘制轮廓

❶ 将"点划线"图层设置为当前图层，单击"绘图"工具栏中的"直线"按钮✍，沿水平方向绘制一条中心线；然后将"轮廓线"图层设置为当前图层，单击"绘图"工具栏中的"直线"按钮✍，绘制一条竖直线，效果如图 6-32 所示。

❷ 单击"修改"工具栏中的"偏移"按钮⊜，将水平中心线向上偏移 17.5、22.125、26.75、36，并将偏移的直线转换到"轮廓线"图层；同理，将竖直线向右偏移 1.25、10.375、15、18.25，效果如图 6-33 所示。

❸ 单击"修改"工具栏中的"修剪"按钮⊬，修剪掉多余的线条，效果如图 6-34 所示。

图 6-32 绘制中心线和竖直线　　　　图 6-33 偏移直线　　　　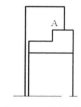 图 6-34 修剪结果

（4）绘制轴承滚道及滚动体

❶ 将"点划线"图层设置为当前图层，单击"绘图"工具栏中的"直线"按钮✍，以图 6-34 中的 A 点为起点，绘制一条角度为 15° 的斜线，效果如图 6-35 所示。

❷ 单击"修改"工具栏中的"延伸"按钮⊸，将步骤❶中绘制的斜线延伸，效果如图 6-36 所示。命令行提示与操作如下：

```
命令：_extend
当前设置：投影=UCS，边=无
选择边界的边...
选择对象或 <全部选择>：（选择图 6-35 中最左边的竖直轮廓线）
选择对象：✓
选择要延伸的对象，或按住 Shift 键选择要修剪的对象，或[栏选(F)/窗交(C)/投影(P)/边(E)/
放弃(U)]：（选择图 6-35 中绘制的斜线）
选择要延伸的对象，或按住 Shift 键选择要修剪的对象，或[栏选(F)/窗交(C)/投影(P)/边(E)/
放弃(U)]：✓
```

❸ 单击"绘图"工具栏中的"直线"按钮✍，通过图 6-36 中的 A 点绘制与斜线垂直的直线，效果如图 6-37 所示。

❹ 单击"修改"工具栏中的"偏移"按钮⊜，将图 6-37 中直线 AC 向右偏移，命令行提示与操作如下：

```
命令：_offset
当前设置：删除源=否　图层=源　OFFSETGAPTYPE=0
指定偏移距离或 [通过(T)/删除(E)/图层(L)] <10.3750>：t✓
选择要偏移的对象，或 [退出(E)/放弃(U)] <退出>（选择图 6-37 中的直线 AC）
指定通过点或 [退出(E)/多个(M)/放弃(U)] <退出>：（选择图 6-37 中的点 B）
```

效果如图 6-38 所示。

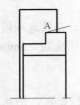　　　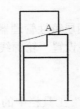　　　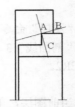　　　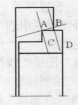

图 6-35　绘制斜线　　图 6-36　延伸直线　　图 6-37　绘制直线　　图 6-38　偏移结果

❺ 单击"修改"工具栏中的"镜像"按钮△，以图 6-38 中的直线 BD 为镜像对象，直线 AC 为镜像线，镜像结果如图 6-39 所示。

❻ 单击"修改"工具栏中的"偏移"按钮△，将图 6-39 中的直线 AB 分别向上、向下偏移 4.625，效果如图 6-40 所示。

❼ 单击"修改"工具栏中的"修剪"按钮⊢，修剪掉多余的线条，并将相应的直线转换到"轮廓线"图层，效果如图 6-41 所示。

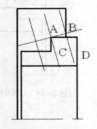　　　　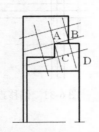　　　　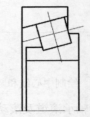

图 6-39　镜像结果　　　　图 6-40　偏移结果　　　　图 6-41　修剪结果

❽ 单击"修改"工具栏中的"镜像"按钮△，选择图 6-41 中中心线上部分为镜像对象，中心线为镜像线，镜像轴承的另一半，效果如图 6-42 所示。

❾ 单击"修改"工具栏中的"倒角"按钮△，对轴承进行倒角，效果如图 6-43 所示。

（5）绘制轴承的剖面图

将当前图层设置为"剖面线"图层，单击"绘图"工具栏中的"图案填充"按钮▨，完成剖面线的绘制。这样就完成了轴承的绘制，效果如图 6-44 所示。

📢 注意：轴承的内圈和外圈剖面线方向相反。

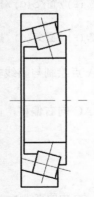　　　　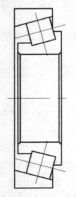　　　　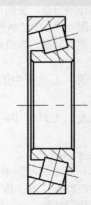

图 6-42　镜像结果　　　图 6-43　对轴承进行倒角　　图 6-44　图案填充结果

6.2.2　添加标注

（1）单击"标注"工具栏中的"线性"按钮，对轴承中的线性尺寸进行标注，效果如图 6-45 所示。

（2）单击"标注"工具栏中的"线性"按钮，通过修改标注文字来实现使用线性标注来标注视图中的直径型尺寸，效果如图 6-46 所示。

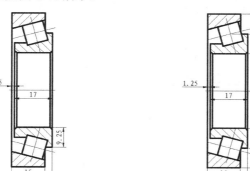

图 6-45　添加线性标注　　　　图 6-46　添加直径型尺寸

（3）单击"标注"工具栏中的"多重引线"按钮，对主视图中的倒角进行标注。至此，整幅图绘制完毕，效果如图 6-31 所示。

6.3　带轮零件的绘制——腹板式带轮

带轮常用铸铁制造，有时也采用钢或非金属材料（如塑料、木材等）。铸铁带轮允许的最大圆周速度为 25m/s，速度更高时可采用铸铁或钢板冲压后焊接。塑料带轮的重量轻、摩擦系数大，常用于机床中。

带轮基准直径 d_d 较小时可采用实心式带轮；中等直径的带轮常采用腹板式带轮；当直径大于 350mm 时，可采用轮辐式带轮，如图 6-47 所示。当采用轮辐式带轮时，轮辐的数目 Z_a 可根据带轮直径选取。$d_d \leq 500mm$ 时，$Z_a = 4$；当 $d_d \leq （500 \sim 1600）mm$ 时，$Z_a = 6$；当 $d_d \leq （1600 \sim 3000）mm$ 时，$Z_a = 8$。

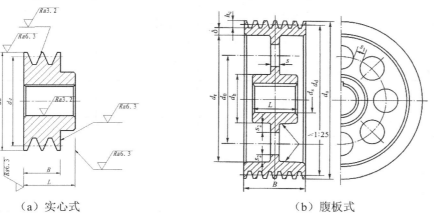

（a）实心式　　　　　　　　（b）腹板式

图 6-47　V 带轮的结构

Note

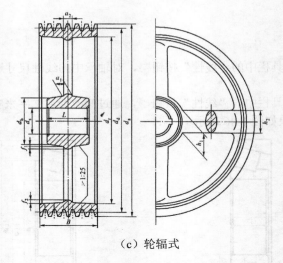

（c）轮辐式

$$d_h = (1.8 \sim 2)d_s, \quad d_o = \frac{d_h + d_r}{2} \qquad h_1 = 290\sqrt[3]{\frac{P}{nA}} \qquad h_2 = 0.8h_1$$

$$L = (1.5 \sim 2)d_s \qquad\qquad\qquad P——传递功率，kW \qquad a_1 = 0.4h_1$$

$$d_f = d_a - 2(h_c + \delta), \quad h_c、\delta如图6-48所示 \qquad n——带轮转速，r/min \qquad a_2 = 0.8a_1$$

$$s = (0.2 \sim 0.3)B, \quad s_1 \geqslant 1.5s, \quad s_2 \geqslant 0.5s \qquad A——轮辐数 \qquad f_1 = f_2 = 0.2h_1$$

图 6-47　V 带轮的结构（续）

关于各种型号的 V 带轮的轮槽尺寸，可查阅机械设计手册，如图 6-48 所示。

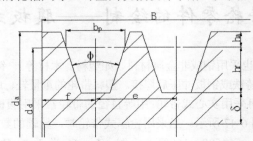

参数及尺寸		V 带轮型号	参数及尺寸	V 带轮型号
		A		A
b_p		11	e	15
$h_{a\min}$		2.75	f	10
$h_{f\min}$		8.7	B	$B = (z-1)e + 2f$，Z 为带根数
$\delta_{\min}$		6	d_a	$d_a = d_d + 2h_a$
$\varnothing$	32°	对应的带轮基准直径 d_d		—
	34°			≤118
	36°			—
	38°			>118

图 6-48　V 带轮的轮槽尺寸

在本例中 d_s 选用 20mm，小带轮基准直径 d_d 为 125mm，因此采用腹板式带轮（在此以 V 带轮为例），如图 6-49 所示。

🔊 **注意**：d_s 为与带轮相配合的轴的直径，在绘制时应按国家相关标准取值。

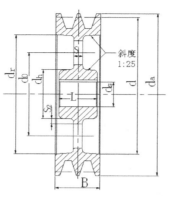

图 6-49　腹板式带轮

腹板式带轮的结构尺寸由以下公式确定：

$$d_h = (1.8 \sim 2)d_s$$

$$d_O = \frac{d_h + d_r}{2}$$

$$d_r = d_a - 2(h_a + h_f + \delta)$$

$$s = (0.2 \sim 0.3)B$$

$$s_2 \geqslant 0.5s$$

$$L = (1.5 \sim 2)d_s$$

💡 **提示**：d_a、h_a、h_f 和 δ 通过图 6-48 得到。

根据图 6-48 可得：$b_p = 11mm$，$h_a = 3mm$，$h_f = 9mm$，$\delta = 6mm$，$e = 15mm$，$f = 10mm$，$\varnothing = 38°$，$B=35mm$，$d_a = 131mm$。将以上数据代入到上述公式进行计算，可得 $L=30mm$，$s = 7mm$，$s_2 = 4.12mm$，$d_h = 40mm$。得到以上数据即可绘制腹板式带轮。腹板式带轮的绘制流程图如图 6-50 所示，其各个参数的尺寸均可由图 6-48 查出或由上述公式计算得出。

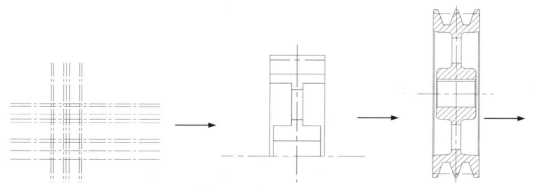

图 6-50　腹板式带轮

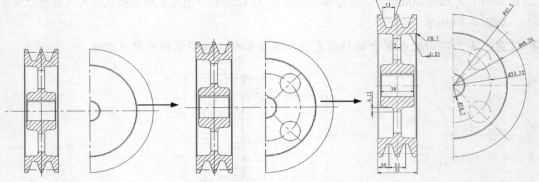

图 6-50　腹板式带轮（续）

操作步骤：（光盘\动画演示\第 6 章\腹板式带轮.avi）

> ①知识详解——带传动分类
>
> 　　带传动通过中间挠性件（带）传递运动和动力，适用于两轴中心距较大的场合。带传动具
> 有结构简单、成本低廉等优点，因此得到广泛的应用。
> 　　带传动通常由主动轮 1、从动轮 2 和张紧在两轮上的环形带 3 组成，如图 6-51 所示。传
> 动带按横截面形状可分为平带、V 带和特殊截面带（如多楔带、圆带等）3 大类，如图 6-52
> 所示。
>
>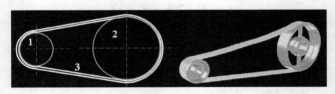
>
> 图 6-51　带传动结构图
>
>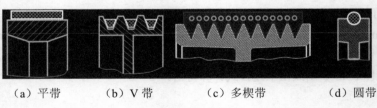
>
> （a）平带　　　　（b）V 带　　　　（c）多楔带　　　　（d）圆带
>
> 图 6-52　传动带种类

6.3.1　绘制主视图

　　（1）选择菜单栏中的"文件"→"新建"命令，弹出"选择样板"对话框，单击"打开"按钮，
创建一个新的图形文件。

　　（2）选择菜单栏中的"格式"→"图层"命令，弹出"图层特性管理器"选项板。在该选项板
中依次创建"点划线"、"轮廓线"和"剖面线"3 个图层，并设置"轮廓线"图层的线宽为 0.5mm，
设置"点划线"图层的线型为 CENTER2，如图 6-53 所示。

　　（3）将"点划线"图层设置为当前图层，单击"绘图"工具栏中的"直线"按钮，沿水平和

竖直方向绘制两条中心线，如图 6-54 所示。

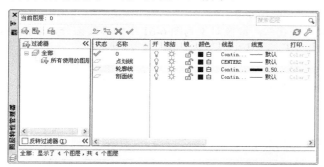

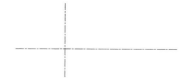

图 6-53　"图层特性管理器"选项板　　　　　　　图 6-54　绘制中心线

　　（4）将"轮廓线"图层设置为当前图层，单击"修改"工具栏中的"偏移"按钮，将水平中心线向上偏移 65.5、62.5、53.5、47.5、43.5、24、20、10；同理，将竖直中心线向左、右各偏移 3.5、15、17.5，如图 6-55 所示。

　　（5）单击"修改"工具栏中的"修剪"按钮，修剪掉多余的线条，并将偏移的直线转换到"轮廓线"图层，效果如图 6-56 所示。

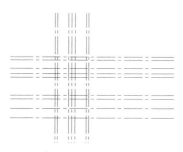

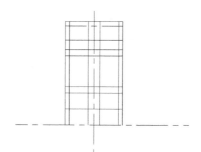

图 6-55　偏移中心线　　　　　　　　　　图 6-56　修剪并转换图层结果

　　（6）再次单击"修改"工具栏中的"修剪"按钮，修剪掉多余线条，效果如图 6-57 所示。

　　（7）单击"修改"工具栏中的"偏移"按钮，将最左边竖线向右偏移，偏移距离分别为 10 和 25，并将偏移的直线转换到"点划线"图层，效果如图 6-58 所示。

　　（8）再次单击"修改"工具栏中的"偏移"按钮，将图 6-58 中的直线 ab 向左、右各偏移 5.5；然后以 c 和 d 点为起点，调用"直线"命令，绘制与竖直线成 19°的斜线，如图 6-59 所示。

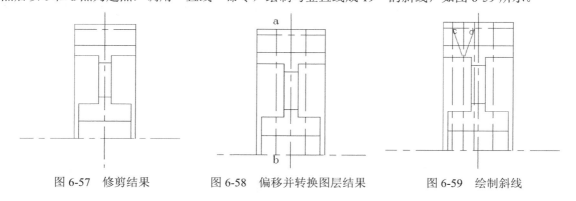

图 6-57　修剪结果　　　　图 6-58　偏移并转换图层结果　　　　图 6-59　绘制斜线

（9）单击"修改"工具栏中的"延伸"按钮──，将第（8）步绘制的两条斜线向上延伸，然后调用"修剪"命令修剪掉多余的线条，效果如图 6-60 所示。

（10）单击"修改"工具栏中的"镜像"按钮△，镜像对象为图 6-61 中的虚线部分，以直线 mn 为镜像线，镜像结果如图 6-62 所示。

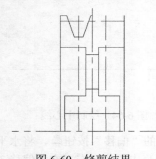

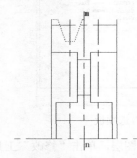

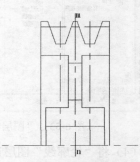

图 6-60　修剪结果　　　　　　图 6-61　选择镜像对象　　　　　　图 6-62　镜像结果

（11）调用"直线"命令，分别以图 6-63 中的 o、p、q、t 点为起点，绘制两条角度分别为 2.3° 和 -2.3° 的角度线；然后单击"修改"工具栏中的"删除"按钮✎，删除掉多余的直线，或者单击"修改"工具栏中的"旋转"按钮↺，将直线旋转，效果如图 6-63 所示。

（12）单击"修改"工具栏中的"倒角"按钮△，命令行提示与操作如下：

```
命令：_chamfer
（"修剪"模式）当前倒角距离 1 = 0.0000，距离 2 = 0.0000
选择第一条直线或[放弃(U)／多线段(P)／距离(D)／角度(A)／修剪(T)／方式(E)／多个(M)]:d
指定第一个倒角距离 <0.0000>：0.7
指定第二个倒角距离 <0.7000>：↙
选择第一条直线或 [放弃(U)／多段线(P)／距离(D)／角度(A)／修剪(T)／方式(E)／多个(M)]：t
输入修剪模式选项 [修剪(T)／不修剪(N)] <修剪>：n
选择第一条直线或 [放弃(U)／多段线(P)／距离(D)／角度(A)／修剪(T)／方式(E)／多个(M)]
（选择图 6-63 中的斜线 os）
选择第二条直线，或按住 Shift 键选择要应用角点的直线：（选择图 6-63 中的直线 zs）
```

（13）再次单击"修改"工具栏中的"倒角"按钮△，将其他边进行倒角处理，并且绘制键槽，效果如图 6-64 所示。

（14）再次单击"修改"工具栏中的"偏移"按钮▣，将水平中心线向上偏移 11.3，并将其置为"轮廓线"图层，效果如图 6-64 所示。

（15）单击"修改"工具栏中的"圆角"按钮△，对带轮进行圆角，半径为 2，效果如图 6-65 所示。

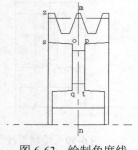

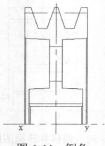

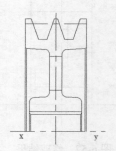

图 6-63　绘制角度线　　　　　　图 6-64　倒角　　　　　　图 6-65　圆角

（16）单击"修改"工具栏中的"镜像"按钮▲，镜像对象为图 6-65 中直线 xy 以上部分，以直线 xy 为镜像线；然后在镜像结果中删除多余的直线，效果如图 6-66 所示。

（17）将当前图层设置为"剖面线"图层。单击"绘图"工具栏中的"图案填充"按钮▨，打开"图案填充和渐变色"对话框，如图 6-67 所示。单击"图案"选项右侧的⋯按钮，弹出"填充图案选项板"对话框，如图 6-68 所示。在 ANSI 选项卡中选择 ANSI31 图案，单击"确定"按钮，回到"图案填充和渐变色"对话框。将"角度"设置为 0°。"比例"设置为 1，其他为默认值。单击"添加：选择对象"按钮，暂时回到绘图窗口中进行选择，选择主视图上相关区域，按 Enter 键再次回到"图案填充和渐变色"对话框。单击"确定"按钮，完成剖面线的绘制。这样就完成了主视图的绘制，效果如图 6-69 所示。

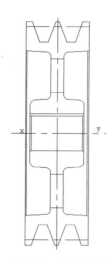

图 6-66　镜像结果

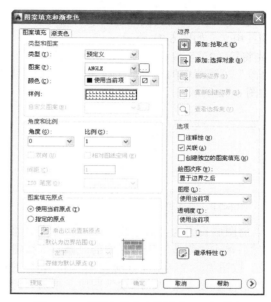

图 6-67　"图案填充和渐变色"对话框

图 6-68　"填充图案选项板"对话框

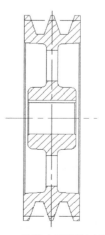

图 6-69　带轮主视图绘制结果

6.3.2　绘制左视图

（1）将当前图层设置为"轮廓线"图层；单击"修改"工具栏中的"偏移"按钮，将主视图中的竖直中心线向右偏移，偏移距离为50；然后单击"绘图"工具栏中的"圆"按钮，分别绘制半径为10、10.7、48.03、48.76、65.5的同心圆；最后单击"修改"工具栏中的"修剪"按钮，修剪掉左半个圆，结果如图6-70所示。

（2）单击"修改"工具栏中的"偏移"按钮，将左视图中的竖直中心线向右偏移，偏移距离为2。单击"绘图"工具栏中的"直线"按钮，捕捉交点绘制水平直线，使其与刚偏移的直线垂直相交，如图6-71所示。

（3）首先将第（2）步偏移的直线转换到"轮廓线"图层，然后单击"修改"工具栏中的"修剪"按钮，修剪掉多余的线条，结果如图6-72所示。

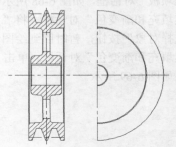

图 6-70　绘制圆

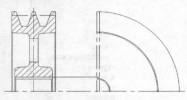

图 6-71　偏移直线

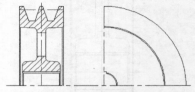

图 6-72　修剪键槽

（4）将当前图层设置为"点划线"图层；单击"绘图"工具栏中的"圆"按钮，绘制半径为33.75的圆；然后单击"修改"工具栏中的"修剪"按钮，修剪掉左半个圆；再单击"绘图"工具栏中的"直线"按钮，绘制角度分别为45°和-45°的角度线，结果如图6-73所示。

（5）将当前图层设置为"轮廓线"图层，单击"绘图"工具栏中的"圆"按钮，绘制半径为9.75的圆，如图6-74所示。

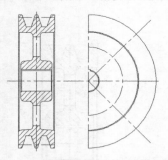

图 6-73　绘制辅助线

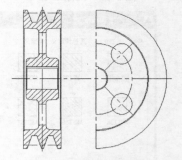

图 6-74　完成左视图

6.3.3　添加标注

（1）添加线性标注

选择菜单栏中的"标注"→"线性"命令，对带轮中的线性尺寸进行标注，效果如图6-75所示。

（2）绘制多重引线

❶ 选择菜单栏中的"格式"→"多重引线样式"命令，弹出"多重引线样式管理器"对话框，如

图 6-76 所示。单击"新建"按钮，弹出"创建新多重引线样式"对话框，输入新的多重引线样式的名称"引线标注"，如图 6-77 所示。

❷ 单击图 6-77 中的"继续"按钮，弹出"修改多重引线样式：引线标注"对话框，如图 6-78 所示。在各个选项卡中进行相应设置，然后单击"确定"按钮。返回"多重引线样式管理器"对话框后，将"引线标注"选项置为当前引线样式，单击"关闭"按钮。

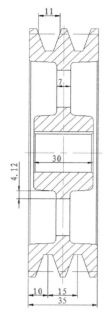

图 6-75 添加线性标注结果

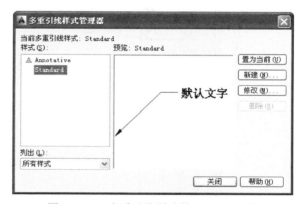

图 6-76 "多重引线样式管理器"对话框

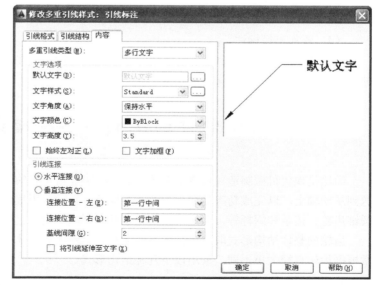

图 6-77 "创建新多重引线样式"对话框

图 6-78 "修改多重引线样式：引线标注"对话框

❸ 单击"标注"工具栏中的"多重引线"按钮 ⌒⁰，对倒角进行标注。

❹ 单击"绘图"工具栏中的"直线"按钮 ✐ 和"文字样式"按钮 **A**，对斜度进行标注，效果如

图 6-79 所示。

（3）添加角度标注

单击"标注"工具栏中的"角度"按钮，对带槽的倾斜角度进行标注，效果如图 6-80 所示。

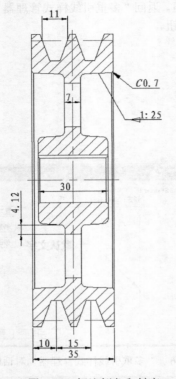

图 6-79 标注倒角和斜度

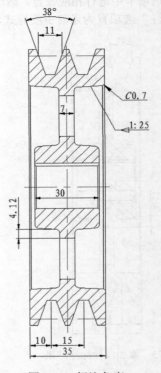

图 6-80 标注角度

（4）添加半径标注

单击"标注"工具栏中的"半径"按钮，对图中的直径型尺寸进行标注。至此，整个零件图绘制完成，效果如图 6-47 所示。

6.4 齿轮零件的绘制——轮辐式斜齿圆柱齿轮

齿轮是现代机械制造和仪表制造等工业中一类非常重要的传动零件，主要用于将主动轴的转动传送到从动轴上，以完成功率传递、变速及换向等。齿轮应用很广，类型也很多，主要包括圆柱齿轮、圆锥齿轮、齿条和蜗杆等，而最常用的是渐开线圆柱齿轮（包括直齿、斜齿和人字齿齿轮）。

齿轮的整体结构形式取决于齿轮直径大小、毛坯种类、材料、制造工艺要求和经济性等因素。通常根据齿轮直径大小不同，采用以下几种结构形式。

1. 齿轮轴

对于直径很小的钢齿轮，如果从齿根到键槽底部的距离 $x \leqslant 2.5m_n$（m_n 为齿轮的模数），则应将齿轮与轴做成一体，称为齿轮轴。齿轮轴的刚性大，但轴必须和齿轮使用同一种材料，损坏时将同时报废而造成浪费。因此，当 $x > 2.5m_n$ 时，一般应将齿轮与轴分开制造。但通用减速器已不受 $x > 2.5m_n$

的限制，小齿轮与轴多做成一体，可取消孔加工及轴和轴毂的连接，增强刚度，避免套装引起齿轮精度降低。

2．实心式齿轮

为简化结构，减少加工工时，以及减少热处理变形，当齿顶圆直径 $d_a \leqslant 200$mm 时，可采用实心式结构，如图 6-81（a）所示。

3．腹板式锻造齿轮

当齿顶圆直径 $d_a > 200 \sim 500$mm 时，为了减轻重量和节约材料，通常采用腹板式结构，如图 6-81（b）所示。

4．轮辐式铸造齿轮

当齿顶圆直径 $d_a = 400 \sim 1000$mm，$B \leqslant 200$mm 时，由于受锻造设备能力的限制和结构要求，可做成轮辐式铸造式齿轮，如图 6-81（c）所示。

（a）实心式齿轮　　　　　　　　（b）腹板式齿轮　　　　　　　　（c）轮辐式齿轮

图 6-81　齿轮结构

本节将绘制轮辐式斜齿圆柱齿轮，其组成结构中的各部分尺寸可查表 6-1 得到。在表 6-1 中，d 的尺寸仍然是由与之相配合的轴所决定，可查阅国家标准 GB 2822—1981 取标准值。

表 6-1　轮辐式齿轮结构各部分尺寸

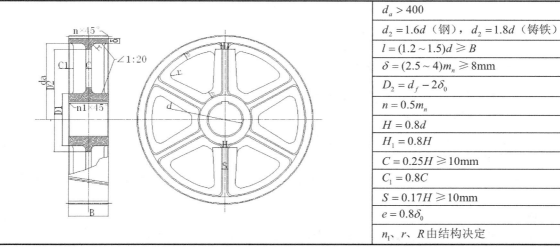

	$d_a > 400$
	$d_2 = 1.6d$（钢），$d_2 = 1.8d$（铸铁）
	$l = (1.2 \sim 1.5)d \geqslant B$
	$\delta = (2.5 \sim 4)m_n \geqslant 8$mm
	$D_2 = d_f - 2\delta_0$
	$n = 0.5m_n$
	$H = 0.8d$
	$H_1 = 0.8H$
	$C = 0.25H \geqslant 10$mm
	$C_1 = 0.8C$
	$S = 0.17H \geqslant 10$mm
	$e = 0.8\delta_0$
	n_1、r、R 由结构决定

轮辐式斜齿圆柱齿轮的绘制流程图如图 6-82 所示。

Note

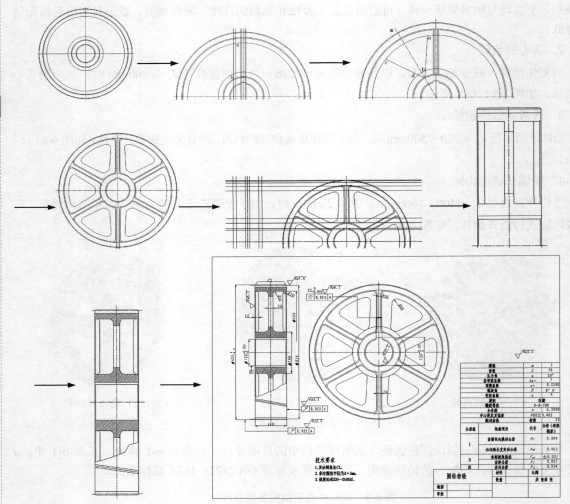

图 6-82   轮辐式斜齿圆柱齿轮绘制流程图

操作步骤：（光盘\动画演示\第 6 章\轮辐式斜齿圆柱齿轮.avi）

①知识详解——齿轮结构分类

目前工程实践中大量应用各种齿轮零件，齿轮按不同的标准可以分为以下不同的种类。

1．按齿轮轴线相对位置分类

按相互啮合的一对齿轮的轴线的相对位置不同，可以分为以下 3 种。

（1）轴线平行齿轮

轴线平行齿轮是指相互啮合的两齿轮轴线平行。这种齿轮一般是圆柱齿轮，又可以按不同方式进行分类。

❶ 按齿形分类

按轮齿齿形可以分为直齿齿轮、斜齿齿轮和人字形齿轮 3 种，如图 6-83 所示。

直齿齿轮

斜齿齿轮

人字形齿轮

图 6-83 按齿形分类

❷ 按啮合方式分类

按啮合方式可以分为外啮合齿轮、内啮合齿轮和齿轮齿条 3 种，如图 6-84 所示。

外啮合齿轮

内啮合齿轮

齿轮齿条

图 6-84 按啮合方式分类

（2）轴线相交齿轮

轴线相交齿轮是指相互啮合的两齿轮轴线相交。这种齿轮一般是锥齿轮，又可以按齿形分为直齿锥齿轮和曲齿锥齿轮两种，如图 6-85 所示。

直齿锥齿轮

曲齿锥齿轮

图 6-85 轴线相交齿轮

（3）轴线交错齿轮

轴线交错齿轮是指相互啮合的两齿轮轴线在空间交错。又可以按交错角不同分为涡轮蜗杆和螺旋齿轮两种，涡轮蜗杆一般垂直交错，螺旋齿轮一般不垂直交错，如图 6-86 所示。

涡轮蜗杆

螺旋齿轮

图 6-86 轴线交错齿轮

2. 按齿廓曲线分类

按齿廓曲线的不同，可以分为渐开线齿轮、摆线齿轮、圆弧齿轮和抛物线齿轮 4 种。其中，渐开线齿轮由于其优越的传动性能和简单的加工方法而在工业中大量应用；摆线齿轮和圆弧齿轮应用在某些特殊场合；抛物线齿轮是近年来才开始研究的一种齿轮，未见实际应用。

3. 按传动比分类

按传动比可以分为定传动比齿轮和变传动比齿轮两种。其中，绝大多数齿轮都属于定传动比齿轮，如上面讲述的所有齿轮都属于定传动比齿轮；而变传动比齿轮在某些特殊场合才会用到，其结构如图 6-87 所示。

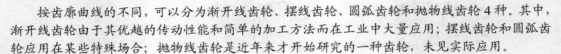
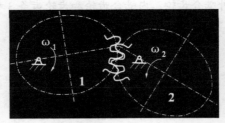

图 6-87　变传动比齿轮

6.4.1　绘制左视图

（1）新建文件

选择菜单栏中的"文件"→"新建"命令，弹出"选择样板"对话框，单击"打开"按钮，创建一个新的图形文件。

（2）设置图层

选择菜单栏中的"格式"→"图层"命令，弹出"图层特性管理器"选项板。在该选项板中依次创建"轮廓线"、"点划线"和"剖面线" 3 个图层，并设置"轮廓线"图层的线宽为 0.5mm，设置"点划线"图层的线型为 CENTER2。

（3）绘制中心线

将"点划线"图层设置为当前图层，单击"绘图"工具栏中的"直线"按钮 ，绘制 3 条中心线，两条竖直中心线，两者间的距离为 480，用来确定图形中各对象的位置，水平中心线长度为 1000，竖直中心线长度为 670，如图 6-88 所示。

（4）绘制轮廓线

❶ 将当前图层设置为"轮廓线"图层，单击"绘图"工具栏中的"圆"按钮 ，分别绘制半径为 60、64、91、95、117.5、257.5、280、284、307 和 310 的同心圆，然后把半径为 307 的圆转换到"点划线"图层，如图 6-89 所示。

图 6-88　绘制中心线

图 6-89　绘制圆

❷ 单击"修改"工具栏中的"偏移"按钮 ⚏，将竖直中心线向左、右偏移，偏移距离为 12.5；水平中心线向上偏移，偏移距离为 67.6；然后将偏移的直线转换到"轮廓线"图层，如图 6-90 所示。

❸ 单击"修改"工具栏中的"修剪"按钮 ⊬，对偏移的直线进行修剪，效果如图 6-91 所示。

（5）绘制轮辐

❶ 单击"修改"工具栏中的"偏移"按钮 ⚏，将竖直中心线向左偏移，偏移距离为 8、12、35、45；然后将竖直中心线向右偏移，偏移距离为 8 和 12，同时将偏移的直线转换到"轮廓线"图层，如图 6-92 所示。

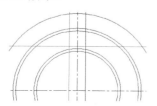
图 6-90 偏移直线

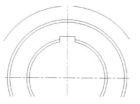
图 6-91 修剪直线

图 6-92 偏移直线

❷ 单击"修改"工具栏中的"修剪"按钮 ⊬，修剪掉多余的线条；然后单击"绘图"工具栏中的"直线"按钮 ⟋，连接图 6-91 中的 a、b 两点，最后单击"修改"工具栏中的"删除"按钮 ✐，删除 a、b 两点所在的两条竖直线，效果如图 6-93 所示。

❸ 单击"修改"工具栏中的"旋转"按钮 ⟳，命令行提示与操作如下：

```
命令：_rotate
UCS 当前的正角方向： ANGDIR=逆时针  ANGBASE=0
选择对象：（选择竖直中心线）
选择对象：✓
指定基点：（选择同心圆圆心）
指定旋转角度，或 [复制(C) /参照(R)] <0>： c
旋转一组选定对象。
指定旋转角度，或 [复制(C) /参照(R)] <0>： 30
```

得到旋转后的直线 m，如图 6-94 所示。

❹ 单击"修改"工具栏中的"镜像"按钮 ⚏，选择图 6-94 中的直线 ab 为镜像对象，直线 m 为镜像线，镜像结果如图 6-95 所示。

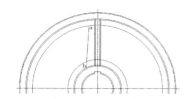
图 6-93 修剪图形

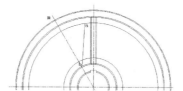
图 6-94 旋转直

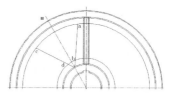
图 6-95 镜像直线

❺ 单击"修改"工具栏中的"圆角"按钮 ⟋，命令行提示与操作如下：

```
命令：_fillet
当前设置：模式 = 不修剪，半径 = 16.0000
选择第一个对象或 [放弃(U) /多段线(P) /半径(R) /修剪(T) /多个(M)]： t✓
输入修剪模式选项 [修剪(T) /不修剪(N)] <修剪>： n✓
选择第一个对象或 [放弃(U) /多段线(P) /半径(R) /修剪(T) /多个(M)]： r✓
指定圆角半径 <16.0000>： 20✓
选择第一个对象或 [放弃(U) /多段线(P) /半径(R) /修剪(T) /多个(M)]：（选择图 6-94 中的
```

直线 ab）

　　选择第二个对象，或按住 Shift 键选择要应用角点的对象：（选择 a 点所在的圆）

　　用同样的方法对图 6-95 中的角点 b、c、d 进行圆角，效果如图 6-96 所示。

　　❻ 再次单击"修改"工具栏中的"圆角"按钮 □，对图 6-96 中的角点 q、p、s、t、n、o、e、r 进行圆角，圆角半径为 16；然后单击"修改"工具栏中的"修剪"按钮 ⊬，修剪掉多余线条，效果如图 6-97 所示。

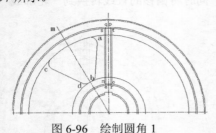

图 6-96　绘制圆角 1

图 6-97　绘制圆角 2

（6）镜像齿轮

　　单击"修改"工具栏中的"环形阵列"按钮 ⊞，设置阵列数目为 6，填充角度为 360°，选取同心圆的圆心为阵列中心点，选择图 6-98 中虚线部分作为阵列对象，完成图形的阵列。然后单击"修改"工具栏中的"修剪"按钮 ⊬，修剪掉多余的直线，效果如图 6-99 所示。

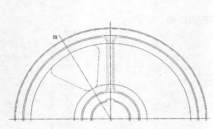

图 6-98　选择阵列对象

图 6-99　完成左视图

6.4.2　绘制主视图

（1）绘制主视图的轮廓线

　　单击"修改"工具栏中的"偏移"按钮 ▱，将水平中心线向上偏移，偏移距离分别为 60、67.5、95、117.5、257.5、280、298.75、307、310，将左边竖直中心线向左偏移 10、54、70，然后将左边竖直中心线向右偏移 10、54、70，将偏移的直线转换到"轮廓线"图层，效果如图 6-100 所示。

　　❶ 单击"修改"工具栏中的"修剪"按钮 ⊬，对主视图进行修剪，效果如图 6-101 所示。

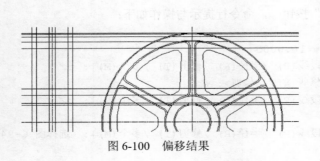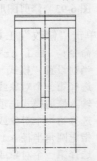

图 6-100　偏移结果

图 6-101　修剪结果

❷ 单击"修改"工具栏中的"倒角"按钮□，对齿轮的齿顶进行距离为 2 的倒角，对齿轮孔进行距离为 2.5 的倒角；然后单击"绘图"工具栏中的"直线"按钮／，绘制直线；最后单击"修改"工具栏中的"修剪"按钮／，修剪掉多余的直线，效果如图 6-102 所示。

❸ 单击"修改"工具栏中的"圆角"按钮□，对图 6-103 中的角点 b、e、d、s 进行半径为 16 的圆角，对角点 a、g、c、t 进行半径为 10 的圆角，然后将图 6-103 中表示分度圆的中心线改为"点划线"图层并将其拉长，效果如图 6-104 所示。

❹ 单击"修改"工具栏中的"镜像"按钮△，选择图 6-105 中的虚线部分为镜像对象，水平中心线为镜像线；单击"修改"工具栏中的"修剪"按钮／和"删除"按钮✎，修剪并删除多余的直线，结果如图 6-106 所示。

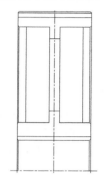
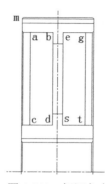
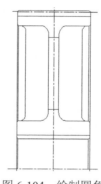
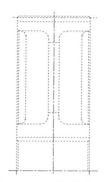

图 6-102　绘制倒角　　图 6-103　标识角点　　图 6-104　绘制圆角　　图 6-105　选择镜像对象

（2）绘制剖面线

将当前图层设置为"剖面线"图层。单击"绘图"工具栏中的"图案填充"按钮▨，弹出"图案填充和渐变色"对话框。单击"图案"选项右侧的──按钮，弹出"填充图案选项板"对话框。在 ANSI 选项卡中选择 ANSI31 图案，单击"确定"按钮，回到"图案填充和渐变色"对话框。将"角度"设置为 0°，"比例"设置为 1，其他为默认值。单击"添加:选择对象"按钮，暂时回到绘图窗口中进行选择。选择主视图上相关区域，按 Enter 键再次回到"图案填充和渐变色"对话框，单击"确定"按钮，完成剖面线的绘制，效果如图 6-107 所示。

（3）绘制螺旋线

单击"绘图"工具栏中的"直线"按钮／，在对应位置绘制斜齿轮齿形的螺旋角，效果如图 6-108 所示。至此，齿轮的主视图绘制完毕。

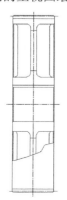
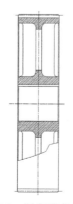
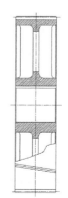

图 6-106　镜像结果　　图 6-107　图案填充结果　　图 6-108　绘制螺旋线

6.4.3 添加标注

（1）无公差尺寸标注

❶ 设置标注样式。选择菜单栏中的"格式"→"标注样式"命令，弹出"标注样式管理器"对话框。单击"新建"按钮，在弹出的"创建新标注样式"对话框中创建"斜齿圆柱齿轮尺寸标注"样式，然后单击"继续"按钮，弹出"新建标注样式：副本减速器尺寸标注"对话框。在"线"选项卡中，设置尺寸线和尺寸界线的"颜色"为 ByLayer，其他保持默认设置不变；在"符号和箭头"选项卡中，设置"箭头大小"为 10，其他保持默认设置；在"文字"选项卡中，设置"颜色"为 ByLayer，文字高度为 14，其他保持默认设置；在"主单位"选项卡中，设置"精度"为 0，"小数分隔符"为"句点"，其他参数保持默认设置；其他选项卡也保持默认设置。

❷ 标注无公差尺寸。

☑ 标注无公差线性尺寸：单击"标注"工具栏中的"线性"按钮🔲，标注图中的线性尺寸，如图 6-109 所示。

☑ 标注无公差直径尺寸：单击"标注"工具栏中的"线性"按钮🔲，对主视图中直径型尺寸进行标注。使用特殊符号表示法"%%C"表示"Ø"，如标注文字为"190"，双击标注的文字，在弹出的"特性"选项板中选择"文字"选项卡，在"文字替代"文本框中输入"%%C190"，完成操作后，在图中显示的标注文字就变成了"Ø190"。用相同的方法标注主视图中其他的直径尺寸，最终效果如图 6-110 所示。

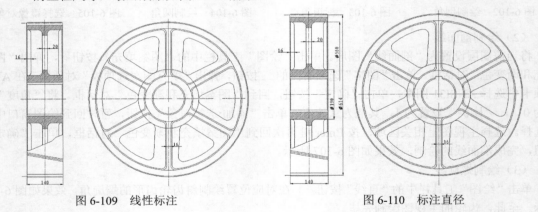

图 6-109　线性标注　　　　　　　　　　　　　　图 6-110　标注直径

（2）带公差尺寸标注

❶ 设置带公差标注样式。选择菜单栏中的"格式"→"标注样式"命令，弹出"标注样式管理器"对话框。单击"新建"按钮，在弹出的"创建新标注样式"对话框中创建"斜齿圆柱齿轮尺寸标注（带公差）"样式，将基础样式设置为"斜齿圆柱齿轮尺寸标注"。单击"继续"按钮，在弹出的"新建标注样式：斜齿圆柱齿轮尺寸标注（带公差）"对话框中选择"公差"选项卡，设置"方式"为"极限偏差"，"精度"为"0.000"，"上偏差"为 0，"下偏差"为 0，"高度比列"为 0.7，"垂直位置"为"中"，其余为默认值。然后，将"斜齿圆柱齿轮尺寸标注（带公差）"样式设置为当前使用的标注样式。

❷ 标注带公差尺寸。单击"标注"工具栏中的"线性"按钮🔲，利用前文介绍的方法在图中标注带公差尺寸，如图 6-111 所示。

（3）几何公差标注

❶ 基准符号。单击"绘图"工具栏中的"矩形"按钮🔲、"图案填充"按钮🔳、"直线"按钮✏

和"文字"按钮 A，绘制基准符号。

❷ 单击"标注"工具栏中的"公差"按钮，标注几何公差，效果如图 6-112 所示。

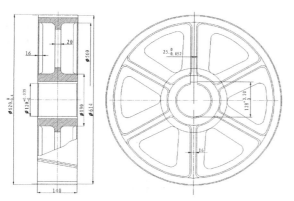

图 6-111　标注带公差尺寸

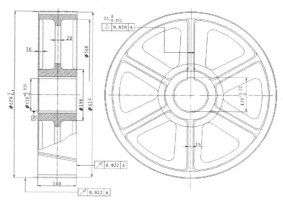

图 6-112　标注几何公差

（4）标注表面结构符号

❶ 选择菜单栏中的"插入"→"块"命令，将粗糙度符号插入到图中的合适位置；然后单击"修改"工具栏中的"缩放"按钮，将插入的粗糙度符号放大到合适尺寸；最后单击"绘图"工具栏中的"多行文字"按钮 A，标注表面结构符号。最终效果如图 6-113 所示。

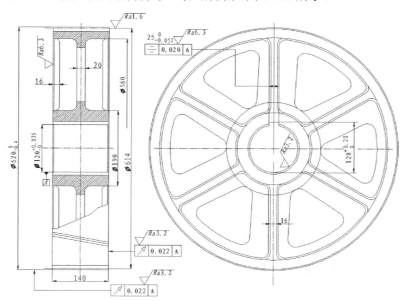

图 6-113　标注表面结构符号

❷ 单击"标注"工具栏中的"半径"按钮，对图中的圆角进行标注，然后标注图中的倒角，效果如图 6-114 所示。

（5）标注参数表

❶ 修改表格样式。选择菜单栏中的"格式"→"表格样式"命令，在弹出的"表格样式"对话框中单击"修改"按钮，弹出"修改表格样式"对话框。在该对话框中进行如下设置：在"常规"选项卡中设置填充颜色为"无"，对齐方式为"正中"，水平页边距和垂直页边距均为 1.5；在"文字"

选项卡中设置文字样式为 Standard，文字高度为 14，文字颜色为 ByBlock；在"边框"选项卡中，单击"特性"选项组中"颜色"选项所对应的下拉按钮，选择颜色为"洋红"，然后将表格方向设置为"向下"。设置好表格样式后，单击"确定"按钮退出。

❷ 创建并填写表格。选择菜单栏中的"绘图"→"表格"命令，创建表格，并将表格的列宽拉到合适的长度；然后双击单元格，打开多行文字编辑器，在各单元格中输入相应的文字或数据，并将多余的单元格合并，效果如图 6-115 所示。

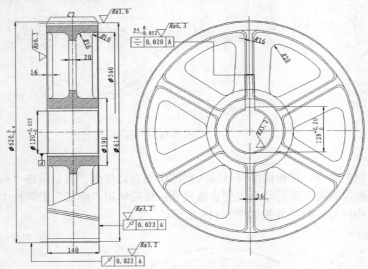

图 6-114　标注倒角和圆角

模数	m	3	
齿数	Z	79	
压力角	a	20°	
齿顶高系数	ha*	1	
顶隙系数	c*	0.2500	
螺旋角	β	8° 6′	
变位系数	x	0	
旋向		右旋	
精度等级		8-8-7HK	
全齿高	h	6.5000	
中心距及其偏差		480 ± 0.485	
配对齿轮	齿数	20	
公差组	检验项目	代号	公差（极限偏差）
Ⅰ	齿圆径向跳动公差	Fr	0.080
	公法线长度变动公差	Fw	0.063
Ⅱ	齿距极限偏差	f_pt	± 0.025
	齿形公差	f_r	0.025
Ⅲ	齿向公差	F_β	0.034

图 6-115　参数表

（6）标注技术要求

单击"绘图"工具栏中的"多行文字"按钮 **A**，标注技术要求，如图 6-116 所示。

（7）插入标题栏

选择菜单栏中的"插入"→"块"命令，将标题栏插入到图中的合适位置；然后单击"绘图"工具栏中的"多行文字"按钮 **A**，填写相应的内容。至此，轮辐式斜齿圆柱齿轮绘制完毕，效果如图 6-82 所示。

技术要求

1. 其余倒角为 C2。

2. 未注圆角半径为 R ≈ 5mm。

3. 调质处理220~250HBS。

图 6-116　标注技术要求

6.5　轴类零件的绘制——圆柱齿轮轴

轴类零件是机械中一种很常见的零件，其主要作用是支撑传动件，并通过传动件来实现旋转运动及传递转矩。

本节将介绍圆柱齿轮轴的绘制过程。齿轮轴是对称结构，可以利用基本的"直线"和"偏移"命令来完成图形的绘制；也可以利用图形的对称性，绘制图形的一半再进行镜像处理来完成。这里选择第一种方法，其绘制流程图如图 6-117 所示。

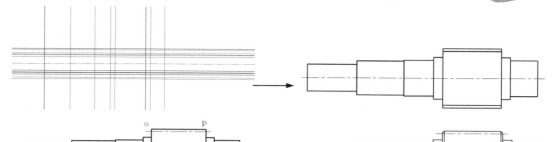

Note

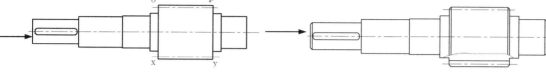

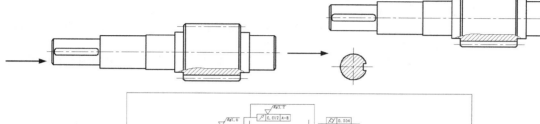

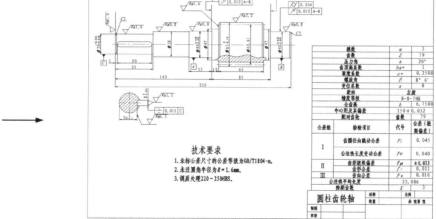

图 6-117 圆柱齿轮轴

操作步骤：（光盘\动画演示\第 6 章\圆柱齿轮轴.avi）

6.5.1 绘制主视图

（1）新建文件

选择菜单栏中的"文件"→"新建"命令，弹出"选择样板"对话框，单击"打开"按钮，创建一个新的图形文件。

（2）设置图层

选择菜单栏中的"格式"→"图层"命令，弹出"图层特性管理器"选项板。在该选项板中依次创建"轮廓线"、"点划线"和"剖面线"3 个图层，并设置"轮廓线"图层的线宽为 0.5mm，设置"点划线"图层的线型为 CENTER2。

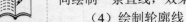

（3）绘制定位线

将"点划线"图层设置为当前图层，单击"绘图"工具栏中的"直线"按钮✐，沿水平方向绘制一条中心线；将"轮廓线"图层设置为当前图层，单击"绘图"工具栏中的"直线"按钮✐沿竖直方向绘制一条直线，效果如图 6-118 所示。

（4）绘制轮廓线

❶ 单击"修改"工具栏中的"偏移"按钮 ，将水平中心线向上、下分别偏移 15、19、20、23.5、30.303、33.303，命令行提示与操作如下：

```
命令：_offset
当前设置：删除源=否  图层=源  OFFSETGAPTYPE=0
指定偏移距离或 [通过(T)/删除(E)/图层(L)] <10.0000>:15↙
选择要偏移的对象，或 [退出(E)/放弃(U)] <退出>：(选择水平中心线)
指定要偏移的那一侧上的点，或 [退出(E)/多个(M)/放弃(U)] <退出>：(在水平中心线上方单击)
选择要偏移的对象，或 [退出(E)/放弃(U)] <退出>：(选择水平中心线)
指定要偏移的那一侧上的点，或 [退出(E)/多个(M)/放弃(U)] <退出>：(在水平中心线下方单击)
选择要偏移的对象，或 [退出(E)/放弃(U)] <退出>：↙
```

用同样的方法偏移其他的直线，并将偏移的直线转换到"轮廓线"图层，效果如图 6-119 所示。

图 6-118　绘制定位直线　　　　　　　　　　图 6-119　偏移水平直线

❷ 单击"修改"工具栏中的"偏移"按钮 ，将竖直中心线向右偏移，偏移距离分别为 55、107、140、150、215、225、255，同时将偏移的直线转换到"轮廓线"图层，效果如图 6-120 所示。

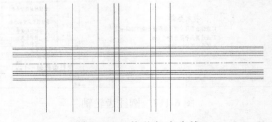

图 6-120　偏移竖直直线

❸ 单击"修改"工具栏中的"修剪"按钮 ，修剪掉多余的直线，效果如图 6-121 所示。

（5）绘制键槽

❶ 单击"修改"工具栏中的"偏移"按钮 ，将水平中心线分别向上、下偏移，偏移距离为 4，同时将偏移的直线转换到"轮廓线"图层，效果如图 6-122 所示。

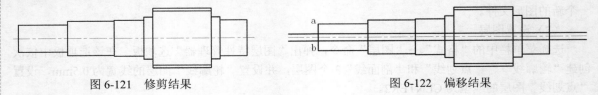

图 6-121　修剪结果　　　　　　　　　　　　图 6-122　偏移结果

❷ 单击"修改"工具栏中的"偏移"按钮 ⬚，将图 6-122 中的直线 ab 向右偏移，偏移距离为 3、53，效果如图 6-123 所示。

❸ 单击"修改"工具栏中的"修剪"按钮 ⊬，对图 6-123 中偏移的直线进行修剪，效果如图 6-124 所示。

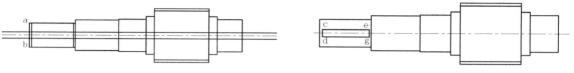

图 6-123　偏移直线　　　　　　　　　　　　　　　图 6-124　修剪结果

❹ 单击"修改"工具栏中的"圆角"按钮 ⬚，对图 6-124 中的角点 c、d、e、g 进行圆角，圆角半径为 4mm；然后单击"修改"工具栏中的"修剪"按钮 ⊬ 和"删除"按钮 ⬚，修剪并删除多余的线条，效果如图 6-125 所示。

（6）绘制齿轮轴轮齿

❶ 将图 6-125 中的直线 mn 和 st 转换到"点划线"图层，并将其延长，效果如图 6-126 所示。

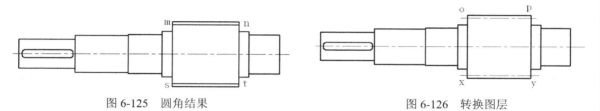

图 6-125　圆角结果　　　　　　　　　　　　　　　图 6-126　转换图层

❷ 单击"修改"工具栏中的"偏移"按钮 ⬚，将图 6-126 中的直线 xy 向上偏移，偏移距离为 6.75；然后单击"修改"工具栏中的"倒角"按钮 ⬚，对图 6-126 中的角点 o、p、x、y 进行倒角，倒角距离为 2；接着单击"绘图"工具栏中的"直线"按钮 ⬚，在倒角处绘制直线，效果如图 6-127 所示。

（7）绘制齿形处的剖面图

❶ 将"剖面线"图层设置为当前图层，单击"绘图"工具栏中的"样条曲线"按钮 ⬚，绘制一条波浪线，效果如图 6-128 所示。

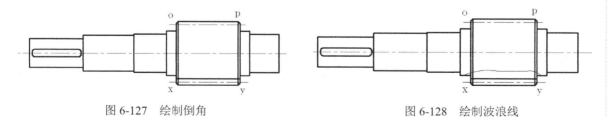

图 6-127　绘制倒角　　　　　　　　　　　　　　　图 6-128　绘制波浪线

❷ 单击"修改"工具栏中的"修剪"按钮 ⊬，修剪多余的直线，效果如图 6-129 所示。

❸ 单击"修改"工具栏中的"倒角"按钮 ⬚，对图 6-129 中的角点 k、h、r、j 进行倒角，倒角距离为 2；然后单击"绘图"工具栏中的"直线"按钮 ⬚，在倒角处绘制直线，效果如图 6-130 所示。

❹ 将当前图层设置为"剖面线"图层。单击"绘图"工具栏中的"图案填充"按钮 ⬚，在弹出的"图案填充和渐变色"对话框中选择填充图案为 ANSI31，将"角度"设置为 0°，"比例"设置为 1，其他为默认值。单击"添加:选择对象"按钮 ⬚，暂时回到绘图窗口中进行选择。选择主视图上相关

区域，按 Enter 键再次回到"图案填充和渐变色"对话框。单击"确定"按钮，完成剖面线的绘制。这样就完成了主视图的绘制，效果如图 6-131 所示。

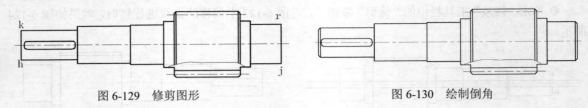

图 6-129　修剪图形　　　　　　　　　图 6-130　绘制倒角

（8）绘制键槽处的剖面图

❶ 将"点划线"图层设置为当前图层，单击"绘图"工具栏中的"直线"按钮，在对应的位置绘制中心线，效果如图 6-132 所示。

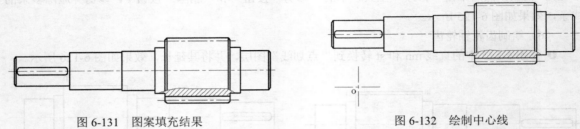

图 6-131　图案填充结果　　　　　　　　图 6-132　绘制中心线

❷ 将当前图层设置为"轮廓线"图层，单击"绘图"工具栏中的"圆"按钮，以图 6-132 中的 o 点为圆心，绘制半径为 15 的圆，效果如图 6-133 所示。

❸ 单击"修改"工具栏中的"偏移"按钮，将图 6-133 中的 o 点所在的水平中心线分别向上、下偏移 4mm，将 o 点所在的竖直中心线向右偏移 11mm，效果如图 6-134 所示。

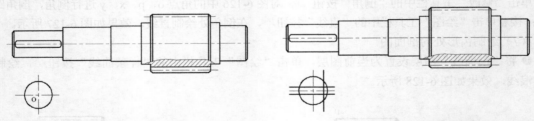

图 6-133　绘制圆　　　　　　　　　　　图 6-134　偏移结果

❹ 单击"修改"工具栏中的"修剪"按钮，修剪多余的直线，效果如图 6-135 所示。

❺ 将当前图层设置为"剖面线"图层，单击"绘图"工具栏中的"图案填充"按钮，完成剖面线的绘制。这样就完成了主视图的绘制，效果如图 6-136 所示。

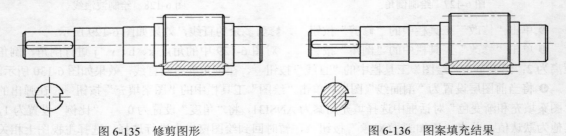

图 6-135　修剪图形　　　　　　　　　　图 6-136　图案填充结果

6.5.2 添加标注

（1）标注轴向尺寸

选择菜单栏中的"格式"→"标注样式"命令，创建新的标注样式，并进行相应的设置，完成后将其设置为当前标注样式；然后单击"标注"工具栏中的"线性"按钮，对齿轮轴中的线性尺寸进行标注，效果如图 6-137 所示。

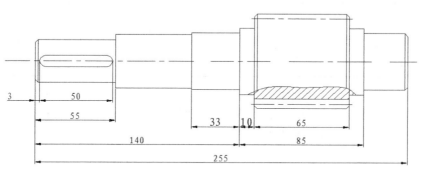

图 6-137　添加线性标注

（2）标注径向尺寸

使用线性标注对直径尺寸进行标注。单击"标注"工具栏中的"线性"按钮，标注各个不带公差的直径尺寸；然后双击标注的文字，在弹出的"特性"选项板中修改标注文字，完成标注；接下来创建新的标注样式，标注带公差的尺寸，方法与 6.4.3 节介绍的相同，效果如图 6-138 所示。

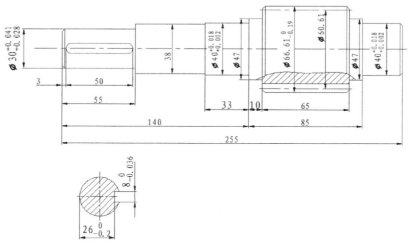

图 6-138　标注径向尺寸

（3）标注表面粗糙度

📢 **注意**：轴的所有表面都需要加工，在标注表面粗糙度时，应查阅推荐数值，如表 6-2 所示。在满足设计要求的前提下，应选取较大值。轴与标准件配合时，其表面粗糙度应按标准或选配零件安装要求确定。当安装密封件处的轴径表面相对滑动速度大于 5m/s 时，表面粗糙度可取 0.2~0.8 μm。

Note

表 6-2　轴的工作表面的表面粗糙度

（单位：μm）

加 工 表 面	R_a	加 工 表 面	R_a		
			毡圈	橡胶油封	间隙及迷宫
与传动件及联轴器轮毂相配合的表面	3.2~0.8		与轴接触处的圆周速度		
与→P0 级滚动轴承相配合的表面	1.6~0.8		≤3	>3~5	5~10
平键键槽的工作面	3.2~1.6	密封处的表面			3.2~1.6
与传动件及联轴器轮毂相配合的轴肩端面	6.3~3.2		3.2~1.6	1.6~0.8	0.8~0.4
与→P0 级滚动轴承相配合的轴肩端面	3.2				
平键键槽表面	6.3				

按照表 6-2 所示，标注轴工作表面的表面结构符号。选择菜单栏中的"插入"→"块"命令，将表面结构符号图块插入到图中的合适位置，然后单击"绘图"工具栏中的"多行文字"按钮**A**，标注表面结构符号，最终效果如图 6-139 所示。

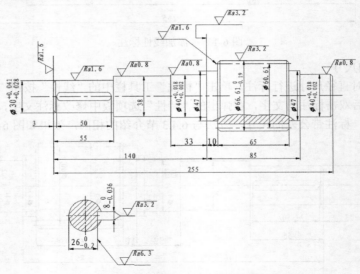

图 6-139　标注表面结构符号

（4）标注几何公差

❶ 单击"标注"工具栏中的"公差"按钮，弹出"形位公差"对话框，如图 6-140 所示。选择所需的符号、基准，输入公差数值，单击"确定"按钮即可，标注结果如图 6-141 所示。

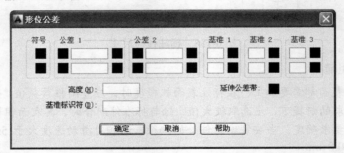

图 6-140　"形位公差"对话框

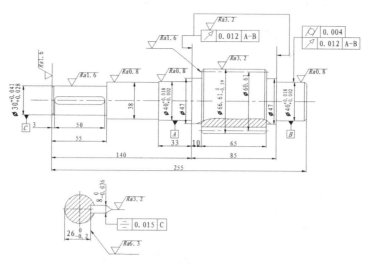

图 6-141 标注几何公差

注意：齿轮轴的几何公差图表明了轴端面、齿轮轴段、键槽的形状及相互位置的基本要求，其数值按表面作用查阅相关推荐值。

❷ 在命令行中输入"QLEADER"，执行引线命令，对图中的倒角进行标注。

（5）标注参数表

❶ 修改表格样式。选择菜单栏中的"格式"→"表格样式"命令，在弹出的"表格样式"对话框中单击"修改"按钮，打开"修改表格样式"对话框。在该对话框中进行如下设置：在"常规"选项卡中将填充颜色设置为"无"，对齐方式为"正中"，水平页边距和垂直页边距都为1.5；在"文字"选项卡中将文字样式设置为"文字"，文字高度为6，文字颜色为ByBlock；在"边框"选项卡的"特性"选项组中单击"颜色"选项所对应的下拉按钮，选择颜色为"洋红"，再将表格方向设置为"向下"。设置好表格样式后，单击"确定"按钮退出。

❷ 创建并填写表格：选择菜单栏中的"绘图"→"表格"命令，创建表格，然后双击单元格，打开多行文字编辑器，在各单元格中输入相应的文字或数据，并将多余的单元格合并；也可以将前面绘制的表格调入图中，然后进行修改，快速完成参数表的绘制，效果如图6-142所示。

模数		m	3	
齿数		Z	79	
压力角		a	20°	
齿顶高系数		$ha*$	1	
顶隙系数		$c*$	0.2500	
螺旋角		β	8° 6′	
变位系数		x	0	
旋向		左旋		
精度等级		8-8-7HK		
全齿高		h	6.7500	
中心距及其偏差		150±0.032		
配对齿轮		齿数	79	
公差组	检验项目	代号	公差（极限偏差）	
I	齿圈径向跳动公差	Fr	0.045	
	公法线长度变动公差	Fw	0.040	
II	齿距极限偏差	f_{pt}	± 0.013	
	齿形公差	f_f	0.011	
III	齿向公差	F_B	0.016	
公法线平均长度		23.006		
跨测齿数		K	3	

图 6-142 参数表

（6）标注技术要求

单击"绘图"工具栏中的"多行文字"按钮A，标注技术要求，如图 6-143 所示。

技术要求

1. 未标公差尺寸的公差等级为GB/T1804-m。
2. 未注圆角半径为$R \approx 1.6$mm。
3. 调质处理220～250HBS。

图 6-143　技术要求

（7）插入标题栏

选择菜单栏中的"插入"→"块"命令，将标题栏插入到图中合适的位置；然后单击"绘图"工具栏中的"多行文字"按钮A，填写相应的内容。至此圆柱齿轮轴绘制完毕，最终效果如图 6-117 所示。

6.6　实践与操作

通过本章的学习，读者对本章知识也有了大体的了解，本节将通过 3 个实践操作帮助读者进一步掌握本章的知识要点。

6.6.1　绘制泵体

1. 目的要求

本例通过绘制泵体主视图、剖视图，来充分体现多视图的投影对应关系，然后通过绘制辅助定位直线，让局部剖视图在泵体的绘制过程中也得到充分应用，如图 6-144 所示。

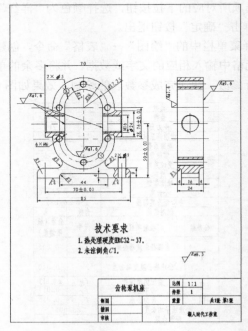

图 6-144　泵体

2．操作提示

（1）利用"直线"和"圆"命令绘制销孔和螺栓孔。

（2）利用"偏移"和"修剪"命令绘制底座和出油管。

（3）利用"直线"和"圆"命令绘制剖视图轮廓线。

（4）对图形进行倒圆角并填充需要的图案。

6.6.2 绘制蜗轮

1．目的要求

本例首先利用"直线"和"圆"命令绘制左视图外轮廓，然后利用"镜像"和"图案填充"命令完成主视图的绘制。主视图与左视图的尺寸关系利用水平辅助线来保证，如图 6-145 所示。

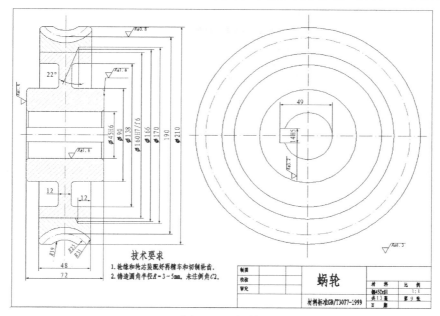

图 6-145 蜗轮

2．操作提示

（1）利用"直线"命令绘制中心线。

（2）利用"直线"、"圆"、"偏移"和"修剪"命令绘制左视图的外轮廓线。

（3）利用"直线"、"圆"、"镜像"和"修剪"命令绘制主视图轮廓线。

（4）利用"图案填充"命令填充主视图。

6.6.3 绘制齿轮轴

1．目的要求

齿轮轴是机械中常用的一种典型零件，将主视剖面图呈对称形状，主要由一系列的同轴回转体构成，其上分布着孔和键槽等结构，如图 6-146 所示。

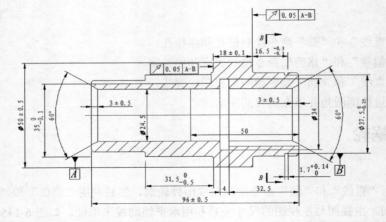

技术要求

1. Ø50±0.5对应表面热处理挺度HRC32-37.

2. 材料为45#钢材.

3. 为主倒角C1.

4. $1.7^{+0.14}_{0}$的圆环槽用量规检查互换性.

图 6-146 齿轮轴

2. 操作提示

（1）利用"直线"命令绘制中心线。

（2）利用"直线"和"圆弧"命令并结合"偏移"、"修剪"和"镜像"命令绘制剖切线的主视图。

（3）利用"图案填充"命令填充剖视图。

减速器设计工程实例

在机器制造业中，常遇到原动机转速比工作机转速高的情况，因此需要在原动机与工作机之间装设中间传动装置来降低转速。由封闭在箱体内的啮合传动组成，并且用以改变扭矩的转速和运转方向的独立装置称为减速器。

本章将简要介绍一级直齿圆柱齿轮减速器的主要技术要求和设计内容，提出设计方案，选定符合需要的电动机，并绘制出传动方案简图。通过本章学习，读者可以明确设计任务，建立设计方案，为后面的具体设计描绘出一个整体轮廓。

- ☑ 机械设计基本要求
- ☑ 减速器设计概述
- ☑ 电动机的选择与计算
- ☑ 传动装置的总体设计
- ☑ V带的设计计算
- ☑ 齿轮传动与轴的设计
- ☑ 键与滚动轴承的选用与绘制

任务驱动&项目案例

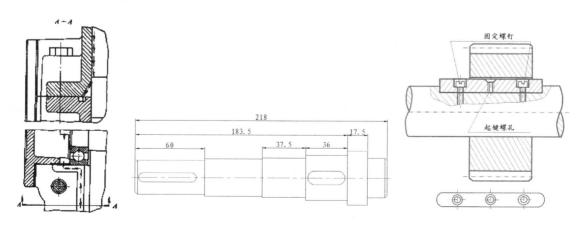

7.1　机械设计基本要求

机械设计是指规划和设计实现预期功能的新机械或改进原有机械的性能。

尽管机械的类型很多，但其设计的基本要求都大体相同，主要有以下几方面。

1．实现预定的功能，满足运动和动力性能的要求

所谓功能是指用户提出的需要满足的使用上的特性和能力，是机械设计的最基本出发点。在机械设计过程中，设计者一定要使所设计的机械实现功能的要求。为此，必须正确地选择机械的工作原理、机构的类型和拟订机械传动系统方案，并且所选择的机构类型和拟订的机械传动系统方案能满足运动和动力性能的要求。

运动要求是指所设计的机械应保证实现规定的运动速度和运动规律，满足工作平稳性、启动性、制动性能等要求。动力要求是指所设计的机械应具有足够的功率，以保证机械完成预定的功能。为此，要正确设计机械的零件，使其结构合理并满足强度、刚度、耐磨性和振动性等方面的要求。

2．可靠性和安全性的要求

机械的可靠性是指机械在规定的使用条件下，在规定的时间内，完成规定功能的能力。安全可靠是机械的必备条件，为了满足这一要求，必须从机械系统的整体设计、零部件的结构设计、材料及热处理的选择、加工工艺的制定等方面加以保证。

3．市场需要和经济性的要求

在产品设计中，自始至终都应把产品设计、销售及制造 3 个方面作为一个整体考虑。只有设计与市场信息密切配合，在市场、设计、生产中寻求最佳关系，才能以最快的速度收回投资，获得满意的经济效益。

4．机械零部件结构设计的要求

机械设计的成果都是以一定的结构形式表现出来的，且各种计算都要以一定的结构为基础，所以设计机械时，往往要事先选定某种结构形式，再通过各种计算得出结构尺寸，将这些结构尺寸和确定的几何形状画成零件工作图，最后按设计的工作图进行制造、装配组成部件乃至整台机械，以满足机械的使用要求。

5．工艺性及标准化、系列化、通用化的要求

机械及其零部件应具有良好的工艺性，即考虑零件的制造方便，加工精度及表面粗糙度适当，易于装拆。设计时，零件、部件和机器参数应尽可能标准化、通用化、系列化，以提高设计质量，降低制造成本，并且使设计者将主要精力用在关键零件的设计上。

6．其他特殊要求

有些机械由于工作环境和要求的不同，而对设计提出某些特殊要求。例如，高级轿车的变速箱齿轮有低噪声的要求；机床有较长期保持精度的要求；食品、纺织机械有不得污染产品的要求等。

7.2　减速器设计概述

减速器的型式很多，可以满足各种机器的不同要求。按传动类型，可分为齿轮、蜗杆、蜗杆-齿

轮和行星齿轮减速器；按传动的级数，可分为单级和多级减速器；按轴在空间的相对位置，可分为卧式和立式减速器；按传动的布置形式，可分为展开式、同轴线式和分流式减速器。

减速器设计是一个综合性的工程案例，几十年来，一直作为大中专学校机械相关专业课程设计的题目，其目的为：

☑ 培养学生综合运用"机械设计"课程及其他先修课程的理论知识和生产实际知识解决工程实际问题的能力，并通过实际设计训练使所学理论知识得以巩固和提高。

☑ 学习和掌握一般机械设计的基本方法和程序。培养独立设计能力，为后续课程的学习和实际工作打基础。

☑ 进行机械设计工作基本技能的训练，包括训练计算、绘图能力及熟悉和运用设计资料（如标准、规范等）。

7.2.1 减速器设计的步骤

减速器的设计是一次较全面、较系统的机械设计训练，因此也应遵循机械设计过程的一般规律，大体上可以分为以下几个步骤：

（1）电动机的选择与计算。

（2）传动装置的总体设计。

（3）V 带的设计计算。

（4）齿轮传动的设计。

（5）轴的计算设计及校核。

（6）键的选择及连接强度校核。

（7）滚动轴承的选择计算。

（8）联轴器的选择。

（9）润滑和密封装置的选择。

（10）箱体及附件的结构设计和选择。

7.2.2 项目概述

如图 7-1 所示为带式运输机传动方案简图，其工作条件为：连续单向运转，工作时载荷平稳，每天工作 8 小时，单班制工作，使用年限为 10 年，运输带速度允许误差为±5%。

具体数据：已知带式输送滚筒直径为 320mm，转矩 T=130 N·m，带速 V=1.6m/s，传动装置总效率为 η=84%。

工作时，电动机首先带动皮带转动，皮带带动主动轴转动，通过一对直齿圆柱齿轮的啮合，使从动轴旋转，从动轴的一端与工作机连接，通过齿轮的传动比达到减速的目的。

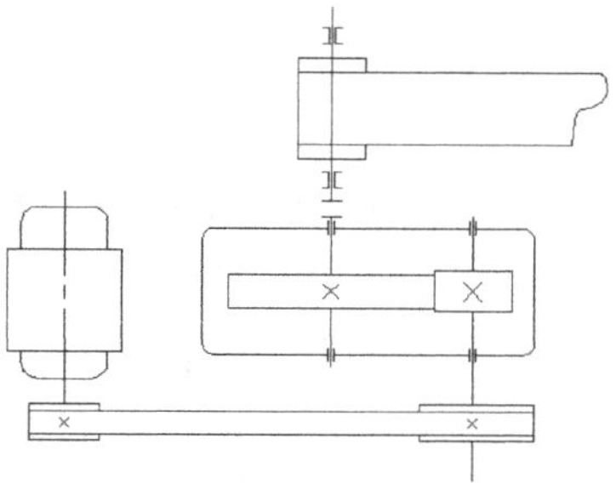

图 7-1 带式运输机传动方案简图

7.2.3 机械设计工程图的组成

机械设计工程图包括零件图和装配图。

1. 零件图的组成

零件图一般包括 4 个部分的内容。

（1）一组视图：表达零件各部分结构形状。

（2）尺寸标注：表达零件各部分结构大小。

（3）技术要求：用符号或文字表达零件在使用、制造和检验时应达到的一些技术要求，如公差与配合、形位公差、表面粗糙度、材料的热处理、表面处理等。

（4）标题栏：用规定的格式表达零件的名称、材料、数量、图的比例与编号、设计者与审定者签名以及日期等。

总之，零件图应具备加工、检验和管理等方面的内容。

2．装配图的组成

一般来讲，在设计装配体时，总是先绘制装配图，再依据装配图拆画零件图，所以装配图是用以表达装配体的工作原理、性能要求、零件间的装配关系、连接关系以及各零件的主要结构形状的图样。因此，装配图是表达设计思想和技术交流的重要图样，也是装配体进行装配、调试、检验、安装和维修的重要技术文件。

装配图一般包括以下 4 个方面的具体内容。

（1）一组视图。选用一组视图，将装配体的工作原理、传动路线、各零件间的装配、连接关系以及主要零件的主要结构等清楚、正确地表达出来。

（2）必要的尺寸。只标注与其工作性能、装配、安装和运输等有关的尺寸。

（3）编号、明细表、标题栏。为了便于生产的准备工作、编制其他技术文件和管理图样及零件的需要，在装配图上对每一种零件要编一个号，并按一定的格式填入明细表中。

（4）技术要求。用简练的文件与规定的文字和规定符号说明装配体的规格、性能和调整的要求、验收条件、使用和维护等方面的要求。

7.3 电动机的选择与计算

电动机为系列化产品。机械设计中需要根据工作机的工作情况和运动以及动力参数合理选择电动机的类型、结构形式、容量和转速，并提出具体的电动机型号。

1．电动机类型和结构形式的选择

如无特殊需要，一般选用 Y 系列三相交流异步电动机。Y 系列电动机为一般用途的全封闭自扇冷式电动机，适用于无特殊要求的各种机械设备，如机床、鼓风机、运输机以及农业机械和食品机械。对于频繁启动、制动和换向的机械（如起重机械），宜选用允许有较大振动和冲击、转动惯量小以及过载能力大的 YZ 和 YZR 系列起重用三相异步电动机。

同一系列的电动机有不同的防护及安装形式，可根据具体要求选用。

2．电动机容量的确定

在具体设计中，由于设计任务书所给工作机一般为稳定载荷连续运转的机械，而且传递功率较小，故只需要使电动机的额定功率 P_{ed} 等于或大于电动机的实际输出功率 P_d，即 $P_{ed} \geq P_d$ 即可，一般不需要对电动机进行热平衡计算和校核启动力矩。

（1）由已知条件计算驱动滚筒的转速 n_w，即

$$n_w = \frac{60 \times 1000 \upsilon}{\pi D} = \frac{60 \times 1000 \times 1.6}{320\pi} \approx 95.5 \ (\text{r/min})$$

（2）滚筒输出功率 P_w

$$P_w = \frac{T \cdot n_w}{9550} = \frac{130 \times 95.5}{9550} = 1.3 \ (\text{kW})$$

（3）电动机输出功率 P_d

$$P_d = \frac{P_w}{\eta} = \frac{1.3}{84\%} = 1.55 \quad （kW）$$

传动装置总效率 η 可按下式计算

$$\eta = \eta_1 \eta_2 \cdots \eta_n$$

式中的 $\eta_1 \eta_2 \cdots \eta_n$ 分别为传动装置中的每一传动副，如齿轮或带、每一对轴承及每一个联轴器的效率，查手册可得：

V 带传动 $\eta_1 = 0.95$；滚动轴承 $\eta_2 = 0.98$；圆柱齿轮传动 $\eta_3 = 0.97$；弹性联轴器 $\eta_4 = 0.99$；滚筒轴滑动轴承 $\eta_5 = 0.94$。

（4）电动机额定功率 P_{ed}

查机械设计课程设计手册选取电动机额定功率 $P_{ed} = 2.2$kW。

3. 电动机的转速

额定功率相同的同类型电动机有几种转速可供选择，例如三相异步电动机就有 4 种常用的同步转速，即 3000r/min、1500r/min、1000r/min、750r/min。电动机的转速高，极对数少，尺寸和质量小，价格也低，但传动装置的传动比大，从而使传动装置的结构尺寸增大，成本提高；选用低转速的电动机则相反。因此，应对电动机及传动装置作整体考虑，综合分析比较，以确定合理的电动机转速。一般来说，如无特殊要求，通常多选用同步转速为 1500r/min 或 1000r/min 的电动机。

对于多级传动，为使各级传动机构设计合理，还可以根据工作机的转速及各级传动副的合理传动比，推算电动机转速的可选范围，查机械设计课程设计手册常用传动机构的性能和适用范围可得，V 带传动常用传动比范围为 $i_1 = 2 \sim 4$，单级圆柱齿轮传动比范围 $i_2 = 3 \sim 5$，则电动机转速可选范围为 $n_d = n_w \cdot i_1 \cdot i_2 = 573 \sim 1910$r/min。

表 7-1 给出了两种传动方案，由表中数据可知两个方案均可行，方案 1 相对价格便宜，但方案 2 的传动比较小，传动装置结构尺寸较小，整体结构更紧凑，价格也可下调，因此采用方案 2，选定电动机的型号为 Y112M-6。

表 7-1 两种传动方案

方　案	电动机型号	额定功率/kW	电动机转速/r/min		电动机质量/kg	传动装置的传动比		
			同步	满载		总传动比	V 带传动	单级减速器
1	Y100L7-4	2.2	1500	1420	34	14.87	3	4.96
2	Y112M-6	2.2	1000	940	45	9.84	2.5	3.94

4. 电动机的技术数据和外形、安装尺寸

查机械设计课程设计手册可得 Y112M-6 型电动机的主要技术数据和外形、安装尺寸，并列表记录备用。

7.4 传动装置的总体设计

在进行传动装置的总体设计时，首先应该确定总传动比的大小，并对各级传动比进行分配，然后

根据分配的各级传动比大小计算传动装置的运动和动力参数。

7.4.1 传动装置总传动比的确定及各级传动比的分配

1. 传动装置总传动比的确定

根据电动机满载转速 n_m 及工作机转速 n_w，可得传动装置的总传动比为：

$$i = \frac{n_m}{n_w} = \frac{940}{95.5} = 9.84$$

2. 各级传动比的分配

由传动方案可知，传动装置的总传动比等于各级串联传动机构传动比的连乘积，即：

$$i_a = i_1 i_2 \cdots i_n$$

其中，i_1，i_2，$\cdots$，i_n 为各级串联传动机构的传动比。

合理地分配各级传动比是传动装置总体设计中的一个重要问题，它将直接影响到传动装置的外廓尺寸、质量大小及润滑条件。

总传动比分配的一般原则如下：

（1）各级传动比都应在常用的合理范围内，以符合各种传动形式的工作特点，并使结构比较紧凑。

（2）使各级传动获得较小的外廓尺寸和较小的质量。

（3）在两级或多级齿轮减速器中，使各级传动大齿轮的浸油深度大致相等，以便于实现统一的浸油润滑。

（4）使所有传动零件安装方便。

（5）各种传动机构的传动比应按推荐的范围选取。如果设计标准减速器，则应按标准减速器的传动比选取；在设计非标准减速器时，传动比按上述原则自行分配。

根据上述原则分配传动比是一项较繁杂的工作，往往要经过多次测算，拟订多种方案进行比较，最后确定一个比较合理的方案。

取 V 带传动的传动比 $i_1 = 2.5$，则单级圆柱齿轮减速器传动比为：

$$i_2 = \frac{i}{i_1} = \frac{9.84}{2.5} \approx 4$$

对于由减速器和外部传动机构组成的传动装置，要考虑减速器与外部传动机构的尺寸协调，结构匀称。如果外部传动机构为带传动，减速器为齿轮减速器，则其总传动比为：

$$i = i_1 i_2$$

其中，i_1 为带传动的传动比；i_2 为齿轮减速器的传动比。

如果 i_1 过大，可能使大带轮的外圆半径大于减速器的中心高，造成安装困难，因此 i_1 不应过大。在此，取 $i_1 = 2.5$，所得 $i_2 = 4$ 符合一般圆柱齿轮传动和单级圆柱齿轮减速器传动比的常用范围。

此时应注意的是，以上传动比的分配只是初步的，待各级传动零件的参数确定后，还应该核算传动装置的实际传动比。对于一般机械，总传动比的实际值允许与设计任务书要求的有 ±3% ~ ±5% 的误差。

还应指出，合理分配传动比是设计传动装置应考虑的重要问题，但为了获得更为合理的结构，有时单从传动比分配这一点出发还不能得到完善的结果，此时还应采取调整其他参数（如齿宽系数等）或适当改变齿轮材料等办法，以满足预定的设计要求。

7.4.2　传动装置运动和动力参数的计算

为了进行传动零件的设计计算，应计算传动装置的运动和动力参数，即各轴的转速、功率和转矩。

1. 各轴转速

电动机轴为 0 轴，减速器高速轴为 I 轴，低速轴为 II 轴，各轴转速为：

$$n_0 = n_m = 940 (\text{r}/\min)$$
$$n_1 = n_0/i_1 = 940/2.5 \approx 376 (\text{r}/\min)$$
$$n_{\text{II}} = n_1/i_2 = 376/3.94 \approx 95.5 (\text{r}/\min)$$

2. 各轴输入功率

按电动机额定功率 p_{ed} 计算各轴输入功率，即：

$$P_0 = P_{ed} = 2.2 (\text{kW})$$
$$P_1 = P_0\eta_1 = 2.2 \times 0.95 \approx 2.09 (\text{kW})$$
$$P_{\text{II}} = P_1\eta_2\eta_3 = 2.09 \times 0.98 \times 0.97 \approx 1.987 (\text{kW})$$

3. 各轴转矩

$$T_0 = 9550 \times 10^3 \times P_0/n_0 = 9550 \times 10^3 \times 2.2/940 = 22.35 \times 10^3 (\text{N·m})$$
$$T_{\text{I}} = 9550 \times 10^3 \times P_1/n_1 = 9550 \times 10^3 \times 2.09/376 = 53.08 \times 10^3 (\text{N·m})$$
$$T_{\text{II}} = 9550 \times 10^3 \times P_{\text{II}}/n_{\text{II}} = 9550 \times 10^3 \times 1.987/95.5 = 198.7 \times 10^3 (\text{N·m})$$

7.5　V 带 的 设 计 计 算

下面简要介绍带传动设计有关事项。

1. 选择 V 带的型号

根据任务书说明，每天工作 8 小时，载荷平稳，查表得工作情况系数 $K_A = 1.0$，则计算功率 P_c 为：

$$P_c = K_A P_{ed} = 1.0 \times 2.2 = 2.2 (\text{kW})$$

根据计算功率 P_c 和小带轮转速 $n_1 = 940\text{r}/\min$ 查普通 V 带选型图如图 7-2 所示，确定选取 A 型普通 V 带。

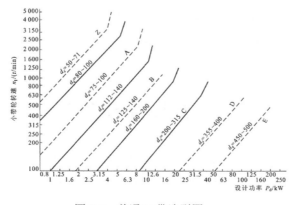

图 7-2　普通 V 带选型图

2. 确定带轮基准直径 D_1、D_2

普通 V 带传动的国家标准中规定了带轮的最小基准直径和带轮的基准直径系列，由普通 V 带选型图可得 A 型 V 带推荐小带轮直径 D_1=112~140mm。考虑到带速不宜过低，否则带的根数将要增多，对传动不利，因此从标准系列中取值确定小带轮直径 D_1=125mm，大带轮直径由公式 $D_2 = i \cdot D_1(1-\varepsilon)$（其中 ε =0.01~0.02，在此取 0.02）得出，按标准系列值圆整取 $D_2 = 315$mm。

3. 校核带速

若带速过高则离心力大，使带与带轮间的正压力减小，传动能力下降，易打滑；若带速过低，则要求有效拉力过大，使带的根数过多。一般 V 带传动带速 V 在 5~25m/s，V=1.6m/s＜25m/s，所以合适。

4. 确定带的中心距和基准长度

中心距 a_0 的大小直接关系到传动尺寸和带在单位时间内的绕转次数。若中心距 a_0 大，则传动尺寸大，但在单位时间内绕转次数减小，可增加带的疲劳寿命，同时使包角增大，提高传动能力。一般按下式初选中心距：

$$0.7(D_1 + D_2) < a_0 < 2(D_1 + D_2)$$

初定中心距 $a_0 = 500$mm，依据公式计算带的近似长度 L_0，如下所示：

$$L_0 = 2a_0 + \frac{\pi}{2}(D_1 + D_2) + \frac{(D_1 - D_2)^2}{4a_0} = 1708.9mm$$

根据带的近似长度查国家标准（GBT 11544—1997）取带的基准长度 L_d 为 1800mm，带长修正系数 K_L=1.01，根据初定的 L_0 及带的基准长度 L_d，按以下公式近似计算所需的中心距：

$$a \approx a_0 + \frac{L_d - L_0}{2} = 500 + \frac{1800 - 1708.9}{2} = 545.6 \text{（mm）}$$

5. 校核小带轮包角

$$\alpha_1 \approx 180° - \frac{(D_2 - D_1) \times 57.3°}{\alpha} = 160°$$

一般应使 $\alpha_1 \geqslant 120°$，否则可以加大中心距或增设张紧轮。

6. 计算 V 带的根数 Z

V 带根数可按下式计算：

$$Z = \frac{P_c}{(P_0 + \Delta P_0)K_\alpha K_L}$$

计算功率 P_c =2.2kW，由小带轮基准直径和小带轮转速查表得单根普通 V 带的基本额定功率 $P_0 = 1.37$，额定功率增量 $\Delta P_0 = 0.11$，包角修正系数 $K_\alpha = 0.95$，带长修正系数 K_L=1.01，计算得 Z=1.55 根，取 Z=2 根。

7.6 齿轮传动的设计

本节简要介绍齿轮结构分类和齿轮设计的相关理论依据。在齿轮设计过程中，无论是材料选择、结构设计还是尺寸确定都必须遵循这些理论依据和准则。

7.6.1 选择材料

若转矩不大时，可试选用碳素结构钢；若计算出的齿轮直径过大，则可选用合金结构钢。轮齿进行表面热处理可提高接触疲劳强度，因而使装置较紧凑，但表面热处理后轮齿会变形，要进行磨齿。表面渗氮齿形变化小，不用磨齿，但氮化层较薄。尺寸较大的齿轮可用铸钢，但生产批量小时以铸件经济，转矩小时，也可选用铸铁。在此确定齿轮的材料如下。

☑ 小齿轮：45 钢，调质，HB1 =240。

☑ 大齿轮：45 钢，正火，HB2 =190。

📢 **注意**：当大小齿轮都是软齿面时，考虑到小齿轮齿根较薄，弯曲强度较低，且受载次数较多，故在选择材料时，一般使小齿轮轮齿面硬度比大齿轮高 30~50HBS。

7.6.2 计算许用应力

查手册得，小齿轮接触疲劳极限 $\sigma_{H\lim} = 620\text{MPa}$ ，弯曲疲劳极限 $\sigma_{FE} = 450\text{MPa}$ ，最小安全系数 $S_H = 1.0$ ， $S_F = 1.25$ ，计算得小齿轮的接触许用应力 $[\sigma_H]$ 和弯曲许用应力 $[\sigma_F]$ 分别为：

$$[\sigma_H] = \frac{\sigma_{H\lim}}{S_H} = \frac{620}{1.0} = 620(\text{MP}) ，\quad [\sigma_F] = \frac{\sigma_{FE}}{S_F} = \frac{450}{1.25} = 360(\text{MP})$$

7.6.3 确定主要参数

查机械设计课程设计手册可得，载荷系数 $K=1.1$ ，区域系数 $Z_H = 2.5$ ，弹性系数 $Z_E = 188$ ，齿宽系数 $\varphi_d = 0.8$ ，高速轴转矩 $T_1 = 53.08 \times 10^3 \text{N} \cdot \text{m}$ ，将以上数据代入下列公式中：

$$d_1 \geq \sqrt[3]{\frac{2KT_1}{\varphi_d} \times \frac{u+1}{u}(\frac{Z_E Z_H}{[\sigma_H]})^2} = \sqrt[3]{\frac{2 \times 1.1 \times 53.08 \times 10^3}{0.8} \times \frac{4+1}{4} \times (\frac{188 \times 2.5}{620})^2} = 47.23 \ (\text{mm})$$

1. 齿数 Z

取小齿轮的齿数： $Z_1 = 24$ ， $Z_2 = i_2 \times Z_1 = 4 \times 24 = 96$ 。

2. 模数 m 和压力角 α

$m = \dfrac{d_1}{Z_1} = \dfrac{47.23}{24} = 1.97\text{mm}$ ，取标准模数 $m = 2$ ， $\alpha = 20°$ 。

3. 齿顶高 h_a 、齿根高 h_f 、全齿高 h

$$h_a = h^* m = 1 \times 2 = 2(\text{mm})$$
$$h_f = (h^* + c^*)m = (1 + 0.25) \times 2 = 2.5(\text{mm})$$
$$h = h_a + h_f = 4.5(\text{mm})$$

4. 齿轮宽度 b

$b = \varphi_d \times d_1 = 0.8 \times 47.23 = 37.78(\text{mm})$ ，算出的 b 值应圆整，作为大齿轮的齿宽 b_2 ，而小齿轮的齿宽 $b_1 = b_2 + (5 \sim 10)\text{mm}$ ，以保证轮齿有足够的啮合宽度。所以大齿轮的齿宽： $b_2 = 40\text{mm}$ ， $b_1 = 45\text{mm}$ 。

5. 齿轮分度圆直径 d 、齿顶圆直径 d_a 、齿根圆直径 d_f

小齿轮：

$$d_1 = mz_1 = 2 \times 24 = 48\text{mm} 、\quad d_{a1} = d_1 + 2h_a = 52\text{mm} 、\quad d_{f1} = d_1 - 2h_f = 43\text{mm}$$

Note

大齿轮：

$$d_2 = mz_2 = 2 \times 96 = 192\text{mm} 、 d_{a1} = d_2 + 2h_a = 196\text{mm} 、 d_{f2} = d_2 - 2h_f = 187\text{mm}$$

6．中心距

$$a = m(Z_1 + Z_2)/2 = 2(24 + 96)/2 = 120(\text{mm})$$

查阅"齿轮传动精度等级的选择与应用"相关表格，选取齿轮的精度等级为 8 级，通过验算齿根弯曲强度和齿轮的圆周速度可知以上选择是合适的。腹板式齿轮结构各部分尺寸如表 7-2 所示。

表 7-2　腹板式齿轮结构各部分尺寸

齿 轮 结 构	各部分尺寸
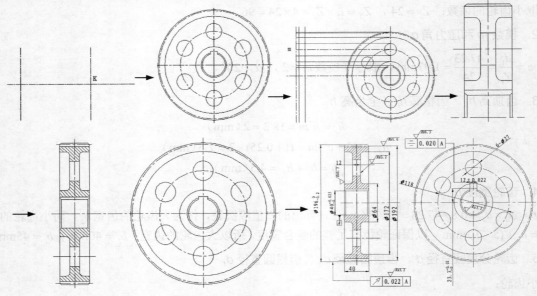	$d_a \leqslant 500$
	$d_2 = 1.6d$（钢），　$d_2 = 1.8d$（铸铁）
	$l = (1.2 \sim 1.5)d$
	$h = (5 \sim 7)m$
	$d_0 = (d_a - 2h + d_2)/2$
	$d_1 = (d_a - 2h - d_2)/4$
	$c = (0.2 \sim 0.3)b$
	$r \approx 5\text{mm}$

其中，$d = 40\text{mm}$，$d_2 = 1.6 \times 40 = 64(\text{mm})$，$l = 1.2 \times 40 = 48(\text{mm})$，$h = 6 \times 2 = 12(\text{mm})$，$d_a = d + 2h^* \cdot m = 192 + 4 = 196(\text{mm})$，$d_0 = (d_a - 2h + d_2)/2 = (196 - 2 \times 12 + 64)/2 = 118(\text{mm})$，$d_1 = (d_a - 2h - d_2)/4 = (196 - 2 \times 12 - 64)/4 = 27(\text{mm})$，$c = (0.2 \sim 0.3) \times 40 = 8 \sim 12(\text{mm})$。

📢 **注意：** d 的尺寸是由与它相配合的轴径决定的，可查阅国家标准 GB 2822-2005 取标准值。

7.6.4　绘制大齿轮零件图

下面将介绍大齿轮的绘制过程，流程图如图 7-3 所示。

图 7-3　大齿轮

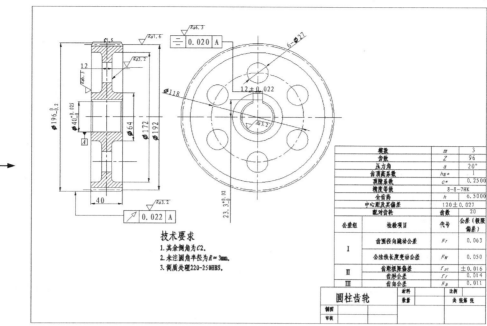

图 7-3 大齿轮（续）

操作步骤：（光盘\动画演示\第 7 章\绘制大齿轮零件图.avi）

（1）新建文件

选择菜单栏中的"文件"→"新建"命令，弹出"选择样板"对话框，单击"打开"按钮，创建一个新的图形文件。

（2）设置图层

选择菜单栏中的"格式"→"图层"命令，弹出"图层特性管理器"选项板。在该选项板中依次创建"轮廓线"、"点划线"和"剖面线"3 个图层，并设置"轮廓线"图层的线宽为 0.5mm，设置"点划线"图层的线型为 CENTER2。

（3）绘制主视图

❶ 将"点划线"图层设置为当前图层，单击"绘图"工具栏中的"直线"按钮 ∕，命令行提示与操作如下：

> 命令：_line 指定第一点：（在屏幕上拾取一点）
> 指定下一点或 [放弃(U)]：（沿水平方向拾取另一点）
> 指定下一点或 [放弃(U)]：↙

重复 line 命令绘制竖直中心线，结果如图 7-4 所示。

❷ 将当前图层设置为"轮廓线"图层，单击"绘图"工具栏中的"圆"按钮 ⊙，命令行提示与操作如下：

> 命令：_circle 指定圆的圆心或 [三点(3P)两点(2P)切点、切点、半径(T)]：（选择图 7-4 中的 K 点）
> 指定圆的半径或 [直径(D)] <98.0000>：20↙

重复 CIRCLE 命令分别绘制半径为 22、32、59、86、96、98 的同心圆，并将半径为 59 和 96 的圆图层修改为"点划线"图层，如图 7-5 所示。

❸ 单击"修改"工具栏中的"偏移"按钮 ⊜，将水平中心线向上偏移 23.3mm，竖直中心线分别

向左、右偏移 6，结果如图 7-6 所示。

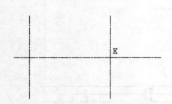

图 7-4　绘制中心线

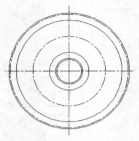

图 7-5　绘制圆

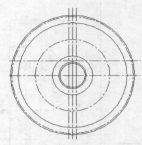

图 7-6　偏移直线

命令行提示与操作如下：

```
命令：_offset
当前设置：删除源=否　图层=源　OFFSETGAPTYPE=0
指定偏移距离或 [通过(T) /删除(E) /图层(L)] <2.0000>: 23.3✓
选择要偏移的对象，或 [退出(E) /放弃(U)] <退出>:（选择水平中心线）
指定要偏移的那一侧上的点，或 [退出(E) /多个(M) /放弃(U)] <退出>:（选择水平中心线上侧
单击）
选择要偏移的对象，或 [退出(E) /放弃(U)] <退出>:✓
命令：_offset
当前设置：删除源=否　图层=源　OFFSETGAPTYPE=0
指定偏移距离或 [通过(T) /删除(E) /图层(L)] <2.0000>: 6✓
选择要偏移的对象，或 [退出(E) /放弃(U)] <退出>:（选择竖直中心线）
指定要偏移的那一侧上的点，或 [退出(E) /多个(M) /放弃(U)] <退出>:（分别选择竖直中心线左
右侧单击）
选择要偏移的对象，或 [退出(E)→放弃(U)] <退出>:✓
```

❹ 单击"修改"工具栏中的"修剪"按钮 ，修剪掉多余的线条，并将偏移的直线转换到"轮廓
线"图层，效果如图 7-7 所示。

❺ 单击"绘图"工具栏中的"圆"按钮 ，以图 7-7 中的 O 点为圆心，半径为 13.5，绘制一个
圆，如图 7-8 所示。

❻ 单击"修改"工具栏中的"环形阵列"按钮 ，设置阵列总数为 6，填充角度为 360°，选取
同心圆的圆心为中心点，选取第❺步绘制的半径为 13.5 的圆为阵列对象，效果如图 7-9 所示。

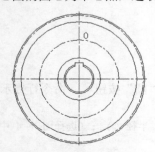

图 7-7　修剪结果

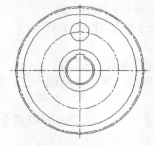

图 7-8　绘制圆

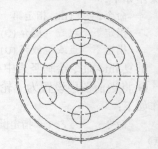

图 7-9　阵列圆

（4）绘制左视图

❶ 单击"绘图"工具栏中的"直线"按钮 ，绘制辅助线，效果如图 7-10 所示。

❷ 单击"修改"工具栏中的"偏移"按钮⚒，将图 7-10 中左边竖直中心线向右偏移，偏移距离为 6、20，并将偏移的直线转换到"轮廓线"图层，效果如图 7-11 所示。

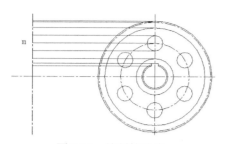

图 7-10　绘制辅助线

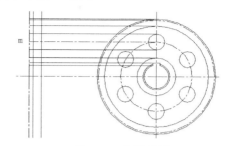

图 7-11　偏移直线

❸ 单击"修改"工具栏中的"修剪"按钮⊬，修剪掉多余线条，效果如图 7-12 所示。

❹ 单击"修改"工具栏中的"镜像"按钮⚐，命令行提示与操作如下：

　　命令：_mirror
　　选择对象：（选择图 7-13 中虚线部分）
　　选择对象：✓
　　指定镜像线的第一点：（选择图 7-13 中的 n 点）
　　指定镜像线的第二点：（选择图 7-13 中的 p 点）
　　要删除源对象吗？[是(Y) 否(N)] <N>：✓

镜像结果如图 7-14 所示。

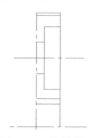
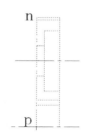
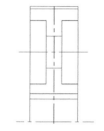

图 7-12　修剪结果　　　　图 7-13　选择对象　　　　图 7-14　镜像结果

❺ 单击"修改"工具栏中的"倒角"按钮◻，对齿轮的齿顶进行倒角 C1.5，如图 7-15 所示。同理，对齿轮的轴径进行倒角 C1，并且单击"绘图"工具栏中的"直线"按钮⟋，在倒角处绘制直线，然后单击"修改"工具栏中的"修剪"按钮⊬，修剪掉多余的线条，图形效果如图 7-16 所示。

❻ 单击"修改"工具栏中的"圆角"按钮◻，命令行提示与操作如下：

　　命令：_fillet
　　当前设置：模式 = 不修剪，半径 = 3.0000
　　选择第一个对象或 [放弃(U)/多段线(P)/半径(R)/修剪(T)/多个(M)]：t
　　输入修剪模式选项 [修剪(T)/不修剪(N)] <不修剪>：t
　　选择第一个对象或 [放弃(U)/多段线(P)/半径(R)/修剪(T)/多个(M)]：r
　　指定圆角半径 <3.0000>：5
　　选择第一个对象或 [放弃(U)/多段线(P)/半径(R)/修剪(T)/多个(M)]：（选择图 7-16 中的直线 be）
　　选择第二个对象，或按住 Shift 键选择对象以应用角点或 [半径(R)]：（选择图 7-16 中的直线 bd）

用同样的方法对 a、c、d 角点进行圆角，并且对图做进一步的修整，效果如图 7-17 所示。

❼ 单击"修改"工具栏中的"镜像"按钮⚐，镜像对象为图 7-18 中的虚线部分，镜像线为中心

线 xy，镜像结果如图 7-19 所示。

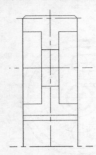

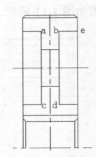

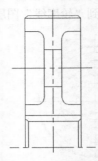

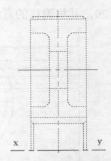

图 7-15　齿顶倒角　　　图 7-16　轴径倒角　　　图 7-17　圆角结果　　　图 7-18　选择镜像对象

❽ 单击"修改"工具栏中的"删除"按钮 ✐，删除图 7-19（a）中选中部分；单击"绘图"工具栏中的"直线"按钮 ✐，绘制水平辅助线，如图 7-19（b）所示，修剪多余辅助线，并对下方齿轮的轴径进行倒角 C1。单击"修改"工具栏中的"偏移"按钮 ▱，将图 7-19（c）中的直线 pq 向上偏移 116.8，向下偏移 70.2。然后单击"修改"工具栏中的"删除"按钮 ✐，删除图 7-19（c）中的直线 pq。

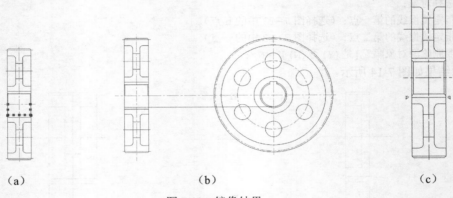

　　　　（a）　　　　　　　　　　　　　　（b）　　　　　　　　　　　　　　（c）

图 7-19　镜像结果

❾ 将当前图层设置为"剖面线"图层，单击"绘图"工具栏中的"图案填充"按钮 ▨，在弹出的对话框中选择的填充图案为 ANSI31，将"角度"设置为 90°，"比例"设置为 1，其他为默认值。单击"添加:选择对象"按钮 ▨，暂时回到绘图窗口中进行选择，选择主视图上相关区域，按 Enter 键再次回到"图案填充和渐变色"对话框。单击"确定"按钮，完成剖面线的绘制，这样就完成了主视图的绘制，效果如图 7-20 所示，整幅图的效果如图 7-21 所示。

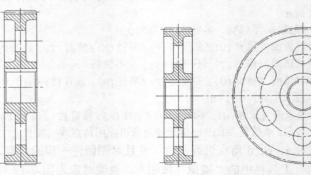

图 7-20　完成主视图　　　　　　　　图 7-21　完成绘制

（5）无公差尺寸标注

❶ 设置标注样式。选择菜单栏中的"格式"→"标注样式"命令，弹出"标注样式管理器"对话框，如图 7-22 所示。利用此对话框可创建一个新的尺寸标注样式，单击"新建"按钮，系统弹出"创建新标注样式"对话框，创建"齿轮标注"样式，如图 7-23 所示。

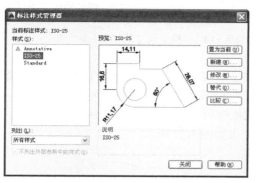

图 7-22　"标注样式管理器"对话框　　　　　　图 7-23　"创建新标注样式"对话框

在"创建新标注样式"对话框中单击"继续"按钮，系统弹出"新建标注样式：齿轮标注"对话框，如图 7-24 所示。其中，在"线"选项卡中，设置尺寸线和尺寸界线的"颜色"为 ByBlock，其他保持默认设置；在"符号和箭头"选项卡中，设置"箭头大小"为 5，其他保持默认设置。在"文字"选项卡中，设置"颜色"为 ByLayer，文字高度为 7，其他保持默认设置；在"主单位"选项卡中，设置"精度"为 0，"小数分隔符"为"句点"，其他保持默认设置。其他选项卡也保持默认设置。

❷ 标注无公差尺寸。

☑　标注线性尺寸。单击"标注"工具栏中的"线性"按钮 ，命令行提示与操作如下：

```
命令：_dimlinear
指定第一个尺寸界线原点或 <选择对象>：（捕捉尺寸界线原点）
指定第二条尺寸界线原点：（捕捉尺寸界线原点）
指定尺寸线位置或[多行文字(M) /文字(T) /角度(A) /水平(H) /垂直(V) /旋转(R)]：（指定尺寸线位置）
标注文字 = 12
```

使用同样的方法对图中其他线性尺寸进行标注，最终效果如图 7-25 所示。

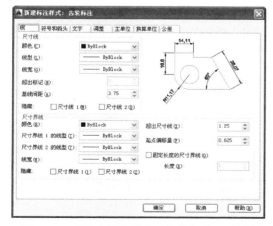

图 7-24　"新建标注样式：齿轮标注"对话框

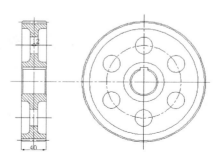

图 7-25　标注线性尺寸

☑ 标注直径尺寸。单击"标注"工具栏中的"直径"按钮◎，命令行提示与操作如下：

> 命令：_dimdiameter
> 选择圆弧或圆：（选择左视图中半径为13.5的圆）
> 标注文字 = 27
> 指定尺寸线位置或 [多行文字(M)/文字(T)/角度(A)]：m↙（按Enter键后弹出"多行文字"编
> 辑器，输入"7-%%c27"）
> 指定尺寸线位置或 [多行文字(M)/文字(T)/角度(A)]（指定尺寸线位置）↙

效果如图7-26所示。

使用线性标注对圆进行标注，要通过修改标注文字来实现，单击"标注"工具栏中的"线性"按钮口，在主视图中标注分度圆尺寸，其大小为192，双击标注的文字，弹出"特性"选项板。在"文字"选项卡的"文字替代"中输入"%%C192"，完成操作后，在图中显示的标注文字就变成了Ø192。用相同的方法标注主视图中其他的直径尺寸，最终效果如图7-27所示。

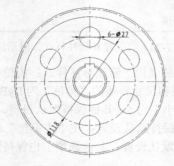
图7-26 标注直径

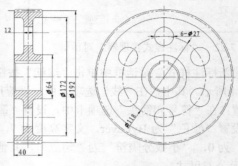
图7-27 标注直径尺寸

（6）带公差尺寸标注

❶ 设置带公差标注样式

☑ 选择菜单栏中的"格式"→"标注样式"命令，弹出"标注样式管理器"对话框，单击"新建"按钮，创建"新样式名"为"齿轮标注（带公差）"，"基础样式"为"齿轮标注"，如图7-28所示。

☑ 在"创建新标注样式"对话框中单击"继续"按钮，在弹出的"新建标注样式：齿轮标注（带公差）"对话框中选择"公差"选项卡，参数设置如图7-29所示。同时将"齿轮标注（带公差）"样式设置为当前使用的标注样式。

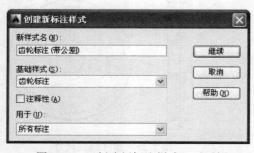
图7-28 "创建新标注样式"对话框

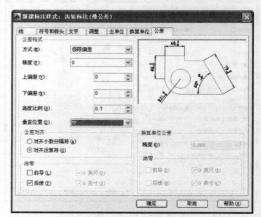
图7-29 "新建标注样式：齿轮标注（带公差）"对话框

❷ 标注带公差尺寸

单击"标注"工具栏中的"线性"按钮□，在主视图中标注齿顶圆尺寸，如图 7-30 所示。然后单击"修改"工具栏中的"分解"按钮，分解带公差的尺寸标注。分解完成后，双击图 7-30 中的标注文字 196，修改为"%%C196"，完成操作后，在图中显示的标注文字就变成了 Ø196，然后修改编辑极限偏差文字，最终效果如图 7-31 所示。标注图中其他的带公差尺寸，效果如图 7-32 所示。

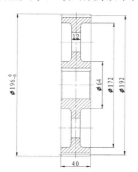 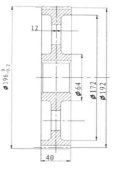 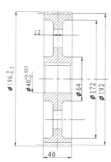 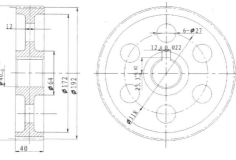

图 7-30　标注齿顶圆　　　　图 7-31　修改标注　　　　　图 7-32　标注带公差尺寸

📢 **注意**：公差尺寸的分解需要使用两次"分解"命令，第一次分解尺寸线与公差文字；第二次分解公差文字中的主尺寸文字与极限偏差文字。只有这样才能单独利用"编辑文字"命令对公差文字进行编辑修改。

（7）形位公差标注

❶ 基准符号。单击"绘图"工具栏中的"矩形"按钮□、"图案填充"按钮▥、"直线"按钮╱和"多行文字"按钮 A，绘制基准符号，如图 7-33 所示。

❷ 标注几何公差。单击"标注"工具栏中的"公差"按钮▦，系统弹出"形位公差"对话框，如图 7-34 所示。单击"符号"下的黑色方块，系统弹出"特征符号"对话框，如图 7-35 所示，选择一种几何公差符号。

图 7-33　基准符号　　　　图 7-34　"形位公差"对话框　　　　图 7-35　"特征符号"对话框

在"公差 1"、"公差 2"和"基准 1"、"基准 2"、"基准 3"文本框中输入公差值和基准面符号，如图 7-36 所示。然后单击"标注"工具栏中的"多重引线"按钮，绘制相应引线，完成形位公差的标注。用相同的方法完成其他形位公差的标注，最终效果如图 7-37 所示。

（8）标注表面结构符号

❶ 单击"绘图"工具栏中的"直线"按钮╱，绘制表面结构符号，然后选择菜单栏中的"绘图"→"块"→"创建"命令，弹出"块定义"对话框，如图 7-38 所示。单击"选择对象"按钮，回到绘图窗口，拖动鼠标选择绘制的表面结构符号，按 Enter 键，回到"块定义"对话框，在"名称"文本框中添加名称"表面结构符号"，选取基点，其他选项为默认设置，单击"确定"按钮，完成创建

图块的操作。

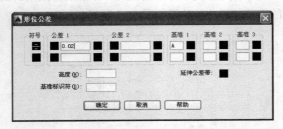

图 7-36 "形位公差"对话框

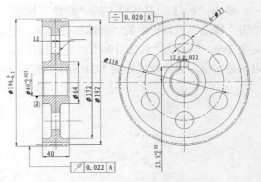

图 7-37 标注几何公差

❷ 在命令行中输入 "WBLOCK" 后按 Enter 键，打开 "写块" 对话框，如图 7-39 所示。在 "源" 选项组中选择 "块" 模式，从右侧的下拉列表中选择 "表面结构符号"，在 "目标" 选项组中选择文件名和路径，完成表面结构符号块的保存。在以后使用表面结构符号时，可以直接以块的形式插入目标文件中。

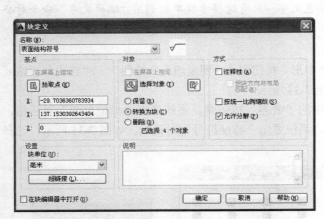

图 7-38 "块定义"对话框

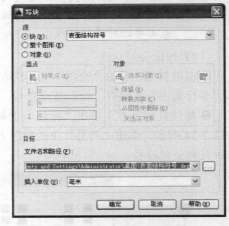

图 7-39 "写块"对话框

❸ 选择菜单栏中的 "插入"→"块" 命令，系统弹出 "插入" 对话框，如图 7-40 所示。单击 "浏览" 按钮，选择 "表面结构符号.dwg"，然后单击 "打开" 按钮。在 "插入" 对话框中，缩放比例和旋转使用默认设置。单击 "确定" 按钮，将粗糙度符号插入到图中合适位置，然后单击 "绘图" 工具栏中的 "多行文字" 按钮 A，标注表面结构符号，最终效果如图 7-41 所示。

❹ 在命令行中输入 "QLEADER"，对倒角进行标注，结果如图 7-3 所示。

（9）标注参数表

❶ 修改表格样式。选择菜单栏中的 "格式"→"表格样式" 命令，系统弹出 "表格样式" 对话框，如图 7-42 所示。单击 "修改" 按钮，打开 "修改表格样式" 对话框，如图 7-43 所示。在该对话框中进行如下设置：在 "常规" 选项卡中，填充颜色设为 "无"，对齐方式为 "正中"，水平单元边距和垂直单元边距均为 1.5；在 "文字" 选项卡中，文字样式为 Standard，文字高度为 6，文字颜色为 ByBlock；在 "边框" 选项卡中，"特性" 选项组中单击 "颜色" 选项所对应的下拉按钮，颜色为 "洋红"；表格方向为 "向下"。设置好表格样式后，单击 "确定" 按钮退出。

图 7-40 "插入"对话框

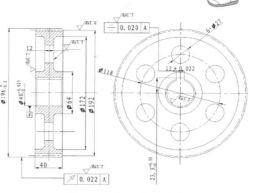

图 7-41 标注表面结构

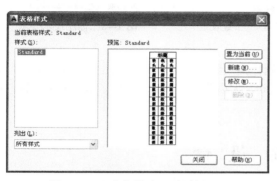

图 7-42 "表格样式"对话框

图 7-43 "修改表格样式"对话框

❷ 创建表格。单击"绘图"工具栏中的"表格"按钮，系统弹出"插入表格"对话框，如图 7-44 所示。设置插入方式为"指定插入点"，行和列设置为 13 行 4 列，"列宽"为 8，"行高"为 1。"第一行单元样式"、"第二行单元样式"和"所有其他行单元样式"都设置为"数据"。确定后，在绘图平面指定插入点插入表格，如图 7-45 所示。

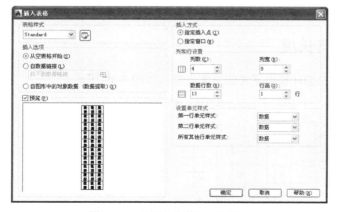

图 7-44 "插入表格"对话框

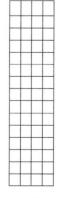

图 7-45 插入表格

❸ 编辑表格并输入文字。单击第一列某个表格，出现钳夹点，将右边钳夹点向右拉，使列宽拉到合适的长度，同样将第二列和第三列的列宽拉到合适的长度，效果如图 7-46 所示。然后双击单元格，

重新打开多行文字编辑器，在各单元格中输入相应的文字或数据，并将多余的单元格合并。另外，也可以将前面绘制的表格插入到该图中，然后进行修改调整，最终完成参数表的绘制，效果如图 7-47 所示。

（10）标注技术要求

单击"绘图"工具栏中的"多行文字"按钮 A，标注技术要求，如图 7-48 所示。

模数	m	2
齿数	Z	96
压力角	a	20°
齿顶高系数	ha*	1
顶隙系数	c*	0.2500
精度等级		8-8-7HK
全齿高	h	4.5000
中心距及其偏差		120±0.027
配对齿轮	齿数	24

公差组	检验项目	代号	公差（极限偏差）
I	齿圈径向跳动公差	Fr	0.063
	公法线长度变动公差	Fw	0.050
II	齿距极限偏差	f_{pt}	±0.016
	齿形公差	f_f	0.014
III	齿向公差	F_β	0.011

技术要求
1. 其余倒角为C2。
2. 未注圆角半径为R≈3mm。
3. 调质处理220-250HBS。

图 7-46　改变列宽　　　　图 7-47　参数表　　　　图 7-48　标注技术要求

（11）插入标题栏

选择菜单栏中的"插入"→"块"命令，将标题栏插入到图中合适位置，然后单击"绘图"工具栏中的"多行文字"按钮 A，填写相应的内容。至此，大齿轮零件图绘制完毕，最终效果如图 7-3 所示。

7.7　轴 的 设 计

本节将以减速箱中的低速轴为例讲解轴的设计。

7.7.1　选择材料

轴的材料常采用碳素钢和合金钢，35、45、50 等优质碳素结构钢因具有较高的综合力学性能，应用较广泛，其中以 45 号钢应用最广泛。此处低速轴的材料选择 45 号钢。

7.7.2　确定轴的各段轴径与长度

在确定各个轴段的尺寸之前，应先拟订轴上零件的装配方案，如图 7-49 所示。

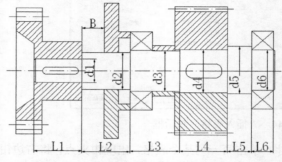

图 7-49　轴零件装配方案

1. 轴段 1

首先利用公式（7-1）估算轴的最小直径：

$$d \geqslant \sqrt[3]{\frac{9.55 \times 10^6}{0.2[\tau]}} \sqrt[3]{\frac{p}{n}} \geqslant C\sqrt[3]{\frac{p}{n}} \qquad \text{（式 7-1）}$$

其中，C 是由轴的材料和承载情况确定的常数，可由机械设计课程设计手册查出 $C = 110$，p 和 n 分别为低速轴的输出功率和转速，应用式（7-1）求出低速轴最小轴径 $d_1 \geqslant 110 \times \sqrt[3]{\frac{1.987}{95.5}} \approx 29.7\,\text{（mm）}$。

因为轴端安装联轴器，联轴器选择 HL 型弹性柱销联轴器，型号为 HL3，轴孔直径为 30mm，轴孔长度为 60mm，因此 $d_1 = 30$mm，轴段 1 长度为 $L_1 = 60$mm。

2. 轴段 2

轴段 2 为非定位轴肩，所以取 h=1.5mm，d_2=33mm；根据端盖的装拆及便于轴承添加润滑剂的要求，$B = (3.5 \sim 4)d_3$（d_3 为轴承端盖螺栓直径），取 B=30mm，轴承端盖宽度暂定为 20mm，故取 $L_2 = 50$mm。

3. 轴段 3

初选滚动轴承，型号为 30207 的圆锥滚子轴承，其尺寸为 $d(35) \times D(72) \times B(17)$，因此 $d_3 = 35$mm。滚动轴承应距离箱体内边一段距离 S，取 S=5mm，取齿轮距箱体内壁之间的距离 a=12.5mm，为了保证套筒完全顶到齿轮上，因此轴的长度要增加 3~4mm，所以 $L_3 = 17 + 5 + 12.5 + 3 = 37.5\,\text{（mm）}$。

4. 轴段 4

安装齿轮处的轴段直径应查机械设计课程设计手册取标准值 $d_4 = 40$mm，齿轮左端用套筒顶柱来定位，右端用轴肩定位，齿轮宽度为 40mm，为了使套筒端面和齿轮轮毂端面紧贴以保证定位可靠，故取 $L_4 = 36$mm，略短于轮毂 $3 \sim 4$mm。

5. 轴段 5

根据滚动轴承安装尺寸 $d_6 = 35$mm，轴段 5 用来定位轴段 6 上的轴承，因此取 d_5=48mm，取齿轮距箱体内壁之间的距离 a=12.5mm，滚动轴承应距离箱体内边一段距离 S=5mm，因此 $L_5 = 17.5$mm。

6. 轴段 6

由于轴段 6 上安装轴承，因此 d_6 大小应为轴承的孔径 35mm，L_6 应为轴承的宽度 17mm。

至此就完成了轴的结构设计，可按弯扭组合变形校核强度。

7.7.3 绘制阶梯轴零件图

7.7.2 节中减速箱低速轴的各主要尺寸已经确定出来，本节将以此轴为例，介绍阶梯轴的绘制过程，流程图如图 7-50 所示。

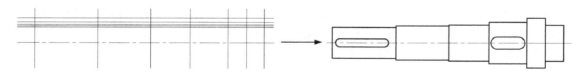

图 7-50 阶梯轴

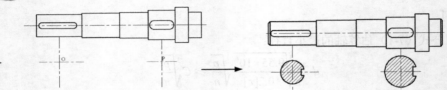

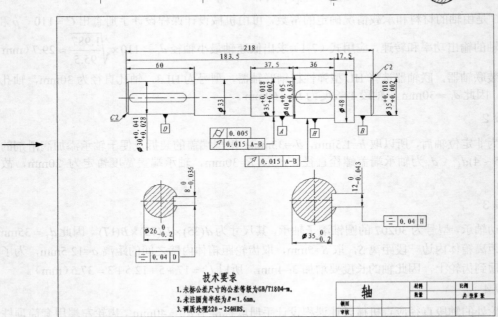

图 7-50　阶梯轴（续）

操作步骤：（光盘\动画演示\第 7 章\绘制阶梯轴零件图.avi）

（1）新建文件

选择菜单栏中的"文件"→"新建"命令，弹出"选择样板"对话框，单击"打开"按钮，创建一个新的图形文件。

（2）设置图层

选择菜单栏中的"格式"→"图层"命令，弹出"图层特性管理器"选项板。在该选项板中依次创建"轮廓线"、"点划线"和"剖面线"3 个图层，并设置"轮廓线"图层的线宽为 0.5mm，设置"点划线"图层的线型为 CENTER2。

（3）绘制主视图

❶ 将"点划线"图层设置为当前图层，单击"绘图"工具栏中的"直线"按钮✐，沿水平方向绘制一条中心线，将"轮廓线"图层设置为当前图层，然后单击"绘图"工具栏中的"直线"按钮✐，沿竖直方向绘制一条直线，效果如图 7-51 所示。

❷ 单击"修改"工具栏中的"偏移"按钮▱，将水平中心线向上偏移 15、16.5、17.5、20、24，同时将偏移的直线转换到"轮廓线"图层，效果如图 7-52 所示。

❸ 单击"修改"工具栏中的"偏移"按钮▱，将竖直线向右偏移，偏移距离分别为 60、110、147.5、183.5、201、218，效果如图 7-53 所示。

❹ 单击"修改"工具栏中的"修剪"按钮┼，修剪掉多余的直线，图形效果如图 7-54 所示。

图 7-51　绘制定位直线　　　　　　　　　　　图 7-52　偏移水平直线

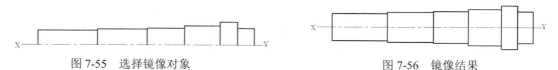

图 7-53　偏移竖直直线　　　　　　　　　　　图 7-54　修剪结果

❺ 单击"修改"工具栏中的"镜像"按钮，镜像对象为图 7-55 中的虚线部分，直线 xy 为镜像线，得到的结果如图 7-56 所示。

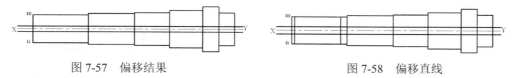

图 7-55　选择镜像对象　　　　　　　　　　　图 7-56　镜像结果

注意：轴上有轴、孔配合要求的直径，例如安装联轴器和齿轮处的直径 d_1 和 d_4，一般应该取标准值，查阅国家标准 GB 2822—2005。安装轴承及密封元件处的轴径、d_3、d_6 和 d_2 应与轴承及密封元件孔径的标准尺寸一致。

当直径变化是为了固定轴上零件或承受轴向力时，其轴肩高度要大些，一般取 3~5mm，例如图 7-49 中的 d_1 和 d_2、d_4 和 d_5、d_5 和 d_6。如果是非定位轴肩，则一般取 1.5~2mm，例如图 7-49 中的 d_2 和 d_3、d_3 和 d_4。

❻ 单击"修改"工具栏中的"偏移"按钮，将水平中心线分别向上、下偏移，偏移距离为 4，同时将偏移的直线转换到"轮廓线"图层，效果如图 7-57 所示。

❼ 再次单击"修改"工具栏中的"偏移"按钮，将图 7-57 中的直线 mn 向右偏移，偏移距离为 3、53，效果如图 7-58 所示。

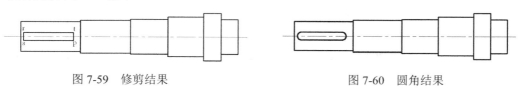

图 7-57　偏移结果　　　　　　　　　　　　　图 7-58　偏移直线

❽ 单击"修改"工具栏中的"修剪"按钮，对图 7-58 中偏移的直线进行修剪，效果如图 7-59所示。

❾ 单击"修改"工具栏中的"圆角"按钮，对图 7-59 中的角点 r、p、s、t 进行圆角，圆角半径为 4mm，然后单击"修改"工具栏中的"修剪"按钮和"删除"按钮，修剪并删除多余的线条，图形效果如图 7-60 所示。

图 7-59　修剪结果　　　　　　　　　　　　　图 7-60　圆角结果

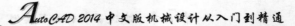

⑩ 单击"修改"工具栏中的"偏移"按钮 ，将图 7-60 中的水平中心线分别向上、下偏移，偏移距离为 6，同时将偏移的直线转换到"轮廓线"图层，效果如图 7-61 所示。

⑪ 再次单击"修改"工具栏中的"偏移"按钮 ，将图 7-61 中的直线 qz 向右偏移，偏移距离为 2、34，效果如图 7-62 所示。

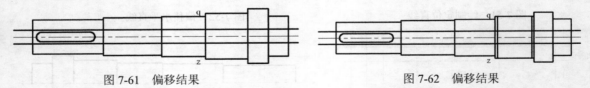

图 7-61　偏移结果　　　　　　　　　　图 7-62　偏移结果

⑫ 单击"修改"工具栏中的"修剪"按钮 ，修剪掉多余的直线，然后单击"修改"工具栏中的"圆角"按钮 ，对相应的角点进行圆角，这样就得到另一个键槽。至此，阶梯轴的主视图绘制完成，效果如图 7-63 所示。

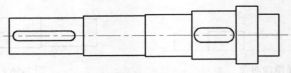

图 7-63　绘制键槽

注意：阶梯轴各段轴向尺寸由轴上直接安装的零件（如齿轮、轴承等）和相关零件（如箱体轴承座孔、轴承盖等）的轴向位置和尺寸确定。

☑ 由轴上安装零件确定的轴段长度：例如图 7-49 中的 L_1、L_4 和 L_6 由联轴器的轮毂宽度、齿轮及轴承宽度确定。轴上零件靠套筒或轴端挡圈轴向固定时，轴段长度 l 应比轮毂宽度 l' 小 2~3mm，以保证套筒或轴端挡圈与零件可靠接触，如图 7-64（a）所示为正确结构，如图 7-64（b）所示为错误结构。

☑ 由相关零件确定的轴段长度：例如图 7-49 中的 L_2 与箱体轴承座孔的长度、轴承的宽度及其轴向位置、轴承盖的厚度及伸出轴承盖外部分的长度 l_B 有关，而 l_B 与伸出端安装的零件有关。图 7-65（a）及图 7-65（b）中，l_B 与端盖固定螺钉的装拆有关，可取 $B \geqslant (3.5 \sim 4)d_3$，此处 d_3 为轴承端盖固定螺钉直径。

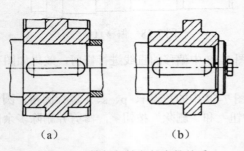

图 7-64　轮毂与轴段长度的关系

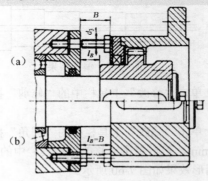

图 7-65　伸出长度

（4）绘制阶梯轴键槽处的剖面图

❶ 将"点划线"图层设置为当前图层，单击"绘图"工具栏中的"直线"按钮 ，在对应的位置绘制中心线，效果如图 7-66 所示。

❷ 将当前图层设置为"轮廓线"图层，单击"绘图"工具栏中的"圆"按钮⊘，分别以图 7-66 中 o 点和 p 点为圆心绘制半径为 15 和 20 的圆，效果如图 7-67 所示。

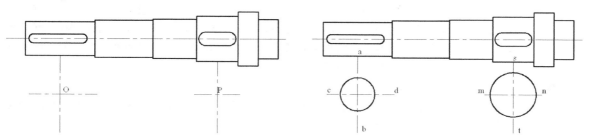

图 7-66　绘制中心线　　　　　　　　　　　　图 7-67　绘制圆

❸ 单击"修改"工具栏中的"偏移"按钮⊜，将图 7-67 中的直线 ab 向右偏移 11mm，直线 cd 分别向上、下偏移 4mm，直线 st 向右偏移 15mm，直线 mn 分别向上、下偏移 6mm，效果如图 7-68 所示。

❹ 单击"修改"工具栏中的"修剪"按钮⊬，修剪掉多余的直线，效果如图 7-69 所示。

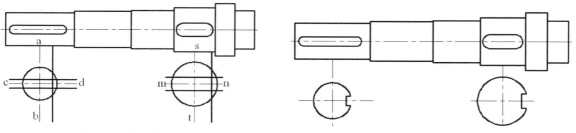

图 7-68　偏移结果　　　　　　　　　　　　　图 7-69　修剪图形

❺ 将当前图层设置为"剖面线"图层，单击"绘图"工具栏中的"图案填充"按钮▨，在弹出的对话框中选择的填充图案为 ANSI31，将"角度"设置为 0°，"比例"设置为 1，其他为默认值。单击"添加:选择对象"按钮▧，暂时回到绘图窗口中进行选择，选择主视图上相关区域，按 Enter 键回到"图案填充和渐变色"对话框，单击"确定"按钮，完成剖面线的绘制，效果如图 7-70 所示。

❻ 单击"修改"工具栏中的"倒角"按钮◻，设置倒角距离为 2，对阶梯轴进行倒角，效果如图 7-71 所示。

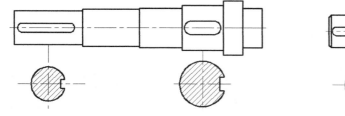
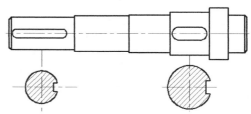

图 7-70　图案填充结果　　　　　　　　　　　图 7-71　绘制倒角

（5）标注尺寸

选择菜单栏中的"格式"→"标注样式"命令，创建新的标注样式，进行相应的设置。完成后将其设置为当前标注样式，然后单击"标注"工具栏中的"线性"按钮⊟，对阶梯轴中的线性尺寸进行标注，效果如图 7-72 所示。

注意： 标注轴向尺寸时，应根据设计及工艺要求确定尺寸基准，通常有轴孔配合端面基准面及轴端基准面。应使尺寸标注反映加工工艺要求，同时满足装配尺寸链精度要求，不允许出现封闭尺寸链。如图 7-72 所示，基准面 1 是齿轮与轴的定位面，为主要基准，轴段长度 36、183.5、17.5 都以基准面 1 作为基准尺寸。基准面 2 为辅助基准面，轴段长度 60 为联轴器安装要求所确定，轴段长度 a 的加工误差不影响装配精度，因而取为封闭环，加工误差可积累在该轴段上，以保证主要尺寸的加工精度。

❶ 标注不带偏差的径向尺寸

单击"标注"工具栏中的"线性"按钮□，标注直径为 33 的圆，如图 7-73 所示。双击标注的文字，弹出"特性"选项板，在"文字"选项卡的"文字替代"中输入"%%C33"。完成操作后，在图中显示的标注文字就变成了 Ø33，如图 7-74 所示。

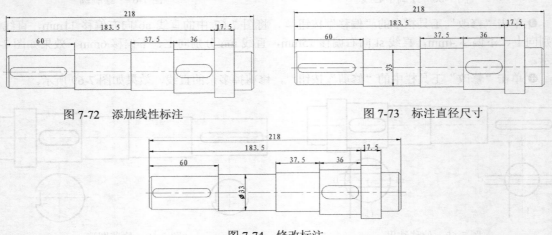

图 7-72　添加线性标注　　　　　　　　图 7-73　标注直径尺寸

图 7-74　修改标注

注意： 标注径向尺寸时，凡有配合要求处，应标注尺寸及偏差值。

❷ 标注带偏差的径向尺寸

☑ 选择菜单栏中的"格式"→"标注样式"命令，弹出"标注样式管理器"对话框，如图 7-75 所示。单击"新建"按钮，弹出"创建新标注样式"对话框，设置"新样式名"为"标注偏差"，如图 7-76 所示。

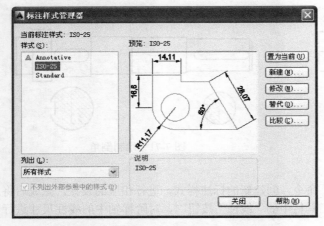

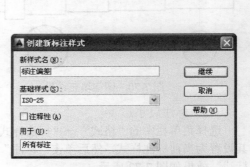

图 7-75　"标注样式管理器"对话框　　　　图 7-76　"创建新标注样式"对话框

☑ 在"创建新标注样式"对话框中单击"继续"按钮，弹出"新建标注样式：标注偏差"对话框。在该对话框中选择"公差"选项卡，在"公差格式"选项组的"方式"下拉列表框中选择"极限偏差"选项，在"精度"下拉列表框中选择 0.00 选项，在"垂直位置"下拉列表框中选择"中"选项，如图 7-77 所示。

☑ 在"新建标注样式：标注偏差"对话框中选择"主单位"选项卡，在"线性标注"选项组中的"前缀"文本框中输入"%%C"，如图 7-78 所示。单击"确定"按钮完成标注样式的新建。

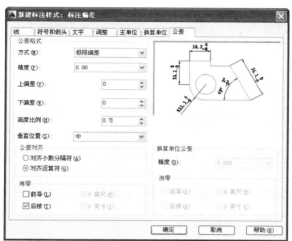

图 7-77　"公差"选项卡

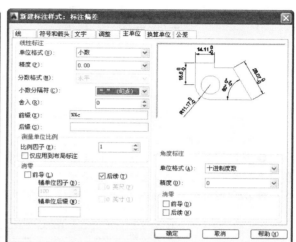

图 7-78　"主单位"选项卡

☑ 将新建的标注样式"标注偏差"置为当前标注，标注带有偏差的直径尺寸，如标注直径为 30 的轴段，效果如图 7-79 所示。然后单击标注尺寸"30_0^0"，弹出"特性"选项板，如图 7-80 所示，在"公差"选项卡中修改上下偏差，最终效果如图 7-81 所示。

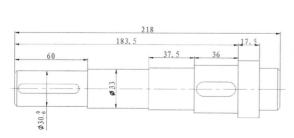

图 7-79　标注直径

图 7-80　"特性"选项板

☑ 用相同的方法标注其他带有偏差的直径尺寸，效果如图 7-82 所示。

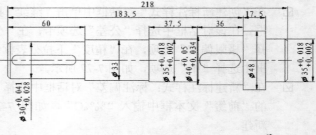

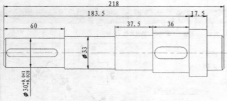

图 7-81　标注偏差

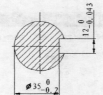

图 7-82　完成径向尺寸标注

（6）标注几何公差

❶ 基准符号。单击"绘图"工具栏中的"矩形"按钮▢、"图案填充"按钮▨、"直线"按钮╱和"多行文字"按钮A，绘制基准符号。

❷ 标注形位公差。单击"标注"工具栏中的"公差"按钮▦，标注形位公差，结果如图 7-83 所示。

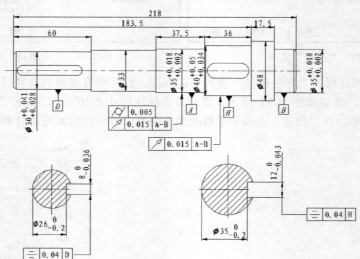

图 7-83　标注形位公差

（7）表面结构符号标注

单击"标注"工具栏中的"多重引线"按钮╱°，对图中的倒角进行标注，最终效果如图 7-84 所示。

（8）标注技术要求

单击"绘图"工具栏中的"多行文字"按钮A，标注技术要求，如图 7-85 所示。

（9）插入标题栏

选择菜单栏中的"插入"→"块"命令，将标题栏插入到图中合适位置，然后单击"绘图"工具栏中的"多行文字"按钮A，填写相应的内容。至此绘制完毕，最终效果如图 7-50 所示。

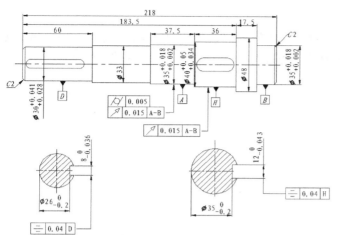

图 7-84 标注表面结构符号

技术要求
1. 未标公差尺寸的公差等级为GB/T1804-m。
2. 未注圆角半径为 R≈1.6mm。
3. 调质处理220～250HBS。

图 7-85 标注技术要求

7.8 键的选用与绘制

键是一种常见的标准件，主要用于轴毂间的轴向固定并传递转矩，如轴与轴上的旋转零件（齿轮、蜗轮等）或摆动零件（摇臂等）的连接。其中有些类型的键还能够实现轴向固定或轴向动连接。

7.8.1 键的选择

键是标准件，分为平键、半圆键、楔键和切向键等。设计时应根据各类键的结构和应用特点进行选择。

1. 平键连接

平键的两侧面是工作面，上表面和轮毂槽底之间留有间隙。这种键定心性较好、装拆方便。常用的平键有普通平键和导向平键两种。

普通平键的端部形状可制成圆头、方头或单圆头。圆头键的轴槽用指形铣刀加工，键在槽中固定良好，但轴上键槽端部的应力集中较大；方头键用盘形铣刀加工，轴的应力集中较小；单圆头键常用于轴端。普通平键应用最广，如图 7-86 所示。

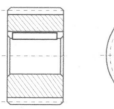
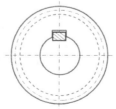

图 7-86 普通平键

导向平键较长，需用螺钉固定在轴槽中，为了便于装拆，在键上制出起键螺纹孔。这种键能实现轴上零件的轴向移动，构成动连接，如图 7-87 所示。

2. 半圆键连接

半圆键也是以两侧面为工作面,它与平键一样具有定心较好的优点。半圆键能在轴槽中摆动以适应毂槽底面,装配方便。其缺点是键槽对轴的削弱较大,只适用于轻载连接,如图 7-88 所示。

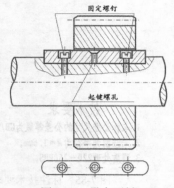

图 7-87　导向平键

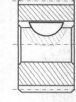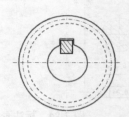

图 7-88　半圆键连接

3. 楔键连接

楔键的上下面是工作面,键的上表面有 1:100 的斜度,轮毂键槽的底面也有 1:100 的斜度,把楔键打入轴和轮毂内时,其工作面上产生很大的预紧力。工作时,主要靠摩擦力传递转矩,并能承受单方向的轴向力,如图 7-89 所示。

键连接的结构尺寸可按轴径 d 由机械设计课程设计手册查出,平键长度应比键所在轴段的长度短些,并使轴上的键槽靠近传动件装入一侧,以便于装配时轮毂上的键槽易与轴上的键对准,如图 7-90 所示,Δ=1~3mm,若 Δ 值过大,则对准就会困难。选择完键以后,需要对所选择的键进行强度校核,若经校核强度不够,当相差较小时,可适当增加键长;当相差较大时,可采用双键。

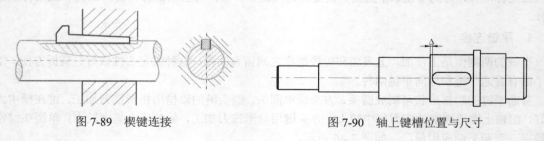

图 7-89　楔键连接　　　　　　　　　　　图 7-90　轴上键槽位置与尺寸

> **注意:** 当轴沿键长方向有多个键槽时,为便于一次装夹加工,各键槽应布置在同一直线上,图 7-91(a)正确,图 7-91(b)不正确。如轴径径向尺寸相差较小,各键槽断面可按直径较小的轴段取同一尺寸,以减少键槽加工时的换刀次数。

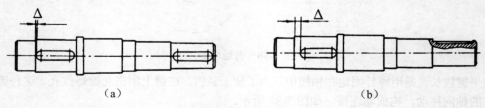

(a)　　　　　　　　　　　　　　　　(b)

图 7-91　轴上键槽的位置

7.8.2 绘制普通平键

平键的应用最为广泛，本节以普通平键 A6×6×20 为例介绍其绘制过程，流程图如图 7-92 所示。

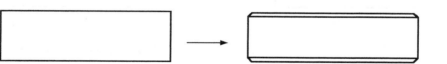

Note

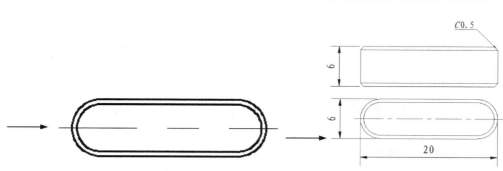

图 7-92 普通平键

操作步骤：（光盘\动画演示\第 7 章\绘制普通平键.avi）

（1）新建文件

选择菜单栏中的"文件"→"新建"命令，弹出"选择样板"对话框，单击"打开"按钮，创建一个新的图形文件。

（2）设置图层

选择菜单栏中的"格式"→"图层"命令，弹出"图层特性管理器"选项板。在该选项板中依次创建"轮廓线"、"点划线"和"剖面线"3 个图层，并设置"轮廓线"图层的线宽为 0.5mm，设置"点划线"图层的线型为 CENTER2。

（3）绘制主视图

❶ 将"轮廓线"图层设置为当前图层，单击"绘图"工具栏中的"矩形"按钮▢，绘制长度为 20、宽度为 6 的矩形，命令行提示与操作如下：

```
命令: _rectang
指定第一个角点或 [倒角(C)/标高(E)/圆角(F)/厚度(T)/宽度(W)]:（在屏幕上选择一点）
指定另一个角点或 [面积(A)/尺寸(D)/旋转(R)]: @20,-6↙
```

图形效果如图 7-93 所示。

❷ 单击"修改"工具栏中的"倒角"按钮◺，命令行提示与操作如下：

```
命令: _chamfer
("修剪"模式) 当前倒角距离 1 = 1.0000, 距离 2 = 1.0000
选择第一条直线或 [放弃(U)/多段线(P)/距离(D)/角度(A)/修剪(T)/方式(E)/多个(M)]:d ↙
指定第一个倒角距离 <1.0000>:0.5↙
指定第二个倒角距离 <1.0000>:0.5↙
选择第一条直线或 [放弃(U)/多段线(P)/距离(D)/角度(A)/修剪(T)/方式(E)/多个(M)]:p
选择第二条直线，或按住 Shift 键选择直线以应用角点或 [距离(D)/角度(A)/方法(M)]:（选择
矩形）
```

这时矩形的 4 条边同时被倒角，效果如图 7-94 所示。

图 7-93　绘制矩形

图 7-94　绘制倒角

❸ 单击"绘图"工具栏中的"直线"按钮✎，打开对象捕捉功能，捕捉端点绘制倒角线，效果如图 7-95 所示。

（4）绘制俯视图

❶ 将"点划线"图层设置为当前图层，再次单击"绘图"工具栏中的"直线"按钮✎，绘制一条水平中心线，将"轮廓线"图层设置为当前图层，然后单击"绘图"工具栏中的"直线"按钮✎，绘制一条竖直线，效果如图 7-96 所示。

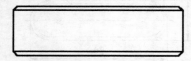

图 7-95　绘制倒角线

图 7-96　绘制辅助线

❷ 单击"修改"工具栏中的"偏移"按钮◈，将水平中心线向上、下偏移 3，并将偏移后的直线转换到"轮廓线"图层，竖直线向右偏移 20，效果如图 7-97 所示。

❸ 单击"修改"工具栏中的"修剪"按钮┼，修剪掉多余的线条，效果如图 7-98 所示。

图 7-97　偏移直线

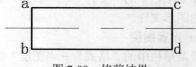

图 7-98　修剪结果

❹ 单击"修改"工具栏中的"圆角"按钮◻，命令行提示与操作如下：

```
命令: _fillet
当前设置: 模式 = 不修剪, 半径 = 16.0000
选择第一个对象或 [放弃(U)/多段线(P)/半径(R)/修剪(T)/多个(M)]: t↙
输入修剪模式选项 [修剪(T)/不修剪(N)] <修剪>: t↙
选择第一个对象或 [放弃(U)/多段线(P)/半径(R)/修剪(T)/多个(M)]: r↙
指定圆角半径 <16.0000>: 3↙
选择第一个对象或 [放弃(U)/多段线(P)/半径(R)/修剪(T)/多个(M)]: （选择图 7-98 中直线 ab）
选择第二个对象，或按住 Shift 键选择直线以应用角点或 [距离(D)/角度(A)/方法(M)]: （选择
图 7-98 中直线 ac ）
```

用同样的方法对角点 b、c、d 进行圆角，效果如图 7-99 所示。

❺ 单击"修改"工具栏中的"偏移"按钮◈，将图 7-99 中绘制的图形进行偏移，偏移距离为 0.5。至此普通平键绘制完成，效果如图 7-100 所示。

（5）标注尺寸

❶ 单击"修改"工具栏中的"线性"按钮▭，对平键中的线性尺寸进行标注，效果如图 7-101 所示。

❷ 单击"标注"工具栏中的"多重引线"按钮↗，对平键主视图中的倒角进行标注。至此整幅

图绘制完毕，效果如图 7-92 所示。

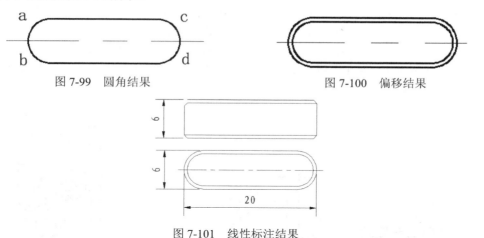

图 7-99　圆角结果　　　　　　　　　图 7-100　偏移结果

图 7-101　线性标注结果

注意：键连接的装配画法除遵循装配图的规定画法外，当剖切平面通过轴的轴线或键的纵向对称平面剖切时，轴和键均按未被剖切绘制，但为了表达键在轴上的安装情况，可在轴上采用局部剖视。

7.9　滚动轴承的选用与绘制

滚动轴承一般由内圈、外圈、滚动体和保持架组成。内圈装在轴上，外圈装在机座或零件的轴承孔内。内外圈上有滚道，当内外圈相对旋转时，滚动体将沿着滚道滚动。滚动体与内外圈的材料应具有高的硬度和接触疲劳强度、良好的耐磨性和冲击韧性。一般用含铬合金钢制造，经热处理后硬度可达 61-65HRC，工作表面须经磨削和抛光。保持架一般用低碳钢板冲压制成，高速轴承的保持架多采用有色金属或塑料。

7.9.1　轴承的选择

为保证轴承正常工作，除正确确定轴承型号外，还要正确设计轴承组合结构，包括轴系的固定、轴承的润滑和密封等。

1. 轴系部件的轴向固定

圆柱齿轮减速器轴承支点跨距较小，尤其是中、小型减速器，其支点跨距常小于 300mm。同时，齿轮传动效率高，温升小，因此轴的热膨胀伸长量很小，所以轴系常采用两端固定方式，两端支点轴承在相反方向各限制轴系一个方向的移动。内圈的轴向固定常用轴肩或套筒，外圈在箱体轴承座孔中，常用轴承盖作轴向固定。

轴承盖与轴承外端面间装有由不同厚度软钢片组成的一组调整垫片，用来补偿轴系零件轴向尺寸制造误差、调整轴承游隙和少量调整齿轮的轴向位置。

2. 轴承的润滑与密封

轴承选定脂润滑或油润滑后，要相应地设计出合理的轴承组合结构，保证可靠的润滑和密封。

1）润滑

（1）脂润滑。当轴承采用脂润滑时，为防止箱内润滑油进入轴承，造成润滑脂稀释而流出，通常在箱体轴承座内端面一侧装设封油盘。其结构尺寸如图 7-102 所示。

（2）油润滑。当浸油齿轮将油溅到箱体内壁上，轴承采用油润滑时（如图 7-103 所示），为使箱盖内壁上的油进入轴承，要在上箱盖分箱面处制出坡口，在箱座分箱面上制出油沟，以及在轴承盖上制出缺口和环形通路。

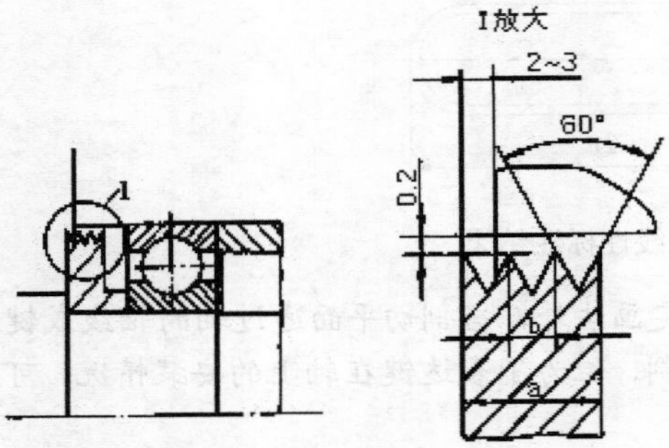

图 7-102　封油盘

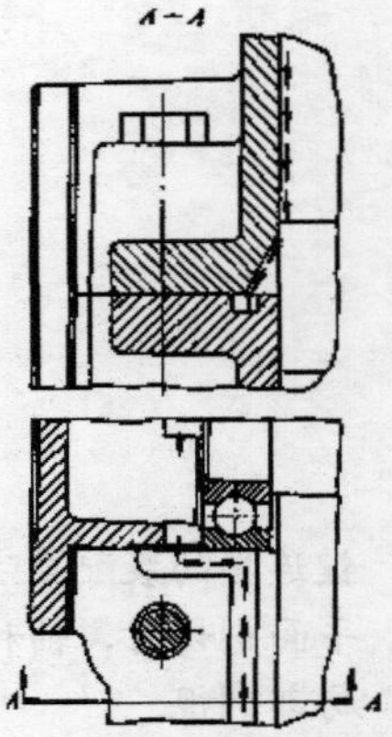

图 7-103　飞溅润滑的油路

2）密封

轴承与外界间的密封装置分为接触式与非接触式两种。

（1）接触式密封

☑ 毡圈密封。毡圈密封结构简单，但磨损快，密封效果差，主要用于脂润滑和接触面速度不超过 5m/s 的场合。

☑ 橡胶圈密封。橡胶圈密封性能好，工作可靠，寿命长，可用于脂润滑和油润滑，轴接触表面圆周速度 $v \leq 7m/s$ 的场合。

（2）非接触式密封

☑ 油沟密封。利用轴与轴承盖孔之间的油沟和微小间隙充满润滑脂实现密封，其间隙愈小，密封效果就愈好。油沟式密封结构简单，但密封效果较差，适用于脂润滑及较清洁的场合。

☑ 迷宫密封。利用固定在轴上的转动元件与轴承盖间构成的曲折而狭窄的缝隙中充满润滑脂来实现密封。迷宫式密封效果好，密封件不磨损，可用于脂润滑和油润滑的密封，一般不受轴表面圆周速度的限制。

3. 轴承的选择

按照承受载荷的方向或公称接触角的不同，滚动轴承可分为向心轴承和推力轴承。向心轴承主要用于承受径向载荷，推力轴承主要承受轴向载荷。

按照滚动体形状，可分为球轴承和滚子轴承。滚子又分为圆柱滚子、圆锥滚子、球面滚子和滚针。

注意：最常用的两种轴承是深沟球轴承和圆锥滚子轴承，其中，深沟球轴承能够承受径向力和少量轴向力，适合于高速传动；圆锥滚子轴承能够同时承受较大的径向力和轴向力，适合于中低速传动。在两者都可以选用的情况下，优先选用深沟球轴承，因为深沟球轴承加工更方便，造价也更便宜。

根据任务书上标明的条件：载荷平稳，由于采用直齿轮，轴承受到径向力和轻微的轴向力作用，所以选择深沟球轴承。

$$L_h = \frac{10^6}{60n}\left(\frac{f_t C}{f_p P}\right)$$

（式 7-2）

公式（7-2）是常用的轴承寿命计算公式，其中 f_t 为温度系数，f_p 为载荷系数，都可以通过查表得到。C 为基本额定动载荷，可在机械设计课程设计手册中查到。P 为当量动载荷，n 代表轴的转速（r/min）。由此公式可确定轴承的寿命或型号。

7.9.2　绘制深沟球轴承

深沟球轴承主要用于承受径向载荷，也可承受一定的轴向载荷。与外形相同的其他类型轴承比较，其摩擦因数小，允许极限转速高，价格低廉，故应用广泛。其流程图如图 7-104 所示。

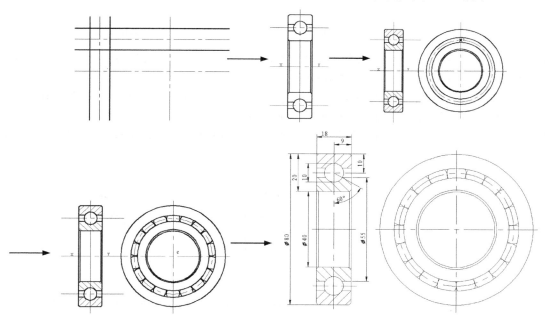

图 7-104　深沟球轴承

操作步骤：（光盘\动画演示\第 7 章\绘制深沟球轴承.avi）

（1）新建文件

选择菜单栏中的"文件"→"新建"命令，弹出"选择样板"对话框，单击"打开"按钮，创建一个新的图形文件。

（2）设置图层

选择菜单栏中的"格式"→"图层"命令，弹出"图层特性管理器"选项板。在该选项板中依次创建"轮廓线"、"点划线"和"剖面线"3 个图层，并设置"轮廓线"图层的线宽为 0.5mm，设置"点划线"图层的线型为 CENTER2。

（3）绘制中心线

将"点划线"图层设置为当前图层，单击"绘图"工具栏中的"直线"按钮，沿水平方向绘制一条长度为 140mm 的中心线，沿竖直方向绘制长度为 96mm 的中心线，并且使这两条中心线之间的距离为 64mm，效果如图 7-105 所示。

（4）绘制主视图

❶ 单击"修改"工具栏中的"偏移"按钮，将图 7-105 中的水平中心线向上偏移，偏移距离为20、30、40，将图 7-105 中左边的竖直中心线分别向左、右偏移，偏移距离为9，并将偏移的直线转换到"轮廓线"图层，结果如图 7-106 所示。

❷ 单击"修改"工具栏中的"修剪"按钮，修剪掉多余的线条，效果如图 7-107 所示。

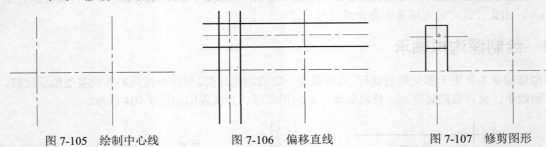

图 7-105　绘制中心线　　　　　图 7-106　偏移直线　　　　　图 7-107　修剪图形

❸ 将"剖面线"图层设置为当前图层，单击"绘图"工具栏中的"直线"按钮，以点 O 为起点，绘制角度为-30°的斜线，效果如图 7-108 所示。

❹ 将当前图层设置为"轮廓线"图层，单击"绘图"工具栏中的"圆"按钮，以图 7-108 中的O 点为圆心，绘制半径为 5mm 的圆，效果如图 7-109 所示。

❺ 单击"绘图"工具栏中的"直线"按钮，过图 7-109 中的 P 点绘制水平直线，效果如图 7-110所示。

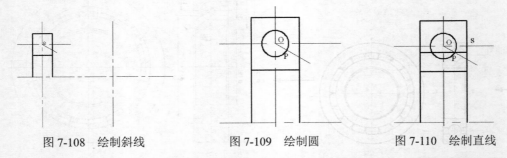

图 7-108　绘制斜线　　　　　图 7-109　绘制圆　　　　　图 7-110　绘制直线

❻ 单击"修改"工具栏中的"镜像"按钮，选择步骤❺中绘制的水平直线为镜像对象，中心线OS 为镜像线，镜像结果如图 7-111 所示。

❼ 单击"修改"工具栏中的"修剪"按钮，修剪掉多余的直线，效果如图 7-112 所示。

❽ 单击"修改"工具栏中的"镜像"按钮，选择图 7-112 中的水平中心线 XY 为镜像线，镜像对象为中心线以上的部分，镜像结果如图 7-113 所示。

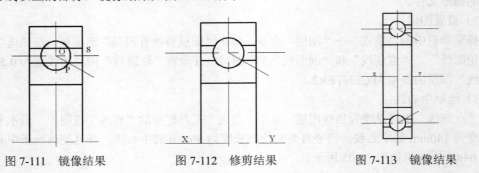

图 7-111　镜像结果　　　　　图 7-112　修剪结果　　　　　图 7-113　镜像结果

❾ 单击"修改"工具栏中的"倒角"按钮 ⌐，对轴承进行距离为 1 的倒角，然后调用"直线"命令绘制倒角线，最后单击"修改"工具栏中的"修剪"按钮 ⊬，修剪掉多余的直线，效果如图 7-114 所示。

（5）绘制剖面线

将当前图层设置为"剖面线"图层，单击"绘图"工具栏中的"图案填充"按钮 ▨，系统打开"图案填充和渐变色"对话框。单击"图案"选项右侧的 ⋯ 按钮，弹出"填充图案选项板"对话框，在 ANSI 选项卡中选择 ANSI31 图案，单击"确定"按钮，回到"图案填充和渐变色"对话框，将"角度"设置为 0°，"比例"设置为 1，其他为默认值。单击"添加:选择对象"按钮，暂时回到绘图窗口中进行选择，选择主视图上相关区域，按 Enter 键再次回到"图案填充和渐变色"对话框，单击"确定"按钮，完成剖面线的绘制，效果如图 7-115 所示。

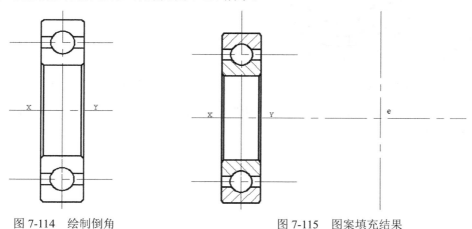

图 7-114　绘制倒角　　　　　　　　　　图 7-115　图案填充结果

（6）绘制左视图

❶ 绘制左视图的轮廓线。将当前图层设置为"轮廓线"图层，单击"绘图"工具栏中的"圆"按钮 ⊙，以图 7-115 中点 e 为中心绘制半径分别为 20、21、27.5、30、32.5、40 的圆，并将半径为 30 的圆转换为"点划线"图层，效果如图 7-116 所示。

❷ 绘制滚动体。单击"绘图"工具栏中的"圆"按钮 ⊙，以图 7-116 中点 o 为中心绘制半径为 5 的圆，然后单击"修改"工具栏中的"修剪"按钮 ⊬，修剪掉多余的直线，效果如图 7-117 所示。

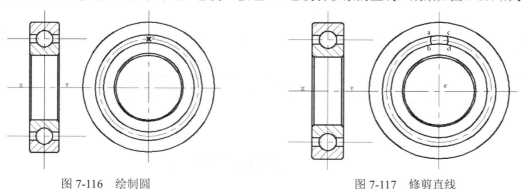

图 7-116　绘制圆　　　　　　　　　　　图 7-117　修剪直线

单击"修改"工具栏中的"环形阵列"按钮 ✛，设置阵列数目为 19，填充角度为 360°，选取中点 e 为阵列中心点，选择图 7-117 中的线段 ab、cd 为阵列对象，效果如图 7-118 所示。

（7）添加标注

❶ 添加线性标注。单击"标注"工具栏中的"线性"按钮 ⊢，对轴承中线性尺寸进行标注，效果如图 7-119 所示。

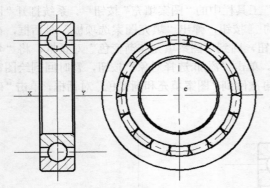

图 7-118　阵列结果

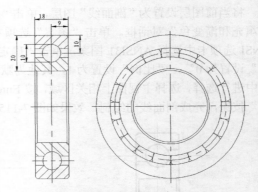

图 7-119　添加线性标注

❷ 添加直径标注。单击"标注"工具栏中的"线性"按钮 ⊢，对图中的直径型尺寸进行标注，效果如图 7-120 所示。

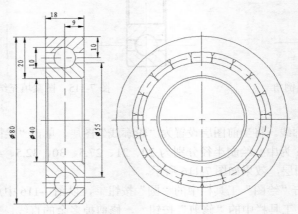

图 7-120　标注直径尺寸

❸ 添加角度标注。单击"标注"工具栏中的"角度"按钮 △，对图中的角度进行标注，效果如图 7-104 所示。

📢 **注意：** 由于滚动轴承是标准件，所以不必画出各个组成部分的零件图。在装配图中，可按国家标准规定的滚动轴承的简化画法和规定画法来表示。减速器其余附件的选用及绘制在前面章节中均有提及，这里不再赘述。

7.10　实践与操作

通过本章的学习，读者对本章知识也有了大体的了解，本节将通过两个实践操作帮助读者进一步掌握本章的知识要点。

7.10.1　绘制传动轴

1.　目的要求

传动轴是同轴回转体，是对称结构，可以利用"直线"和"偏移"命令来完成图形的绘制，也可以利用图形的对称性，只需绘制图形的一半再利用"镜像"命令处理来完成，如图 7-121 所示。

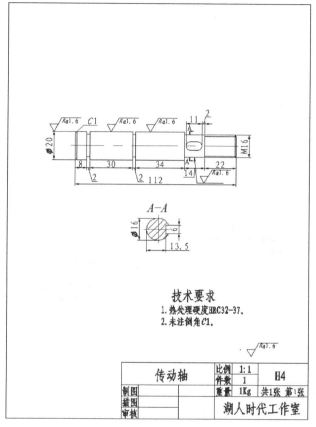

图 7-121　传动轴

2.　操作提示

（1）利用"直线"、"圆"、"偏移"和"修剪"命令绘制传动轴主视图。

（2）利用"直线"、"偏移"和"修剪"命令绘制剖视图。

（3）利用"图案填充"命令填充图形。

（4）为传动轴标注尺寸并标注文字说明。

7.10.2　绘制内六角螺钉

1.　目的要求

内六角螺钉的结构比较简单，由主视图和俯视图组成，其主视图和俯视图都有很强的对称性，因此可以先绘制具有对称的一部分，然后再镜像得到另一部分。但本例直接绘制更为简单，因此本例没有使用镜像法，而是直接绘制，如图 7-122 所示。

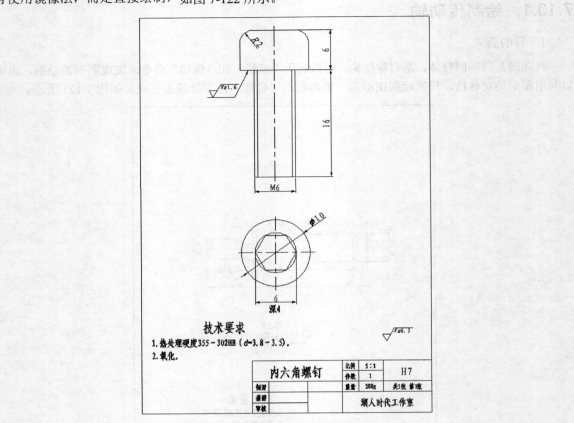

技术要求
1. 热处理硬度355~302HB（d=3.8~3.5）。
2. 氧化。

内六角螺钉	比例	5:1	H7
	件数	1	
制图	重量	200g	共1张 第1张
描图			
审核		潮人时代工作室	

图 7-122　内六角螺钉设计

2. 操作提示

（1）利用"直线"、"圆"和"多边形"命令绘制螺母俯视图。

（2）利用"直线"、"圆"、"偏移"和"修剪"命令绘制主视图。

（3）为传动轴标注尺寸并标注文字说明。

第 **8** 章

减速器装配设计

表达机器（或部件）的图样称为装配图。在进行设计、装配、调整、检验、安装、使用和维修时都需要装配图，它是设计部门提交给生产部门的重要技术文件。在设计（或测绘）机器时，首先要绘制装配图，然后再拆画零件图。装配图要反映出设计者的意图，表达出机器（或部件）的工作原理、性能要求、零件间的装配关系和零件的主要结构形状，以及在装配、检验、安装时所需要的尺寸数据和技术要求。

本章将讲述装配图的有关基本理论和减速器装配图的绘制思路与方法。

☑ 装配图概述   ☑ 减速器整体设计与装配图绘制

任务驱动&项目案例

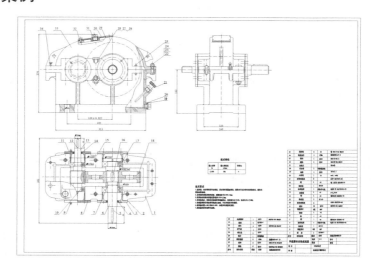

8.1　装配图概述

下面简要介绍装配图的内容以及装配图的一般表达方法。

8.1.1　装配图的内容

装配图一般包括以下 4 项内容。

（1）一组图形：用一组图形完整清晰地表达机器或部件的工作原理、各零件间的装配关系（包括配合关系、连接关系、相对位置及传动关系）和主要零件的结构形状。

（2）几种尺寸：根据由装配图拆画零件图以及装配、检验、安装、使用机器的需要，在装配图中必须标注反映机器（或部件）的性能、规格、安装情况、部件或零件间的相对位置、配合要求和机器的总体大小尺寸。

（3）技术要求：用文字或符号注写出机器（或部件）的质量、装配、检验、使用等方面的要求。

（4）标题栏、编号和明细表：根据生产组织和管理工作的需要，按一定的格式，将零部件进行编号，并填写明细表和标题栏。

8.1.2　机器（或部件）的装配表达方法

1．规定画法

（1）剖面线的画法

在装配图中，两个相邻金属零件的剖面线应画成倾斜方向相反或间隔不同，但同一零件在各剖视图和断面图中的剖面线倾斜方向和间隔均应一致。对于视图上两轮廓线间的距离不大于 2mm 的剖面区域，其剖面符号用涂黑表示，例如垫片的剖面表示。

（2）标准件及实心件的表达方法

在装配图中，对于标准件及轴、连杆、球、杆件等实心零件，若按纵向剖切且剖切平面通过其对称平面或轴线时，这些零件按不剖绘制。如果需要特别表明这些零件上的结构，如凹槽、键槽、销孔等，则可采用局部剖视表示。

（3）零件接触面与配合面的画法

在装配图中，两个零件的接触表面和配合表面只画一条线，而不接触的表面或非配合表面之间则应画成两条线，分别表示它们的轮廓。

2．特殊画法

（1）拆卸画法

当机器或部件上的某些零件在某一视图中遮住了其他需要表达的部分时，可假想沿零件的结合面剖切或假想将某些零件拆卸后再画出该视图。当采用沿零件的接合面剖切时，零件上的接合面不画剖面线，也可以不加标注。

（2）单个零件的表达方法

当某个零件需要表达的结构形状在装配图中尚未表达清楚时，允许单独画出该零件的某个视图（或剖视图、断面图），并按向视图（或剖视图、断面图）的标注方法进行标注。

（3）夸大画法

对于某些薄垫片、较小间隙、较小锥度等，按其实际尺寸画出不能表达清楚时，允许将尺寸适当

Note

加大后画出。

（4）假想投影画法

❶ 对于有一定活动范围的运动零件，一般画出它们的一个极限位置，另一个极限位置可用双点划线画出。

❷ 用双点划线还可以画出与部件有安装、连接关系的其他零部件的假想投影。

3. 简化画法

（1）对于装配图中若干相同的零件组，如螺纹紧固件等，可仅详细地画出一组或几组，其余只需用点划线表示其装配位置即可。

（2）对于零件的工艺结构，如小圆角、倒角、退刀槽等，可允许省略不画。

（3）当剖切平面通过某些部件的对称中心线或轴线时，该部件可按不剖绘制，只画其外形即可。

8.1.3　装配图的视图选择

1. 选择主视图

（1）工作位置

机器或部件工作时所处的位置称为工作位置。为了使装配工作更加方便，读图更加符合习惯，在选择主视图时应先确定机器或部件如何摆放。通常将机器或部件按工作位置摆放。有些机器或部件，如滑动轴承、阀类等，由于应用场合不同，可能有不同的工作位置，可将其常见或习惯的位置确定为摆放位置。

（2）部件特征

反映机器或部件工作原理的结构、各零件间装配关系和主要零件结构形状等称为部件特征。在确定主视图的投射方向时，应考虑能清楚地显示机器或部件尽可能多的特征，特别是装配关系特征。通常，机器或部件中各零件是沿一条或几条轴线装配起来的，这些轴线称为装配干线。每一条装配干线反映了这条轴线上各零件间的装配关系。

2. 选择其他视图

主视图确定之后，再根据装配图应表达的内容，检查还有哪些没有表达或尚未表达清楚的内容。根据此选择其他视图来表达这些内容。选择其他视图，一般首先考虑左视图或俯视图，其次考虑其他视图。所选的每个视图都应有明确的表达目的。

8.1.4　装配图的尺寸

装配图与零件图在生产中的作用不同，对标注尺寸的要求也不相同。装配图只标注与机器或部件的规格、性能、装配、检验、安装、运输及使用等有关的尺寸。

1. 特性尺寸

表示机器或部件规格或性能的尺寸为特性尺寸。它是设计的主要参数，也是用户选用产品的依据。

2. 装配尺寸

表示机器或部件中与装配有关的尺寸为装配尺寸。它是装配工作的主要依据，是保证机器或部件的性能所必需的重要尺寸。装配尺寸一般包括配合尺寸、连接尺寸和重要的相对位置尺寸。

（1）配合尺寸

配合尺寸是指相同基本尺寸的孔与轴有配合要求的尺寸，一般由基本尺寸和表示配合种类的配合代号组成。

（2）连接尺寸

连接尺寸一般包括非标准件的螺纹连接尺寸及标准件的相对位置尺寸。对于螺纹紧固件，其连接部分的尺寸由明细表中的名称反映出来。

（3）相对位置尺寸

❶ 主要轴线到安装基准面之间的距离。

❷ 主要平行轴之间的距离。

❸ 装配后两零件之间必须保证的间隙。

3．外形尺寸

表示机器或部件的总长、总宽和总高的尺寸为外形尺寸。它反映了机器或部件所占空间的大小，是包装、运输、安装以及厂房设计所需要的数据。

4．安装尺寸

表示机器或部件与其他零件、部件、机座间安装所需要的尺寸为安装尺寸。

装配图中除上述尺寸外，设计中通过计算确定的重要尺寸及运动件活动范围的极限尺寸等也需要标注。

8.1.5　装配图的零件序号、明细表和技术要求

1．序号

（1）零件序号注写在指引线的水平线上或圆内，序号字高比图中尺寸数字字高大一号或两号，同一张装配图上零件序号的注写形式应一致。

（2）零件序号的指引线从零件的可见轮廓内用细实线引出，指引线在零件内末端画一个小圆点。小圆点的直径等于粗实线的宽度。若所指部分很薄或为涂黑的剖面不便画圆点时，可在指引线末端画箭头指向该部分的轮廓。

（3）零件序号的指引线不能互相交叉。指引线通过剖面区域时，也不应与剖面线平行。必要时指引线可画成折线，但只可曲折一次。

（4）一组紧固件或装配关系清楚的零件组，可采用公共指引线进行编号。

（5）装配图中序号应按水平或垂直方向排列，并按一定方向依次排列整齐。在整个图上无法连续时，可只在每个水平或垂直方向依次排列。

2．明细表

明细表是说明零件序号、代号、名称、规格、数量、材料等内容的表格，画在标题栏的上方，外框为粗实线，内格为细实线，假如空间不够，也可将明细表分段依次画在标题栏的左方。

3．技术要求

在装配图的空白处，用简明的文字说明对机器或部件的性能要求、装配要求、试验和验收要求、外观和包装要求、使用要求以及执行标准等内容。

8.2　减速器整体设计与装配图绘制

首先设计轴系部件。通过绘图设计轴的结构尺寸，确定轴承的位置。传动零件、轴和轴承是减速器的主要零件，其他零件的结构和尺寸随这些零件而定。绘制装配图时，要先画主要零件，后画次要

零件；由箱内零件画起，逐步向外画；先画中心线和轮廓线，结构细节可先不画；以一个视图为主，兼顾其他视图。流程图如图 8-1 所示。

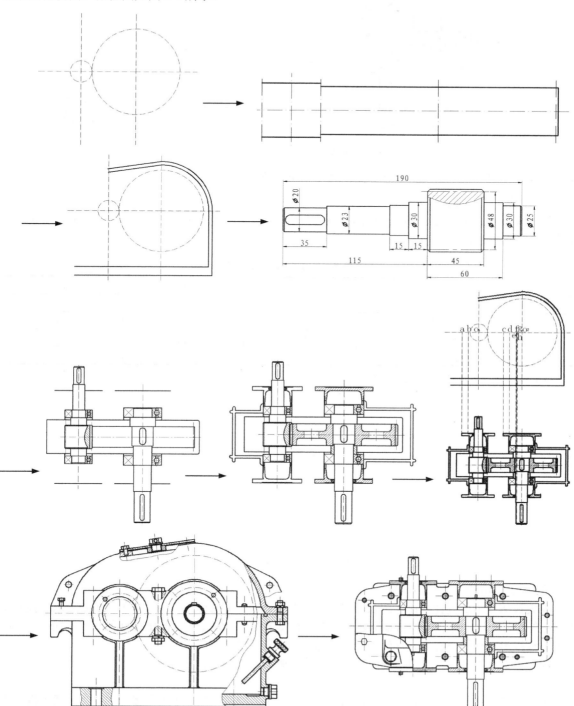

图 8-1　减速器整体设计与装配图绘制

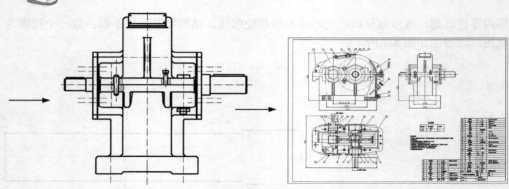

图 8-1　减速器整体设计与装配图绘制（续）

操作步骤：（光盘\动画演示\第 8 章\减速器整体设计与装配图绘制.avi）

（1）估算减速器的轮廓尺寸

估算减速器的轮廓尺寸（由表 8-1 提供的数据）可作为图 8-2 所示视图布置（估算减速器轮廓尺寸的大小）的参考。

表 8-1　视图大小估算表

	A	B	C
一级圆柱齿轮减速器	3a	2a	2a
二级圆柱齿轮减速器	4a	2a	2a
圆锥一圆柱齿轮减速器	4a	2a	2a
一级蜗杆减速器	2a	3a	2a

注：a 为传动中心距。对于二级传动，a 为低速级的中心距。

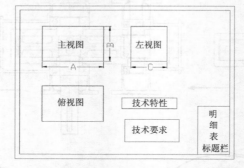

图 8-2　视图布置参考图

（2）确定齿轮中心线的位置

在大致估算了所设计减速器的长、宽、高外形尺寸后，考虑标题栏、明细表、技术要求、技术特性、零件编号、尺寸标注等所占幅面，确定 3 个视图的位置，画出各视图中传动件的中心线。中心线的位置直接影响视图布置的合理性，经审定适宜后再往下进行。

❶ 选择菜单栏中的"文件"→"新建"命令，弹出"选择样板"对话框，单击"打开"按钮，创建一个新的图形文件。

❷ 选择菜单栏中的"格式"→"图层"命令，弹出"图层特性管理器"选项板。在该选项板中依次创建"轮廓线"、"点划线"和"剖面线" 3 个图层，并设置"轮廓线"图层的线宽为 0.3mm，"点划线"图层的线型为 CENTER2。

将"点划线"图层设置为当前图层，单击"绘图"工具栏中的"直线"按钮，绘制三视图的中心线，其中，两条水平线的距离为 378，3 条竖直线之间的距离分别为 120 和 377，中心线的长度适当指定，如图 8-3 所示。

> 注意：中心线的作用是确定减速器三视图的布置位置和主要结构的相对位置，长度不需要很精确，且可以根据需要随时调整其长度，相互之间的间距则要看中心线所表示的具体含义来分别对待：不同视图间的中心线间距可以不太精确，可以调节此间距来调节视图之间的距离。例如图 8-3 中的两条水平线分别代表主视图和俯视图中的位置线，这个间距不需要很精确，而左边两条竖直线分别表示主视图中的两个齿轮轴之间的距离，这个间距数值要求很精确，否则设计出来的结构就有问题。总结一句话就是，中心线是布图的骨架，视图之间的中心线之间的间距可以大略估计设置，但同一视图内的中心线之间的间距必须准确。

（3）画出齿轮的轮廓尺寸线

❶ 单击"绘图"工具栏中的"圆"按钮，在主视图中绘制两个齿轮的分度圆，分度圆半径分别为 24 和 96，效果如图 8-4 所示。

图 8-3　绘制中心线　　　　　　　图 8-4　主视图绘制齿轮

❷ 单击"绘图"工具栏中的"直线"按钮，在俯视图中绘制各个齿轮的分度圆和齿顶圆以及齿轮的宽度，其中，中心线和齿轮啮合线都要与主视图对齐，大齿轮齿顶线与分度圆线距离为 2。效果如图 8-5 所示。

> 注意：通常小齿轮的宽度比大齿轮的宽度宽 5~8mm，此处大齿轮宽度为 40mm，小齿轮宽度为 45mm。

（4）确定箱体轴承座的位置

❶ 单击"绘图"工具栏中的"直线"按钮，在俯视图中绘制机体内壁线，效果如图 8-6 所示。此时根据大小齿轮的尺寸，设计的箱体内壁宽为 65，内壁右端到右边中心线距离为 107。至于内壁左边到左边中心线的距离，则不仅要考虑小齿轮齿顶到箱体内壁的距离，而且要考虑后面要设计的箱体与箱盖联结的螺孔不要与箱体上的轴承座孔干涉，所以箱体内壁左边可以先不绘制或大约设置为到左边中心线的距离为 60，如果不合适，则在后面再进行调整。

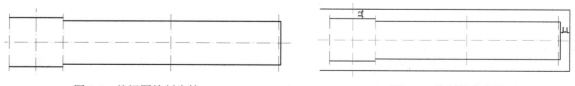

图 8-5　俯视图绘制齿轮　　　　　　图 8-6　绘制机体内壁

> 注意：为了避免齿轮与机体内壁相碰，齿轮与机体壁应留有一定的距离，一般取机体内壁与小齿轮端面的距离 $L_2 \geq$ 箱座壁厚，大齿轮顶圆与箱体内壁距离为 $L_1 \geq$ 箱座壁厚，箱座壁厚取为 8，所以取 L_1 为 9mm，L_2 为 10mm。

❷ 单击"绘图"工具栏中的"直线"按钮，在俯视图中确定轴承座的位置，效果如图 8-7 所示。

注意：对于剖分式齿轮减速器，箱体轴承座内端面常为箱体内壁。轴承座的宽度 B 取决于壁厚 L、轴承旁连接螺栓 d_1 及其所需的扳手空间 c_1 和 c_2 的尺寸以及区分加工面与毛坯面所留出的尺寸（5~8mm）。因此，轴承座宽度 $B = L + c_1 + c_2 + 5 \sim 8mm$，其中壁厚 $L = 0.025a + 1 \geqslant 8$，在此取 8mm，$c_1$ 和 c_2 是由轴承旁连接螺栓决定的，连接螺栓选用 M12，查表可得，c_1 和 c_2 为 18mm 和 16mm，这样可得 B 为 50mm。

❸ 单击"绘图"工具栏中的"圆"按钮⊙和"直线"按钮╱，在主视图中确定箱体壁厚，效果如图 8-8 所示。

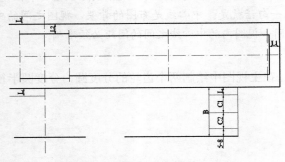

图 8-7　确定轴承座位置

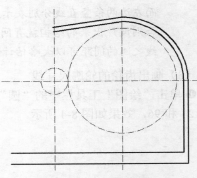

图 8-8　主视图箱体壁厚

（5）确定轴的位置

阶梯轴径向尺寸在第 7 章中已经确定了，按照第 6 章 6.5 节中绘制圆柱齿轮轴的方法绘制减速器中的齿轮轴，其各部分尺寸如图 8-9 所示。

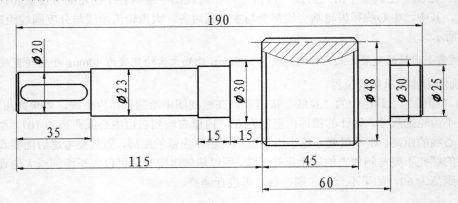

图 8-9　齿轮轴

注意：由于齿轮上方是剖开的，所以齿根圆、分度圆和齿顶圆轮廓线都应存在。左边没有剖开，因此只画出其外形即可，也就是说只需画出其齿顶圆轮廓线，用点划线表示分度圆直径。

最后将绘制的齿轮轴与第 7 章绘制的低速轴均插入到图 8-7 中，效果如图 8-10 所示。

注意：为了保证套筒完全顶到齿轮上，轴的长度应伸进齿轮宽度图线边界 3~4mm，如图 8-10 所示。

（6）确定轴承与键的位置

❶ 轴承选择的是深沟球轴承，其型号分别为 6205 和 6207。其中，型号为 6207 的轴承在第 5 章中已经绘制过，按照相同的方法绘制型号为 6205 的轴承，然后定义为块插入到图 8-10 中，效果如

图 8-11 所示。

注意：在装配图中用规定画法绘制滚动轴承时，轴承的保持架及倒角等均省略不画。一般只在轴的一侧用规定画法表达轴承，在轴的另一侧按通用画法绘制，即在轴的两侧用粗实线矩形线框及位于线框中央的斜十字符号表示。

在用规定画法绘制轴承时，轴承的滚动体不画剖面线，其内外圈的剖面线应画成同方向、同间隔的。

另外，滚动轴承应与箱体内边保持一段距离，如图 8-11 所示。

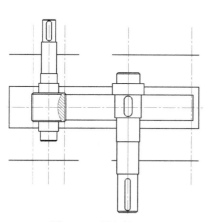

图 8-10　插入轴

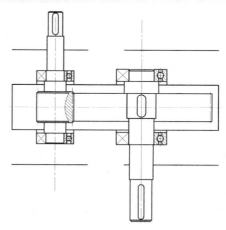

图 8-11　插入轴承

❷ 根据轴径尺寸，查机械设计课程设计手册得到：高速轴与 V 带轮连接的键为：键 C8×30 GB 1096—79；大齿轮与轴连接的键为：键 12×32 GB 1096—79；低速轴与联轴器的键为：键 C8×50 GB 1096—79。按各个键的尺寸绘制键，效果如图 8-12 所示。

（7）绘制轴承盖

轴承盖用于固定轴承，调整轴承间隙及承受轴向载荷，多用铸铁制造。凸缘式轴承盖的结构尺寸如图 8-13 所示。

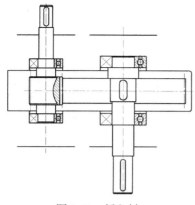

图 8-12　插入键

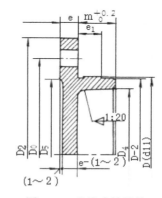

图 8-13　凸缘式轴承盖

其中，$e=1.2d_3$，d_3 为螺钉直径；$D_0=D+(2\sim2.5)d_3$，D 为轴承外径；$D_2=D_0+(2.5\sim3)d_3$；$D_4=(0.85\sim0.9)D$；$D_5=D_0-(2.5\sim3)d_3$，m 由结构确定。下面以低速轴轴承端盖为例介绍其画法。

❶ 将"点划线"图层设置为当前图层，然后单击"绘图"工具栏中的"直线"按钮，绘制水

平中心线。

❷ 将"轮廓线"图层设置为当前图层，再次单击"绘图"工具栏中的"直线"按钮，命令行提示与操作如下：

```
命令：_line 指定第一点：（在步骤❶绘制的水平中心线上选择一点）
指定下一点或 [放弃(U)]：（@52.5<90↙）
指定下一点或 [放弃(U)]：（@7.2<0↙）
指定下一点或 [闭合(C)/放弃(U)]：（@17.5<270↙）
指定下一点或 [闭合(C)/放弃(U)]：（@1.75<0↙）
指定下一点或 [闭合(C)/放弃(U)]：（@1<90↙）
指定下一点或 [闭合(C)/放弃(U)]：（@9<0↙）
指定下一点或 [闭合(C)/放弃(U)]：（@1<270↙）
指定下一点或 [闭合(C)/放弃(U)]：（@6.45<0↙）
指定下一点或 [闭合(C)/放弃(U)]：（@2.48<270↙）
指定下一点或 [闭合(C)/放弃(U)]：（@17.2<180↙）
指定下一点或 [闭合(C)/放弃(U)]：（@32.52<-90↙）
```

效果如图 8-14 所示。

❸ 单击"修改"工具栏中的"偏移"按钮，将图 8-14 中线段 ab 向下偏移，偏移距离为 2，得到线段 cd，然后连接直线 bc，并单击"修改"工具栏中的"修剪"按钮，修剪掉多余的直线，效果如图 8-15 所示。

❹ 单击"修改"工具栏中的"圆角"按钮，命令行提示与操作如下：

```
命令：_fillet
当前设置：模式 = 不修剪，半径 = 16.0000
选择第一个对象或 [放弃(U)/多段线(P)/半径(R)/修剪(T)/多个(M)]：t↙
输入修剪模式选项 [修剪(T)/不修剪(N)] <修剪>：t↙
选择第一个对象或 [放弃(U)/多段线(P)/半径(R)/修剪(T)/多个(M)]：r↙
指定圆角半径 <16.0000>：7↙
选择第一个对象或 [放弃(U)/多段线(P)/半径(R)/修剪(T)/多个(M)]：（选择图 8-15 中的
直线bc）
选择第二个对象，或按住 Shift 键选择对象以应用角点或 [半径(R)]：（选择图 8-15 中的直线 ce）
```

效果如图 8-16 所示。

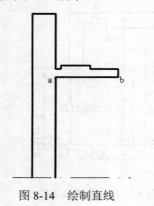
图 8-14　绘制直线

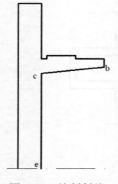
图 8-15　绘制斜线

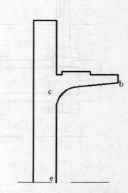
图 8-16　绘制圆角

❺ 单击"修改"工具栏中的"镜像"按钮，选择图 8-16 中水平中心线以上部分为镜像对象，水平中心线为镜像线，镜像结果如图 8-17 所示。

❻ 单击"修改"工具栏中的"偏移"按钮，将图 8-17 中的直线 ab 向右偏移，偏移距离为 1，

将水平中心线向上、下偏移，偏移距离为 35，并将其转换到"轮廓线"图层。单击"修改"工具栏中的"修剪"按钮✦，修剪掉多余的线段，在相应的位置绘制圆角，将当前图层设置为"剖面线"图层，单击"绘图"工具栏中的"图案填充"按钮🗒，选择图上相关区域，完成剖面线的绘制，效果如图 8-18 所示。

用相同的方法绘制高速轴上的轴承端盖，效果如图 8-19 所示。

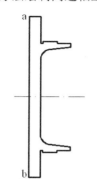
图 8-17　镜像结果

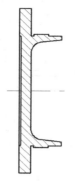
图 8-18　添加剖面线

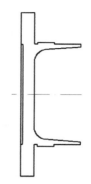
图 8-19　高速轴轴承端盖

❼ 单击"修改"工具栏中的"移动"按钮✛，将绘制的轴承端盖插入到装配图中，效果如图 8-20 所示。

❽ 单击"绘图"工具栏中的"直线"按钮╱，绘制输油沟，并且补画直线，效果如图 8-21 所示。

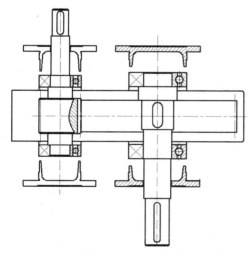

图 8-20　插入轴承端盖

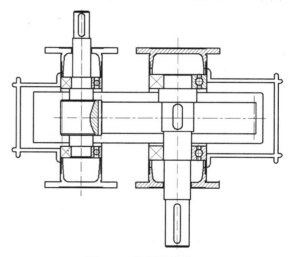
图 8-21　绘制输油沟

（8）插入大齿轮

❶ 将第 7 章中绘制的大齿轮插入到装配图中，效果如图 8-22 所示。

❷ 局部放大两齿轮啮合部分，并对啮合部分进行修改，删除多余的直线，同时改变大齿轮的剖面线的方向，局部图形如图 8-23 所示。

📢 注意：相邻两个零件的剖面线方向应相反。在剖切平面通过两啮合齿轮轴线的剖视图中，啮合区内的两节线重合（即点划线重合），两齿轮的齿根线均画成粗实线，一个齿轮的齿顶线画成粗实线，另一个齿轮的齿顶线被挡住可以画成虚线或者不画，如图 8-23 所示。

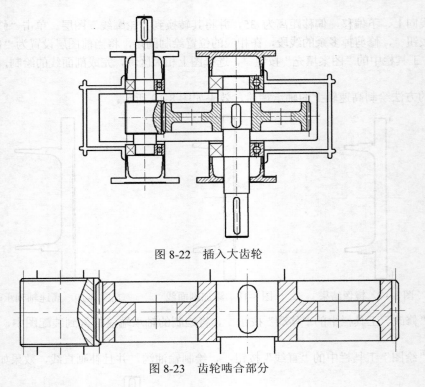

图 8-22　插入大齿轮

图 8-23　齿轮啮合部分

（9）补画俯视图中其他部分

❶ 绘制油封毡圈。

注意：毡圈为标准件，其形式和尺寸应符合国家标准。如图 8-24 所示，将 D 稍大于 D_0，B 大于 b，d_1 稍小于轴径 d 的矩形截面浸油毡圈嵌入梯形槽中，对轴产生压紧作用，从而实现密封。

查机械设计课程设计手册得到与轴相配合的毡圈尺寸，将绘制的毡圈插入到装配图中，局部效果如图 8-25 所示。

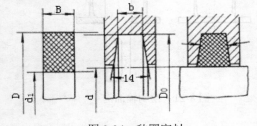

图 8-24　毡圈密封

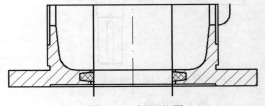

图 8-25　插入毡圈

❷ 绘制套筒。单击"绘图"工具栏中的"直线"按钮，在低速轴上绘制套筒以固定齿轮与轴承，然后单击"修改"工具栏中的"修剪"按钮，修剪掉多余的直线，最后单击"绘图"工具栏中的"图案填充"按钮，将套筒进行图案填充。局部图形如图 8-26 所示，俯视图先绘制到此。

注意：套筒剖面线的方向一定要与大齿轮剖面线的方向相反。

（10）绘制主视图

❶ 绘制轴与轴承端盖。单击"绘图"工具栏中的"直线"按钮，利用"对象捕捉"和"正交"

Note

功能从俯视图绘制投影定位线，如图 8-27 所示。

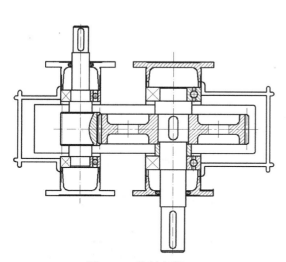

图 8-26 绘制套筒

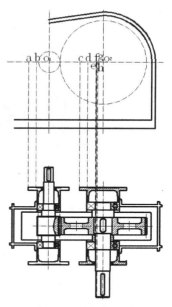

图 8-27 绘制投影线

单击"绘图"工具栏中的"圆"按钮⊙，在主视图中分别以 O_1、O_2 为圆心，O_1、O_2c、O_2d、O_2e、O_2f、O_2g、O_2h 为半径绘制圆，从而得到轴与轴承端盖在主视图中的投影，效果如图 8-28 所示。

❷ 绘制轴承端盖螺钉。调用相应命令绘制轴承端盖螺钉，每个轴承端盖上均布 4 个螺钉，并且将绘制的螺钉对应到俯视图中。局部图形如图 8-29 所示。

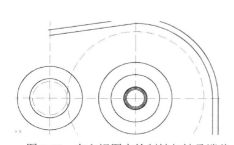

图 8-28 在主视图中绘制轴与轴承端盖

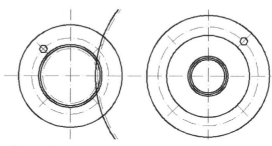

图 8-29 绘制螺钉

❸ 确定轴承座孔两侧螺栓位置。单击"修改"工具栏中的"偏移"按钮⤴，将左边的竖直中心线向左偏移 42.5mm，向右偏移 60mm，右边的竖直中心线向右偏移 52.5mm，作为凸台连接螺栓的位置。局部图形如图 8-30 所示。

◀ 注意：轴承座孔两侧螺栓的距离不宜过大也不宜过小，一般取凸缘式轴承盖的外圆直径。距离过大，不设凸台轴承刚度差，如图 8-31 所示；距离过小，螺栓孔可能与轴承盖螺孔干涉，还可能与输油沟干涉，为保证扳手空间，将会不必要地加大凸台高度，如图 8-32 所示。

❹ 确定凸台高度。单击"修改"工具栏中的"偏移"按钮⤴，将图 8-33 中的直线 ab 向右偏移 18mm，与轴承盖外径圆交于点 c，cd 即为凸台的高度，接着将直线 ab 向左偏移 16mm，然后单击"绘图"工

具栏中的"直线"按钮✎，过得到的 c 点作一条直线 m，最后单击"修改"工具栏中的"镜像"按钮 ⚊，以水平中心线为镜像线，对直线 m 作镜像处理，效果如图 8-33 所示。

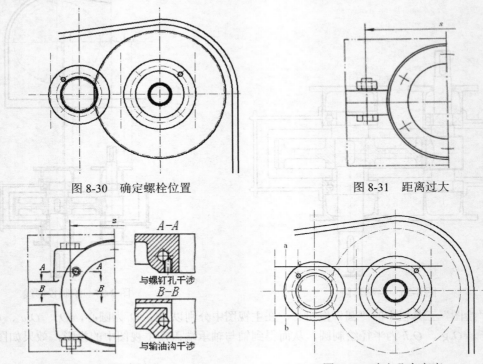

图 8-30　确定螺栓位置　　　　　　　　　　　图 8-31　距离过大

图 8-32　距离过小　　　　　　　　　　图 8-33　确定凸台高度

🔊 **注意：** 凸台高度 h 由连接螺栓中心位置 s 值和保证装配时有足够的扳手空间 C_1 来确定。其确定过程如图 8-34 所示。为了使制造加工方便，各轴承座凸台高度应当一致。

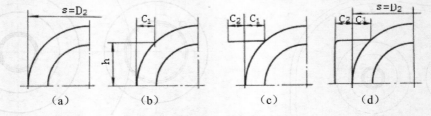

　　　　(a)　　　　　　　　(b)　　　　　　　　(c)　　　　　　　　(d)

图 8-34　凸台高度确定过程

　　单击"修改"工具栏中的"偏移"按钮⧉，将水平中心线向上、下偏移，偏移距离为 12mm，并将偏移的直线转换到"轮廓线"图层，然后单击"修改"工具栏中的"修剪"按钮⊬，修剪掉多余的直线，效果如图 8-35 所示。

🔊 **注意：** 为了保证箱盖与箱座的连接刚度，箱盖与箱座的连接凸缘应较箱壁厚度厚些，约为 1.5 倍的箱壁厚度。

　　❺ 绘制连接螺栓。螺栓连接装配图的具体画法在前面内容中已经介绍过，在此只需画出其中一个连接螺栓的剖视图，其余用点划线表示即可，如图 8-36 所示。

　　❻ 绘制箱上吊钩。单击"绘图"工具栏中的"直线"按钮✎和"圆"按钮⊙，绘制箱上的吊钩，效果如图 8-37 所示。

❼ 绘制视孔盖。在第 3 章中已经绘制过通气器。单击"修改"工具栏中的"移动"按钮 ✛，将通气器移动到图示的位置，如图 8-38 所示，然后单击"修改"工具栏中的"旋转"按钮 ◯，将移动后的通气器旋转 9°。局部效果如图 8-39 所示。

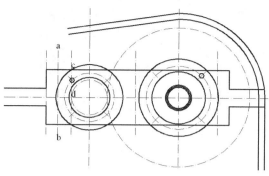

图 8-35   确定凸缘厚度

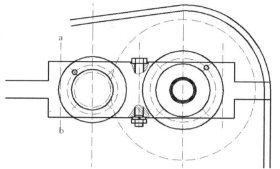

图 8-36   绘制连接螺栓

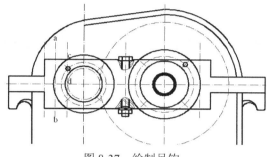

图 8-37   绘制吊钩

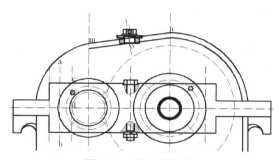

图 8-38   移动通气器

单击"修改"工具栏中的"偏移"按钮 ⏚，将图 8-39 中的直线 mn 向上偏移，偏移距离为 4mm 作为视孔盖的厚度，然后绘制连接螺钉，最后单击"修改"工具栏中的"修剪"按钮 ⊹，修剪掉多余的直线。最终效果如图 8-40 所示。

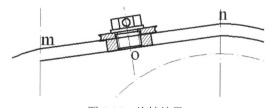

图 8-39   旋转结果

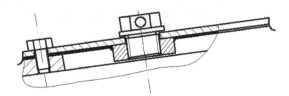

图 8-40   绘制视孔盖

❽ 插入油标和放油孔。在第 3 章中已经绘制过油标和放油孔。单击"修改"工具栏中的"移动"按钮 ✛，将油标和放油孔插入到图示的位置，也可以单击"绘图"工具栏中的"插入块"按钮 ▣，将需要的图块插入到图中合适的位置，如图 8-41 所示。

🔊 注意：在绘制油标孔位置和角度时，如果箱体挂钩在箱体中间部位油标孔的上方，要注意保证油标在插入和取下的过程中不与箱体的挂钩位置出现干涉。在绘制放油孔位置时，要使放油孔最下图线位置比箱体底部图线低，这样才能保证箱体中所有的油放净。

❾ 补画图形。调用相应的菜单命令补画主视图中的其他图形，如起盖螺钉、销等。最终效果如图 8-42 所示。

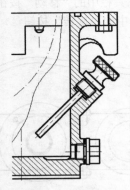

图 8-41　插入油标和放油孔

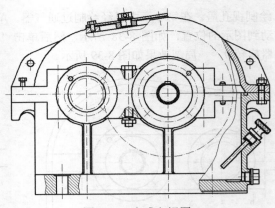

图 8-42　完成主视图

（11）补全俯视图

调用相关菜单命令根据主视图补画俯视图，然后单击"修改"工具栏中的"修剪"按钮，修剪掉多余的线段。最终效果如图 8-43 所示。

（12）绘制左视图

❶ 将"点划线"图层设置为当前图层，单击"绘图"工具栏中的"直线"按钮，绘制两条中心线，如图 8-44 所示。

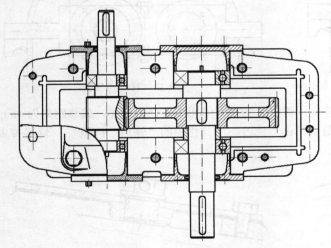

图 8-43　完成俯视图

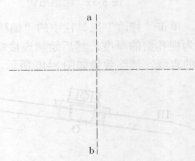

图 8-44　绘制中心线

❷ 再次单击"绘图"工具栏中的"直线"按钮，利用"对象捕捉"和"正交"功能从主视图绘制投影定位线，然后单击"修改"工具栏中的"偏移"按钮，将图 8-44 中的竖直中心线向左、右偏移，偏移距离分别为 40.5、60、80、84.5、89.5，如图 8-45 所示。

❸ 单击"修改"工具栏中的"修剪"按钮，修剪掉多余的线段，并将修剪完留下的图形转换到"轮廓线"层，效果如图 8-46 所示。

❹ 单击"修改"工具栏中的"偏移"按钮，将图 8-46 中的竖直中心线 ab 向左、右偏移，偏移距离为 81.75 和 82.5，并将偏移的直线转换到"轮廓线"图层，然后单击"修改"工具栏中的"修剪"按钮，修剪掉多余的线段，效果如图 8-47 所示。

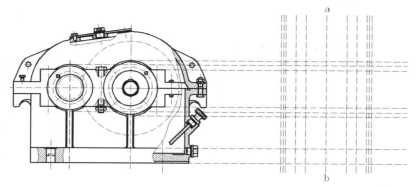

图 8-45　绘制左视图定位线

❺ 单击"修改"工具栏中的"偏移"按钮 ⚏ 在左视图中绘制凸台，将左视图中水平中心线向上、下偏移 12，并将偏移的直线转换到"轮廓线"图层。单击"绘图"工具栏中的"直线"按钮 ✎ 和"修改"工具栏中的"修剪"按钮 ⊹，绘制相应直线并修剪掉多余的线段，然后调用相应菜单命令在左视图中绘制吊钩，效果如图 8-48 所示。

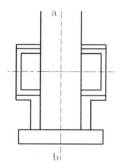

图 8-46　修剪图形

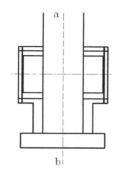

图 8-47　偏移直线

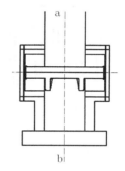

图 8-48　绘制凸台与吊钩

❻ 单击"修改"工具栏中的"偏移"按钮 ⚏，将图 8-48 中的竖直中心线 ab 向左、右偏移，偏移距离为 59.75 作为箱盖与箱座连接螺栓中心线位置，偏移距离为 60 作为底座螺栓中心线位置。然后单击"绘图"工具栏中的"直线"按钮 ✎，根据主视图得到轴承端盖上螺钉中心线位置。最后单击"修改"工具栏中的"修剪"按钮 ⊹，修剪掉多余的直线，效果如图 8-49 所示。

❼ 单击"修改"工具栏中的"偏移"按钮 ⚏，将图 8-49 中的竖直中心线 ab 向左、右偏移，偏移距离为 51.1 和 30.6，分别为定位销和起盖螺钉的中心线位置，这两个距离是由俯视图中定位销和起盖螺钉位置决定的。然后单击"修改"工具栏中的"修剪"按钮 ⊹，修剪掉多余的线段，定位销和起盖螺钉在前面已经绘制过。用同样的方法，将水平中心线向上、下偏移 20.3、30.4，单击"修改"工具栏中的"移动"按钮 ✛，将其移动到合适位置，并且调用"样条曲线"和"图案填充"命令绘制剖面线，最终效果如图 8-50 所示。

❽ 单击"绘图"工具栏中的"直线"按钮 ✎，绘制高速轴与低速轴在左视图中可见的部分，效果如图 8-51 所示。

❾ 单击"绘图"工具栏中的"直线"按钮 ✎ 和"修改"工具栏中的"修剪"按钮 ⊹，对应着主视图在左视图中绘制视孔盖、箱盖和箱座连接螺栓，然后单击"修改"工具栏中的"圆角"按钮 ◠，将图中需要的部分进行圆角。至此，左视图绘制完毕，效果如图 8-52 所示。

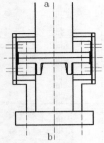
图 8-49　绘制螺栓与螺钉中心线

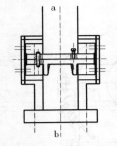
图 8-50　定位销与起盖螺钉

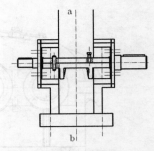
图 8-51　绘制轴

（13）标注装配图

❶ 设置标注样式。选择菜单栏中的"格式"→"标注样式"命令，弹出"标注样式管理器"对话框，创建"减速器标注（带公差）"样式，对其进行相应的设置，并将其设置为当前使用的标注样式。

❷ 标注零件号。选择菜单栏中的"格式"→"多重引线样式管理器"命令，弹出"多重引线样式管理器"对话框，如图 8-53 所示。

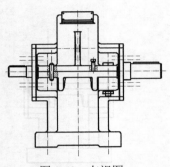

图 8-52　左视图

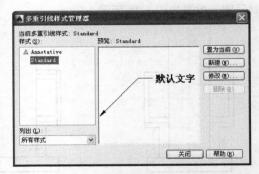
图 8-53　"多重引线样式管理器"对话框

单击"修改"按钮，弹出"修改多重引线样式"对话框，对其中的"引线格式"和"引线结构"进行相应设置，如图 8-54 所示。然后标注各个零件的零件号，标注顺序从装配图右下角开始，沿装配图外表面按顺序依次给减速器各个零件进行编号，效果如图 8-55 和图 8-56 所示。

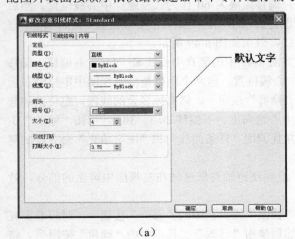
（a）

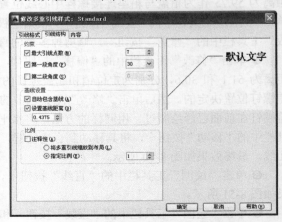
（b）

图 8-54　"修改多重引线样式"对话框

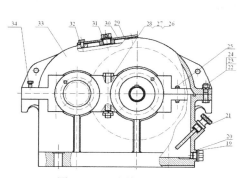

图 8-55 视图标注零件号 1

图 8-56 视图标注零件号 2

📢 **注意**：装配图中的所有零件和组件都必须编写序号。装配图中一个零件或组件只编写一个序号，同一装配图中相同的零件编写相同的序号，而且一般只注出一次，另外，零件序号还应与明细栏中序号一致。

❸ 标注带公差的配合尺寸。单击"标注"工具栏中的"线性"按钮 □，标注小齿轮轴与小轴承的配合尺寸，小轴承与箱体轴孔的配合尺寸，大齿轮轴与大齿轮的配合尺寸，以及大齿轮轴与大轴承的配合尺寸等。最后标注装配图中的其他尺寸。各视图中的最终效果如图 8-57~图 8-59 所示。

📢 **注意**：装配图中需要标注的尺寸通常有性能尺寸、装配尺寸、外形尺寸、安装尺寸以及其他重要尺寸。以上几种尺寸并不是在每张装配图上都有的，因此在标注装配图尺寸时，首先要对所表示的机器或部件进行具体分析，然后再标注尺寸。

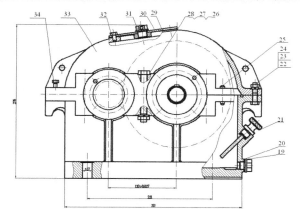

图 8-57 完成主视图标注

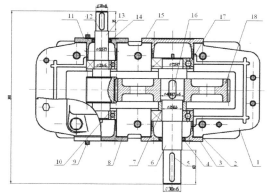

图 8-58 完成俯视图标注

（14）绘制标题栏和明细表

❶ 绘制填写标题栏

☑ 单击"绘图"工具栏中的"直线"按钮 ✏ 和"矩形"按钮 □，绘制标题栏。选择菜单栏中的"绘图"→"块"→"创建"命令，弹出"块定义"对话框，单击"选择对象"按钮 ⬚，回到绘图窗口，拖动鼠标选择绘制的标题栏，按 Enter 键回到"块定义"对话框，如图 8-60 所示。在"名称"文本框中添加名称"装配图标题栏"，选择"基点"，其他选项使用默认设置。单击"确定"按钮，完成创建标题栏图块的操作。

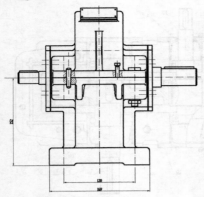

图 8-59　完成左视图标注

图 8-60　"块定义"对话框

☑　在命令行中输入"WBLOCK"后按 Enter 键，打开"写块"对话框，如图 8-61 所示。在"源"选项组中选择"块"模式，从其下拉列表中选择"标题栏"选项，在"目标"选项组中选择文件名和路径，完成标题栏图块的保存。

☑　选择菜单栏中的"插入"→"块"命令，将标题栏插入到装配图中的合适位置。

☑　选择菜单栏中的"格式"→"文字样式"命令，弹出"文字样式"对话框，新建"标题栏"文字样式，在"字体名"下拉列表中选择"仿宋_GB2312"，"字体样式"设置为"常规"，在"高度"文本框中输入"5"，"宽度因子"为 0.8，其他为默认设置，如图 8-62 所示。完成后单击"置为当前"按钮，将其设置为当前使用的文字样式。

图 8-61　"写块"对话框

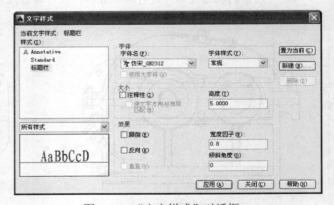

图 8-62　"文字样式"对话框

☑　单击"绘图"工具栏中的"多行文字"按钮 **A**，弹出"多行文字"编辑器，依次填写标题栏中各个项，效果如图 8-63 所示。

单级圆柱齿轮减速器	比例	1:1	图号	
	数量		重量	
设 计		2006年6月		
审 核		机械设计课程设计		

图 8-63　填写对话框

❷ 绘制填写明细表

☑ 单击"绘图"工具栏中的"矩形"按钮▢，绘制长为 243、宽为 12 的矩形，然后单击"修改"工具栏中的"分解"按钮⬚，分解刚绘制的矩形，最后单击"修改"工具栏中的"偏移"按钮⬚，效果如图 8-64 所示。

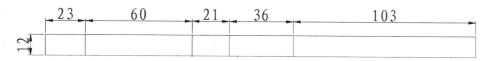

图 8-64　绘制表格线

☑ 将"标题栏"文字样式置为当前样式，然后单击"绘图"工具栏中的"多行文字"按钮 A，弹出"多行文字"编辑器，最后依次填写明细表标题栏中的各个项，效果如图 8-65 所示。

序号	零件名称	数量	材料	规格及标准代号

图 8-65　填写明细表标题栏

☑ 选择菜单栏中的"绘图"→"块"→"创建"命令，弹出"块定义"对话框。单击"选择对象"按钮⬚，回到绘图窗口，拖动鼠标选择绘制的明细表标题栏，按 Enter 键回到"块定义"对话框，在"名称"文本框中添加名称"明细表标题栏"，选择"基点"，其他选项使用默认设置。单击"确定"按钮，完成创建明细表标题栏图块的操作。

☑ 在命令行中输入"WBLOCK"后按 Enter 键，打开"写块"对话框。在"源"选项组中选择"块"模式，从其下拉列表中选择"明细表标题栏"选项，在"目标"选项组中选择文件名和路径，完成明细表标题栏图块的保存。

☑ 选择菜单栏中的"插入"→"块"命令，系统弹出"插入"对话框。单击"浏览"按钮，选择"明细表标题栏.dwg"，然后单击"打开"按钮。在"插入"对话框中，缩放比例和旋转使用默认设置。单击"确定"按钮，插入"明细表标题栏图块"，如图 8-66 所示，重复上面的步骤，修改填写明细表，完成明细表的绘制，如图 8-67 所示。

序号	零件名称	数量	材料	规格及标准代号	
单级圆柱齿轮减速器		比例	1:1	图号	
		数量		重量	
设 计		2006年6月			
审 核		机械设计课程设计			

图 8-66　插入"明细表标题栏图块"

📢 注意：明细表应位于标题栏的上方并与它相连。当标题栏上方由于位置不足以填写全部零件时，可将明细表分段依次画在标题栏的左边，如图 8-67 所示。明细表中的序号自下而上排列，这样排列便于填写增添的零件。代号栏中填写零件所属部件图的图样代号，如果零件是标准件，则填写标准编号。

25	圆柱销	2	35	销 GB117-86 B8x35
24	弹簧垫片	1	65Mn	垫圈GB93-87 8
23	螺母	1	Q235	GB6170-86 8
22	螺栓	1	Q235	GB5782-86 M8X40
21	油标尺			组合件
20	封油圈	1	石棉橡胶纸	
19	油塞	1	Q235	M14x1.5
18	大齿轮	1	45	m=2, z=96
17	深沟球轴承	2		6207 GB/T297-93
16	键	1	45	键 12X32 GB1096-79
15	轴承盖	1	HT150	
14	油封毡圈	1	半粗羊毛毡	毡圈 22 FZ/T92010-91
13	齿轮轴	1	45	m=2, Z=24
12	键	1	45	键C8X30 GB1096-79
11	轴承盖	1	HT150	
10	深沟球轴承	2		6205 GB/T297-93
9	螺钉	16	Q235	GB5783-86 M6X25
8	调整垫片	2组	08F	
7	轴套	1	45	
6	轴	1	45	
5	键	1	45	键C8X50 GB1096-79
4	油封毡圈	1	半粗羊毛毡	毡圈 32 FZ/T92010-91
3	轴承盖	1	HT150	
2	调整垫片	2组	08F	
1	箱座	1	QT500-7	
序号	零件名称	数量	材料	规格及标准代号

34	起盖螺钉	1	Q235	GB5783-86 M6x20
33	箱盖	1	QT500-7	
32	螺钉	4	Q235	GB5783-86 M6x20
31	通气器	1	Q235	
30	视孔盖	1	Q235	
29	垫片	1	软铜纸板	
28	弹簧垫圈	6	65Mn	垫圈GB93-87 10
27	螺母	6	Q235	GB6170-86 M10x80
26	螺栓	6	Q235	GB5782-86 M10x80
序号	零件名称	数量	材料	规格及标准代号

单级圆柱齿轮减速器	比例	1:1	图号	
	数量		重量	
设 计		2006年6月		
审 核		机械设计课程设计		

图 8-67　明细表

（15）标注技术要求

❶ 设置文字标注格式。选择菜单栏中的"格式"→"文字样式"命令，弹出"文字样式"对话框，新建"技术要求"文字样式，在"字体名"下拉列表中选择"仿宋_GB2312"选项，"字体样式"设置为"常规"，"宽度因子"为0.8，其他为默认设置。设置完成后，单击"置为当前"按钮，将其设置为当前使用的文字样式。

❷ 文字标注。将"技术要求"文字样式置为当前样式，单击"绘图"工具栏中的"多行文字"按钮A，弹出"多行文字"编辑器，在其中填写技术要求，效果如图8-68所示。

技术要求

1.装配前，滚动轴承用汽油清洗，其它零件用煤油清洗，箱体内不允许有任何杂物存在，箱体内壁涂刷耐磨油漆；

2.齿轮副的测隙用铅丝检验，测隙值应不小于0.14mm；

3.滚动轴承的轴向调整间隙均为0.05~0.1mm；

4.齿轮装配后，用涂色法检验齿面接触斑点，沿齿高不小于45%，沿齿长不小于60%；

5.减速器剖面分面涂密封胶或水玻璃，不允许使用任何填料；

6.减速器内装L-AN15(GB443-89)，油量应达到规定高度；

7.减速器外表面涂绿色油漆。

图 8-68　标注技术要求

（16）标注技术特性

❶ 绘制矩形。单击"绘图"工具栏中的"矩形"按钮，绘制长为130mm、宽为40mm的矩形，

然后单击"修改"工具栏中的"分解"按钮⑰，将刚绘制的矩形进行分解，效果如图 8-69 所示。

❷ 偏移直线。单击"修改"工具栏中的"偏移"按钮叠，将图 8-69 中的直线 ab 向右偏移，偏移距离分别为 35mm、95mm，然后将图 8-69 中的直线向下偏移，偏移距离为 25mm，效果如图 8-70 所示。

图 8-69 绘制矩形

图 8-70 偏移直线

❸ 添加文字，将"技术要求"文字样式置为当前样式，单击"绘图"工具栏中的"多行文字"按钮**A**，弹出"多行文字"编辑器，在其中添加文字，效果如图 8-71 所示。

技术特性

输入功率 kw	输入轴转速 r/min	传动比
2.079	376	4

图 8-71 技术特性

（17）绘制图框与标题栏

单击"绘图"工具栏中的"矩形"按钮▭，绘制长为 1189mm、高为 841mm 的矩形，并且将矩形分解，如图 8-72 所示。

单击"修改"工具栏中的"偏移"按钮叠，将图 8-72 中的线段 ab 向右偏移，偏移距离为 25，ac 向下偏移 10，bd 向上偏移 10，cd 向左偏移 10，至此图框绘制完毕，如图 8-73 所示。最后单击"修改"工具栏中的"移动"按钮✣，将所绘制的三视图移动到图框中，至此整幅图绘制完毕，最终效果如图 8-74 所示。

图 8-72 绘制矩形

图 8-73 绘制图框

Note

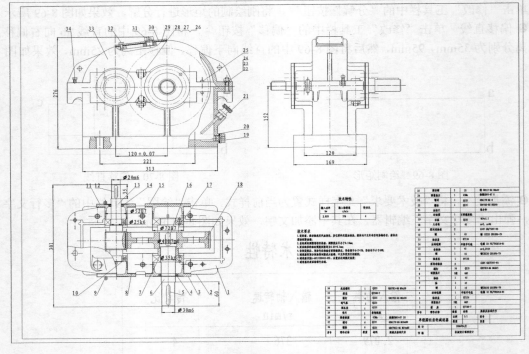

图 8-74　减速器装配图

8.3　实践与操作

通过本章的学习，读者对本章知识也有了大体的了解，本节将通过两个实践操作帮助读者进一步掌握本章的知识要点。

8.3.1　绘制箱体装配图

1．目的要求

装配图是设计结果的最终体现。本例首先利用块操作中的"定义块"命令制作图块，然后利用"插入块"命令将图块插入到装配图中，再利用"分解"、"镜像"、"修剪"和"移动"命令完成图形的最后绘制，如图 8-75 所示。

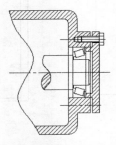

图 8-75　箱体装配图

2. 操作提示

（1）利用"直线"、"偏移"、"旋转"和"修剪"命令绘制轴承并定义为块。

（2）利用"直线"、"偏移"、"样条曲线"和"修剪"命令绘制轴并定义为块。

（3）利用"直线"、"偏移"、"修剪"、"圆"和"图案填充"命令绘制端盖并定义为块。

（4）利用"直线"、"偏移"、"修剪"、"圆角"和"图案填充"命令绘制箱体。

（5）将块插入到箱体中。

8.3.2 绘制齿轮泵装配图

1. 目的要求

装配图是用来表达部件或机械工作原理，零件之间的装配关系和相互位置，以及装配、检验、安装所需的尺寸数据和技术文件。一张完整的装配图应包括一组图样、必要的尺寸、技术要求、零件序号、标题栏和明细表 5 个基本部分。装配图中的各个零件一般都是组成图块后用"插入块"命令插入到总装配图中的。齿轮泵装配图的绘制是 AutoCAD 应用的综合实例。具体绘制步骤为：首先绘制齿轮泵总成图形中的零件图并生成图块，然后将图块插入到装配图中，再补全装配图中的其他零件，最后添加尺寸标注、标题栏等，完成齿轮泵总体设计，效果如图 8-76 所示。

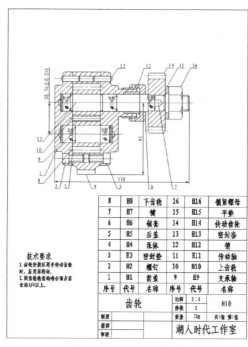

图 8-76　齿轮泵装配图

2. 操作提示

（1）利用前面学习的二维命令绘制需要的齿轮泵零件并定义为块。

（2）将图块插入到图中。

（3）利用"复制"和"镜像"命令绘制传动轴并细化销钉和螺钉。

（4）利用"直线"和"偏移"命令绘制轴套、密封圈和压紧螺母。

（5）为图形标注尺寸并标注文字说明。

第**9**章

由装配图拆画减速器零件图

在工程设计实践中，往往是先根据功能需要设计出方案简图，然后根据功率、负载、扭矩等工况条件细化成装配图，最后由装配图拆画零件图。

本章将介绍由装配图拆画零件图的一般思路与方法。

☑ 概述

☑ 由减速器装配图拆画箱座零件图

☑ 由减速器装配图拆画箱盖零件图

任务驱动&项目案例

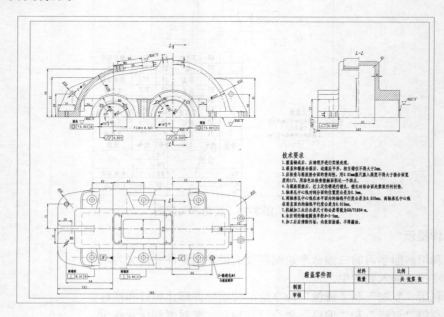

9.1 概　　述

在设计部件时，需要根据装配图拆画零件图，简称拆图。拆图时应对所拆零件的作用进行分析，然后分离该零件（即把零件从与其组装的其他零件中分离出来）。具体方法是在各视图的投影轮廓中划出该零件的范围，结合分析，补齐所缺的轮廓线。有时还需要根据零件图的视图表达要求重新安排视图。选定和画出视图以后，应按零件图的要求，注写尺寸及技术要求。此处仅对拆画零件图提出几个需要注意的问题。

1. 对拆画零件图的要求

（1）画图前，必须认真阅读装配图，全面深入了解设计意图，弄清楚工作原理、装配关系、技术要求和每个零件的结构形状。

（2）画图时，不但要从设计方面考虑零件的作用和要求，而且还要从工艺方面考虑零件的制造和装配，应使所画的零件图符合设计和工艺要求。

2. 拆画零件图要处理的几个问题

（1）零件分类

按照对零件的要求，可将零件分成 4 类。

☑　标准零件：标准零件大多数属于外购件，因此不需要画出零件图，只要按照标准件的规定标记代号列出标准件的汇总表即可。

☑　借用零件：借用零件是借用定型产品上的零件。对这类零件，可利用已有的图样，而不必另行画图。

☑　特殊零件：特殊零件是设计时所确定下来的重要零件，在设计说明书中都附有这类零件的图样或重要数据，如汽轮机的叶片、喷嘴等。对这类零件，应按给出的图样或数据绘制零件图。

☑　一般零件：这类零件基本上是按照装配图所体现的形状、大小和有关的技术要求来画图，是拆画零件图的主要对象。

（2）对表达方案的处理

拆画零件图时，零件的表达方案是根据零件的结构形状特点考虑的，不强求与装配图一致。在多数情况下，壳体、箱座类零件主视图所选的位置可以与装配图一致。这样做的好处是装配机器时便于对照，如减速器箱座。对于轴套类零件，一般按加工位置选取主视图。

（3）对零件结构形状的处理

在装配图中，对零件上某些局部结构，往往未完全给出；对零件上某些标准结构（如倒角、倒圆、退刀槽等），也未完全表达。拆画零件图时，应结合考虑设计和工艺的要求补画出这些结构。如果零件上某部分需要与某零件装配时一起加工，则应在零件图上注明。

（4）对零件图上尺寸的处理

装配图上的尺寸不是很多，各零件结构形状的大小已经过设计人员的考虑，虽未注明尺寸数字，但基本上是合适的。因此，根据装配图拆画零件图，可以从图样上按比例直接量取尺寸。尺寸大小必须根据不同情况分别处理。

☑　装配图上已注出的尺寸，在有关的零件图上直接注出。对于配合尺寸，某些相对位置尺寸要注出偏差数值。

☑　与标准件相连接或配合的有关尺寸，如螺纹的有关尺寸、销孔直径等，要从相应标准中查取。

☑ 某些零件在明细表中给定了尺寸，如弹簧尺寸、垫片厚度等，要按给定尺寸注写。

☑ 根据装配图所给的数据应进行计算的尺寸，如齿轮分度圆、齿顶圆直径尺寸等，要经过计算后注写。

☑ 相邻零件接触面的有关尺寸及连接件的有关定位尺寸要协调一致。

☑ 有标准规定的尺寸，如倒角、沉孔、螺纹退刀槽等，要从机械设计课程设计手册中查取。

☑ 其他尺寸均从装配图中直接量取标注，但要注意尺寸数字的圆整和取标准化数值。

（5）零件表面粗糙度的确定

零件上各表面的粗糙度是根据其作用和要求确定的。一般接触面与配合面粗糙度数值应较小，自由表面的粗糙度数值一般较大，但是有密封、耐蚀、美观等要求的表面粗糙度数值应较小。

（6）关于零件图的技术要求

技术要求在零件图中占有重要的地位，直接影响零件的加工质量。

9.2　由减速器装配图拆画箱座零件图

箱座是变速箱的最基本零件，其主要作用是为其他所有功能零件提供支撑和固定作用，同时盛装润滑散热油液。在所有零件中，其结构最复杂，绘制也相对困难。下面讲述由装配图拆画箱座零件图的思路和方法，流程图如图9-1所示。

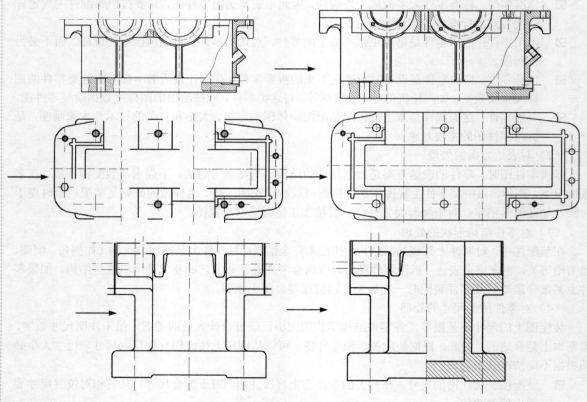

图 9-1　箱座零件图

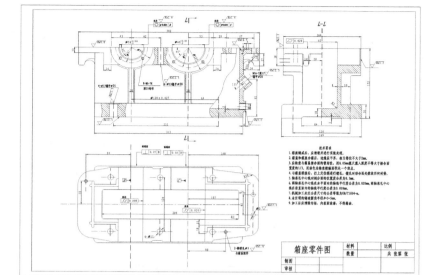

图 9-1　箱座零件图（续）

操作步骤：（光盘\动画演示\第 9 章\由减速器装配图拆画箱座零件图.avi）

9.2.1　由装配图主视图拆画箱座零件主视图

1．从装配图主视图区分离出箱座主视图轮廓

从装配图主视图中分离出箱座的主视图轮廓，如图 9-2 所示。这是一幅不完整的图形，根据此零件的作用及装配关系，可以补全所缺的轮廓线。

2．补画轴承旁连接螺栓通孔

单击"绘图"工具栏中的"直线"按钮，连接所缺的线段，并且绘制完整的螺栓孔，然后单击"绘图"工具栏中的"样条曲线"按钮，在螺栓通孔旁边绘制曲线构成剖切平面；最后单击"绘图"工具栏中的"图案填充"按钮，绘制剖面线，如图 9-3 所示。

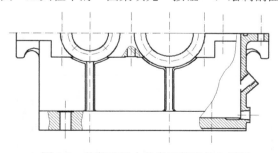

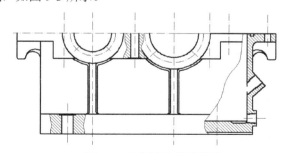

<table>
<tr><td>图 9-2　从装配图中分离出箱座的主视图</td><td>图 9-3　绘制连接螺栓通孔</td></tr>
</table>

3．补画油标尺安装孔轮廓线

单击"绘图"工具栏中的"直线"按钮，然后单击"修改"工具栏中的"偏移"按钮，绘制孔径为 Ø16mm、安装沉孔为 Ø20mm×1mm 的油标尺安装孔，并进行编辑，局部效果如图 9-4 所示。

· 289 ·

4. 绘制放油孔

单击"绘图"工具栏中的"直线"按钮✐，补画放油孔，并将补画的直线转换到合适的图层，局部效果如图9-5所示。

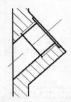

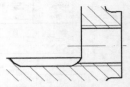

图9-4　绘制油标尺安装孔　　　　　　　图9-5　绘制放油孔

5. 补画其他图形

单击"绘图"工具栏中的"直线"按钮✐，补画主视图轮廓线，形成完整的箱体顶面，补画销孔以及和轴承端盖上的连接螺钉配合的螺纹孔，效果如图9-6所示。

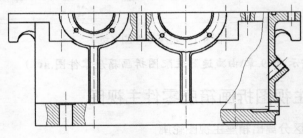

图9-6　补全主视图

9.2.2　由装配图俯视图拆画箱座零件俯视图

1. 从装配图俯视图区分离出箱座俯视图轮廓

从装配图俯视图中分离出箱座的俯视图轮廓，如图9-7所示。这也是一幅不完整的图形，因此要根据此零件的作用及装配关系补全所缺的轮廓线。

2. 补画轮廓线

单击"绘图"工具栏中的"直线"按钮✐，补全箱体顶面轮廓线、箱体底面轮廓线及中间膛轮廓线，如图9-8所示。

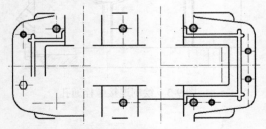

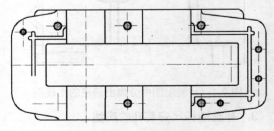

图9-7　从装配图中分离出箱座的俯视图　　　　　图9-8　补画轮廓线

3. 补画轴孔

单击"绘图"工具栏中的"直线"按钮✐，然后单击"修改"工具栏中的"延伸"按钮✐，补画轴孔，其中，左轴孔直径为 58mm，右轴孔直径为 72mm。接着单击"修改"工具栏中的"删除"按钮 ，删除掉多余的图形，效果如图 9-9 所示。

4. 修改螺栓孔和销孔

单击"修改"工具栏中的"删除"按钮 ，删除图 9-9 中螺栓孔和销孔内的剖面线及多余线段，然后单击"绘图"工具栏中的"圆"按钮 ⊙，绘制图 9-9 中左下角的螺栓孔，最后补全左边的输油孔、水平中心线、竖直中心线，效果如图 9-10 所示。

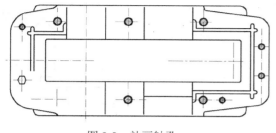

图 9-9　补画轴孔

图 9-10　箱座俯视图

9.2.3　由装配图左视图拆画箱座零件左视图

1. 从装配图左视图区分离出箱座左视图轮廓

从装配图左视图中分离出箱座的左视图轮廓，如图 9-11 所示。

2. 修剪箱座左视图轮廓

单击"绘图"工具栏中的"直线"按钮 ，补全箱体顶面轮廓线，然后单击"修改"工具栏中的"修剪"按钮 和"删除"按钮 ，修剪掉图中多余的线段，如图 9-12 所示。

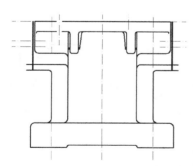

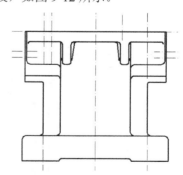

图 9-11　从装配图中分离出箱座的左视图

图 9-12　补画并修剪图形

3. 绘制剖面图

将图 9-12 中的竖直中心线右面部分进行剖切，单击"修改"工具栏中的"删除"按钮 删除多余的图形，然后单击"绘图"工具栏中的"直线"按钮 ，绘制剖切后的轮廓线；最后单击"绘图"工具栏中的"图案填充"按钮 ，绘制剖面线，如图 9-13 所示。

4. 标注减速器箱座

（1）主视图无公差尺寸标注

选择菜单栏中的"格式"→"标注样式"命令，弹出"标注样式管理器"对话框，创建一个名为"箱座标注样式（不带公差）"的样式，对其中选项进行相应设置，然后单击"标注"工具栏中的"线性"按钮 □、"半径"按钮 ◎、"直径"按钮 ◎ 和"角度"按钮 △，对主视图进行尺寸标注，结果如图 9-14 所示。

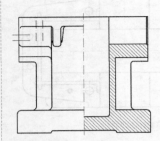

图 9-13 箱座左视图

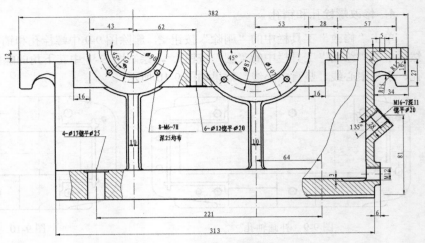

图 9-14 标注主视图无公差尺寸

（2）主视图带公差尺寸标注

❶ 选择菜单栏中的"格式"→"标注样式"命令，弹出"标注样式管理器"对话框，创建一个名为"副本箱座标注样式（带公差）"的样式，在"新建标注样式"对话框中设置"公差"选项卡，并把"副本箱座标注样式（带公差）"的样式设置为当前使用的标注样式。

❷ 单击"标注"工具栏中的"线性"按钮 □，对主视图中带公差的尺寸进行标注。使用如同前面章节所述的带公差尺寸标注的方法，进行公差编辑、修改，结果如图 9-15 所示。

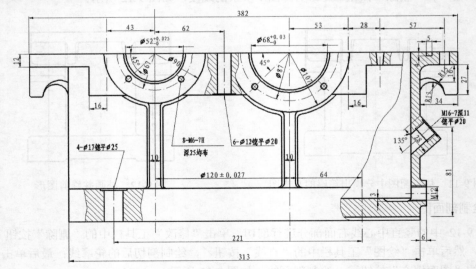

图 9-15 标注主视图带公差尺寸

（3）标注俯视图

将"箱座标注样式（不带公差）"样式设置为当前标注样式，单击"标注"工具栏中的"线性"按钮 □ 和"半径"按钮 ◎，对俯视图无公差尺寸进行标注，效果如图 9-16 所示。

（4）标注左视图

将"箱座标注样式（不带公差）"样式设置为当前标注样式，单击"标注"工具栏中的"线性"按钮和"半径"按钮，对左视图无公差尺寸进行标注，效果如图 9-17 所示。

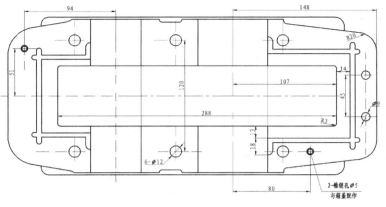

图 9-16 标注俯视图

图 9-17 标注左视图

（5）标注技术要求

☑ 设置文字标注格式。选择菜单栏中的"格式"→"文字样式"命令，在打开的"文字样式"对话框中单击"新建"按钮，新建样式名为"技术要求"的文字样式，如图 9-18 所示，单击"置为当前"按钮，将其设置为当前使用的文字样式。

☑ 文字标注。单击"绘图"工具栏中的"多行文字"按钮A，标注技术要求，如图 9-19 所示。

图 9-18 "文字样式"对话框

图 9-19 标注技术要求

（6）标注表面结构符号

选择菜单栏中的"插入"→"块"命令，将表面结构符号插入到图中的合适位置，然后单击"绘图"工具栏中的"多行文字"按钮A，标注表面结构符号。

（7）标注公差

❶ 基准符号。单击"绘图"工具栏中的"矩形"按钮、"图案填充"按钮、"直线"按钮和"多行文字"按钮A，绘制基准符号。

❷ 标注几何公差。单击"标注"工具栏中的"公差"按钮，完成形位公差的标注，各视图效果如图 9-20~图 9-22 所示。

Note

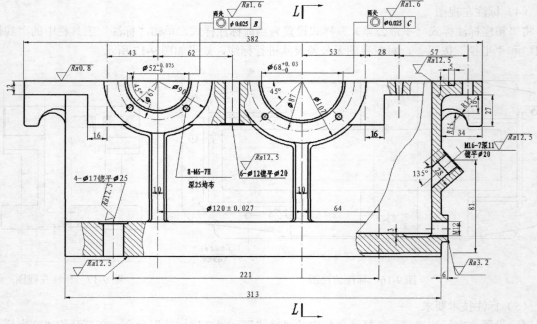

图 9-20 主视图完成效果

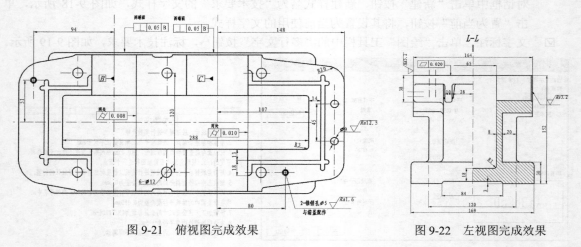

图 9-21 俯视图完成效果

图 9-22 左视图完成效果

（8）绘制图框与标题栏

❶ 单击"绘图"工具栏中的"矩形"按钮▭，绘制长为 841、高为 594 的矩形，并且将矩形分解，如图 9-23 所示。

❷ 单击"修改"工具栏中的"偏移"按钮▨，将图 9-23 中的线段 ab 向右偏移 25，ac 向下偏移 10，bd 向上偏移 10，cd 向左偏移 10，完成图框的绘制。

❸ 选择菜单栏中的"插入"→"块"命令，将标题栏插入到图中的合适位置，然后单击"绘图"工具栏中的"多行文字"按钮A，填写相应的内容，如图 9-24 所示。

❹ 单击"修改"工具栏中的"移动"按钮✛，将所绘制的三视图移动到图框中。至此，整幅图绘制完毕，最终效果如图 9-25 所示。

图 9-23　绘制矩形

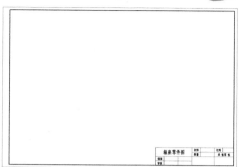

图 9-24　绘制图框与标题栏

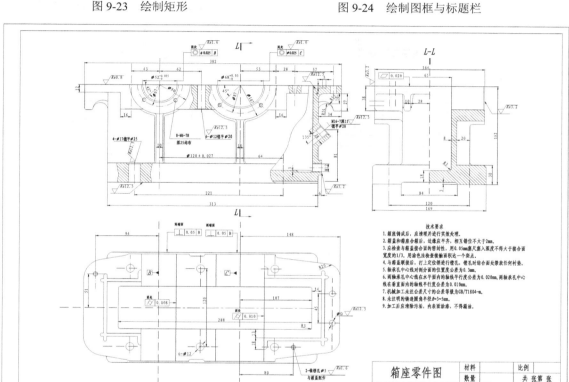

图 9-25　箱座零件图

9.3　由减速器装配图拆画箱盖零件图

　　箱盖与箱体一起构成变速箱的基本结构，其主要作用是封闭整个变速箱，使里面的齿轮形成闭式传动，以免外部的灰尘等污染物进入箱体内部，从而影响齿轮传动性能。下面讲述由装配图拆画箱盖零件图的思路和方法，流程图如图 9-26 所示。

Note

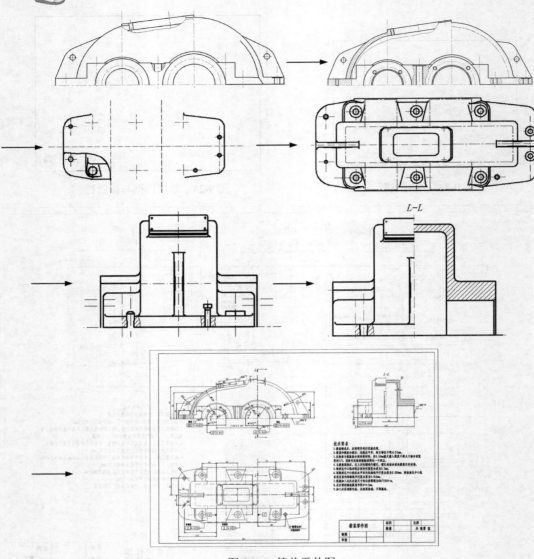

图 9-26　箱盖零件图

操作步骤：（光盘\动画演示\第 9 章\由减速器装配图拆画箱盖零件图.avi）

9.3.1　由装配图主视图拆画箱盖零件主视图

1．从装配图主视图区分离出箱盖主视图轮廓

从装配图主视图中分离出箱盖的主视图轮廓，如图 9-27 所示。这是一幅不完整的图形，需根据零件的作用及装配关系补全所缺的轮廓线。

2．补画轴承旁、箱座与箱盖连接螺栓通孔

单击"绘图"工具栏中的"直线"按钮，连接所缺的线段，并且绘制完整的螺栓孔，然后单击"绘图"工具栏中的"样条曲线"按钮，在螺栓通孔旁边绘制曲线构成剖切平面，最后单击"绘图"工具栏中的"图案填充"按钮，绘制剖面线，如图 9-28 所示。

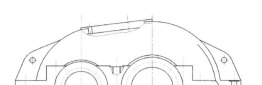

图 9-27　从装配图中分离出箱盖的主视图

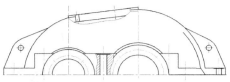

图 9-28　补画螺栓通孔

Note

3. 补画视孔盖部分

（1）单击"绘图"工具栏中的"直线"按钮，连接所缺的线段，并且绘制起盖螺钉的螺纹孔。

（2）单击"修改"工具栏中的"偏移"按钮，将箱盖外壁向内偏移 8mm 得到箱盖的内壁。

（3）单击"绘图"工具栏中的"样条曲线"按钮，重新绘制曲线构成剖切平面。

（4）单击"绘图"工具栏中的"图案填充"按钮，绘制剖面线。

（5）将未剖切部分箱盖内壁转换到"点划线"图层，单击"修改"工具栏中的"修剪"按钮和"删除"按钮，修剪、删除掉多余的线段，效果如图 9-29 所示。

4. 补画其他部分

（1）将"轮廓线"图层置为当前图层，单击"绘图"工具栏中的"圆"按钮，绘制与轴承端盖连接螺钉配合的螺纹孔，效果如图 9-30 所示。

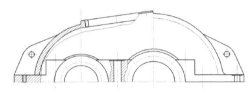

图 9-29　补画视孔盖

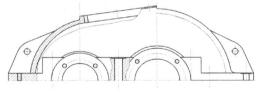

图 9-30　绘制螺纹孔

（2）单击"修改"工具栏中的"偏移"按钮，绘制销孔，然后单击"修改"工具栏中的"删除"按钮，删除掉多余的线段。

（3）单击"修改"工具栏中的"偏移"按钮，将箱盖中间孔绘制倒角线，向上偏移 1.8，效果如图 9-31 所示。

（4）单击"修改"工具栏中的"修剪"按钮，将镜像后的吊钩中的多余线段进行修剪，效果如图 9-32 所示。

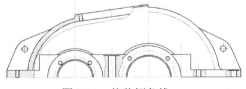

图 9-31　偏移倒角线

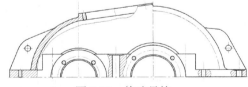

图 9-32　修改吊钩

9.3.2　由装配图俯视图拆画箱盖零件俯视图

1. 从装配图俯视图区分离出箱盖俯视图轮廓

从装配图俯视图中分离出箱盖的俯视图轮廓，如图 9-33 所示。这也是一幅不完整的图形，因此要根据此零件的作用及装配关系补全所缺的轮廓线。

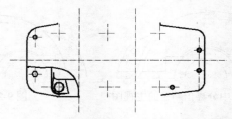

图 9-33　从装配图中分离出箱盖的俯视图

2. 补画视孔盖部分

（1）单击"绘图"工具栏中的"直线"按钮 ∠，由主视图向俯视图引出定位线，如图 9-34 所示。

（2）单击"修改"工具栏中的"偏移"按钮 ，将图 9-33 中的水平中心线分别向上、下偏移，偏移距离为 31mm。

（3）单击"修改"工具栏中的"修剪"按钮 ，修剪掉偏移后的直线，然后单击"修改"工具栏中的"圆角"按钮 ，对相应部分进行圆角，并将相应的线段转换到"轮廓线"图层，效果如图 9-35 所示。

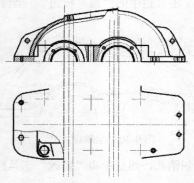

图 9-34　绘制定位线

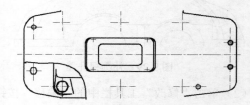

图 9-35　绘制视孔盖

3. 补画俯视图其他部分

（1）单击"修改"工具栏中的"删除"按钮 ，删除掉多余的线段；然后单击"修改"工具栏中的"偏移"按钮 ，将水平中心线向上、下偏移 5mm、41mm；最后单击"绘图"工具栏中的"直线"按钮 ，由主视图绘制定位线，效果如图 9-36 所示。

（2）单击"修改"工具栏中的"修剪"按钮 ，修剪掉多余的直线；然后单击"修改"工具栏中的"圆角"按钮 ，对相应部分进行圆角，圆角半径为 8；最后将相应的线段转换到"轮廓线"图层，效果如图 9-37 所示。

（3）单击"修改"工具栏中的"删除"按钮 ，删除掉多余的线段；然后单击"绘图"工具栏中的"圆"按钮 ，以垂直相交的直线的交点为圆心，绘制半径为 5 和 10 的两个圆，完成螺栓通孔的绘制；最后单击"修改"工具栏中的"复制"按钮 ，将螺栓通孔复制到其他位置，效果如图 9-38 所示。

（4）单击"绘图"工具栏中的"直线"按钮 ∠，补全箱体顶面轮廓线和中间膛轮廓线，然后单击"修改"工具栏中的"偏移"按钮 ，再单击"绘图"工具栏中的"圆弧"按钮 ，补画其他的图形。最终效果如图 9-39 所示。

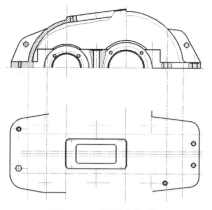

图 9-36　绘制定位线

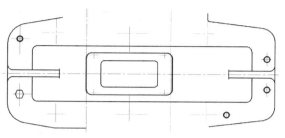

图 9-37　修剪图形

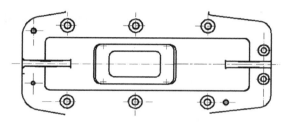

图 9-38　绘制螺栓通孔

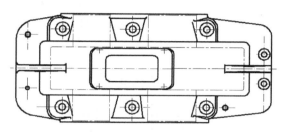

图 9-39　箱盖俯视图

9.3.3　由装配图左视图拆画箱盖零件左视图

1. 从装配图左视图区分离出箱盖左视图轮廓

从装配图左视图中分离出箱盖的左视图轮廓，如图 9-40 所示。此图形不太完整，需要根据此零件的作用及装配关系补全所缺的轮廓线。

2. 绘制左视图左半部分剖视图

（1）将减速器沿着图 9-26 所示的 L-L 方向剖切。在绘制剖视图之前，单击"修改"工具栏中的"删除"按钮和"修剪"按钮，删除并修剪掉多余的线段，效果如图 9-41 所示。

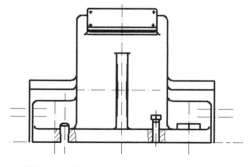

图 9-40　从装配图中分离出箱盖的左视图

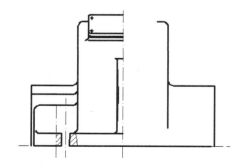

图 9-41　修剪图形

（2）单击"绘图"工具栏中的"直线"按钮，补全箱体顶面轮廓线，并且由主视图绘制定位线，效果如图 9-42 所示。

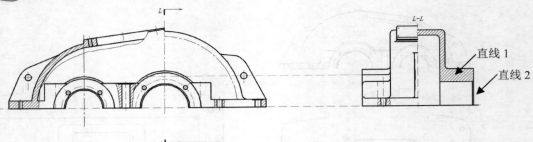

图 9-42　绘制轮廓线和定位线

（3）单击"修改"工具栏中的"偏移"按钮 ，将图 9-42 中的直线 1 向下偏移 20，将直线 2 向左偏移 2；然后单击"修改"工具栏中的"修剪"按钮 ，修剪掉多余的线段；最后将修剪后的定位线转换到"轮廓线"图层，效果如图 9-43 所示。

（4）单击"修改"工具栏中的"倒角"按钮 ，将偏移后的水平线段与俯视图右侧边进行倒角处理，倒角距离为 2，效果如图 9-44 所示。

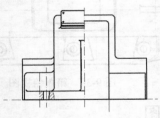

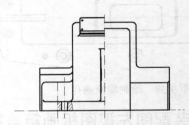

图 9-43　补充绘制图形　　　　　　　　　　　　图 9-44　图形倒角处理

（5）单击"绘图"工具栏中的"图案填充"按钮 ，弹出"图案填充和渐变色"对话框，如图 9-45 所示。选择 ANSI31 为填充图案，填充比例设置为 1，如图 9-46 所示。对图中相应部分填充剖面线，然后补充绘制图中其他部分，效果如图 9-47 所示。

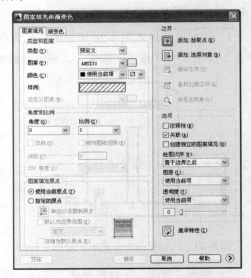

图 9-45　"图案填充和渐变色"对话框 1　　　　图 9-46　"图案填充和渐变色"对话框 2

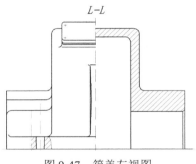

图 9-47 箱盖左视图

3. 标注减速器箱盖

1）标注主视图

（1）主视图无公差尺寸标注

❶ 选择菜单栏中的"格式"→"标注样式"命令，弹出"标注样式管理器"对话框，如图 9-48 所示。单击"新建"按钮，在弹出的"创建新标注样式"对话框中创建一个名为"箱盖标注样式（不带公差）"的样式，如图 9-49 所示。

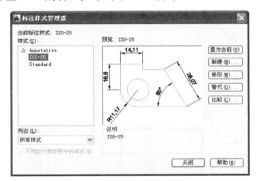

图 9-48 "标注样式管理器"对话框

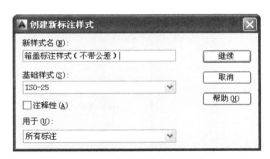

图 9-49 创建"箱盖标注样式"

❷ 单击"继续"按钮，打开"新建标注样式：箱盖标注样式（不带公差）"对话框，在其各个选项卡中进行相应设置，如图 9-50~图 9-54 所示。

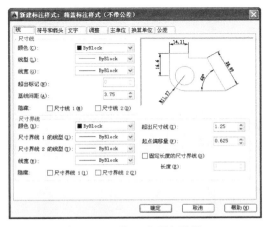

图 9-50 "线"选项卡设置

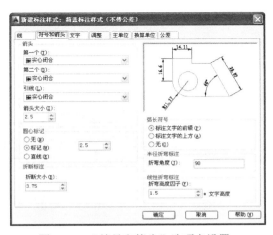

图 9-51 "符号和箭头"选项卡设置

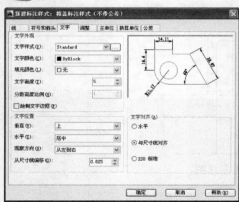

图 9-52 "文字"选项卡设置

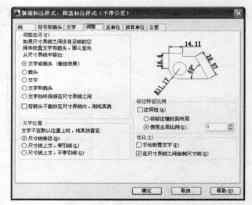

图 9-53 "调整"选项卡设置

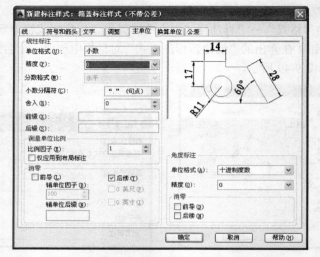

图 9-54 "主单位"选项卡设置

❸ 单击"标注"工具栏中的"线性"按钮￼、"半径"按钮￼、"直径"按钮￼和"角度"按钮￼对主视图进行尺寸标注，结果如图 9-55 所示。

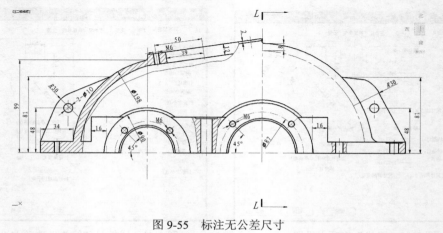

图 9-55 标注无公差尺寸

（2）主视图带公差尺寸标注

❶ 选择菜单栏中的"格式"→"标注样式"命令，弹出"标注样式管理器"对话框。单击"新建"按钮，在弹出的"创建新标注样式"对话框中创建一个名为"副本箱盖标注样式（带公差）"的样式。单击"继续"按钮，在弹出的"新建标注样式：副本箱盖标注样式（带公差）"对话框中设置"公差"选项卡，并把"副本箱盖标注样式（带公差）"样式设置为当前使用的标注样式。

❷ 单击"标注"工具栏中的"线性"按钮⊢，对主视图中带公差尺寸进行标注。使用如同前面章节所述的带公差尺寸标注的方法，进行公差编辑、修改，结果如图 9-56 所示。

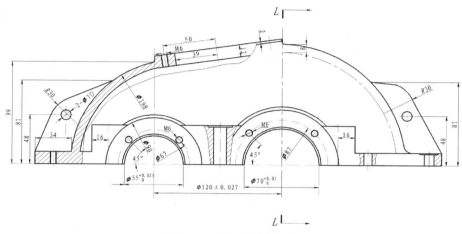

图 9-56　标注带公差尺寸

2）标注俯视图

将"箱盖标注样式（不带公差）"样式设置为当前标注样式，单击"标注"工具栏中的"线性"按钮⊢和"半径"按钮◯，对俯视图无公差尺寸进行标注，效果如图 9-57 所示。

3）标注左视图

将"箱盖标注样式（不带公差）"样式设置为当前标注样式，单击"标注"工具栏中的"线性"按钮⊢和"半径"按钮◯，对左视图无公差尺寸进行标注，效果如图 9-58 所示。

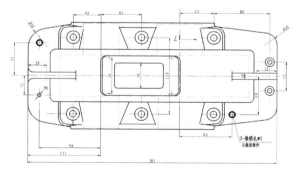

图 9-57　标注俯视图

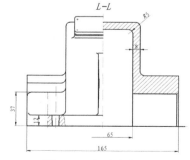

图 9-58　标注左视图

4）标注技术要求

（1）选择菜单栏中的"格式"→"文字样式"命令，打开"文字样式"对话框。单击"新建"按钮，在弹出的"新建文字样式"对话框中输入样式名"技术要求"，然后单击"应用"按钮，将其设置为当前使用的文字样式。

（2）文字标注。单击"绘图"工具栏中的"多行文字"按钮**A**，标注技术要求，如图9-59所示。

5）标注表面结构符号

选择菜单栏中的"插入"→"块"命令，将表面结构符号插入到图中的合适位置，然后单击"绘图"工具栏中的"多行文字"按钮**A**，标注表面结构符号。

6）标注几何公差

（1）绘制基准符号。单击"绘图"工具栏中的"矩形"按钮囗、"图案填充"按钮▨、"直线"按钮╱和"多行文字"按钮**A**，绘制基准符号。

（2）标注几何公差。单击"标注"工具栏中的"公差"按钮▦，完成几何公差的标注，各视图效果如图9-60~图9-62所示。

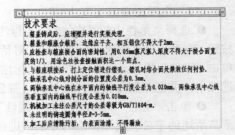

图9-59 标注技术要求

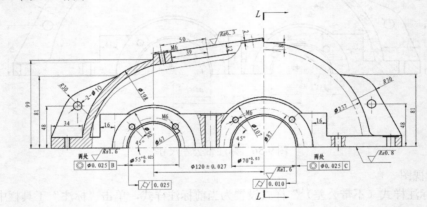

图9-60 主视图完成效果

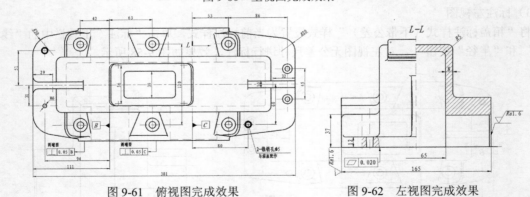

图9-61 俯视图完成效果   图9-62 左视图完成效果

7）绘制图框与标题栏

（1）单击"绘图"工具栏中的"矩形"按钮囗，绘制长为841、高为594的矩形，并且将矩形分解，如图9-63所示。

（2）单击"修改"工具栏中的"偏移"按钮⬚，将图9-63中的线段 ab 向右偏移25，ac 向下偏移10，bd 向上偏移10，cd 向左偏移10，完成图框的绘制。选择菜单栏中的"插入"→"块"命令，将标题栏插入到图中的合适位置，然后单击"绘图"工具栏中的"多行文字"按钮**A**，填写相应的内容，如图9-64所示。

图 9-63 绘制矩形 　　　　　　　　图 9-64 绘制图框与标题栏

（3）单击"修改"工具栏中的"移动"按钮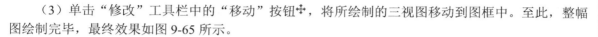，将所绘制的三视图移动到图框中。至此，整幅图绘制完毕，最终效果如图 9-65 所示。

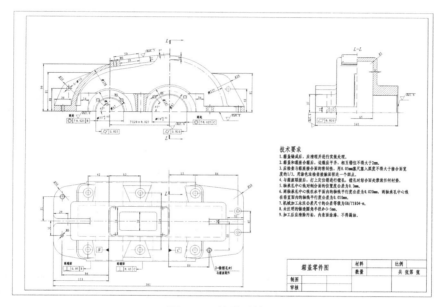

图 9-65 箱盖零件图

9.4 实践与操作

通过本章的学习，读者对本章知识也有了大体的了解，本节将通过两个实践操作帮助读者进一步掌握本章的知识要点。

9.4.1 绘制齿轮泵前盖

1. 目的要求

轮盘类零件是机械制图中比较常见的零件，一般有沿周围分布的孔、槽等结构，常用主视图和其他视图结合起来表示这些结构的分布情况或形状。此类零件主要加工面是在车床上加工的，因此其主视图也按加工位置将轴线水平放置，如图 9-66 所示。

2．操作提示

（1）利用"直线"和"圆"命令绘制齿轮泵前盖主视图。

（2）利用"直线"、"倒角"、"偏移"和"修剪"命令绘制剖视图。

（3）利用"图案填充"命令填充图形。

（4）尺寸和文字标注。

9.4.2　绘制齿轮泵后盖

1．目的要求

齿轮泵后盖结构不完全对称，在绘制时只能部分运用"镜像"命令，如图 9-67 所示。

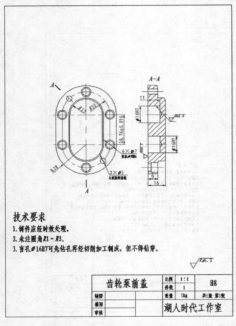

图 9-66　齿轮泵前盖

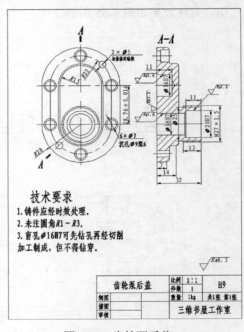

图 9-67　齿轮泵后盖

2．操作提示

（1）利用"直线"和"圆"命令绘制齿轮泵后盖主视图。

（2）利用"直线"、"倒角"、"偏移"和"修剪"命令绘制剖视图。

（3）利用"图案填充"命令填充图形。

（4）尺寸和文字标注。

第 3 篇

机械零件三维造型设计篇

第 2 篇完整地介绍了一级圆柱斜齿轮减速器工程图设计、计算和绘制的全过程。工程图有一个根本的缺陷，就是非常不直观，一般来说，只有经验丰富的工程人员才能准确看懂工程图的结构形状。

本篇将通过 AutoCAD 三维功能绘制一级圆柱斜齿轮减速器各个零件的三维图，这样就可以形象、直观地表现出减速器各个零件以及整个装配体的结构形状。通过本篇的学习，读者将掌握 AutoCAD 三维制图技巧。

第10章

三维图形基础知识

实体建模是 AutoCAD 三维建模中比较重要的一部分。实体模型能够完整描述对象的 3D 模型，比三维线框、三维曲面更能表达实物。这些功能命令的工具栏操作主要集中在"实体"工具栏和"实体编辑"工具栏中。

本章主要介绍三维坐标系统的建立，视点的设置，三维面、三维网格曲面、基本三维表面及基本三维实体的绘制，三维实体的编辑，三维实体的布尔运算，以及三维实体的着色与渲染等内容。

- ☑ 三维坐标系统、动态观察
- ☑ 绘制三维网格曲面基本三维网格、基本三维实体
- ☑ 布尔运算、特征操作
- ☑ 渲染实体、显示形式
- ☑ 综合演练——轴承座绘制

任务驱动&项目案例

Note

10.1　三维坐标系统

AutoCAD 2014 使用的是笛卡儿坐标系，有两种类型，一种是绘制二维图形时常用的坐标系，即世界坐标系（WCS），由系统默认提供。世界坐标系又称为通用坐标系或绝对坐标系。对于二维绘图来说，世界坐标系足以满足要求。为了方便创建三维模型，AutoCAD 2014 允许用户根据自己的需要设定坐标系，即另一种坐标系——用户坐标系（UCS）。合理地创建 UCS，用户可以方便地创建三维模型。

10.1.1　坐标系建立

1. 执行方式

☑　命令行：UCS。
☑　菜单栏："工具"→"新建 UCS"→"世界"。
☑　工具栏：UCS 。
☑　功能区："视图"→"坐标"→"世界"。

2. 操作步骤

> 命令：UCS↙
> 当前 UCS 名称：*世界*
> 指定 UCS 的原点或 [面(F)/命名(NA)/对象(OB)/上一个(P)/视图(V)/世界(W)/X/Y/Z/Z 轴(ZA)]<世界>：

3. 选项说明

（1）指定 UCS 的原点

使用一点、两点或三点定义一个新的 UCS。如果指定单个点 1，则当前 UCS 的原点将会移动而不会更改 X、Y 和 Z 轴的方向。选择该选项，系统提示如下：

> 指定 X 轴上的点或<接受>：（继续指定 X 轴通过的点 2 或直接按 Enter 键接受原坐标系 X 轴为新坐标系 X 轴）
>
> 指定 XY 平面上的点或<接受>：（继续指定 XY 平面通过的点 3 以确定 Y 轴或直接按 Enter 键接受原坐标系 XY 平面为新坐标系 XY 平面，根据右手法则，相应的 Z 轴也同时确定）

示意图如图 10-1 所示。

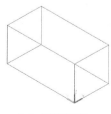
（a）原坐标系

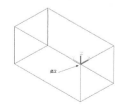
（b）指定一点

（c）指定两点

（d）指定三点

图 10-1　指定原点

（2）面(F)

将 UCS 与三维实体的选定面对齐。要选择一个面，应在此面的边界内或面的边上单击，被选中的面将亮显，UCS 的 X 轴将与找到的第一个面上的最近的边对齐。选择该选项，系统提示：

　　　　选择实体对象的面：（选择面）
　　　　输入选项 [下一个(N)/X 轴反向(X)/Y 轴反向(Y)] <接受>：✓（结果如图 10-2 所示）

　　如果选择"下一个(N)"选项，系统将 UCS 定位于邻接的面或选定边的后向面。

　　（3）对象(OB)

　　根据选定三维对象定义新的坐标系，如图 10-3 所示。新建 UCS 的拉伸方向（Z 轴正方向）与选定对象的拉伸方向相同。选择该选项，系统提示如下：

　　　　选择对齐 UCS 的对象：选择对象

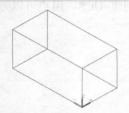　　　　　　　　　　　　　　　　　　　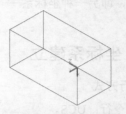

　　　　图 10-2　选择面确定坐标系　　　　　　　　　图 10-3　选择对象确定坐标系

　　对于大多数对象，新 UCS 的原点位于离选定对象最近的顶点处，并且 X 轴与一条边对齐或相切。对于平面对象，UCS 的 XY 平面与该对象所在的平面对齐。对于复杂对象，将重新定位原点，但是轴的当前方向保持不变。

　　注意： 该选项不能用于三维多段线、三维网格和构造线。

　　（4）视图(V)

　　以垂直于观察方向（平行于屏幕）的平面为 XY 平面，建立新的坐标系。UCS 原点保持不变。

　　（5）世界(W)

　　将当前用户坐标系设置为世界坐标系。WCS 是所有用户坐标系的基准，不能被重新定义。

　　（6）X、Y、Z

　　绕指定轴旋转当前 UCS。

　　（7）Z 轴（ZA）

　　用指定的 Z 轴正半轴定义 UCS。

10.1.2　动态 UCS

　　动态 UCS 的具体操作方法是：单击状态栏上的 UCS 按钮。

　　可以使用动态 UCS 在三维实体的平整面上创建对象，而无须手动更改 UCS 方向。

　　在执行命令的过程中，当将光标移动到面上方时，动态 UCS 会临时将 UCS 的 XY 平面与三维实体的平整面对齐，如图 10-4 所示。

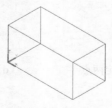　　　　　　　　　　　　　　　　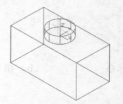

　　　　　（a）原坐标系　　　　　　　　　　　（b）绘制圆柱体时的动态坐标系

　　　　　　　　　　　　　　图 10-4　动态 UCS

动态 UCS 激活后，指定的点和绘图工具（如极轴追踪和栅格）都将与动态 UCS 建立的临时 UCS 相关联。

10.2 动 态 观 察

AutoCAD 2014 提供了具有交互控制功能的三维动态观测器，可以实时地控制和改变当前视口中创建的三维视图，以得到用户期望的效果。

1. 受约束的动态观察

（1）执行方式

☑ 命令行：3DORBIT。

☑ 菜单栏："视图"→"动态观察"→"受约束的动态观察"。

☑ 工具栏："动态观察"→"受约束的动态观察" ⊕（如图 10-5 所示）或 "三维导航"→"受约束的动态观察" ⊕（如图 10-6 所示）。

☑ 快捷菜单："其他导航模式"→"受约束的动态观察"。

图 10-5 快捷菜单

图 10-6 "动态观察"和"三维导航"工具栏

☑ 功能区："视图"→"二维导航"→"动态观察"下拉菜单→"动态观察"。

（2）操作步骤

命令：3DORBIT↙

执行该命令后，视图的目标保持静止，而视点将围绕目标移动。但是，从用户的视点看起来就像三维模型正在随着光标而旋转。用户可以以此方式指定模型的任意视图。

系统显示三维动态观察光标图标。如果水平拖动光标，则相机将平行于世界坐标系（WCS）的 XY 平面移动；如果垂直拖动光标，则相机将沿 Z 轴移动，如图 10-7 所示。

2. 自由动态观察

（1）执行方式

☑ 命令行：3DFORBIT。

☑ 菜单栏："视图"→"动态观察"→"自由动态观察"。

☑ 工具栏："动态观察"→"自由动态观察" ⊘或"三维导航"→"自由动态观察" ⊘。

☑ 快捷菜单："其他导航模式"→"自由动态观察"。

☑ 功能区："视图"→"二维导航"→"动态观察"下拉菜单→"自由动态观察"。

（2）操作步骤

命令：3DFORBIT↙

执行该命令后，在当前视口出现一个绿色的大圆，在大圆上有 4 个绿色的小圆，如图 10-8 所示。此时通过拖动鼠标就可以对视图进行旋转观测。

在三维动态观测器中，查看目标的点被固定，用户可以利用鼠标控制相机位置绕观察对象得到动态的观测效果。当鼠标在绿色大圆的不同位置进行拖动时，鼠标的表现形式是不同的，视图的旋转方向也不同。视图的旋转由光标的表现形式和位置决定。鼠标在不同位置时有⊙、✥、⊕、⊖几种表现形式，拖动这些图标，分别对对象进行不同形式的旋转。

3. 连续动态观察

（1）执行方式

☑ 命令行：3DCORBIT。
☑ 菜单栏："视图"→"动态观察"→"连续动态观察"。
☑ 工具栏："动态观察"→"连续动态观察"🌀或"三维导航"→"连续动态观察"🌀。
☑ 快捷菜单："其他导航模式"→"连续动态观察"。
☑ 功能区："视图"→"二维导航"→"动态观察"下拉菜单→"连续动态观察"。

（2）操作步骤

命令：3DCORBIT↙

执行该命令后，界面出现动态观察图标，按住鼠标左键拖动，图形按鼠标拖动方向旋转，旋转速度为鼠标的拖动速度，如图 10-9 所示。

（a）原始图形　　　（b）拖动鼠标

图 10-7　受约束的三维动态观察　　　图 10-8　自由动态观察　　　图 10-9　连续动态观察

10.3　绘制三维网格曲面

本节主要介绍各种三维网格的绘制命令。

10.3.1　平移网格

1. 执行方式

☑ 命令行：TABSURF。
☑ 菜单栏："绘图"→"建模"→"网格"→"平移网格"。

2. 操作步骤

命令：TABSURF↙
当前线框密度：SURFTAB1=6

选择用作轮廓曲线的对象：（选择一个已经存在的轮廓曲线）
选择用作方向矢量的对象：（选择一个方向线）

3．选项说明

（1）轮廓曲线

轮廓曲线可以是直线、圆弧、圆、椭圆、二维或三维多段线。AutoCAD 从轮廓曲线上离选定点最近的点开始绘制曲面。

（2）方向矢量

方向矢量指出形状的拉伸方向和长度。在多段线或直线上选定的端点决定了拉伸方向。

下面绘制一个简单的平移网格。执行"平移网格"命令，拾取图 10-10（a）中的六边形作为轮廓曲线，图 10-10（a）中的直线为方向矢量，得到的平移网格如图 10-10（b）所示。

最后绘制的图形如图 10-10（b）所示。

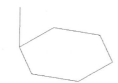

（a）六边形和方向线　　　　　（b）平移后的曲面

图 10-10　平移网格的绘制

10.3.2　直纹网格

1．执行方式

☑　命令行：RULESURF。
☑　菜单栏："绘图"→"建模"→"网格"→"直纹网格"。

2．操作步骤

```
命令:RULESURF↙
当前线框密度: SURFTAB1=6
选择第一条定义曲线:（指定第一条曲线）
选择第二条定义曲线:（指定第二条曲线）
```

下面绘制一个简单的直纹网格。首先将视图转换为"西南等轴测"图，接着绘制如图 10-11（a）所示的两个圆作为草图，然后执行"直纹网格"命令，分别拾取绘制的两个圆作为第一条和第二条定义曲线，得到的直纹网格如图 10-11（b）所示。

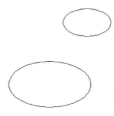

（a）作为草图的圆　　　　　（b）生成的直纹网格

图 10-11　绘制直纹网格

10.3.3 旋转网格

1. 执行方式

☑ 命令行：REVSURF。

☑ 菜单栏："绘图"→"建模"→"网格"→"旋转网格"。

2. 操作步骤

命令：REVSURF↙
当前线框密度：SURFTAB1=6 SURFTAB2=6
选择要旋转的对象 1：（指定已绘制好的直线、圆弧、圆，或二维、三维多段线）
选择定义旋转轴的对象：（指定已绘制好的用作旋转轴的直线或是开放的二维、三维多段线）
指定起点角度<0>：（输入值或按 Enter 键）
指定包含角度（+=逆时针，-=顺时针）<360>：（输入值或按 Enter 键）

3. 选项说明

（1）起点角度如果设置为非零值，则平面将从生成路径曲线位置的某个偏移处开始旋转。

（2）包含角用来指定绕旋转轴旋转的角度。

（3）系统变量 SURFTAB1 和 SURFTAB2 用来控制生成网格的密度。SURFTAB1 指定在旋转方向上绘制的网格线的数目，SURFTAB2 将指定绘制的网格线数目进行等分。

如图 10-12 所示为利用 REVSURF 命令绘制的花瓶。

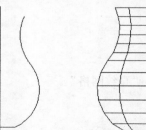

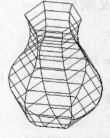

（a）轴线和回转轮廓线 （b）回转面 （c）调整视角

图 10-12 绘制花瓶

10.3.4 实例——弹簧的绘制

本实例主要介绍旋转网格的运用，绘制弹簧的流程图如图 10-13 所示。

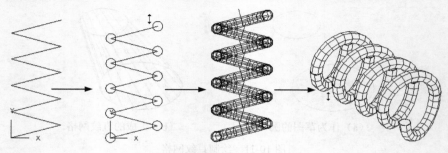

图 10-13 弹簧

操作步骤:（光盘\动画演示\第 10 章\弹簧的绘制.avi）

（1）在命令行中输入"UCS",设置用户坐标系,命令行提示与操作如下:

命令:UCS↙
当前 UCS 名称:★世界★
指定 UCS 的原点或 [面(F)/命名(NA)/对象(OB)/上一个(P)/视图(V)/世界(W)/X/Y/Z/Z 轴
(ZA)]<世界>:200,200,0↙
指定 X 轴上的点或 <接受>:↙

（2）单击"绘图"工具栏中的"多段线"按钮,以（0,0,0）为起点,指定下一点为（@200<15）、（@200<165）绘制多段线,结果如图 10-14 所示。

（3）单击"绘图"工具栏中的"圆"按钮,指定多段线的起点为圆心,半径为 20 绘制圆,结果如图 10-15 所示。

（4）单击"修改"工具栏中的"复制"按钮,结果如图 10-16 所示。重复上述步骤,结果如图 10-17 所示。

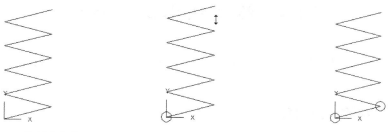

图 10-14　绘制多段线　　　图 10-15　绘制圆　　　图 10-16　复制圆

（5）单击"绘图"工具栏中的"直线"按钮,以直线的起点为第一条多段线的中点,终点的坐标为（@50<105）,重复上述步骤,结果如图 10-18 所示。

（6）单击"绘图"工具栏中的"直线"按钮,直线的起点为第一条多段线的中点,终点的坐标为（@50<75）,重复上述步骤,结果如图 10-19 所示。

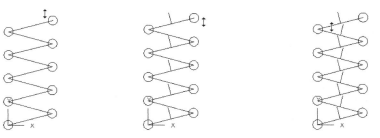

图 10-17　复制多个圆　　　图 10-18　绘制直线 1　　　图 10-19　绘制直线 2

（7）在命令行中输入"SURFTAB1"和"SURFTAB2",修改线条密度。命令行提示与操作如下:

命令:SURFTAB1↙
输入 SURFTAB1 的新值<6>:12↙
命令:SURFTAB2↙
输入 SURFTAB2 的新值<6>:12↙

（8）选择"绘图"→"建模"→"网格"→"旋转网格"命令,当前工作空间的菜单中未提供旋转上述圆,旋转角度为-180°。

结果如图 10-20 所示。重复上述步骤,结果如图 10-21 所示。

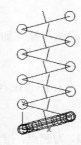

图 10-20 旋转网格   图 10-21 重复旋转网格

（9）单击"视图"工具栏中的"西南等轴测"按钮 ◎，切换视图。

（10）单击"修改"工具栏中的"删除"按钮 ✍，删除多余的线条。

（11）在命令行中输入"HIDE"对图形消隐，最终结果如图 10-13 所示。

10.4   绘制基本三维网格

三维基本图元与三维基本形体表面类似，有长方体表面、圆柱体表面、棱锥面、楔体表面、球面、圆锥面、圆环面等。

10.4.1   绘制网格长方体

1．执行方式

☑   命令行：MESH。

☑   菜单栏："绘图"→"建模"→"网格"→"图元"→"长方体"。

☑   工具栏："平滑网格图元"→"网格长方体" ⊞。

2．操作步骤

```
命令：_MESH
当前平滑度设置为：0
输入选项 [长方体(B)/圆锥体(C)/圆柱体(CY)/棱锥体(P)/球体(S)/楔体(W)/圆环体(T)/设置(SE)] <长方体>：_BOX
指定第一个角点或 [中心(C)]：（给出长方体角点）
指定其他角点或 [立方体(C)/长度(L)]：（给出长方体其他角点）
指定高度或 [两点(2P)]：（给出长方体的高度）
```

3．选项说明

☑   第一个角点：设置网格长方体的第一个角点。

☑   中心(C)：设置网格长方体的中心。

☑   立方体(C)：将长方体的所有边设置为长度相等。

☑   长度(L)：设置网格长方体沿 Y 轴的宽度。

☑   高度：设置网格长方体沿 Z 轴的高度。

☑   两点（高度）：基于两点之间的距离设置高度。

10.4.2　绘制网格圆锥体

1. 执行方式

☑　命令行：MESH。
☑　菜单栏："绘图"→"建模"→"网格"→"图元"→"圆锥体"。
☑　工具栏："平滑网格图元"→"网格圆锥体" 。

2. 操作步骤

```
命令：_MESH
当前平滑度设置为：0
输入选项 [长方体(B)/圆锥体(C)/圆柱体(CY)/棱锥体(P)/球体(S)/楔体(W)/圆环体(T)/设置
(SE)]<长方体>：_CONE
指定底面的中心点或 [三点(3P)/两点(2P)/切点、切点、半径(T)/椭圆(E)]：
指定底面半径或 [直径(D)]：
指定高度或 [两点(2P)/轴端点(A)/顶面半径(T)] <100.0000>：
```

3. 选项说明

☑　底面的中心点：设置网格圆锥体底面的中心点。
☑　三点(3P)：通过指定三点设置网格圆锥体的位置、大小和平面。
☑　两点(2P)（直径）：根据两点定义网格圆锥体的底面直径。
☑　切点、切点、半径(T)：定义具有指定半径，且半径与两个对象相切的网格圆锥体的底面。
☑　椭圆(E)：指定网格圆锥体的椭圆底面。
☑　底面半径：设置网格圆锥体底面的半径。
☑　直径(D)：设置圆锥体的底面直径。
☑　高度：设置网格圆锥体沿与底面所在平面垂直的轴的高度。
☑　两点（高度）：通过指定两点之间的距离定义网格圆锥体的高度。
☑　轴端点(A)：设置圆锥体的顶点的位置，或圆锥体平截面顶面的中心位置。轴端点的方向可以为三维空间中的任意位置。
☑　顶面半径(T)：指定创建圆锥体平截面时圆锥体的顶面半径。

10.4.3　绘制网格圆柱体

1. 执行方式

☑　命令行：MESH。
☑　菜单栏："绘图"→"建模"→"网格"→"图元"→"圆柱体"。
☑　工具栏："平滑网格图元"→"网格圆柱体" 。

2. 操作步骤

```
命令：_MESH
当前平滑度设置为：0
输入选项 [长方体(B)/圆锥体(C)/圆柱体(CY)/棱锥体(P)/球体(S)/楔体(W)/圆环体(T)/设置
(SE)]<圆柱体>：_CYLINDER
指定底面的中心点或 [三点(3P)/两点(2P)/切点、切点、半径(T)/椭圆(E)]：
```

Note

指定底面半径或 [直径(D)]：
指定高度或 [两点(2P)/轴端点(A)/顶面半径(T)]：

3. 选项说明

☑ 底面的中心点：设置网格圆柱体底面的中心点。

☑ 三点(3P)：通过指定三点设置网格圆柱体的位置、大小和平面。

☑ 两点(2P)（直径）：通过指定两点设置网格圆柱体底面的直径。

☑ 两点(2P)（高度）：通过指定两点之间的距离定义网格圆柱体的高度。

☑ 切点、切点、半径(T)：定义具有指定半径，且半径与两个对象相切的网格圆柱体的底面，如果指定的条件可生成多种结果，则将使用最近的切点。

☑ 底面半径：设置网格圆柱体底面的半径。

☑ 直径(D)：设置圆柱体的底面直径。

☑ 高度：设置网格圆柱体沿与底面所在平面垂直的轴的高度。

☑ 轴端点(A)：设置圆柱体顶面的位置。轴端点的方向可以为三维空间中的任意位置。

☑ 椭圆(E)：指定网格椭圆的椭圆底面。

10.4.4　绘制网格棱锥体

1. 执行方式

☑ 命令行：MESH。

☑ 菜单栏："绘图"→"建模"→"网格"→"图元"→"棱锥体"。

☑ 工具栏："平滑网格图元"→"网格棱锥体"。

2. 操作步骤

```
命令：_MESH
当前平滑度设置为：0
输入选项 [长方体(B)/圆锥体(C)/圆柱体(CY)/棱锥体(P)/球体(S)/楔体(W)/圆环体(T)/设置
(SE)] <圆柱体>：_PYRAMID
   4 个侧面    外切
指定底面的中心点或 [边(E)/侧面(S)]：
指定底面半径或 [内接(I)]：
指定高度或 [两点(2P)/轴端点(A)/顶面半径(T)]：
```

3. 选项说明

☑ 底面的中心点：设置网格棱锥体底面的中心点。

☑ 边(E)：设置网格棱锥体底面一条边的长度，如指定的两点所指明的长度一样。

☑ 侧面(S)：设置网格棱锥体的侧面数。输入 3~32 之间的正值。

☑ 底面半径：设置网格棱锥体底面的半径。

☑ 内接(I)：指定网格棱锥体的底面是内接的，还是绘制在底面半径内。

☑ 高度：设置网格棱锥体沿与底面所在的平面垂直的轴的高度。

☑ 两点(2P)（高度）：通过指定两点之间的距离定义网格圆柱体的高度。

☑ 轴端点(A)：设置棱锥体顶点的位置或棱锥体平截面顶面的中心位置。轴端点的方向可以为三维空间中的任意位置。

☑ 顶面半径(T)：指定创建棱锥体平截面时网格棱锥体的顶面半径。

☑ 外切：指定棱锥体的底面是外切的，还是绕底面半径绘制。

10.4.5 绘制网格球体

1. 执行方式

☑ 命令行：MESH。

☑ 菜单栏："绘图"→"建模"→"网格"→"图元"→"网格球体"。

☑ 工具栏："平滑网格图元"→"网格球体" 。

2. 操作步骤

```
命令：_MESH
当前平滑度设置为：0
输入选项 [长方体(B)/圆锥体(C)/圆柱体(CY)/棱锥体(P)/球体(S)/楔体(W)/圆环体(T)/设置
(SE)] <棱锥体>：_SPHERE
指定中心点或 [三点(3P)/两点(2P)/切点、切点、半径(T)]：
指定半径或 [直径(D)] <214.2721>：
```

3. 选项说明

☑ 中心点：设置球体的中心点。

☑ 三点(3P)：通过指定三点设置网格球体的位置、大小和平面。

☑ 两点(2P)（直径）：通过指定两点设置网格球体的直径。

☑ 切点、切点、半径(T)：使用与两个对象相切的指定半径定义网格球体。

10.4.6 绘制网格楔体

1. 执行方式

☑ 命令行：MESH。

☑ 菜单栏："绘图"→"建模"→"网格"→"图元"→"楔体"。

☑ 工具栏："平滑网格图元"→"网格楔体" 。

2. 操作步骤

```
命令：_MESH
当前平滑度设置为：0
输入选项 [长方体(B)/圆锥体(C)/圆柱体(CY)/棱锥体(P)/球体(S)/楔体(W)/圆环体(T)/设置
(SE)] <楔体>：_WEDGE
指定第一个角点或 [中心(C)]：
指定其他角点或 [立方体(C)/长度(L)]：
指定高度或 [两点(2P)] <84.3347>：
```

3. 选项说明

☑ 指定第一个角点：设置网格楔体底面的第一个角点。

☑ 中心(C)：设置网格楔体底面的中心点。

☑ 立方体(C)：将网格楔体底面的所有边设为长度相等。

☑ 长度(L)：设置网格楔体底面沿 X 轴的长度。

☑ 高度：设置网格楔体的高度。输入正值将沿当前 UCS 的 Z 轴正方向绘制高度。输入负值将沿 Z 轴负方向绘制高度。

☑ 两点（高度）：通过指定两点之间的距离定义网格楔体的高度。

10.4.7 绘制网格圆环体

1. 执行方式

- ☑ 命令行：MESH。
- ☑ 菜单栏："绘图"→"建模"→"网格"→"图元"→"圆环体"。
- ☑ 工具栏："平滑网格图元"→"网格圆环体"。

2. 操作步骤

命令：_MESH
当前平滑度设置为：0
输入选项 [长方体(B)/圆锥体(C)/圆柱体(CY)/棱锥体(P)/球体(S)/楔体(W)/圆环体(T)/设置(SE)]
<楔体>：_TORUS
指定中心点或 [三点(3P)/两点(2P)/切点、切点、半径(T)]：
指定半径或 [直径(D)] <30.6975>：

3. 选项说明

- ☑ 中心点：设置网格圆环体的中心点。
- ☑ 三点(3P)：通过指定三点设置网格圆环体的位置、大小和旋转面，圆管的路径通过指定的点。
- ☑ 两点(2P)（圆环体直径）：通过指定两点设置网格圆环体的直径，直径从圆环体的中心点开始计算，直至圆管的中心点。
- ☑ 切点、切点、半径(T)：定义与两个对象相切的网格圆环体半径。
- ☑ 半径（圆环体）：设置网格圆环体的半径，从圆环体的中心点开始测量，直至圆管的中心点。
- ☑ 直径(D)（圆环体）：设置网格圆环体的直径，从圆环体的中心点开始测量，直至圆管的中心点。
- ☑ 圆管半径：设置沿网格圆环体路径扫掠的轮廓半径。
- ☑ 两点(2P)（圆管半径）：基于指定的两点之间的距离设置圆管轮廓的半径。
- ☑ 圆管直径：设置网格圆环体圆管轮廓的直径。

10.4.8 通过转换创建网格

1. 执行方式

- ☑ 命令行：MESHSMOOTH。
- ☑ 菜单栏："绘图"→"建模"→"网格"→"平滑网格"。

2. 操作步骤

命令：_MESHSMOOTH
选择要转换的对象：（三维实体或曲面）

3. 选项说明

（1）可以转换的对象类型。将图元实体对象转换为网格时可获得最稳定的结果。也就是说，结果网格与原实体模型的形状非常相似。尽管转换结果可能与期望的有所差别，但也可转换其他类型的对象，这些对象包括扫掠曲面和实体、传统多边形和多面网格对象、面域、闭合多段线和使用创建的对象。对于上述对象，通常可以通过调整转换设置来改善结果。

（2）调整网格转换设置。如果转换未获得预期效果，则用户可尝试更改"网格镶嵌选项"对话框中的设置。例如，如果"平滑网格优化"网格类型致使转换不正确，则可以将镶嵌形状设置为"三角形"或"主要象限点"，同时还可以通过设置新面的最大距离偏移、角度、宽高比和边长来控制与原形状的相似程度。

10.5　绘制基本三维实体

本节主要介绍各种基本三维实体的绘制方法。

10.5.1　多段体

通过 POLYSOLID 命令，用户可以将现有的直线、二维多段线、圆弧或圆转换为具有矩形轮廓的实体。多段体可以包含曲线线段，但是在默认情况下轮廓始终为矩形。

1. 执行方式

☑　命令行：POLYSOLID。

☑　菜单栏："绘图"→"建模"→"多段体"。

☑　工具栏："建模"→"多段体" 🗐。

2. 操作步骤

```
命令：POLYSOLID ✓
高度 = 4.0000, 宽度 = 0.2500, 对正 = 居中
指定起点或 [对象(O)/高度(H)/宽度(W)/对正(J)] <对象>：（指定起点）
指定下一个点或 [圆弧(A)/放弃(U)]：（指定下一点）
指定下一个点或 [圆弧(A)/放弃(U)]：（指定下一点）
指定下一个点或 [圆弧(A)/闭合(C)/放弃(U)]：✓
```

3. 选项说明

☑　对象(O)：指定要转换为实体的对象，可以将直线、圆弧、二维多段线、圆等转换为多段体，如图 10-22 所示。

（a）二维多段线　　　　　　　　（b）对应的多段体

图 10-22　多段体

☑　高度(H)：指定实体的高度。

☑　宽度(W)：指定实体的宽度。

☑　对正(J)：使用命令定义轮廓时，可以将实体的宽度和高度设置为左对正、右对正或居中。对正方式由轮廓的第一条线段的起始方向决定。

10.5.2 螺旋

1. 执行方式

☑ 命令行：HELIX。
☑ 菜单栏："绘图" → "螺旋"。
☑ 工具栏："建模" → "螺旋" ⬚。
☑ 功能区："常用" → "绘图" → "螺旋"。

2. 操作步骤

```
命令：HELIX ✓
圈数 = 3.0000      扭曲=CCW
指定底面的中心点：（指定点）
指定底面半径或 [直径(D)] <1.0000>：（输入底面半径或直径）
指定顶面半径或 [直径(D)] <26.5531>：（输入顶面半径或直径）
指定螺旋高度或 [轴端点(A)/圈数(T)/圈高(H)/扭曲(W)] <1.0000>：
```

3. 选项说明

☑ 轴端点(A)：指定螺旋轴的端点位置，定义了螺旋的长度和方向。
☑ 圈数(T)：指定螺旋的圈（旋转）数。螺旋的圈数不能超过 500。
☑ 圈高(H)：指定螺旋内一个完整圈的高度。当指定圈高值时，螺旋中的圈数将相应地自动更新。如果已指定螺旋的圈数，则不能输入圈高的值。
☑ 扭曲(W)：指定是以顺时针（CW）方向还是以逆时针方向（CCW）绘制螺旋。螺旋扭曲的默认值是逆时针。

10.5.3 长方体

1. 执行方式

☑ 命令行：BOX。
☑ 菜单栏："绘图" → "建模" → "长方体"。
☑ 工具栏："建模" → "长方体" ⬚。

2. 操作步骤

```
命令：BOX✓
指定第一个角点或 [中心(C)]：（指定第一点或按 Enter 键表示原点是长方体的角点，或输入 "C"
代表中心点）
```

3. 选项说明

☑ 指定第一个角点：确定长方体的一个顶点的位置。选择该选项后，系统继续提示，具体如下：
```
指定其他角点或 [立方体(C)/长度(L)]：（指定第二点或输入选项）
```
  ❖ 指定其他角点：输入另一角点的数值，即可确定该长方体。如果输入的是正值，则沿着当前 UCS 的 X、Y 和 Z 轴的正向绘制长度；如果输入的是负值，则沿着 X、Y 和 Z 轴的负向绘制长度。如图 10-23 所示为使用角点绘制的长方体。
  ❖ 立方体(C)：创建一个长、宽、高相等的长方体。如图 10-24 所示为使用指定长度创建的长方体。

图 10-23　使用角点创建的长方体

图 10-24　使用立方体创建的长方体

Note

❖　长度(L)：要求输入长、宽、高的值。如图 10-25 所示为使用长、宽和高创建的长方体。

☑　中心(C)：使用指定的中心点创建长方体。如图 10-26 所示为使用中心点创建的长方体。

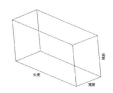

图 10-25　使用长、宽和高创建的长方体

图 10-26　使用中心点创建的长方体

10.5.4　圆柱体

1．执行方式

☑　命令行：CYLINDER。

☑　菜单栏："绘图"→"建模"→"圆柱体"。

☑　工具栏："建模"→"圆柱体"▢。

2．操作步骤

命令：CYLINDER↙
指定底面的中心点或 [三点(3P)/两点(2P)/切点、切点、半径(T)/椭圆(E)]：

3．选项说明

☑　中心点：输入底面圆心的坐标，此选项为系统的默认选项，然后指定底面的半径和高度。
　　AutoCAD 按指定的高度创建圆柱体，且圆柱体的中心线与当前坐标系的 Z 轴平行，如图 10-27
　　所示。另外，也可以指定另一个端面的圆心来指定高度。AutoCAD 根据圆柱体两个端面的
　　中心位置来创建圆柱体。该圆柱体的中心线就是两个端面的连线，如图 10-28 所示。

☑　椭圆(E)：绘制椭圆柱体。其中，端面椭圆的绘制方法与平面椭圆一样，结果如图 10-29 所示。

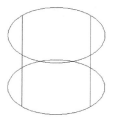

图 10-27　按指定的高度创建圆柱体

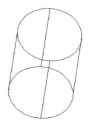

图 10-28　指定圆柱体另一个端面的中心位置

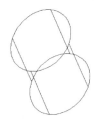

图 10-29　椭圆柱体

　　其他基本实体（如螺旋、楔体、圆锥体、球体、圆环体等）的绘制方法与上面讲述的长方体和圆
柱体类似，此处不再赘述。

10.5.5 实例——弯管接头绘制

本实例主要运用"圆柱体"、"球体"等命令绘制弯管接头，流程图如图 10-30 所示。

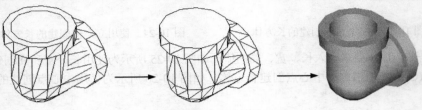

图 10-30 弯管接头

操作步骤：（光盘\动画演示\第 **10** 章\弯管接头绘制**.avi**）

（1）单击"视图"工具栏中的"西南等轴测视图"按钮 。

（2）单击"建模"工具栏中的"圆柱体"按钮 ，绘制底面中心点为（0,0,0），半径为 20，高度为 40 的圆柱体。

（3）按上述步骤，绘制底面中心点为（0,0,40），半径为 20，高度为-10 的圆柱体。

（4）按上述步骤，绘制底面中心点为（0,0,0），半径为 20，顶面圆的中心点为（40,0,0）的圆柱体。

（5）按上述步骤，绘制底面中心点为（40,0,0），半径为 25，顶面圆的圆心为（@-10,0,0）的圆柱体。

（6）单击"建模"工具栏中的"球体"按钮 ，绘制一个圆点在原点，半径为 40 的球体。

（7）单击"渲染"工具栏中的"隐藏"按钮 ，对绘制好的建模进行消隐。此时窗口图形如图 10-31 所示。

（8）单击"实体编辑"工具栏中的"并集"按钮 ，将前面绘制的所有建模组合为一个整体。此时窗口图形如图 10-32 所示。

（9）单击"建模"工具栏中的"圆柱体"按钮 ，绘制底面中心点在原点，直径为 35，高度为 40 的圆柱体。

（10）单击"建模"工具栏中的"圆柱体"按钮 ，绘制底面中心点在原点，直径为 35，顶面圆的圆心为（40,0,0）的圆柱体。

（11）单击"建模"工具栏中的"球体"按钮 ，绘制一个圆点在原点，直径为 35 的球体。

（12）单击"实体编辑"工具栏中的"差集"按钮 ，对弯管和直径为 35 的圆柱体和圆环体进行布尔运算。

（13）单击"渲染"工具栏中的"隐藏"按钮 ，对绘制好的建模进行消隐。此时图形如图 10-33 所示。渲染后的效果如图 10-30 所示。

  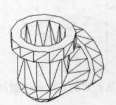

图 10-31 弯管主体　　　　图 10-32 求并后的弯管主体　　　图 10-33 弯管消隐图

10.6　布　尔　运　算

本节主要介绍布尔运算的应用。

10.6.1　三维建模布尔运算

布尔运算在教学的集合运算中得到了广泛应用，AutoCAD 也将该运算应用到了建模的创建过程中。用户可以对三维建模对象进行并集、交集、差集的运算。三维建模的布尔运算与平面图形类似。如图 10-34 所示为 3 个圆柱体进行交集运算后的图形。

（a）求交集前　　　　　　　（b）求交集后　　　　　　　（c）交集的立体图

图 10-34　3 个圆柱体交集运算后的图形

注意： 如果某些命令第一个字母都相同，那么对于比较常用的命令，其快捷命令取第一个字母，而其他命令的快捷命令可用前面两个或 3 个字母表示。例如 "R" 表示 Redraw，"RA" 表示 RedrawAll；"L" 表示 Line，"LT" 表示 LineType，"LTS" 表示 LineTypeScale。

10.6.2　实例——深沟球轴承的创建

本实例主要介绍布尔运算的运用，绘制深沟球轴承的流程图如图 10-35 所示。

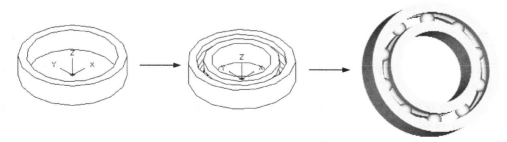

图 10-35　深沟球轴承

操作步骤：（光盘\动画演示\第 10 章\深沟球轴承的创建.avi）

（1）设置线框密度。命令行提示与操作如下：

　　命令：ISOLINES✓
　　输入 ISOLINES 的新值 <4>：10✓

（2）单击"视图"工具栏中的"西南等轴测视图"按钮 ，切换到西南等轴测视图。

（3）单击"建模"工具栏中的"圆柱体"按钮 ，命令行提示与操作如下：

命令：_cylinder
指定底面的中心点或 [三点(3P)/两点(2P)/切点、切点、半径(T)/椭圆(E)] <0,0,0>：在绘图区
指定底面中心点位置
　　指定底面的半径或 [直径(D)]：45✓
　　指定高度或 [两点(2P)/轴端点(A)]：20✓
命令：✓（继续创建圆柱体）
　　指定底面的中心点或[三点(3P)/两点(2P)/切点、切点、半径(T)/椭圆(E)] <0,0,0>：✓
　　指定底面的半径或 [直径(D)]：38✓
　　指定高度或 [两点(2P)/轴端点(A)]：20✓

（4）单击"标准"工具栏中的"实时缩放"按钮 ，上下转动鼠标滚轮对其进行适当的放大。
单击"实体编辑"工具栏中的"差集"按钮 ，将创建的两个圆柱体进行差集运算，命令行提示与操
作如下：

命令：_subtract
选择要从中减去的实体、曲面和面域...
选择对象：选择大圆柱体
选择对象：右击结束选择
选择要减去的实体、曲面和面域...
选择对象：选择小圆柱体
选择对象：右击结束选择

（5）单击"渲染"工具栏中的"隐藏"按钮 ，进行消隐处理后的图形如图 10-36 所示。

（6）按上述步骤，单击"建模"工具栏中的"圆柱体"按钮 ，以坐标原点为圆心，分别创建
高度为 20，半径为 32 和 25 的两个圆柱，并单击"实体编辑"工具栏中的"差集"按钮 ，对其进
行差集运算，创建轴承的内圈圆柱体，结果如图 10-37 所示。

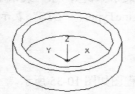
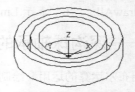

图 10-36　轴承外圈圆柱体　　　　　　　图 10-37　轴承内圈圆柱体

（7）单击"实体编辑"工具栏中的"并集"按钮 ，将创建的轴承外圈与内圈圆柱体进行并集
运算。

（8）单击"建模"工具栏中的"圆环体"按钮 ，绘制底面中心点为（0,0,10），半径为 35，圆
管半径为 5 的圆环。

（9）单击"实体编辑"工具栏中的"差集"按钮 ，将创建的圆环与轴承的内外圈进行差集运
算，结果如图 10-38 所示。

（10）单击"建模"工具栏中的"球体"按钮 ，绘制底面中心点为（35,0,10），半径为 5 的球体。

（11）单击"修改"工具栏中的"环形阵列"按钮 ，将创建的滚动体进行环形阵列，阵列中
心为坐标原点，数目为 10。阵列结果如图 10-39 所示。

（12）单击"实体编辑"工具栏中的"并集"按钮 ，将阵列的滚动体与轴承的内外圈进行
并集运算。

（13）单击"渲染"工具栏中的"渲染"按钮 ，选择适当的材质进行渲染。渲染后的效果如

图 10-35 所示。

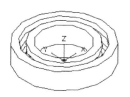

图 10-38　圆环与轴承内外圈进行差集运算结果

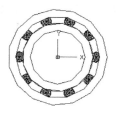

图 10-39　阵列滚动体

10.7　特　征　操　作

与三维网格生成的原理一样，也可以通过二维图形来生成三维实体。具体如下所述。

10.7.1　拉伸

1. 执行方式

☑　命令行：EXTRUDE（快捷命令：EXT）。

☑　菜单栏："绘图" → "建模" → "拉伸"。

☑　工具栏："建模" → "拉伸" 🗗。

2. 操作步骤

```
命令：EXTRUDE✓
当前线框密度：ISOLINES=4，闭合轮廓创建模式=实体
选择要拉伸的对象或 [模式(MO)]：（选择绘制好的二维对象）
选择要拉伸的对象或 [模式(MO)]：（可继续选择对象或按 Enter 键结束选择）
指定拉伸的高度或 [方向(D)/路径(P)/倾斜角(T)/表达式(E)] <52.0000>：
```

3. 选项说明

☑　拉伸的高度：按指定的高度拉伸出三维建模对象。输入高度值后，根据实际需要，指定拉伸的倾斜角度。如果指定的角度为 0，则在 AutoCAD 中二维对象按指定的高度拉伸成柱体；如果输入角度值，则拉伸后建模截面沿拉伸方向按此角度变化，成为一个棱台或圆台体。如图 10-40 所示为不同角度拉伸圆的结果。

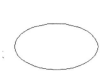
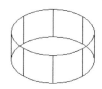

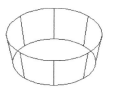

　（a）拉伸前　　（b）拉伸锥角为 0°　　（c）拉伸锥角为 10°　　（d）拉伸锥角为 -10°

图 10-40　拉伸圆

☑　路径(P)：以现有的图形对象作为拉伸创建三维建模对象。如图 10-41 所示为沿圆弧曲线路径拉伸圆的结果。

注意：可以使用创建圆柱体的"轴端点"命令确定圆柱体的高度和方向。轴端点是圆柱体顶面的中心点，可以位于三维空间的任意位置。

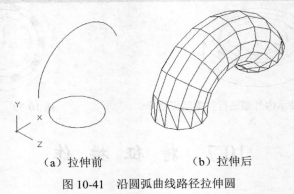

　　　　（a）拉伸前　　　　（b）拉伸后

图 10-41　沿圆弧曲线路径拉伸圆

10.7.2　实例——旋塞体的绘制

本实例主要介绍"拉伸"命令的运用，绘制旋塞体的流程图如图 10-42 所示。

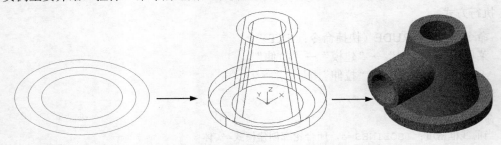

图 10-42　旋塞体的绘制

操作步骤：（**光盘\动画演示\第 10 章\旋塞体的绘制.avi**）

（1）单击"绘图"工具栏中的"圆"按钮⊘，以（0,0,0）为圆心，以30、40 和 50 为半径绘制圆。

（2）单击"视图"工具栏中的"西南等轴测视图"按钮◈，将当前视图设为西南等轴测视图，绘制结果如图 10-43 所示。

（3）单击"建模"工具栏中的"拉伸"按钮◧，拉伸半径 50 的圆生成圆柱体，拉伸高度为 10。

（4）单击"建模"工具栏中的"拉伸"按钮◧，拉伸半径为 40 和 30 的圆，倾斜角度为 10°，拉伸高度为 80，缩放至合适大小，重新生成图形后的效果如图 10-44 所示。

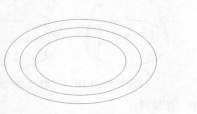

图 10-43　绘制圆

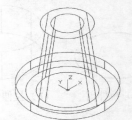

图 10-44　拉伸圆柱

（5）单击"实体编辑"工具栏中的"并集"按钮⑩，将半径为 40 与 50 拉伸的建模合并。

（6）单击"实体编辑"工具栏中的"差集"按钮⑩，选择底座与半径为 30 的圆柱拉伸建模进行差集。消隐处理后的效果如图 10-45 所示。

（7）单击"建模"工具栏中的"圆柱体"按钮 ，命令行提示与操作如下：

```
命令:CYLINDER
指定底面的中心点或 [三点(3P)/两点(2P)/切点、切点、半径(T)/椭圆(E)]: -20,0,50
指定底面半径或 [直径(D)]: 15
指定高度或 [两点(2P)/轴端点(A)]: A
指定轴端点: @-50,0,0
命令: CYLINDER
指定底面的中心点或 [三点(3P)/两点(2P)/切点、切点、半径(T)/椭圆(E)]: -20,0,50
指定底面半径或 [直径(D)]: 20
指定高度或 [两点(2P)/轴端点(A)]: A
指定轴端点: @-50,0,0
```

（8）单击"实体编辑"工具栏中的"差集"按钮 ，选择半径为 20 的圆柱与半径为 15 的圆柱进行差集运算。

（9）单击"实体编辑"工具栏中的"并集"按钮 ，选择所有建模进行合并。消隐后的效果如图 10-46 所示。

图 10-45　并集、差集处理

图 10-46　旋塞体成图

10.7.3　旋转

1. 执行方式

☑　命令行：REVOLVE（快捷命令：REV）。
☑　菜单栏："绘图"→"建模"→"旋转"。
☑　工具栏："建模"→"旋转" 🗇。

2. 操作步骤

```
命令: REVOLVE↙
当前线框密度: ISOLINES=4, 闭合轮廓创建模式 = 实体
选择要旋转的对象或 [模式(MO)]: _MO 闭合轮廓创建模式 [实体(SO)/曲面(SU)] <实体>: _SO
选择要旋转的对象或 [模式(MO)]: 找到 1 个
选择要旋转的对象或 [模式(MO)]:
指定轴起点或根据以下选项之一定义轴 [对象(O)/X/Y/Z] <对象>: x
指定旋转角度或 [起点角度(ST)/反转(R)/表达式(EX)] <360>: 115
```

3. 选项说明

☑　指定轴起点：通过两个点来定义旋转轴。AutoCAD 将按指定的角度和旋转轴旋转二维对象。
☑　对象(O)：选择已经绘制好的直线或用"多段线"命令绘制的直线段作为旋转轴线。

Note

☑ X(Y)轴：将二维对象绕当前坐标系（UCS）的 X（Y）轴旋转。如图 10-47 所示为矩形平面绕 X 轴旋转的结果。

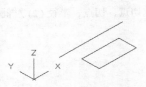

（a）旋转界面　　　　　（b）旋转后的建模

图 10-47　旋转体

10.7.4　扫掠

1. 执行方式

☑　命令行：SWEEP。
☑　菜单栏："绘图"→"建模"→"扫掠"。
☑　工具栏："建模"→"扫掠" ⊕。

2. 操作步骤

> 命令：SWEEP↙
> 当前线框密度：ISOLINES=4，闭合轮廓创建模式 = 实体
> 选择要扫掠的对象：选择对象，如图 10-48（a）中的圆
> 选择要扫掠的对象：↙
> 选择扫掠路径或 [对齐(A)/基点(B)/比例(S)/扭曲(T)]：（选择对象，如图 10-48（a）所示的螺旋线）

扫掠结果如图 10-48（b）所示。

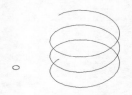

（a）对象和路径　　　　　　　（b）结果

图 10-48　扫掠

3. 选项说明

☑　对齐(A)：指定是否对齐轮廓以使其作为扫掠路径切向的法向，默认情况下，轮廓是对齐的。选择该选项，命令行提示与操作如下：

> 扫掠前对齐垂直于路径的扫掠对象 [是(Y)/否(N)] <是>：（输入"N"，指定轮廓无须对齐；按 Enter 键，指定轮廓将对齐）

📢 注意：使用"扫掠"命令可以通过沿开放或闭合的二维或三维路径扫掠开放或闭合的平面曲线（轮廓）来创建新建模或曲面。该命令用于沿指定路径以指定轮廓的形状（扫掠对象）创建建模或曲面。可以扫掠多个对象，但是这些对象必须在同一平面内。如果沿一条路径扫掠闭合的曲线，则生成建模。

☑　基点(B)：指定要扫掠对象的基点。如果指定的点不在选定对象所在的平面上，则该点将被

投影到该平面上。选择该选项，命令行提示与操作如下：

　　指定基点：　指定选择集的基点

☑　比例(S)：指定比例因子以进行扫掠操作。从扫掠路径的开始到结束，比例因子将统一应用
　　到扫掠的对象上。选择该选项，命令行提示与操作如下：

　　输入比例因子或 [参照(R)] <1.0000>：（指定比例因子，输入"R"，调用参照选项；按 Enter 键，
选择默认值）

其中，"参照(R)"选项表示通过拾取点或输入值来根据参照的长度缩放选定的对象。

☑　扭曲(T)：设置正被扫掠对象的扭曲角度。扭曲角度指定沿扫掠路径全部长度的旋转量。选
　　择该选项，命令行提示与操作如下：

　　输入扭曲角度或允许非平面扫掠路径倾斜 [倾斜(B)] <n>：（指定小于 360° 的角度值，输入"B"，
打开倾斜；按 Enter 键，选择默认角度值）

其中，"倾斜(B)"选项指定被扫掠的曲线是否沿三维扫掠路径（三维多线段、三维样条曲线或螺
旋线）自然倾斜（旋转）。

如图 10-49 所示为扭曲扫掠示意图。

　　（a）对象和路径　　　（b）不扭曲　　　（c）扭曲 45°

图 10-49　扭曲扫掠

10.7.5　实例——锁的绘制

本例要求用户对锁头图形的结构熟悉，且能灵活运用三维表面模型的基本图形的绘制命令和编辑
命令。锁的绘制流程图如图 10-50 所示。

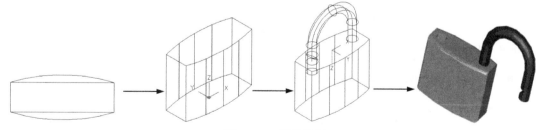

图 10-50　锁的绘制

操作步骤：（光盘\动画演示\第 10 章\锁的绘制.avi）

（1）单击"视图"工具栏中的"西南等轴测视图"按钮，改变视图。

（2）单击"绘图"工具栏中的"矩形"按钮，绘制角点坐标为（-100,30）和（100,-30）的
矩形。

（3）单击"绘图"工具栏中的"圆弧"按钮，绘制起点坐标为（100,30），端点坐标为（-100,30），
半径为 340 的圆弧。

（4）单击"绘图"工具栏中的"圆弧"按钮，绘制起点坐标为（-100,-30），端点坐标为（100,-30），

半径为 340 的圆弧，如图 10-51 所示。

（5）单击"修改"工具栏中的"修剪"按钮，对上述圆弧和矩形进行修剪，结果如图 10-52 所示。

图 10-51 绘制圆弧后的图形

图 10-52 修剪后的图形

（6）单击"修改 II"工具栏中的"编辑多段线"按钮，将上述多段线合并为一个整体。

（7）单击"绘图"工具栏中的"面域"按钮，将上述图形生成为一个面域。

（8）单击"建模"工具栏中的"拉伸"按钮，选择步骤（7）创建的面域高度 150，结果如图 10-53 所示。

（9）在命令行中直接输入"UCS"，并将新的坐标原点移动到点（0,0,150），切换视图。选择"视图"→"三维视图"→"平面视图"→"当前 UCS"命令。

（10）单击"绘图"工具栏中的"圆"按钮，指定圆心坐标为（-70,0），半径为 15，结果如图 10-54 所示。

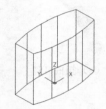

图 10-53 拉伸后的图形

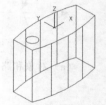

图 10-54 绘圆后的图形

重复上述指令，在右边的对称位置再绘制一个同样大小的圆。单击"视图"工具栏中的"前视"按钮，切换到前视图。

（11）在命令行中直接输入"UCS"，并将新的坐标原点移动到点（0,150,0）。

（12）单击"绘图"工具栏中的"多段线"按钮，命令行提示与操作如下：

```
PLINE
指定起点：-70,0
当前线宽为 0.0000
指定下一个点或 [圆弧(A)/半宽(H)/长度(L)/放弃(U)/宽度(W)]：@50<90
指定下一点或 [圆弧(A)/闭合(C)/半宽(H)/长度(L)/放弃(U)/宽度(W)]：a
指定圆弧的端点或
[角度(A)/圆心(CE)/闭合(CL)/方向(D)/半宽(H)/直线(L)/半径(R)/第二个点(S)/放弃(U)/宽度(W)]：a
指定包含角：-180
指定圆弧的端点或 [圆心(CE)/半径(R)]：r
指定圆弧的半径：70
指定圆弧的弦方向 <90>：0
指定圆弧的端点或
[角度(A)/圆心(CE)/闭合(CL)/方向(D)/半宽(H)/直线(L)/半径(R)/第二个点(S)/放弃(U)/宽度(W)]：l
指定下一点或 [圆弧(A)/闭合(C)/半宽(H)/长度(L)/放弃(U)/宽度(W)]：70,0
指定下一点或 [圆弧(A)/闭合(C)/半宽(H)/长度(L)/放弃(U)/宽度(W)]：
```

结果如图 10-55 所示。

（13）单击"视图"工具栏中的"西南等轴测视图"按钮 ◎，回到西南等轴测视图。

（14）单击"建模"工具栏中的"扫掠"按钮 ◎，将绘制的圆与多段线进行扫掠处理，命令行提示与操作如下：

```
命令：_sweep
当前线框密度：ISOLINES=4，闭合轮廓创建模式 = 实体
选择要扫掠的对象：找到 1 个（选择圆）
选择要扫掠的对象：（选择多段线）
选择扫掠路径或 [对齐(A)/基点(B)/比例(S)/扭曲(T)]：
```

（15）单击"建模"工具栏中的"圆柱体"按钮 □，绘制底面中心点为（-70,0,0），底面半径为 20，轴端点为（-70,-30,0）的圆柱体，结果如图 10-56 所示。

（16）在命令行中直接输入"UCS"，将新的坐标原点绕 X 轴旋转 90°。

（17）单击"建模"工具栏中的"楔体"按钮 ◁，绘制楔体，命令行提示与操作如下：

```
命令：we
指定第一个角点或 [中心(C)]：-50,-50,-20
指定其他角点或 [立方体(C)/长度(L)]：-80,50,-20
指定高度或 [两点(2P)] <30.0000>：20
```

（18）单击"实体编辑"工具栏中的"差集"按钮 ◎，将扫掠体与楔体进行差集运算，结果如图 10-57 所示。

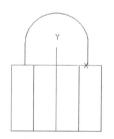
图 10-55　绘制多段线后的图形

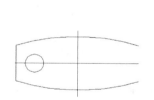
图 10-56　扫掠后的图形

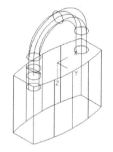
图 10-57　差集运算后的图形

（19）单击"建模"工具栏中的"三维旋转"按钮 ◎，将上述锁柄绕着右边的圆的中心垂线旋转 180°，命令行提示与操作如下：

```
命令：3drotate
UCS 当前的正角方向：ANGDIR=逆时针 ANGBASE=0
选择对象：（选择锁柄）
选择对象：✓
指定基点：（指定右边圆的圆心）
拾取旋转轴：（指定右边的圆的中心垂线）
指定角的起点：180✓
```

旋转的结果如图 10-58 所示。

（20）单击"实体编辑"工具栏中的"差集"按钮 ◎，将左边小圆柱体与锁体进行差集操作，在锁体上打孔。

（21）单击"修改"工具栏中的"圆角"按钮 □，设置圆角半径为 10，对锁体四周的边进行圆角处理。

（22）单击"渲染"工具栏中的"隐藏"按钮⊘，或者直接在命令行中输入"HIDE"后按 Enter 键，结果如图 10-59 所示。

图 10-58　旋转处理

图 10-59　消隐处理

（23）单击"修改"工具栏中的"删除"按钮☑，选择多段线进行删除。最终结果如图 10-50 所示。

10.7.6　放样

1．执行方式

☑　命令行：LOFT。

☑　菜单栏："绘图"→"建模"→"放样"。

☑　工具栏："建模"→"放样"▣。

2．操作步骤

```
命令：LOFT
当前线框密度：ISOLINES=4，闭合轮廓创建模式 = 实体
按放样次序选择横截面或 [点(PO)/合并多条边(J)/模式(MO)]：找到 1 个
按放样次序选择横截面或 [点(PO)/合并多条边(J)/模式(MO)]：找到 1 个，总计 2 个
按放样次序选择横截面或 [点(PO)/合并多条边(J)/模式(MO)]：找到 1 个，总计 3 个
按放样次序选择横截面或 [点(PO)/合并多条边(J)/模式(MO)]：
选中了 3 个横截面(依次选择如图 10-60 所示的 3 个截面)
输入选项 [导向(G)/路径(P)/仅横截面(C)/设置(S)/连续性(CO)/凸度幅值(B)] <仅横截面>：
```

3．选项说明

（1）导向(G)：指定控制放样实体或曲面形状的导向曲线。可以使用导向曲线来控制点如何匹配相应的横截面以防止出现不希望看到的效果（如结果实体或曲面中的皱褶）。指定控制放样建模或曲面形状的导向曲线。导向曲线是直线或曲线，可通过将其他线框信息添加至对象来进一步定义建模或曲面的形状，如图 10-61 所示。选择该选项，命令行提示与操作如下：

```
选择导向曲线：（选择放样建模或曲面的导向曲线，然后按 Enter 键）
```

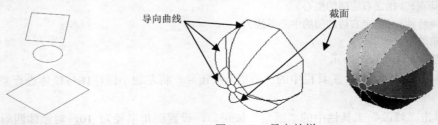

图 10-60　选择截面　　　　　　图 10-61　导向放样

（2）路径(P)：指定放样实体或曲面的单一路径，如图 10-62 所示。选择该选项，命令行提示与操作如下：

　　选择路径：（指定放样建模或曲面的单一路径）

📢 **注意**：路径曲线必须与横截面的所有平面相交。

（3）仅横截面(C)：在不使用导向或路径的情况下创建放样对象。

（4）设置(S)：选择该选项，系统打开"放样设置"对话框，如图 10-63 所示。其中有 4 个单选按钮选项，如图 10-64（a）所示为选中"直纹"单选按钮的放样结果示意图；如图 10-64（b）所示为选中"平滑拟合"单选按钮的放样结果示意图；如图 10-64（c）所示为选中"法线指向"单选按钮并选择"所有横截面"选项的放样结果示意图；如图 10-64（d）所示为选中"拔模斜度"单选按钮并设置"起点角度"为 45°、"起点幅值"为 10、"端点角度"为 60°、"端点幅值"为 10 的放样结果示意图。

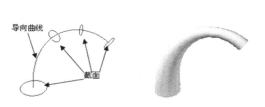

图 10-62　路径放样　　　　　　　图 10-63　"放样设置"对话框

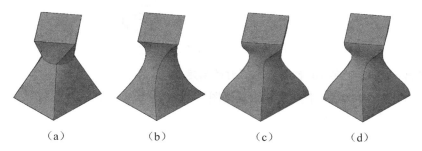

（a）　　　　　（b）　　　　　（c）　　　　　（d）

图 10-64　放样示意图

📢 **注意**：每条导向曲线必须满足以下条件才能正常工作。

　　☑　与每个横截面相交。

　　☑　从第一个横截面开始。

　　☑　到最后一个横截面结束。

　　可以为放样曲面或建模选择任意数量的导向曲线。

10.7.7　拖曳

1. 执行方式

☑　命令行：PRESSPULL。

AutoCAD 2014 中文版机械设计从入门到精通

Note

☑ 工具栏："建模"→"按住并拖动" 。

2. 操作步骤

命令: PRESSPULL↙
单击有限区域以进行按住或拖动操作

选择有限区域后，按住鼠标左键并拖动，相应的区域就会进行拉伸变形。如图 10-65 所示为选择圆台上表面后按住并拖动的结果。

（a）圆台　　　（b）向下拖动　　　（c）向上拖动

图 10-65　按住并拖动

10.7.8　实例——内六角螺钉的创建

本实例运用"圆柱体"、"正多边形"、"拉伸"、"旋转"等命令创建内六角螺钉，其流程图如图 10-66 所示。

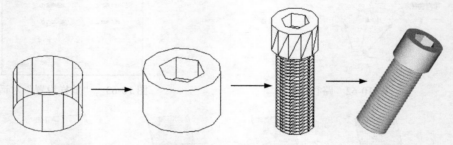

图 10-66　内六角螺钉的创建

操作步骤：（光盘\动画演示\第 10 章\内六角螺钉的创建.avi）

（1）启动 AutoCAD 2014，使用默认设置画图。

（2）设置线框密度。命令行提示与操作如下：

命令: ISOLINES↙
输入 ISOLINES 的新值 <8>: 10↙

（3）单击"建模"工具栏中的"圆柱体"按钮 ，绘制底面中心点为（0,0,0），半径为 20，高度为 164 的圆柱体。

（4）单击"视图"工具栏中的"西南等轴测视图"按钮 ，切换到西南等轴测视图，结果如图 10-67 所示。

（5）设置新的用户坐标系。
将坐标原点移动到圆柱顶面的圆心，命令行提示与操作如下：

命令: UCS↙（或者单击 UCS 工具栏中的 按钮）
指定 UCS 的原点或[面（F）/命名（NA）/对象（O）/上一个（P）/视图（V）/世界（W）/X/Y/Z/Z轴（ZA）]<世界>: m
指定新原点或 [Z 向深度(Z)] <0,0,0>: （单击"对象捕捉"工具栏中的"捕捉到圆心"按钮 ，捕捉圆柱顶面的圆心）

· 336 ·

（6）单击"绘图"工具栏中的"正多边形"按钮◯，绘制中心在圆柱顶面圆心、内接于圆、半径为 7 的正六边形。

（7）单击"建模"工具栏中的"拉伸"按钮⊡，拉伸正六边形，拉伸高度为-8，结果如图 10-68 所示。

（8）单击"实体编辑"工具栏中的"差集"按钮⊚，差集运算选取圆柱域正六棱柱进行差集运算。

（9）单击"渲染"工具栏中的"隐藏"按钮◌，进行消隐，结果如图 10-69 所示。

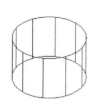
图 10-67 创建的圆柱

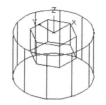
图 10-68 拉伸正六边形

图 10-69 螺钉头部

（10）单击"视图"工具栏中的"主视图"按钮▣，切换到主视图。

（11）单击"绘图"工具栏中的"多段线"按钮⊅，绘制多段线，命令行提示与操作如下：

```
命令:Pl↙（或者单击"绘图"工具栏中的⊅按钮）
指定起点：（单击指定一点）
当前线宽为 0.0000
指定下一个点或 [圆弧(A)/半宽(H)/长度(L)/放弃(U)/宽度(W)]：@2<-30↙
指定下一点或 [圆弧(A)/闭合(C)/半宽(H)/长度(L)/放弃(U)/宽度(W)]：@2<-150↙
指定下一点或 [圆弧(A)/闭合(C)/半宽(H)/长度(L)/放弃(U)/宽度(W)]：↙
```

结果如图 10-70 所示。

（12）单击"修改"工具栏中的"矩形阵列"按钮▦，阵列螺纹牙型，行数为 25，列数为 1，间距为 2，绘制螺纹截面。

（13）单击"绘图"工具栏中的"直线"按钮∠，绘制直线，命令行提示与操作如下：

```
命令：Line↙
指定第一点：（捕捉螺纹的上端点）
指定下一点或 [放弃(U)]：@8<180↙
指定下一点或 [放弃(U)]：@50<-90↙
指定下一点或 [闭合(C)/放弃(U)]：（捕捉螺纹的下端点，然后按 Enter 键）
```

结果如图 10-71 所示。

（14）单击"绘图"工具栏中的"面域"按钮◎，将步骤（12）绘制的螺纹截面合并。

（15）单击"建模"工具栏中的"旋转"按钮⊜，将螺纹截面旋转 360°，结果如图 10-72 所示。

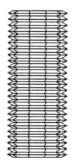

图 10-70 螺纹牙型 　　　　图 10-71 螺纹截面 　　　　图 10-72 螺纹

（16）单击"修改"工具栏中的"移动"按钮✢，捕捉螺纹顶面圆心，移动圆柱底面圆心螺纹，结果如图10-73所示。

（17）单击"实体编辑"工具栏中的"并集"按钮⬮，选择螺纹及螺钉头部，进行并集运算。

（18）单击"视图"工具栏中的"西南等轴测视图"按钮◈，切换到西南等轴测视图，然后单击"渲染"工具栏中的"隐藏"按钮◈，对图形进行消隐，如图10-74所示。

（19）在命令行中输入"DISPSILH"，将该变量的值设定为1，然后单击"渲染"工具栏中的🔲按钮，再次进行消隐处理后的图形，如图10-75所示。

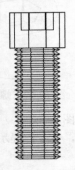 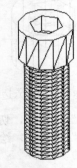 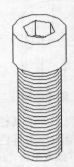

图10-73　移动螺纹　　　　图10-74　消隐后的螺钉　　　图10-75　再次消隐后的螺钉

（20）单击"渲染"工具栏中的"材质"按钮🖼，选择适当的材质进行渲染。渲染后的效果如图10-66所示。

10.7.9　倒角

1. 执行方式

☑　命令行：CHAMFER（快捷命令：CHA）。

☑　菜单栏："修改"→"倒角"。

☑　工具栏："修改"→"倒角"⬮。

2. 操作步骤

> 命令：CHAMFER✓
> （"修剪"模式）当前倒角距离 1 = 0.0000，距离 2 = 0.0000
> 选择第一条直线或 [放弃(U)/多段线(P)/距离(D)/角度(A)/修剪(T)/方式(E)/多个(M)]:

3. 选项说明

（1）选择第一条直线

选择建模的一条边，此选项为系统的默认选项。选择某一条边以后，与此边相邻的两个面中的一个面的边框就变成虚线。选择建模上要倒直角的边后，命令行提示与操作如下：

> 基面选择...
> 输入曲面选择选项 [下一个(N)/当前(OK)] <当前(OK)>:

该提示要求选择基面，默认选项是当前，即以虚线表示的面作为基面。如果选择"下一个(N)"选项，则以与所选边相邻的另一个面作为基面，选择好基面后，命令行继续出现如下提示：

> 指定基面的倒角距离 <2.0000>:（输入基面上的倒角距离）
> 指定其他曲面的倒角距离 <2.0000>:（输入与基面相邻的另外一个面上的倒角距离）
> 选择边或 [环(L)]:

Note

☑ 选择边：确定需要进行倒角的边，此项为系统的默认选项。选择基面的某一边后，命令行提示与操作如下：

> 选择边或 [环(L)]：

在此提示下，按 Enter 键对选择好的边进行倒直角，也可以继续选择其他需要倒直角的边。

☑ 环(L)：对基面上所有的边都进行倒直角。

（2）其他选项

与二维斜角类似，此处不再赘述。

如图 10-76 所示为对长方体倒角的结果。

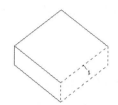 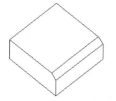 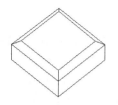

（a）选择倒角边"1" （b）选择边倒角结果 （c）选择环倒角结果

图 10-76 对长方体倒角

10.7.10 实例——手柄的创建

本实例主要介绍倒角的运用。绘制手柄的流程图如图 10-77 所示。

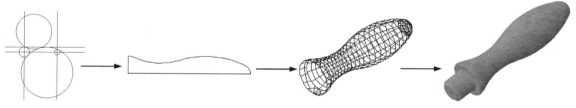

图 10-77 手柄

操作步骤：（光盘\动画演示\第 10 章\手柄的创建.avi）

（1）设置线框密度

命令行提示与操作如下：

> 命令：ISOLINES✓
> 输入 ISOLINES 的新值 <8>：10✓

（2）绘制手柄把截面

❶ 单击"绘图"工具栏中的"圆"按钮 ⊙，绘制半径为 13 的圆。

❷ 单击"绘图"工具栏中的"构造线"按钮 ✓，过 R13 圆的圆心绘制竖直与水平辅助线。绘制结果如图 10-78 所示。

❸ 单击"修改"工具栏中的"偏移"按钮 ⊜，将竖直辅助线向右偏移 83。

❹ 单击"绘图"工具栏中的"圆"按钮 ⊙，捕捉最右边竖直辅助线与水平辅助线的交点，绘制半径为 7 的圆。绘制结果如图 10-79 所示。

❺ 单击"修改"工具栏中的"偏移"按钮 ⊜，将水平辅助线向上偏移 13。

❻ 单击"绘图"工具栏中的"圆"按钮 ⊙，绘制与 R7 圆及偏移水平辅助线相切，半径为 65 的圆；继续绘制与 R65 圆及 R13 圆相切，半径为 45 的圆。绘制结果如图 10-80 所示。

图 10-78　圆及辅助线

图 10-79　绘制 R7 圆

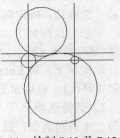

图 10-80　绘制 R65 及 R45 圆

❼ 单击"修改"工具栏中的"修剪"按钮 /-，对所绘制的图形进行修剪，修剪结果如图 10-81 所示。

❽ 单击"修改"工具栏中的"删除"按钮 ✐，删除辅助线，然后单击"绘图"工具栏中的"直线"按钮 ✐，绘制直线。

❾ 单击"绘图"工具栏中的"面域"按钮 ⌑，选择全部图形创建面域，结果如图 10-82 所示。

❿ 单击"建模"工具栏中的"旋转"按钮 ⟲，以水平线为旋转轴，旋转创建的面域。单击"视图"工具栏中的"西南等轴测视图"按钮 ◈，切换到西南等轴测视图，结果如图 10-83 所示。

图 10-81　修剪图形

图 10-82　手柄把截面

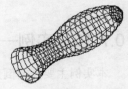

图 10-83　柄体

⓫ 单击"视图"工具栏中的"左视图"按钮 ▦，切换到左视图。在命令行中输入"UCS"，命令行提示如下：

命令：Ucs↙
指定 UCS 的原点或[面(F)/命名(NA)/对象(O)/上一个(P)/视图(V)/世界(W) X/Y/Z/Z 轴（ZA）]
<世界>：0,0,0

单击"对象捕捉"工具栏中的"捕捉到圆心"按钮 ⊙，命令行提示如下：

_cen 于：（捕捉圆心）

⓬ 单击"建模"工具栏中的"圆柱体"按钮 ▭，以坐标原点为圆心，创建高为 15、半径为 8 的圆柱体。单击"视图"工具栏中的"西南等轴测视图"按钮 ◈，切换到西南等轴测视图，结果如图 10-84 所示。

⓭ 单击"修改"工具栏中的"倒角"按钮 ◿，对圆柱体进行倒角。倒角距离为 2，结果如图 10-85 所示。

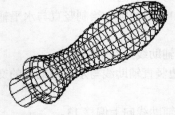

图 10-84　创建手柄头部

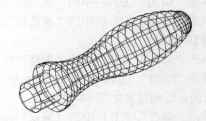

图 10-85　倒角

⓮ 单击"实体编辑"工具栏中的"并集"按钮 ◎，将手柄头部与手柄把进行并集运算。

⓯ 单击"修改"工具栏中的"圆角"按钮⌐，将手柄头部与柄体的交线柄体端面圆进行倒圆角，圆角半径为1。

⓰ 选择"视图"→"视觉样式"→"概念"命令，最终显示效果如图 10-77 所示。

10.7.11　圆角

1．执行方式

☑　命令行：FILLET（快捷命令：F）。

☑　菜单栏："修改"→"圆角"。

☑　工具栏："修改"→"圆角"⌐。

2．操作步骤

> 命令：FILLET✓
> 当前设置：模式 = 修剪，半径 = 0.0000
> 选择第一个对象或 [放弃(U)/多段线(P)/半径(R)/修剪(T)/多个(M)]：（选择建模上的一条边）
> 输入圆角半径或[表达式(E)]：（输入圆角半径）✓：
> 选择边或[链(C)/ 环(L)/半径(R)]：

3．选项说明

选择"链(C)"选项，表示与此边相邻的边都被选中，并进行倒圆角的操作。如图 10-86 所示为对长方体倒圆角的结果。

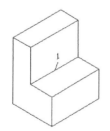
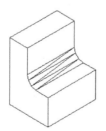
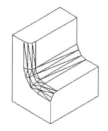

（a）选择倒圆角边"1"　　　　（b）边倒圆角结果　　　　（c）链倒圆角结果

图 10-86　对长方体倒圆角

10.7.12　实例——棘轮的创建

本实例主要介绍圆角的运用。绘制棘轮的流程图如图 10-87 所示。

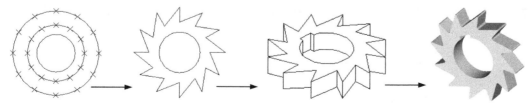

图 10-87　棘轮

操作步骤：（光盘\动画演示\第 10 章\棘轮的创建.avi）

（1）启动系统

启动 AutoCAD，使用默认设置画图。

（2）设置线框密度

命令行提示与操作如下：

命令：ISOLINES↙

输入 ISOLINES 的新值 <8>：10↙

（3）绘制同心圆

❶ 在命令行中直接输入"CIRCLE"，或者单击"绘图"工具栏中的"圆"按钮⊙，绘制 3 个半径分别为 90、60、40 的同心圆。

❷ 选择"格式"→"点样式"命令，选择点样式为"×"，命令行提示与操作如下：

命令：Divide↙

选择要定数等分的对象：（选取 R90 的圆）

输入线段数目或 [块(B)]：12↙

用相同方法，等分 R60 的圆，结果如图 10-88 所示。

❸ 单击"绘图"工具栏中的"多段线"按钮⊃，分别捕捉内外圆的等分点，绘制棘轮轮齿截面，结果如图 10-89 所示。

❹ 单击"修改"工具栏中的"矩形阵列"按钮品，将绘制的多段线进行环形阵列，阵列中心为圆心，数目为 12。

❺ 单击"修改"工具栏中的"删除"按钮✎，删除 R90 及 R60 的圆，并将点样式更改为无，结果如图 10-90 所示。

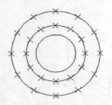
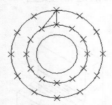

图 10-88　等分圆周　　　　　图 10-89　棘轮轮齿　　　　　图 10-90　阵列轮齿

（4）绘制键槽

❶ 单击状态栏中的"正交"按钮，打开正交模式；单击"绘图"工具栏中的╱按钮，过圆心绘制两条辅助线。

❷ 单击"修改"工具栏中的"移动"按钮✛，将水平辅助线向上移动 45，将竖直辅助线向左移动 11。

❸ 单击"修改"工具栏中的"偏移"按钮▱，将移动后的竖直辅助线向右偏移 22，结果如图 10-91 所示。

❹ 单击"修改"工具栏中的"修剪"按钮╱，对辅助线进行剪裁，结果如图 10-92 所示。

图 10-91　辅助线　　　　　　　　　图 10-92　键槽图

❺ 单击"绘图"工具栏中的"面域"按钮◻，选取全部图形，创建面域。

Note

❻ 单击"建模"工具栏中的"拉伸"按钮⬚，选取全部图形进行拉伸，拉伸高度为 30。

❼ 单击"视图"工具栏中的"西南等轴测视图"按钮◎，切换到西南等轴测视图。

❽ 单击"实体编辑"工具栏中的"差集"按钮◎，将创建的棘轮与键槽进行差集运算。单击"渲染"工具栏中的"隐藏"按钮◎，消隐处理后的图形如图 10-93 所示。

❾ 单击"修改"工具栏中的"圆角"按钮◻，对棘轮轮齿进行倒圆角操作，圆角半径为 5，结果如图 10-94 所示。

图 10-93　差集运算后的建模

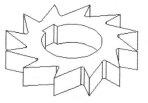

图 10-94　倒圆角

❿ 单击"渲染"工具栏中的"材质"按钮◎，选择适当的材质进行渲染。渲染后的效果如图 10-87 所示。

10.8　渲 染 实 体

渲染是指对三维图形对象加上颜色和材质因素，同时还可以有灯光、背景、场景等因素，目的是能够更真实地表达图形的外观和纹理。渲染是输出图形前的关键步骤，尤其是在效果图的设计中。

10.8.1　设置光源

1. 执行方式

☑　命令行：LIGHT。

☑　菜单栏："视图"→"渲染"→"光源"→"新建点光源"（如图 10-95 所示）。

☑　工具栏："渲染"→"新建点光源"（如图 10-96 所示）。

图 10-95　"光源"子菜单

图 10-96　"渲染"工具栏

2. 操作步骤

命令：LIGHT↙

输入光源类型 [点光源(P)/聚光灯(S)/光域网(W)/目标点光源(T)/自由聚光灯(F)/自由光域(B)/平行光(D)] <点光源>：

Note

3. 选项说明

1）点光源(P)：创建点光源。选择该选项，系统提示如下：

指定源位置 <0,0,0>：（指定位置）

输入要更改的选项 [名称(N)/强度(I)/状态(S)/阴影(W)/衰减(A)/颜色(C)/退出(X)] <退出>：

上面各项的含义如下。

（1）名称(N)：指定光源的名称。可以在名称中使用大写字母和小写字母、数字、空格、连字符(-)和下划线(_)，最大长度为 256 个字符。选择该选项，系统提示如下：

输入光源名称：

（2）强度(I)：设置光源的强度或亮度，取值范围为 0.00 到系统支持的最大值。选择该选项，系统提示如下：

输入强度 (0.00 - 最大浮点数) <1>：

（3）状态(S)：打开和关闭光源。如果图形中没有启用光源，则该设置没有影响。选择该选项，系统提示如下：

输入状态 [开(N)/关(F)] <开>：

（4）阴影(W)：使光源投影。选择该选项，系统提示如下：

输入阴影设置 [关(O)/鲜明(S)/柔和(F)] <鲜明>：

其中，各项的含义如下。

☑ 关(O)：关闭光源的阴影显示和阴影计算。关闭阴影将提高性能。

☑ 鲜明(S)：显示带有强烈边界的阴影。使用此选项可以提高性能。

☑ 柔和(F)：显示带有柔和边界的真实阴影。

（5）衰减(A)：设置系统的衰减特性。选择该选项，系统提示如下：

输入要更改的选项 [衰减类型(T)/使用界限(U)/衰减起始界限(L)/衰减结束界限(E)/退出(X)] <退出>：

其中，部分选项的含义如下。

☑ 衰减类型(T)：控制光线如何随着距离增加而衰减。对象距点光源越远，则越暗。选择该选项，系统提示如下：

输入衰减类型 [无(N)/线性反比(I)/平方反比(S)] <线性反比>：

❖ 无(N)：设置无衰减。此时对象不论距离点光源是远还是近，明暗程度都一样。

❖ 线性反比(I)：将衰减设置为与距离点光源的线性距离成反比。例如，距离点光源两个单位时，光线强度是点光源的一半；而距离点光源 4 个单位时，光线强度是点光源的 1/4。线性反比的默认值是最大强度的一半。

❖ 平方反比(S)：将衰减设置为与距离点光源的距离的平方成反比。例如，距离点光源两个单位时，光线强度是点光源的 1/4；而距离点光源 4 个单位时，光线强度是点光源的 1/16。

☑ 衰减起始界限(L)：指定一个点，光线的亮度相对于光源中心的衰减从这一点开始，默认值为 0。选择该选项，系统提示如下：

指定起始界限偏移 (0-??) 或 [关(O)]：

☑ 衰减结束界限(E)：指定一个点，光线的亮度相对于光源中心的衰减从这一点结束，在此点之后将不会投射光线。在光线的效果很微弱、计算将浪费处理时间的位置处设置结束界限将提高性能。选择该项，系统提示如下：

指定结束界限偏移或 [关(O)]：

（6）颜色(C)：控制光源的颜色。选择该选项，系统提示如下：

输入真彩色 (R,G,B) 或输入选项 [索引颜色(I)/HSL(H)/配色系统(B)]<255,255,255>:

此处的颜色设置与第 2 章中介绍的颜色设置相同,不再赘述。

2）聚光灯(S)：创建聚光灯。选择该选项,系统提示如下：

    指定源位置 <0,0,0>: (输入坐标值或使用定点设备)

    指定目标位置 <1,1,1>: (输入坐标值或使用定点设备)

    输入要更改的选项 [名称(N)/强度(I)/状态(S)/聚光角(H)/照射角(F)/阴影(W)/衰减(A)/颜色(C)/退出(X)] <退出>:

其中,大部分选项与点光源项相同,只对特别的几项加以说明。

☑ 聚光角(H)：指定定义最亮光锥的角度,也称为光束角。聚光角的取值范围为 0~160° 或基于其他角度单位的等价值。选择该选项,系统提示如下：

    输入聚光角角度 (0.00-160.00):

☑ 照射角(F)：指定定义完整光锥的角度,也称为现场角。照射角的取值范围为 0~160°。默认值为 45° 或基于其他角度单位的等价值。

    输入照射角角度 (0.00-160.00):

◀ 注意：照射角角度必须大于或等于聚光角角度。

3）平行光(D)：创建平行光。选择该选项,系统提示如下：

    指定光源方向 FROM <0,0,0> 或 [矢量(V)]: (指定点或输入 "V")

    指定光源方向 TO <1,1,1>: (指定点)

如果输入 "V",系统提示如下：

    指定矢量方向 <0.0000,-0.0100,1.0000>: (输入矢量)

指定光源方向后,系统提示如下：

    输入要更改的选项 [名称(N)/强度因子(I)/状态(S)/光度(P)/阴影(W)/过滤颜色(C)/退出(X)] <退出>:

其中,各项与前面所述相同,此处不再赘述。

有关光源设置的命令还有光源列表、地理位置和阳光特性等几项。

（1）光源列表

❶ 执行方式

☑ 命令行：LIGHTLIST。

☑ 菜单栏："视图"→"渲染"→"光源"→"光源列表"。

☑ 工具栏："渲染"→"光源列表"。

❷ 操作步骤

    命令：LIGHTLIST✓

执行上述命令后,系统打开"模型中的光源"选项板,如图 10-97 所示,显示模型中已经建立的光源。

（2）地理位置

❶ 执行方式

☑ 命令行：GEOGRAPHICLOCATION。

☑ 菜单栏："工具"→"地理位置"。

☑ 工具栏："渲染"→"地理位置"。

❷ 操作步骤

    命令：GEOGRAPHICLOCATION✓

执行上述命令后,系统打开"地理位置"对话框,从中可以设置不同的地理位置的阳光特性。

Note

（3）阳光特性

❶ 执行方式

☑ 命令行：SUNPROPERTIES。

☑ 菜单栏："视图"→"渲染"→"光源"→"阳光特性"。

☑ 工具栏："渲染"→"阳光特性"。

❷ 操作步骤

命令：SUNPROPERTIES✓

执行上述命令后，系统打开"阳光特性"选项板，如图 10-98 所示。在其中可以修改已经设置好的阳光特性。

图 10-97 "模型中的光源"选项板

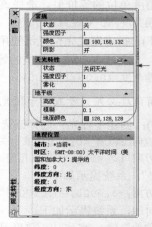

图 10-98 "阳光特性"选项板

10.8.2 渲染环境

1. 执行方式

☑ 命令行：RENDERENVIRONMENT。

☑ 菜单栏："视图"→"渲染"→"渲染环境"。

☑ 工具栏："渲染"→"渲染环境"。

2. 操作步骤

命令：RENDERENVIRONMENT✓

执行该命令后，弹出如图 10-99 所示的"渲染环境"对话框。可以从中设置渲染环境的有关参数。

图 10-99 "渲染环境"对话框

10.8.3 贴图

贴图的功能是在实体附着带纹理的材质后，可以调整实体或面上纹理贴图的方向。当材质被映射后，调整材质以适应对象的形状。将合适的材质贴图类型应用到对象可以使之更加适合对象。

1. 执行方式

☑ 命令行：MATERIALMAP。

☑ 菜单栏："视图"→"渲染"→"贴图"（如图 10-100 所示）。

☑ 工具栏："渲染"→"贴图"（如图 10-101 和图 10-102 所示）。

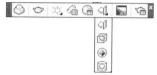

图 10-100　"贴图"子菜单　　图 10-101　"渲染"工具栏　图 10-102　"贴图"工具栏

2. 操作步骤

命令：MATERIALMAP✓
选择选项 [长方体(B)/平面(P)/球面(S)/柱面(C)/复制贴图至(Y)/重置贴图(R)] <长方体>：

3. 选项说明

☑ 长方体(B)：将图像映射到类似长方体的实体上。该图像将在对象的每个面上重复使用。

☑ 平面(P)：将图像映射到对象上，就像将其从幻灯片投影器投影到二维曲面上一样。图像不会失真，但是会被缩放以适应对象。该贴图最常用于面。

☑ 球面(S)：在水平和垂直两个方向上同时使图像弯曲。纹理贴图的顶边在球体的"北极"压缩为一个点。同样，底边在"南极"压缩为一个点。

☑ 柱面(C)：将图像映射到圆柱形对象上。水平边将一起弯曲，但顶边和底边不会弯曲。图像的高度将沿圆柱体的轴进行缩放。

☑ 复制贴图至(Y)：将贴图从原始对象或面应用到选定对象。

☑ 重置贴图(R)：将 UV 坐标重置为贴图的默认坐标。

如图 10-103 所示为球面贴图实例。

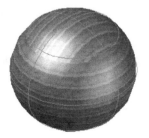

（a）贴图前　　　　　　（b）贴图后

图 10-103　球面贴图

10.8.4　渲染

1. 高级渲染设置

（1）执行方式

☑　命令行：RPREF。

☑　菜单栏："视图"→"渲染"→"高级渲染设置"。

☑　工具栏："渲染"→"高级渲染设置" ⬜。

（2）操作步骤

命令：RPREF✓

执行该命令后，打开"高级渲染设置"选项板，如图 10-104 所示。通过该选项板，可以对渲染的有关参数进行设置。

2. 渲染

（1）执行方式

☑　命令行：RENDER。

☑　菜单栏："视图"→"渲染"→"渲染"。

☑　工具栏："渲染"→"渲染" ⬜。

（2）操作步骤

命令：RENDER✓

执行该命令后，弹出如图 10-105 所示的"渲染"对话框，显示渲染结果和相关参数。

图 10-104　"高级渲染设置"选项板

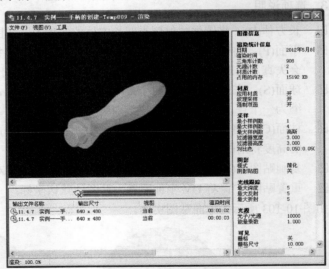
图 10-105　"渲染"对话框

10.9　显 示 形 式

在 AutoCAD 中，三维实体有多种显示形式，包括二维线框、三维线框、三维消隐、真实、概念、消隐等。

10.9.1 消隐

1. 执行方式

☑ 命令行：HIDE。
☑ 菜单栏："视图"→"消隐"。
☑ 工具栏："渲染"→"隐藏" ⬡。

2. 操作步骤

命令：HIDE✓

系统将被其他对象挡住的图线隐藏起来，以增强三维视觉效果，如图 10-106 所示。

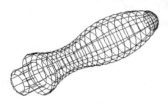　　　　

（a）消隐前　　　　　　　　　　（b）消隐后

图 10-106　消隐效果

10.9.2 视觉样式

1. 执行方式

☑ 命令行：VSCURRENT。
☑ 菜单栏："视图"→"视觉样式"→"二维线框"等。
☑ 工具栏："视觉样式"→"二维线框" ⬚ 等。

2. 操作步骤

命令：VSCURRENT✓
输入选项 [二维线框 (2)/线框 (w)/隐藏 (H)/真实 (R)/概念 (C)/着色 (S)/带边缘着色 (E)/灰度
(G)/勾画 (SK)/X 射线 (X)/其他 (O)] <二维线框>：

3. 选项说明

☑ 二维线框(2)：用直线和曲线表示对象的边界。光栅和 OLE 对象、线型和线宽都是可见的。即使将 COMPASS 系统变量的值设置为 1，也不会出现在二维线框视图中。如图 10-107 所示为 UCS 坐标和手柄的二维线框图。

☑ 线框(W)：显示对象时使用直线和曲线表示边界。显示一个已着色的三维 UCS 图标。光栅和 OLE 对象、线型及线宽不可见，可将 COMPASS 系统变量设置为 1 来查看坐标球，将显示应用到对象的材质颜色。如图 10-108 所示为 UCS 坐标和手柄三维线框图。

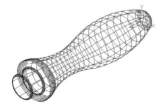
　　　　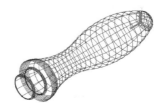

图 10-107　UCS 坐标和手柄的二维线框图　　　图 10-108　UCS 坐标和手柄的三维线框图

☑ 隐藏(H)：显示用三维线框表示的对象并隐藏表示后向面的直线。如图 10-109 所示为 UCS 坐标和手柄的消隐图。

☑ 真实(R)：着色多边形平面间的对象，并使对象的边平滑化。如果已为对象附着材质，则将显示已附着到对象的材质。如图 10-110 所示为 UCS 坐标和手柄的真实图。

☑ 概念(C)：着色多边形平面间的对象，并使对象的边平滑化。着色使用冷色和暖色之间的过渡，这就使得效果缺乏真实感，但是可以更方便地查看模型的细节。如图 10-111 所示为 UCS 坐标和手柄的概念图。

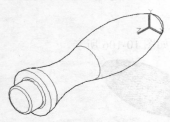

图 10-109 UCS 坐标和手柄的消隐图   图 10-110 UCS 坐标和手柄的真实图   图 10-111 概念图

10.9.3 视觉样式管理器

1. 执行方式

☑ 命令行：VISUALSTYLES。

☑ 菜单栏："视图"→"视觉样式"→"视觉样式管理器"或"工具"→"选项板"→"视觉样式"。

☑ 工具栏："视觉样式"→"视觉样式管理器" 🔲。

2. 操作步骤

命令：VISUALSTYLES✓

执行该命令后，系统打开视觉样式管理器，在其中可以对视觉样式的各参数进行设置，如图 10-112 所示。如图 10-113 所示为按图 10-112 进行设置的概念图的显示结果，可以与上面的图 10-111 进行比较。

图 10-112 视觉样式管理器   图 10-113 显示结果

10.10 综合实例——轴承座绘制

本例通过熟练运用三维基础知识并结合二维知识来绘制轴承座，流程图如图 10-114 所示。

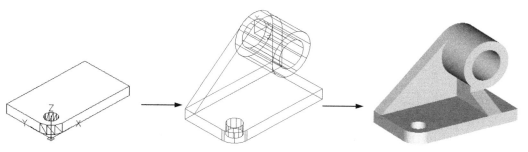

图 10-114 轴承座

操作步骤：（光盘\动画演示\第 10 章\轴承座绘制.avi）

（1）启动 AutoCAD，使用默认设置画图。

（2）在命令行中输入"ISOLINES"，设置线框密度为 10。单击"视图"工具栏中的"西南等轴测视图"按钮，切换到西南等轴测视图。

（3）单击"建模"工具栏中的"长方体"按钮，以坐标原点为角点，绘制长为 140、宽为 80、高为 15 的长方体。

（4）倒圆角。

❶ 单击"修改"工具栏中的"圆角"按钮，对长方体进行倒圆角操作，圆角半径为 20。

❷ 单击"建模"工具栏中的"圆柱体"按钮，以长方体底面圆角中点为圆心，创建半径为 10、高为 15 的圆柱。

（5）单击"实体编辑"工具栏中的"差集"按钮，将长方体与圆柱进行差集运算，结果如图 10-115 所示。

（6）在命令行中输入"UCS"，将坐标原点移动到（110,80,70），并将其绕 X 轴旋转 90°。

（7）单击"建模"工具栏中的"圆柱体"按钮，以坐标原点为圆心，分别创建直径为 60、38、高为 60 的圆柱，结果如图 10-116 所示。

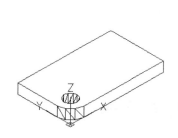

图 10-115 差集后的建模

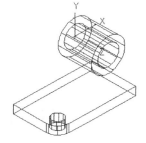

图 10-116 创建圆柱

（8）单击"绘图"工具栏中的"圆"按钮，以坐标原点为圆心，绘制直径为 60 的圆。

（9）在 1 点→2 点→3 点（切点）以及 1 点→4 点（切点）间绘制多段线，如图 10-117 所示。

（10）单击"绘图"工具栏中的"面域"按钮 ⬚，将多段线组成的区域创建为面域。单击"修改"工具栏中的"修剪"按钮，修剪 Ø60 的圆的下半部。

（11）单击"建模"工具栏中的"拉伸"按钮 ⬚，将面域拉伸 15，结果如图 10-118 所示。

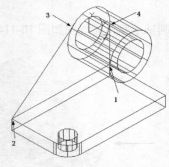

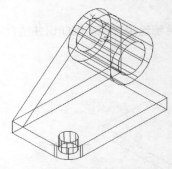

图 10-117　绘制多段线　　　　　　　　　　图 10-118　拉伸面域

（12）在命令行中输入"UCS"，并将其绕 Y 轴旋转-180°，将坐标原点移动到（9,-55,-15），并将其绕 Y 轴旋转 90°。

（13）单击"绘图"工具栏中的"多段线"按钮 ⬚，在（0,0）→（@0,30）→（@27,0）→（@0,-15）→（@38,-15）→（0,0）间绘制闭合多段线，如图 10-119 所示。

（14）单击"建模"工具栏中的"拉伸"按钮 ⬚，将辅助线拉伸-18，结果如图 10-120 所示。

（15）单击"实体编辑"工具栏中的"并集"按钮 ⬚，除去 Ø38 圆柱外，将所有建模进行并集运算。单击"实体编辑"工具栏中的"差集"按钮 ⬚，将建模与 Ø38 圆柱进行差集运算。单击"渲染"工具栏中的"隐藏"按钮 ⬚，进行消隐处理后的图形如图 10-121 所示。

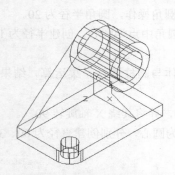
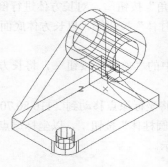
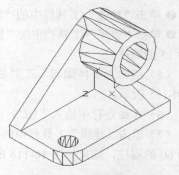

图 10-119　绘制辅助线　　　　图 10-120　拉伸建模　　　　图 10-121　消隐后的建模

（16）单击"渲染"工具栏中的"材质"按钮 ⬚，选择适当的材质进行渲染，结果如图 10-114 所示。

10.11　实践与操作

通过本章的学习，读者对本章知识也有了大体的了解，本节将通过两个实践操作帮助读者进一步掌握本章的知识要点。

10.11.1 利用三维动态观察器观察泵盖图形

1. 目的要求

为了更清楚地观察三维图形，了解三维图形各部分、各方位的结构特征，需要从不同视角观察三维图形，利用三维动态观察器能够方便地对三维图形进行多方位观察。通过本例，要求读者掌握从不同视角观察物体的方法，如图 10-122 所示。

图 10-122 泵盖

2. 操作提示

（1）打开三维动态观察器。
（2）灵活利用三维动态观察器的各种工具进行动态观察。

10.11.2 绘制密封圈

1. 目的要求

本例创建的密封圈主要是对阀心起密封作用，在实际应用中，其材料一般填充为聚四氟乙烯。本例的创建思路：首先创建圆柱体作为外形轮廓，然后再创建一个圆柱体和一个球体，进行差集处理，完成密封圈的创建，如图 10-123 所示。

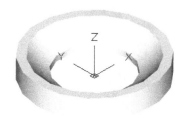

图 10-123 密封圈

2. 操作提示

（1）设置视图方向。
（2）利用"圆柱体"命令创建外形轮廓和内部轮廓。
（3）利用"球体"命令创建球体并做差集处理。
（4）渲染视图。

第11章

三维实体编辑

本章主要对三维实体编辑进行介绍，所谓三维实体编辑主要就是对三维物体进行编辑，主要内容包括编辑三维网面、特殊视图、编辑实体、显示形式、渲染实体。另外，本章还对消隐及渲染进行了详细的介绍。

- ☑ 编辑三维曲面
- ☑ 特殊视图
- ☑ 编辑实体
- ☑ 综合实例——战斗机的绘制

任务驱动&项目案例

11.1　编辑三维曲面

和二维图形的编辑功能相似，在三维造型中也有一些对应的编辑功能，可对三维造型进行相应的编辑。

11.1.1　三维阵列

1. 执行方式

☑　命令行：3DARRAY。

☑　菜单栏："修改"→"三维操作"→"三维阵列"。

☑　工具栏："建模"→"三维阵列" ⊞。

2. 操作步骤

> 命令：3DARRAY↙
> 选择对象：选择要阵列的对象
> 选择对象：选择下一个对象或按 Enter 键
> 输入阵列类型 [矩形 (R) / 环形 (P)] <矩形>：

3. 选项说明

☑　矩形(R)：对图形进行矩形阵列复制，是系统的默认选项。选择该选项后，命令行提示与操作如下：

> 输入行数（---）<1>：输入行数
> 输入列数（|||）<1>：输入列数
> 输入层数（…）<1>：输入层数
> 指定行间距（---）：输入行间距
> 指定列间距（|||）：输入列间距
> 指定层间距（…）：输入层间距

☑　环形(P)：对图形进行环形阵列复制。选择该选项后，命令行提示与操作如下：

> 输入阵列中的项目数目：　输入阵列的数目
> 指定要填充的角度（+=逆时针，-=顺时针）<360>：输入环形阵列的圆心角
> 旋转阵列对象？[是(Y) / 否(N)] <是>：确定阵列上的每一个图形是否根据旋转轴线的位置进行旋转
> 指定阵列的中心点：输入旋转轴线上一点的坐标
> 指定旋转轴上的第二点：输入旋转轴线上另一点的坐标

如图 11-1 所示为 3 层、3 行、3 列且间距分别为 300 的圆柱的矩形阵列；如图 11-2 所示为圆柱的环形阵列。

图 11-1　三维图形的矩形阵列　　　　　图 11-2　三维图形的环形阵列

11.1.2 实例——法兰盘的绘制

本实例的具体实现过程为：（1）绘制立体法兰盘的主体结构；（2）绘制立体法兰盘的螺孔。要求对立体法兰盘结构熟悉，且能灵活运用三维实体的基本图形的绘制命令和编辑命令。本实例用两种不同的方法绘制立体法兰盘，通过绘制此图，用户可以对比出绘制三维图形的技巧性，同时可以灵活地运用三维实体的绘制命令和编辑命令。法兰盘的绘制流程图如图 11-3 所示。

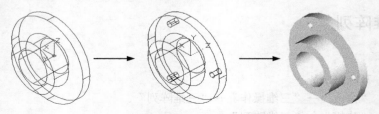

图 11-3　法兰盘的绘制流程图

操作步骤：（光盘\动画演示\第 11 章\法兰盘的绘制.avi）

（1）单击"绘图"工具栏中的"多段线"按钮，绘制立体法兰盘的主体结构的轮廓线。命令行提示与操作如下：

```
命令：PLINE↙
当前线宽为 0.0000
指定起点：40,0↙
当前线宽为 0.0000
指定下一个点或 [圆弧(A)/半宽(H)/长度(L)/放弃(U)/宽度(W)]：@60,0↙
指定下一点或 [圆弧(A)/闭合(C)/半宽(H)/长度(L)/放弃(U)/宽度(W)]：@0,20↙
指定下一点或 [圆弧(A)/闭合(C)/半宽(H)/长度(L)/放弃(U)/宽度(W)]：@-40,0↙
指定下一点或 [圆弧(A)/闭合(C)/半宽(H)/长度(L)/放弃(U)/宽度(W)]：@0,40↙
指定下一点或 [圆弧(A)/闭合(C)/半宽(H)/长度(L)/放弃(U)/宽度(W)]：@-20,0↙
指定下一点或 [圆弧(A)/闭合(C)/半宽(H)/长度(L)/放弃(U)/宽度(W)]：C
```

（2）单击"建模"工具栏中的"旋转"按钮，把步骤（1）中绘制的轮廓线旋转成立体法兰盘的主体结构的体轮廓。命令行提示与操作如下：

```
命令：REVOLVE↙
当前线框密度： ISOLINES=8，闭合轮廓创建模式=实体
选择要旋转的对象或[模式(MO)]：（选择步骤（1）所绘制的轮廓线）↙
选择要旋转的对象或[模式(MO)]：↙
指定轴起点或根据以下选项之一定义轴 [对象(O)/X/Y/Z] <对象>：Y↙
指定旋转角度或[起点角度(ST)/反转(R)/表达式(EX)] <360>：↙
```

（3）改变视图。选择菜单栏中的"视图"→"三维视图"→"西北等轴测"命令，结果如图 11-4所示。

图 11-4　旋转后的图形

（4）用 UCS 命令变换坐标系。命令行提示与操作如下：

命令：UCS↙

指定 UCS 的原点或 [面(F)/命名(NA)/对象(OB)/上一个(P)/视图(V)/世界(W)/X/Y/Z/Z 轴(ZA)] <世界>：X↙

指定绕 X 轴的旋转角度 <90>：↙

（5）用"圆柱体"命令画一个圆柱体。命令行提示与操作如下：

命令：CYLINDER↙

指定底面的中心点或 [三点(3P)/两点(2P)/切点、切点、半径(T)/椭圆(E)]：-80,0,0↙

指定底面半径或 [直径(D)]：6.5↙

指定高度或 [两点(2P)/轴端点(A)]：-20↙

（6）用"三维阵列"命令复制步骤（5）中所作的圆柱体。命令行提示与操作如下：

命令：3DARRAY↙

选择对象：（选择步骤（5）中绘制的圆柱体）↙

选择对象：↙

输入阵列类型 [矩形(R)/环形(P)] <矩形>：P↙

输入阵列中的项目数目：3↙

指定要填充的角度 (+=逆时针，-=顺时针) <360>：↙

旋转阵列对象？[是(Y)/否(N)] <Y>：↙

指定阵列的中心点：0,0,0↙

指定旋转轴上的第二点：0,0,-100↙

（7）用"差集"命令减去步骤（6）中复制的圆柱体。命令行提示与操作如下：

命令：SUBTRACT↙

选择要从中减去的实体、曲面或面域...

选择对象：（选择法兰盘的主体结构的体轮廓）

选择要减去的实体、曲面或面域 ..

选择对象：（依次选择所复制的 3 个圆柱体）↙

选择对象：↙

结果如图 11-5 所示。

图 11-5　差集处理后的图形

（8）渲染。用"渲染"命令渲染图形。结果如图 11-3 所示。

本例还可用另外一种方法绘制，如下所述。

（1）改变视图。选择菜单栏中的"视图"→"三维视图"→"西南等轴测"命令。

（2）用"圆柱体"命令绘制一个圆柱体。命令行提示与操作如下：

命令：CYLINDER↙

指定底面的中心点或 [三点(3P)/两点(2P)/ 切点、切点、半径(T)/椭圆(E)]：0,0,0↙

指定底面半径或 [直径(D)]：100↙

指定高度或 [两点(2P)/轴端点(A)]：20↙

（3）与步骤（2）类似，用"圆柱体"命令绘制底面中心点为（0,0,0），半径为 60，高度为 40 的圆柱体。

（4）用"并集"命令合并两个圆柱体。命令行提示与操作如下：

```
命令：UNION↙
选择对象：(选择步骤（2）中绘制的长方体)
选择对象：(选择步骤（3）中绘制的长方体)
选择对象：↙
```

（5）与步骤（2）类似，用"圆柱体"命令绘制中心点在原心，半径为 40，高度为 60 的圆柱体。

（6）用"差集"命令减去步骤（5）中绘制的圆柱体。命令行提示与操作如下：

```
选择要从中减去的实体、曲面或面域...
选择对象：(选择步骤（4）合并的圆柱体)↙
选择要减去的实体、曲面或面域 ⋯
选择对象：(选择步骤（5）中绘制的圆柱体)↙
```

结果如图 11-6 所示。

（7）用"圆柱体"命令绘制一个圆柱体。命令行提示与操作如下：

```
命令：CYLINDER↙
指定底面的中心点或 [三点(3P)/两点(2P)/切点、切点、半径(T)/椭圆(E)]:80,0,0↙
指定底面半径或 [直径(D)]: 6.5↙
指定高度或 [两点(2P)/轴端点(A)]: 20↙
```

（8）用"三维阵列"命令复制步骤（7）中所作的圆柱体。命令行提示与操作如下：

```
命令：3DARRAY↙
选择对象：(选择步骤（7）中绘制的圆柱体)↙
选择对象：↙
输入阵列类型 [矩形(R)/环形(P)] <矩形>:P↙
输入阵列中的项目数目：3↙
指定要填充的角度 (+=逆时针, -=顺时针) <360>:↙
旋转阵列对象? [是(Y)/否(N)] <Y>:↙
指定阵列的中心点:0,0,0↙
指定旋转轴上的第二点:0,0,100↙
```

（9）用"差集"命令减去步骤（8）中复制的圆柱体。命令行提示与操作如下：

```
命令：SUBTRACT↙
选择要从中减去的实体、曲面或面域...
选择对象：(选择法兰盘的主体结构的体轮廓)↙
选择要减去的实体、曲面或面域 ⋯
选择对象：(依次选择所复制的 3 个圆柱体)↙
```

结果如图 11-7 所示。

图 11-6　差集处理后的图形 1

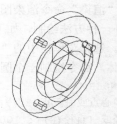

图 11-7　差集处理后的图形 2

（10）用"渲染"命令渲染图形，结果如图 11-3 所示。

11.1.3　三维镜像

1. 执行方式

☑　命令行：MIRROR3D。
☑　菜单栏："修改"→"三维操作"→"三维镜像"。

2. 操作步骤

命令：MIRROR3D✓
选择对象：选择要镜像的对象
选择对象：选择下一个对象或按 Enter 键
指定镜像平面（三点）的第一个点或 [对象 (O)/最近的 (L)/Z 轴 (Z)/视图 (V)/XY 平面 (XY)/YZ 平面 (YZ)/ZX 平面 (ZX)/三点 (3)] <三点>：
在镜像平面上指定第一点：

3. 选项说明

☑　点：输入镜像平面上点的坐标。该选项通过 3 个点确定镜像平面，是系统的默认选项。
☑　Z 轴 (Z)：利用指定的平面作为镜像平面。选择该选项后，命令行提示与操作如下：

在镜像平面上指定点：输入镜像平面上一点的坐标
在镜像平面的 Z 轴（法向）上指定点：输入与镜像平面垂直的任意一条直线上任意一点的坐标
是否删除源对象？[是 (Y)/否（N）]：根据需要确定是否删除源对象

☑　视图 (V)：指定一个平行于当前视图的平面作为镜像平面。
☑　XY（YZ、ZX）平面：指定一个平行于当前坐标系的 XY（YZ、ZX）平面作为镜像平面。

11.1.4　实例——手推车小轮绘制

本实例主要介绍"三维镜像"命令的运用。绘制手推车小轮的流程图如图 11-8 所示。

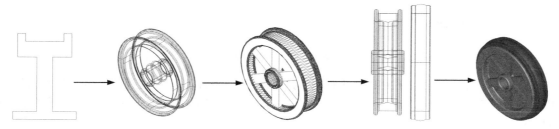

图 11-8　手推车小轮

操作步骤：（光盘\动画演示\第 11 章\手推车小轮绘制.avi）

（1）单击"绘图"工具栏中的"直线"按钮，指定坐标为（-200,100）、（@0,50）、（@150,0）、（@0,350）、（@-120,0）、（@0,150）、（@50,0）、（@0,-50）、（@240,0）、（@0,50）、（@50,0）、（@0,-150）、（@-120,0）、（@0,-350）、（@150,0）、（@0,-50），绘制连续直线，如图 11-9 所示。

（2）单击"修改"工具栏中的"圆角"按钮，将圆角半径设为 20，圆角处理结果如图 11-10 所示。

（3）单击"修改 II"工具栏中的"编辑多段线"按钮，将连续直线合并为多段线。

（4）单击"建模"工具栏中的"旋转"按钮 ⬚，选择步骤（3）中合并的多段线绕 X 轴旋转 360°。将当前视图设为西南等轴测视图，如图 11-11 所示。

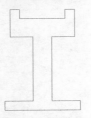

图 11-9　绘制直线　　　　　　图 11-10　圆角处理　　　　　　图 11-11　旋转图形

（5）选择菜单栏中的"绘图"→"三维多段线"命令。命令行提示与操作如下：

```
命令: 3dpoly✓
指定多段线的起点: -150,50,140✓
指定直线的端点或 [放弃(U)]: @0,0,400✓
指定直线的端点或 [放弃(U)]: @0,-100,0✓
指定直线的端点或 [闭合(C)/放弃(U)]: @0,0,-400✓
指定直线的端点或 [闭合(C)/放弃(U)]: c✓
```

消隐后的结果如图 11-12 所示。

（6）单击"建模"工具栏中的"拉伸"按钮 ⬚，选择上述绘制的图形，拉伸的倾斜角度为-10°，拉伸的高度为-120，结果如图 11-13 所示。

（7）单击"建模"工具栏中的"三维阵列"按钮 ⬚，选择上述拉伸的 6 个轮辐矩形阵列，中心点为（0,0,0），旋转轴第二点为（-50,0,0），结果如图 11-14 所示。

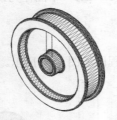
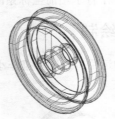
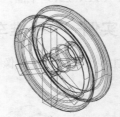

图 11-12　绘制三维多段线　　　图 11-13　拉伸图形　　　　　图 11-14　三维阵列处理

（8）单击"视图"工具栏中的"主视图"按钮 ⬚，将当前视图设为前视图，再单击"修改"工具栏中的"移动"按钮 ⬚，选择轮辐指定基点{（0,0,0），（150,0,0）}进行移动。消隐后的结果如图 11-15 所示。

（9）选择"修改"→"三维操作"→"三维镜像"命令，命令行提示与操作如下：

```
命令: mirror3d✓
选择对象: （选择上述做了阵列的轮辐）✓
选择对象: ✓
指定镜像平面 (三点) 的第一个点或[对象(O)/最近的(L)/Z 轴(Z)/视图(V)/XY 平面(XY)/YZ
平面(YZ)/ZX 平面(ZX)/三点(3)] <三点>: yz✓
指定 XY 平面上的点 <0,0,0>: ✓
是否删除源对象? [是(Y)/否(N)] <否>: ✓
```

结果如图 11-16 所示。

图 11-15　移动图形

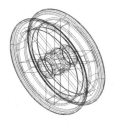

图 11-16　镜像处理

（10）单击"视图"工具栏中的"俯视图"按钮，将当前视图设为俯视图，然后单击"绘图"工具栏中的"多段线"按钮。命令行提示与操作如下：

```
命令: pline↙
指定起点: 220,600↙
当前线宽为 0.0000
指定下一个点或 [圆弧(A)/半宽(H)/长度(L)/放弃(U)/宽度(W)]: @0,100↙
指定下一点或 [圆弧(A)/闭合(C)/半宽(H)/长度(L)/放弃(U)/宽度(W)]: @50,0↙
指定下一点或 [圆弧(A)/闭合(C)/半宽(H)/长度(L)/放弃(U)/宽度(W)]: a↙
指定圆弧的端点或
[角度(A)/圆心(CE)/闭合(CL)/方向(D)/半宽(H)/直线(L)/半径(R)/第二个点(S)/放弃(U)/
宽度(W)]: s↙
指定圆弧上的第二个点: @70,20↙
指定圆弧的端点: @70,-20↙
指定圆弧的端点或
[角度(A)/圆心(CE)/闭合(CL)/方向(D)/半宽(H)/直线(L)/半径(R)/第二个点(S)/放弃(U)/宽
度(W)]: l↙
指定下一个点或 [圆弧(A)/半宽(H)/长度(L)/放弃(U)/宽度(W)]: @50, 0↙
指定下一点或 [圆弧(A)/闭合(C)/半宽(H)/长度(L)/放弃(U)/宽度(W)]: @0,-100↙
指定下一点或 [圆弧(A)/闭合(C)/半宽(H)/长度(L)/放弃(U)/宽度(W)]: c↙
```

绘制结果如图 11-17 所示。

（11）单击"建模"工具栏中的"旋转"按钮，然后选择多线段绕 X 轴旋转 360°，结果如图 11-18 所示。

（12）单击"修改"工具栏中的"移动"按钮，将轮胎移动到合适位置。然后单击"视图"工具栏中的"西南等轴测视图"按钮，将当前视图设为西南等轴测视图，结果如图 11-19 所示。

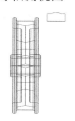

图 11-17　绘制多线

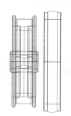

图 11-18　绘制轮辐

图 11-19　手推车小轮

11.1.5　对齐对象

1. 执行方式

☑　命令行：ALIGN（快捷命令：AL）。

☑ 菜单栏："修改"→"三维操作"→"对齐"。

2. 操作步骤

命令：ALIGN↙
选择对象： 选择要对齐的对象
选择对象： 选择下一个对象或按 Enter 键
指定一对、两对或三对点，将选定对象对齐
指定第一个源点：选择点1
指定第一个目标点：选择点2
指定第二个源点：↙

对齐结果如图 11-20 所示。两对点、三对点与一对点的情形类似。

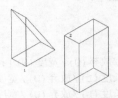

（a）对齐前　　　　　　　（b）对齐后

图 11-20　一点对齐

11.1.6　三维移动

1. 执行方式

☑ 命令行：3DMOVE。

☑ 菜单栏："修改"→"三维操作"→"三维移动"。

☑ 工具栏："建模"→"三维移动" ⊕。

2. 操作步骤

命令：3DMOVE↙
选择对象：找到 1 个
选择对象：↙
指定基点或 [位移(D)] <位移>：指定基点
指定第二个点或 <使用第一个点作为位移>：指定第二点

其操作方法与"二维移动"命令类似。如图 11-21 所示为将滚珠从轴承中移出的情形。

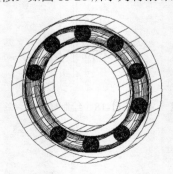

图 11-21　三维移动

11.1.7　实例——阀盖

本实例主要应用"圆柱体"、"长方体"、"旋转"、"圆角"、"倒角"、"差集"和"并集"命令等完成阀盖的绘制。其绘制流程图如图 11-22 所示。

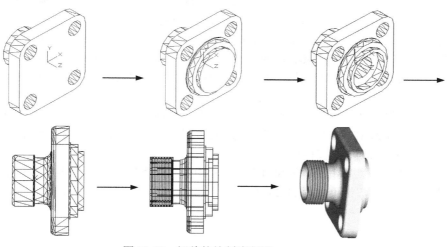

图 11-22　阀盖的绘制流程图

操作步骤：（光盘\动画演示\第 11 章\阀盖.avi）

（1）启动 AutoCAD 2014，使用默认设置绘图环境。

（2）设置线框密度。设置对象上每个曲面的轮廓线数目为 10。

（3）设置视图方向。单击"视图"工具栏中的"西南等轴测视图"按钮 ，将当前视图方向设置为西南等轴测视图。

（4）设置用户坐标系，将坐标系原点绕 X 轴旋转 90°。命令行提示与操作如下：

> 命令：UCS ✓
> 当前 UCS 名称：*西南等轴测*
> UCS 的原点或 [面(F)/命名(NA)/对象(OB)/上一个(P)/视图(V)/世界(W)/X/Y/Z/Z 轴(ZA)]
> <世界>：X✓
> 指定绕 X 轴的旋转角度 <90>：✓

（5）绘制圆柱体。单击"建模"工具栏中的"圆柱体"按钮 ，以（0,0,0）为底面中心点，创建半径为 18、高为 15 以及半径为 16、高为 26 的圆柱体。

（6）设置用户坐标系，命令行提示与操作如下：

> 命令：UCS
> 当前 UCS 名称：*世界*
> 指定 UCS 的原点或 [面(F)/命名(NA)/对象(OB)/上一个(P)/视图(V)/世界(W)/X/Y/Z/Z 轴
> (ZA)] <世界>：0, 0, 32✓
> 指定 X 轴上的点或 <接受>：✓

（7）绘制长方体。单击"建模"工具栏中的"长方体"按钮 ，绘制以原点为中心点，长为 75、宽为 75、高为 12 的长方体。

（8）对长方体倒圆角。单击"修改"工具栏中的"圆角"按钮 ，圆角半径为 12.5，对长方体的 4 个 Z 轴方向边倒圆角。

（9）绘制圆柱体。单击"建模"工具栏中的"圆柱体"按钮，捕捉圆角圆心为中心点，创建直径为 10、高为 12 的圆柱体。

（10）复制圆柱体。单击"修改"工具栏中的"复制"按钮，将步骤（9）中绘制的圆柱体以圆柱体的圆心为基点，复制到其余 3 个圆角圆心处。

（11）差集处理。单击"实体编辑"工具栏中的"差集"按钮，将步骤（9）和步骤（10）中绘制的圆柱体从步骤（8）倒圆角后的图形中减去，结果如图 11-23 所示。

（12）绘制圆柱体。单击"建模"工具栏中的"圆柱体"按钮，以（0,0,0）为圆心，分别创建直径为 53、高为 7，直径为 50、高为 12，以及直径为 41、高为 16 的圆柱体。

（13）并集处理。单击"实体编辑"工具栏中的"并集"按钮，将所有图形进行并集运算，结果如图 11-24 所示。

（14）绘制圆柱体。单击"建模"工具栏中的"圆柱体"按钮，捕捉实体前端面圆心为中心点，分别创建直径为 35、高为-7 以及直径为 20、高为-48 的圆柱体；捕捉实体后端面圆心为中心点，创建直径为 28.5、高为 5 的圆柱体。

（15）差集处理。单击"实体编辑"工具栏中的"差集"按钮，将实体与步骤（14）中绘制的圆柱进行差集运算，结果如图 11-25 所示。

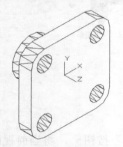

图 11-23　差集后的图形　　　　图 11-24　并集后的图形　　　　图 11-25　差集后的图形

（16）圆角处理。单击"修改"工具栏中的"圆角"按钮，设置圆角半径分别为 1、3、5，对需要的边进行圆角。

（17）倒角处理。单击"修改"工具栏中的"倒角"按钮，倒角距离为 1.5，对实体后端面进行倒角。

（18）设置视图方向。将当前视图方向设置为左视图。消隐处理后的图形如图 11-26 所示。

（19）绘制螺纹。

❶ 绘制多边形。单击"绘图"工具栏中的"正多边形"按钮，在实体旁边绘制一个正三角形，其边长为 2。

❷ 绘制构造线。单击"绘图"工具栏中的"构造线"按钮，过正三角形底边绘制水平辅助线。

❸ 偏移辅助线。单击"修改"工具栏中的"偏移"按钮，将水平辅助线向上偏移 18。

❹ 旋转正三角形。单击"建模"工具栏中的"旋转"按钮，以偏移后的水平辅助线为旋转轴，选取正三角形，将其旋转 360°。

❺ 删除辅助线。单击"修改"工具栏中的"删除"按钮，删除绘制的辅助线。

❻ 阵列对象。单击"建模"工具栏中的"三维阵列"按钮，将旋转形成的实体进行 1 行、8 列的矩形阵列，列间距为 2。

❼ 并集处理。单击"实体编辑"工具栏中的"并集"按钮，将阵列后的实体进行并集运算，结果如图 11-27 所示。

（20）移动螺纹。单击"建模"工具栏中的"三维移动"按钮⊕。命令行提示与操作如下：

　　命令：3DMOVE✓
　　选择对象：（用鼠标选取绘制的螺纹）
　　选择对象：✓
　　指定基点或 [位移(D)] <位移>：（用鼠标选取螺纹左端面圆心）
　　指定第二个点或 <使用第一个点作为位移>：（用鼠标选取实体左端圆心）

结果如图 11-28 所示。

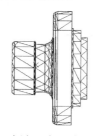

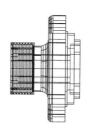

图 11-26　倒角及倒圆角后的图形　　图 11-27　绘制的螺纹　　图 11-28　移动螺纹后的图形

（21）差集处理。单击"实体编辑"工具栏中的"差集"按钮⑩，将实体与螺纹进行差集运算。
（22）绘制螺纹孔。用同样方法为阀盖创建螺纹孔，结果如图 11-22 所示。

11.1.8　三维旋转

1. 执行方式

☑　命令行：3DROTATE。
☑　菜单栏："修改"→"三维操作"→"三维旋转"。
☑　工具栏："建模"→"三维旋转"⑧。

2. 操作步骤

　　命令：3DROTATE✓
　　UCS 当前的正角方向：ANGDIR=逆时针　ANGBASE=0
　　选择对象：选择一个滚珠
　　选择对象：✓
　　指定基点：指定圆心位置
　　拾取旋转轴：选择如图 11-29 所示的轴
　　指定角的起点：选择如图 11-29 所示的中心点
　　指定角的端点：指定另一点

旋转结果如图 11-30 所示。

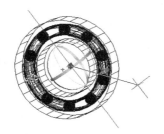
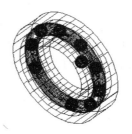

图 11-29　指定参数　　　　图 11-30　旋转结果

11.1.9 实例——弯管的绘制

本实例主要介绍"三维旋转"命令的运用。绘制弯管的流程图如图 11-31 所示。

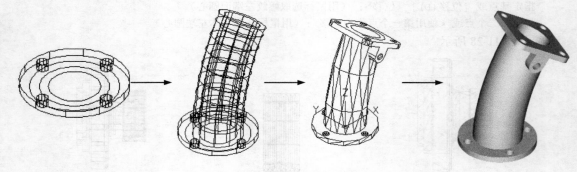

图 11-31 弯管的绘制流程图

操作步骤：（光盘\动画演示\第 11 章\弯管的绘制.avi）

（1）启动 AutoCAD 2014，使用默认设置画图。

（2）在命令行中输入"ISOLINES"，设置线框密度为 10，并切换视图到西南等轴测视图。

（3）单击"建模"工具栏中的"圆柱体"按钮◎，以坐标原点为圆心，创建直径为 38、高为 3 的圆柱。

（4）单击"绘图"工具栏中的"圆"按钮◎，以原点为圆心，分别绘制直径为 31、24、18 的圆。

（5）单击"建模"工具栏中的"圆柱体"按钮◎，以 Ø31 的象限点为圆心，创建半径为 2、高为 3 的圆柱。

（6）单击"修改"工具栏中的"环形阵列"按钮🔲，将创建的 R2 圆柱进行环形阵列，阵列中心为坐标原点，阵列数目为 4，填充角度为 360°，结果如图 11-32 所示。

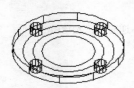

图 11-32 阵列圆柱

（7）单击"实体编辑"工具栏中的"差集"按钮◎，将外形圆柱与阵列圆柱进行差集运算。

（8）切换视图到前视图。单击"绘图"工具栏中的"圆弧"按钮✐，以坐标原点为起始点，指定圆弧的圆心为（120,0），绘制角度为-30°的圆弧，结果如图 11-33 所示。

（9）切换视图到西南等轴测视图。单击"建模"工具栏中的"拉伸"按钮◎，采用路径拉伸方式，分别将直径为 34 及 18 的圆沿着绘制的圆弧拉伸，结果如图 11-34 所示。

（10）单击"实体编辑"工具栏中的"并集"按钮◎，将底座与由 Ø34 拉伸形成的实体进行并集运算。

（11）单击"建模"工具栏中的"长方体"按钮◎，在创建的实体外部，创建长为 32、宽为 3、高为 32 的长方体；接续该长方体，向下创建长为 8、宽为 6、高为-16 的长方体。

（12）单击"建模"工具栏中的"圆柱体"按钮◎，以长为 8 的长方体前端面底边中点为圆心，创建半径分别为 R4、R2，高为-16 的圆柱。

（13）单击"实体编辑"工具栏中的"并集"按钮⑩，将两个长方体和 R4 圆柱进行并集运算，然后单击"实体编辑"工具栏中的"差集"按钮⑩，将并集后的图形与 R2 圆柱进行差集运算，结果如图 11-35 所示。

图 11-33　绘制圆弧

图 11-34　拉伸圆

图 11-35　创建弯管顶面

（14）单击"修改"工具栏中的"圆角"按钮◻，对弯管顶面长方体进行倒圆角操作，圆角半径为 4。

（15）将用户坐标系设置为世界坐标系，创建弯管顶面圆柱孔。单击"建模"工具栏中的"圆柱体"按钮◻，捕捉圆角圆心为中心点，创建半径为 2、高为 3 的圆柱。

（16）单击"修改"工具栏中的"复制"按钮⑬，分别复制 R2 圆柱到圆角的中心。

（17）单击"实体编辑"工具栏中的"差集"按钮⑩，将创建的弯管顶面与 R2 圆柱进行差集运算。对图形进行消隐，消隐处理后的图形如图 11-36 所示。

（18）单击"绘图"工具栏中的"构造线"按钮✕，过弯管顶面边的中点分别绘制两条辅助线，结果如图 11-37 所示。

（19）单击"建模"工具栏中的"三维旋转"按钮⑩，选取弯管顶面及辅助线，以 Y 轴为旋转轴，以辅助线的交点为旋转轴上的点，将实体旋转 30°。

（20）单击"修改"工具栏中的"移动"按钮✛，以弯管顶面辅助线的交点为基点，将其移动到弯管上部圆心处，结果如图 11-38 所示。

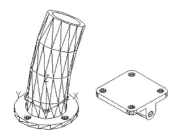

图 11-36　弯管顶面

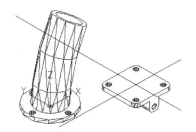

图 11-37　绘制辅助线

图 11-38　移动弯管顶面

（21）单击"实体编辑"工具栏中的"并集"按钮⑩，将弯管顶面及弯管与由拉伸 Ø24 圆并集生成实体。

（22）单击"实体编辑"工具栏中的"差集"按钮⑩，将步骤（21）中并集生成的实体与拉伸 Ø18 圆进行差集运算。

（23）单击"修改"工具栏中的"删除"按钮✎，删除绘制的辅助线及辅助圆。

利用"渲染"命令，选择适当的材质对图形进行渲染，渲染后的效果如图 11-31 所示。

11.2　特　殊　视　图

利用假想的平面对实体进行剖切是实体编辑的一种基本方法。请读者注意体会其具体操作方法。

11.2.1　剖切

1．执行方式

☑　命令行：SLICE（快捷命令：SL）。

☑　菜单栏："修改"→"三维操作"→"剖切"。

2．操作步骤

命令：SLICE✓
选择要剖切的对象：选择要剖切的实体
选择要剖切的对象：继续选择或按 Enter 键结束选择
指定切面的起点或 [平面对象(O)/曲面(S)/Z 轴(Z)/视图(V)/XY(XY)/YZ(YZ)/ZX(ZX)/三点(3)] <三点>：
指定平面上的第二个点：

3．选项说明

☑　平面对象(O)：将所选对象的所在平面作为剖切面。

☑　曲面(S)：将剪切平面与曲面对齐。

☑　Z 轴(Z)：通过平面指定一点与在平面的 Z 轴（法线）上指定另一点来定义剖切平面。

☑　视图(V)：以平行于当前视图的平面作为剖切面。

☑　XY（XY）/YZ（YZ）/ZX（ZX）：将剖切平面与当前用户坐标系（UCS）的 XY 平面/YZ 平面/ZX 平面对齐。

☑　三点(3)：根据空间的 3 个点确定的平面作为剖切面。确定剖切面后，系统会提示保留一侧或两侧。

如图 11-39 所示为剖切三维实体图。

（a）剖切前的实体　　　（b）剖切后的实体

图 11-39　剖切三维实体

11.2.2　剖切截面

1．执行方式

☑　命令行：SECTION（快捷命令：SEC）。

2. 操作步骤

命令：SECTION✓
选择对象：　选择要剖切的实体
指定截面平面上的第一个点，依照 [对象(O)/Z 轴(Z)/视图(V)/XY/YZ/ZX/三点(3)] <三点>：指定一点或输入一个选项

如图 11-40 所示为断面图形。

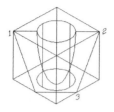

（a）剖切平面与断面　　（b）移出的断面图形　　（c）填充剖面线的断面图形

图 11-40　断面图形

11.2.3　截面平面

通过截面平面功能可以创建实体对象的二维截面平面或三维截面实体。

1. 执行方式

☑　命令行：SECTIONPLANE。
☑　菜单栏："绘图"→"建模"→"截面平面"。

2. 操作步骤

命令：SECTIONPLANE✓
选择面或任意点以定位截面线或 [绘制截面(D)/正交(O)]：

3. 选项说明

（1）选择面或任意点以定位截面线。

选择绘图区的任意点（不在面上）可以创建独立于实体的截面对象。第一点可创建截面对象旋转所围绕的点，第二点可创建截面对象。如图 11-41 所示为在手柄主视图上指定两点创建一个截面平面；如图 11-42 所示为转换到西南等轴测视图的情形，图中半透明的平面为活动截面，实线为截面控制线。

图 11-41　创建截面　　　　　　　　图 11-42　西南等轴测视图

单击活动截面平面，显示编辑夹点，如图 11-43 所示，其功能分别介绍如下。
☑　截面实体方向箭头：表示生成截面实体时所要保留的一侧，单击该箭头，则反向。
☑　截面平移编辑夹点：选中并拖动该夹点，截面沿其法向平移。
☑　宽度编辑夹点：选中并拖动该夹点，可以调节截面宽度。

☑ 截面属性下拉菜单按钮：单击该按钮，显示当前截面的属性，包括截面平面（如图 11-43 所示）、截面边界（如图 11-44 所示）和截面体积（如图 11-45 所示）3 种，分别显示截面平面相关操作的作用范围，调节相关夹点可以调整范围。

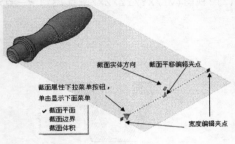

图 11-43　截面编辑夹点

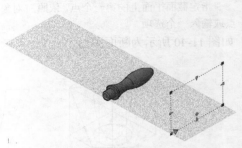

图 11-44　截面边界

（2）选择实体或面域上的面可以产生与该面重合的截面对象。

（3）快捷菜单。在截面平面编辑状态下右击，系统将弹出快捷菜单，如图 11-46 所示。其中几个主要命令介绍如下。

☑ 激活活动截面：选择该命令，活动截面被激活，可以对其进行编辑，同时原对象不可见，如图 11-47 所示。

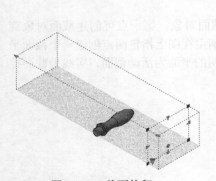

图 11-45　截面体积

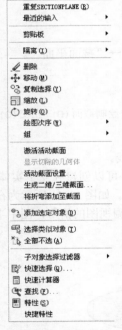

图 11-46　快捷菜单

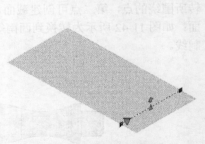

图 11-47　编辑活动截面

☑ 活动截面设置：选择该命令，打开"截面设置"对话框，可以设置截面各参数，如图 11-48 所示。

☑ 生成二维/三维截面：选择该命令，系统弹出"生成截面/立面"对话框，如图 11-49 所示。在该对话框中设置相关参数后，单击"创建"按钮，即可创建相应的图块或文件。在如图 11-50 所示的截面平面位置创建的三维截面如图 11-51 所示，如图 11-52 所示为对应的二维截面。

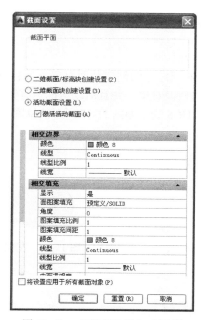

图 11-48 "截面设置"对话框

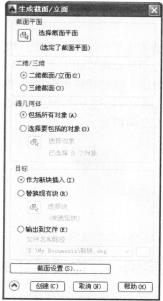

图 11-49 "生成截面/立面"对话框

图 11-50 截面平面位置

图 11-51 三维截面

图 11-52 二维截面

☑ 将折弯添加至截面：选择该命令，系统提示添加折弯到截面的一端，并可以编辑折弯的位置和高度。在如图 11-52 所示的基础上添加折弯后的截面平面如图 11-53 所示。

（4）绘制截面(D)。定义具有多个点的截面对象以创建带有折弯的截面线。选择该选项，命令行提示与操作如下：

> 指定起点：指定点 1
> 指定下一点：指定点 2
> 指定下一点或按 Enter 键完成：指定点 3 或按 Enter 键
> 指定截面视图方向上的下一点：指定点以指示剪切平面的方向

该选项将创建处于"截面边界"状态的截面对象，并且活动截面会关闭，同时该截面线可以带有折弯，如图 11-54 所示。

如图 11-55 所示为按图 11-54 设置截面生成的三维截面对象，如图 11-56 所示为对应的二维截面。

图 11-53 折弯后的截面平面

图 11-54 折弯截面

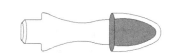

图 11-55 三维截面

（5）正交(O)。将截面对象与相对于 UCS 的正交方向对齐。选择该选项，命令行提示与操作如下：

> 将截面对齐至 [前(F)/后(B)/顶部(T)/底部(B)/左(L)/右(R)]：

选择该选项后，将以相对于 UCS（不是当前视图）的指定方向创建截面对象，并且该对象将包含所有三维对象。该选项将创建处于"截面边界"状态的截面对象，并且活动截面会打开。

选择该选项，可以很方便地创建工程制图中的剖视图。UCS 处于如图 11-57 所示的位置，如图 11-58 所示为对应的左向截面。

图 11-56　二维截面　　　　图 11-57　UCS 位置　　　　图 11-58　左向截面

11.2.4　实例——连接轴环的绘制

利用前面所学的剖切相关功能绘制连接轴环，流程图如图 11-59 所示。

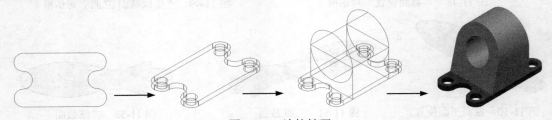

图 11-59　连接轴环

操作步骤：（光盘\动画演示\第 11 章\连接轴环的绘制.avi）

（1）单击"绘图"工具栏中的"多段线"按钮，命令行提示与操作如下：

```
命令: _pline
指定起点: -200,150
当前线宽为 0.0000
指定下一个点或 [圆弧(A)/半宽(H)/长度(L)/放弃(U)/宽度(W)]: @400,0
指定下一点或 [圆弧(A)/闭合(C)/半宽(H)/长度(L)/放弃(U)/宽度(W)]: a
指定圆弧的端点或[角度(A)/圆心(CE)/闭合(CL)/方向(D)/半宽(H)/直线(L)/半径(R)/第二个
点(S)/放弃(U)/宽度(W)]: r
指定圆弧的半径: 50
指定圆弧的端点或 [角度(A)]: a
指定包含角: -180
指定圆弧的弦方向 <0>: -90
指定圆弧的端点或[角度(A)/圆心(CE)/闭合(CL)/方向(D)/半宽(H)/直线(L)/半径(R)/第二个
点(S)/放弃(U)/宽度(W)]: r
指定圆弧的半径: 50
指定圆弧的端点或 [角度(A)]: @0,-100
指定圆弧的端点或[角度(A)/圆心(CE)/闭合(CL)/方向(D)/半宽(H)/直线(L)/半径(R)/第二个
点(S)/放弃(U)/宽度(W)]: r
```

指定圆弧的半径：50
　　　　指定圆弧的端点或 [角度(A)]：a
　　　　指定包含角：-180
　　　　指定圆弧的弦方向 <0>：-90
　　　　指定圆弧的端点或[角度(A)/圆心(CE)/闭合(CL)/方向(D)/半宽(H)/直线(L)/半径(R)/第二个
点(S)/放弃(U)/宽度(W)]：l
　　　　　指定下一点或 [圆弧(A)/闭合(C)/半宽(H)/长度(L)/放弃(U)/宽度(W)]：@-400,0
　　　　　指定下一点或 [圆弧(A)/闭合(C)/半宽(H)/长度(L)/放弃(U)/宽度(W)]：a
　　　　指定圆弧的端点或[角度(A)/圆心(CE)/闭合(CL)/方向(D)/半宽(H)/直线(L)/半径(R)/第二个
点(S)/放弃(U)/宽度(W)]：r
　　　　　指定圆弧的半径：50
　　　　　指定圆弧的端点或 [角度(A)]：a
　　　　　指定包含角：-180
　　　　　指定圆弧的弦方向 <180>：90
　　　　指定圆弧的端点或[角度(A)/圆心(CE)/闭合(CL)/方向(D)/半宽(H)/直线(L)/半径(R)/第二个
点(S)/放弃(U)/宽度(W)]：r
　　　　　指定圆弧的半径：50
　　　　　指定圆弧的端点或 [角度(A)]：@0,100
　　　　指定圆弧的端点或[角度(A)/圆心(CE)/闭合(CL)/方向(D)/半宽(H)/直线(L)/半径(R)/第二个
点(S)/放弃(U)/宽度(W)]：r
　　　　　指定圆弧的半径：50
　　　　　指定圆弧的端点或 [角度(A)]：a
　　　　　指定包含角：-180
　　　　　指定圆弧的弦方向 <180>：90
　　　　指定圆弧的端点或[角度(A)/圆心(CE)/闭合(CL)/方向(D)/半宽(H)/直线(L)/半径(R)/第二个
点(S)/放弃(U)/宽度(W)]：

　　绘制结果如图 11-60 所示。
　　（2）单击"绘图"工具栏中的"圆"按钮⊘，以（-200,-100）为圆心，以 30 为半径绘制圆。
绘制结果如图 11-61 所示。
　　（3）单击"修改"工具栏中的"矩形阵列"按钮▦，选择圆为阵列对象，设置行数为 2，列数
为 2，行偏移为 200，列偏移为 400。绘制结果如图 11-62 所示。

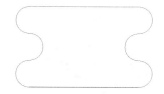

图 11-60　绘制多线段

图 11-61　绘制圆

图 11-62　阵列

　　（4）单击"建模"工具栏中的"拉伸"按钮⊡，拉伸高度为 30。单击"视图"工具栏中的"西
南等轴测视图"按钮◎，切换视图如图 11-63 所示。
　　（5）单击"实体编辑"工具栏中的"差集"按钮◎，将多线段生成的柱体与 4 个圆柱进行差集
运算，消隐后的效果如图 11-64 所示。
　　（6）单击"建模"工具栏中的"长方体"按钮◻，以（-130,-150,0）、（130,150,200）为角点绘
制长方体。
　　（7）单击"建模"工具栏中的"圆柱体"按钮◻，以底面中心点为（130,0,200），底面半径为

150，轴端点为（-130,0,200）绘制一个圆柱体，如图 11-65 所示。

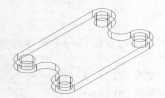

图 11-63　拉伸之后的西南视图　　　图 11-64　差集处理　　　图 11-65　绘制长方体和圆柱

（8）单击"实体编辑"工具栏中的"并集"按钮⬚，选择长方体和圆柱进行并集运算。消隐后的效果如图 11-66 所示。

（9）单击"建模"工具栏中的"圆柱体"按钮⬚，绘制一个底面中心点为（-130,0,200），底面半径为 80，轴端点为（130,0,200）的圆柱体。

（10）单击"实体编辑"工具栏中的"差集"按钮⬚，将实体的轮廓与上述圆柱进行差集运算。消隐后的效果如图 11-67 所示。

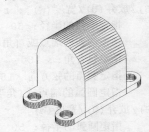

图 11-66　并集处理

（11）选择"修改"→"三维操作"→"剖切"命令。命令行提示与操作如下：

```
命令：SLICE
选择要剖切的对象：（选择轴环部分）
选择要剖切的对象：
指定切面的起点或 [平面对象(O)/曲面(S)/Z 轴(Z)/视图(V)/XY/YZ/ZX/三点(3)] <三点>：
-130,-150,30
指定平面上的第二个点：-130,150,30
指定平面上的第三个点：-50,0,350
选择要保留的剖切对象或 [保留两个侧面(B)] <保留两个侧面>：（选择如图 11-67 所示的一侧）
```

（12）单击"实体编辑"工具栏中的"并集"按钮⬚，选择图形进行并集运算。消隐后的效果如图 11-68 所示。

（13）单击"渲染"工具栏中的"材质"按钮⬚，为图形添加材质，如图 11-69 所示。

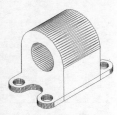

图 11-67　差集处理　　　　　图 11-68　连接轴环　　　　　图 11-69　渲染结果图

11.3　编 辑 实 体

对象编辑是指对单个三维实体本身的某些部分或某些要素进行编辑，从而改变三维实体造型。

11.3.1　拉伸面

1. 执行方式

☑　命令行：SOLIDEDIT。

☑　菜单栏："修改"→"实体编辑"→"拉伸面"。

☑　工具栏："实体编辑"→"拉伸面" 📭。

2. 操作步骤

```
命令：_solidedit
实体编辑自动检查：SOLIDCHECK=1
输入实体编辑选项 [面(F)/边(E)/体(B)/放弃(U)/退出(X)] <退出>：_face
输入面编辑选项[拉伸(E)/移动(M)/旋转(R)/偏移(O)/倾斜(T)/删除(D)/复制(C)/颜色(L)/材
质(A)/放弃(U)/退出(X)] <退出>：_extrude
选择面或 [放弃(U)/删除(R)]：选择要进行拉伸的面
选择面或 [放弃(U)/删除(R)/全部(ALL)]：
指定拉伸高度或[路径(P)]：
```

3. 选项说明

☑　指定拉伸高度：按指定的高度值来拉伸面。指定拉伸的倾斜角度后，完成拉伸操作。

☑　路径(P)：沿指定的路径曲线拉伸面。如图 11-70 所示为拉伸长方体顶面和侧面的结果。

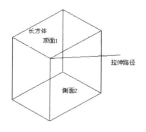
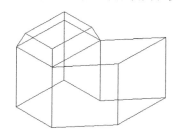

（a）拉伸前的长方体　　　　　　　　　（b）拉伸后的三维实体

图 11-70　拉伸长方体

11.3.2　实例——顶针的绘制

本实例利用刚学习的拉伸面功能绘制顶针。首先绘制圆柱面、圆锥面，然后利用拉伸面功能完成顶针上的各个孔的创建。其流程图如图 11-71 所示。

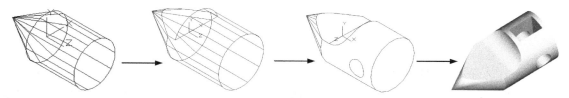

图 11-71　顶针

操作步骤：（光盘\动画演示\第 11 章\顶针的绘制.avi）

（1）用 LIMITS 命令设置图幅：297×210。

（2）设置对象上每个曲面的轮廓线数目为10。

（3）将当前视图设置为西南等轴测方向，将坐标系绕X轴旋转90°。以坐标原点为圆锥底面中心，创建半径为30、高为-50的圆锥。以坐标原点为圆心，创建半径为30、高为70的圆柱，结果如图11-72所示。

（4）选择"修改"→"三维操作"→"剖切"命令，选取圆锥，以ZX为剖切面，指定剖切面上的点为（0,10），对圆锥进行剖切，保留圆锥下部，结果如图11-73所示。

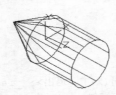

图 11-72 绘制圆锥及圆柱

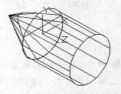

图 11-73 剖切圆锥

（5）单击"实体编辑"工具栏中的"并集"按钮◎，对圆锥与圆柱体进行并集运算。单击"实体编辑"工具栏中的"拉伸面"按钮◎。命令行提示与操作如下：

```
命令: _solidedit
实体编辑自动检查: SOLIDCHECK=1
输入实体编辑选项 [面(F)/边(E)/体(B)/放弃(U)/退出(X)] <退出>: _face
输入面编辑选项
[拉伸(E)/移动(M)/旋转(R)/偏移(O)/倾斜(T)/删除(D)/复制(C)/颜色(L)/材质(A)/放弃
(U)/退出(X)] <退出>:
_extrude
选择面或 [放弃(U)/删除(R)]: （选取如图11-74所示的实体表面）
指定拉伸高度或 [路径(P)]: -10
指定拉伸的倾斜角度 <0>:
已开始实体校验
已完成实体校验
输入面编辑选项
[拉伸(E)/移动(M)/旋转(R)/偏移(O)/倾斜(T)/删除(D)/复制(C)/颜色(L)/材质(A)/放弃
(U)/退出(X)] <退出>:
实体编辑自动检查: SOLIDCHECK=1
输入实体编辑选项 [面(F)/边(E)/体(B)/放弃(U)/退出(X)] <退出>:
```

结果如图11-75所示。

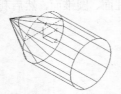

图 11-74 选取拉伸面

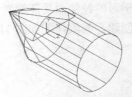

图 11-75 拉伸后的实体

（6）将当前视图设置为左视图方向，以（10,30,-30）为圆心，创建半径为20、高为60的圆柱；以（50,0,-30）为圆心，创建半径为10、高为60的圆柱，结果如图11-76所示。

（7）单击"实体编辑"工具栏中的"差集"按钮◎，选择实体图形与两个圆柱体进行差集运算，结果如图11-77所示。

Note

（8）单击"建模"工具栏中的"长方体"按钮口，以（35,0,–10）为角点，创建长为 20、宽为 30、高为 30 的长方体。然后将实体与长方体进行差集运算。消隐后的结果如图 11-78 所示。

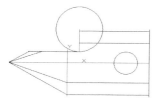

图 11-76　创建圆柱

图 11-77　差集圆柱后的实体

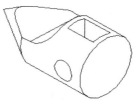

图 11-78　消隐后的实体

（9）选择"视图"→"渲染"→"材质浏览器"命令，在材质选项板中选择适当的材质。选择菜单栏中的"视图"→"渲染"→"渲染"命令，对实体进行渲染，渲染后的结果如图 11-71 所示。

（10）选择"文件"→"保存"命令，将绘制完成的图形以"顶针立体图.dwg"为文件名保存在指定的路径中。

11.3.3　移动面

1. 执行方式

☑　命令行：SOLIDEDIT。

☑　菜单栏："修改"→"实体编辑"→"移动面"。

☑　工具栏："实体编辑"→"移动面" 。

2. 操作步骤

```
命令:_solidedit
实体编辑自动检查: SOLIDCHECK=1
输入实体编辑选项 [面(F)/边(E)/体(B)/放弃(U)/退出(X)] <退出>:_face
输入面编辑选项[拉伸(E)/移动(M)/旋转(R)/偏移(O)/倾斜(T)/删除(D)/复制(C)/颜色(L)/材质(A)/放弃(U)] <退出>:_move
选择面或 [放弃(U)/删除(R)]: 选择要进行移动的面
选择面或 [放弃(U)/删除(R)/全部(ALL)]: 继续选择移动面或按 Enter 键结束选择
指定基点或位移: 输入具体的坐标值或选择关键点
指定位移的第二点: 输入具体的坐标值或选择关键点
```

各选项的含义在前面介绍的命令中都有涉及，如有问题，可查询相关命令（拉伸面、移动等）。如图 11-79 所示为移动三维实体的结果。

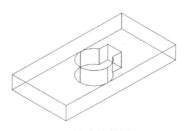

（a）移动前的图形

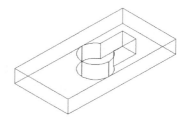

（b）移动后的图形

图 11-79　移动三维实体

11.3.4 偏移面

1. 执行方式

☑ 命令行：SOLIDEDIT。

☑ 菜单栏："修改"→"实体编辑"→"偏移面"。

☑ 工具栏："实体编辑"→"偏移面" 囗。

2. 操作步骤

```
命令：_solidedit
实体编辑自动检查：SOLIDCHECK=1
输入实体编辑选项 [面(F)/边(E)/体(B)/放弃(U)/退出(X)] <退出>：_face
输入面编辑选项[拉伸(E)/移动(M)/旋转(R)/偏移(O)/倾斜(T)/删除(D)/复制(C)/颜色(L)/材
质(A)/放弃(U)] <退出>：_offset
选择面或 [放弃(U)/删除(R)]：选择要进行偏移的面
指定偏移距离： 输入要偏移的距离值
```

如图 11-80 所示为通过"偏移"命令改变哑铃手柄大小的结果。

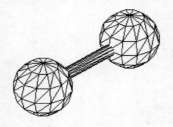　　　　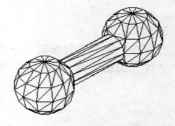

　　　　（a）偏移前　　　　　　　　　　　　（b）偏移后

图 11-80　偏移对象

11.3.5 删除面

1. 执行方式

☑ 命令行：SOLIDEDIT。

☑ 菜单栏："修改"→"实体编辑"→"删除面"。

☑ 工具栏："实体编辑"→"删除面" 囗。

2. 操作步骤

```
命令：_solidedit
实体编辑自动检查：SOLIDCHECK=1
输入实体编辑选项 [面(F)/边(E)/体(B)/放弃(U)/退出(X)] <退出>：_face
输入面编辑选项[拉伸(E)/移动(M)/旋转(R)/偏移(O)/倾斜(T)/删除(D)/复制(C)/颜色(L)/材
质(A)/放弃(U)/退出(X)] <退出>：_erase
选择面或 [放弃(U)/删除(R)]：(选择要删除的面)
```

如图 11-81 所示为删除长方体的一个圆角面后的结果。

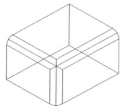

（a）倒圆角后的长方体　　　　（b）删除倒角面后的图形

图 11-81　删除圆角面

11.3.6　实例——镶块的绘制

本实例主要利用"拉伸"、"镜像"等命令绘制主体，再利用"圆柱体"和"差集"命令操作局部切除，完成图形的绘制。其流程图如图 11-82 所示。

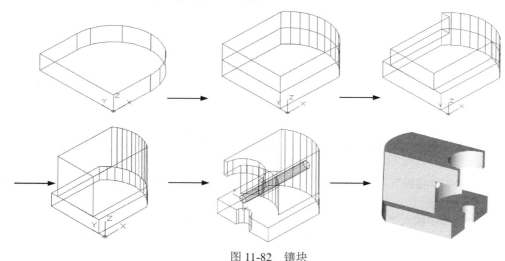

图 11-82　镶块

操作步骤：（光盘\动画演示\第 11 章\镶块的绘制.avi）

（1）启动 AutoCAD 2014，使用默认设置画图。

（2）在命令行中输入"ISOLINES"，设置线框密度为 10。单击"视图"工具栏中的"西南等轴测视图"按钮◎，切换到西南等轴测视图。

（3）单击"建模"工具栏中的"长方体"按钮□，以坐标原点为角点，创建长为 50、宽为 100、高为 20 的长方体。

（4）单击"建模"工具栏中的"圆柱体"按钮□，以长方体右侧面底边中点为圆心，创建半径为 50、高为 20 的圆柱。

（5）单击"实体编辑"工具栏中的"并集"按钮◎，将长方体与圆柱进行并集运算，结果如图 11-83 所示。

（6）选择"修改"→"三维操作"→"剖切"命令，以 ZX 为剖切面，分别指定剖切面上的点为（0,10,0）及（0,90,0），对实体进行对称剖切，保留实体中部，结果如图 11-84 所示。

（7）单击"修改"工具栏中的"复制"按钮◎，如图 11-85 所示，然后将剖切后的实体向上复制一个。

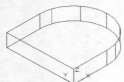

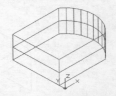

图 11-83　并集后的实体　　　　图 11-84　剖切后的实体　　　　图 11-85　复制实体

（8）单击"建模"工具栏中的"拉伸面"按钮。选取实体前端面，拉伸高度为-10，继续将实体后侧面拉伸-10，结果如图 11-86 所示。

（9）单击"实体编辑"工具栏中的"删除面"按钮，删除实体上的面。然后将实体后部对称侧面删除，结果如图 11-87 所示。

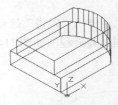

图 11-86　拉伸面操作后的实体　　　　　图 11-87　删除面操作后的实体

（10）单击"实体编辑"工具栏中的"拉伸面"按钮，，将实体顶面向上拉伸 40，结果如图 11-88 所示。

（11）单击"建模"工具栏中的"圆柱体"按钮，以实体底面左边中点为圆心，创建半径为 10、高为 20 的圆柱。同理，以 R10 圆柱顶面圆心为中心点继续创建半径为 40、高为 40 及半径为 25、高为 60 的圆柱。

（12）单击"实体编辑"工具栏中的"差集"按钮，将实体与 3 个圆柱进行差集运算，结果如图 11-89 所示。

（13）在命令行中输入"UCS"，将坐标原点移动到（0,50,40），并将其绕 Y 轴旋转 90°。

（14）单击"建模"工具栏中的"圆柱体"按钮，以坐标原点为圆心，创建半径为 5、高为 100 的圆柱，结果如图 11-90 所示。

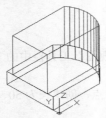

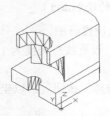

图 11-88　拉伸顶面操作后的实体　　　图 11-89　差集后的实体　　　　图 11-90　创建圆柱

（15）单击"实体编辑"工具栏中的"差集"按钮，将实体与圆柱进行差集运算。

（16）单击"渲染"工具栏中的"渲染"按钮进行渲染，渲染后的结果如图 11-82 所示。

11.3.7　旋转面

1. 执行方式

☑　命令行：SOLIDEDIT。

☑　菜单栏："修改"→"实体编辑"→"旋转面"。

☑　工具栏："实体编辑"→"旋转面" ⑤。

2. 操作步骤

命令：_solidedit
实体编辑自动检查：SOLIDCHECK=1
输入实体编辑选项 [面(F)/边(E)/体(B)/放弃(U)/退出(X)] <退出>：_face
输入面编辑选项[拉伸(E)/移动(M)/旋转(R)/偏移(O)/倾斜(T)/删除(D)/复制(C)/颜色(L)/材质(A)/放弃(U)/退出(X)] <退出>：_rotate
选择面或 [放弃(U)/删除(R)]：（选择要旋转的面）
选择面或 [放弃(U)/删除(R)/全部(ALL)]：（继续选择或按 Enter 键结束选择）
指定轴点或 [经过对象的轴(A)/视图(V)/X 轴(X)/Y 轴(Y)/Z 轴(Z)] <两点>：（选择确定轴线的方式）
指定旋转角度或 [参照(R)]：（输入旋转角度）

图 11-91（b）为将图 11-91（a）中开口槽的方向旋转 90°后的结果。

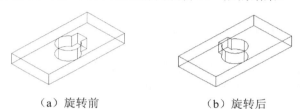

（a）旋转前　　　　　　（b）旋转后

图 11-91　开口槽旋转 90°前后的图形

11.3.8　实例——轴支架的绘制

本实例是对轴支架的绘制，主要利用长方体、圆角绘制底座，其余部分的绘制主要利用拉伸操作。流程图如图 11-92 所示。

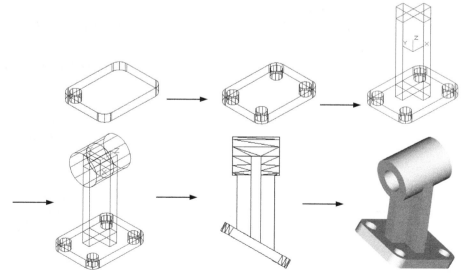

图 11-92　轴支架

Note

操作步骤：（光盘\动画演示\第 11 章\轴支架的绘制.avi）

（1）启动 AutoCAD 2014，使用默认设置绘图环境。

（2）设置线框密度。命令行提示与操作如下：

```
命令：ISOLINES
输入 ISOLINES 的新值 <8>：10↙
```

（3）单击"视图"工具栏中的"西南等轴测视图"按钮，将当前视图方向设置为西南等轴测视图。

（4）单击"建模"工具栏中的"长方体"按钮，以角点坐标为（0,0,0），长、宽、高分别为 80、60、10 绘制连接立板长方体。

（5）单击"修改"工具栏中的"圆角"按钮，选择要圆角的长方体并对其进行圆角处理。

（6）单击"建模"工具栏中的"圆柱体"按钮，绘制底面中心点为（10,10,0），半径为 6，指定高度为 10 的圆柱体，结果如图 11-93 所示。

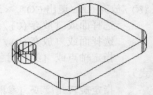

图 11-93　创建圆柱体

（7）单击"修改"工具栏中的"复制"按钮，选择步骤（6）中绘制的圆柱体进行复制。结果如图 11-94 所示。

（8）单击"实体编辑"工具栏中的"差集"按钮，将长方体和圆柱体进行差集运算。

（9）设置用户坐标系。命令行提示与操作如下：

```
命令：UCS↙
当前 UCS 名称：*世界*
指定 UCS 的原点或 [面(F)/命名(NA)/对象(OB)/上一个(P)/视图(V)/世界(W)/X/Y/Z/Z 轴
(ZA)] <世界>：40,30,60↙
指定 X 轴上的点或 <接受>：↙
```

（10）单击"建模"工具栏中的"长方体"按钮，以坐标原点为长方体的中心点，分别创建长为 40、宽为 10、高为 100 及长为 10、宽为 40、高为 100 的长方体，结果如图 11-95 所示。

（11）移动坐标原点到（0,0,50），并将其绕 Y 轴旋转 90°。

（12）单击"建模"工具栏中的"圆柱体"按钮，以坐标原点为圆心，创建半径为 20、高为 25 的圆柱体。

（13）选择"修改"→"三维操作"→"三维镜像"命令。选取圆柱绕 XY 轴进行旋转，结果如图 11-96 所示。

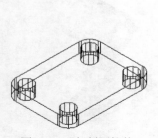

图 11-94　复制圆柱体

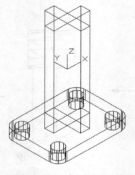

图 11-95　创建长方体

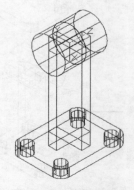

图 11-96　镜像圆柱体

（14）单击"实体编辑"工具栏中的"并集"按钮，选择两个圆柱体与两个长方体进行并集运算。

（15）单击"建模"工具栏中的"圆柱体"按钮，捕捉 R20 圆柱的圆心为圆心，创建半径为10、高为 50 的圆柱体。

（16）单击"实体编辑"工具栏中的"差集"按钮，将并集后的实体与圆柱进行差集运算。消隐后的结果如图 11-97 所示。

（17）单击"实体编辑"工具栏中的"旋转面"按钮，旋转支架上部十字形底面。命令行提示与操作如下：

```
命令：SOLIDEDIT↙
实体编辑自动检查：SOLIDCHECK=1
输入实体编辑选项 [面(F)/边(E)/体(B)/放弃(U)/退出(X)] <退出>：F↙
输入面编辑选项[拉伸(E)/移动(M)/旋转(R)/偏移(O)/倾斜(T)/删除(D)/复制(C)/颜色(L)/材
质(A)/放弃(U)/退出(X)] <退出> : R↙
选择面或 [放弃(U)/删除(R)]：(如图11-99所示，选择支架上部十字形底面)
指定轴点或 [经过对象的轴(A)/视图(V)/X 轴(X)/Y 轴(Y)/Z 轴(Z)] <两点>：Y↙
指定旋转原点 <0,0,0>：_endp 于 (捕捉十字形底面的右端点)
指定旋转角度或 [参照(R)]：30↙
```

结果如图 11-98 所示。

（18）选择"修改"→"三维操作"→"三维旋转"命令，旋转底板，命令行提示与操作如下：

```
命令：Rotate3D↙
选择对象：(选取底板)
指定轴上的第一个点或定义轴依据 [对象(O)/最近的(L)/视图(V)/X 轴(X)/Y 轴(Y)/Z 轴(Z)/
两点(2)]：Y↙
指定 X 轴上的点 <0,0,0>：_endp 于 (捕捉十字形底面的右端点)
指定旋转角度或 [参照(R)]：30↙
```

（19）设置视图方向。

单击"视图"工具栏中的"前视"按钮，将当前视图方向设置为前视图。消隐后的结果如图 11-99 所示。

　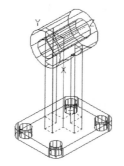　

图 11-97　消隐后的实体　　　　图 11-98　选择旋转面　　　　图 11-99　旋转底板

（20）单击"渲染"工具栏中的"材质"按钮，对图形进行渲染。渲染后的结果如图 11-92 所示。

11.3.9　倾斜面

1. 执行方式

☑　命令行：SOLIDEDIT。

☑ 菜单栏："修改"→"实体编辑"→"倾斜面"。

☑ 工具栏："实体编辑"→"倾斜面"⑨。

2. 操作步骤

```
命令：_solidedit
实体编辑自动检查：SOLIDCHECK=1
输入实体编辑选项 [面(F)/边(E)/体(B)/放弃(U)/退出(X)] <退出>：_face
输入面编辑选项[拉伸(E)/移动(M)/旋转(R)/偏移(O)/倾斜(T)/删除(D)/复制(C)/颜色(L)/材
质(A)/放弃(U)/退出(X)] <退出>：_taper
    选择面或 [放弃(U)/删除(R)]：(选择要倾斜的面)
    选择面或 [放弃(U)/删除(R)/全部(ALL)]：(继续选择或按 Enter 键结束选择)
    指定基点：(选择倾斜的基点(倾斜后不动的点))
    指定沿倾斜轴的另一个点：(选择另一点(倾斜后改变方向的点))
    指定倾斜角度：(输入倾斜角度)
```

11.3.10 实例——机座的绘制

本实例主要介绍"倾斜面"命令的运用，绘制机座的流程图如图 11-100 所示。

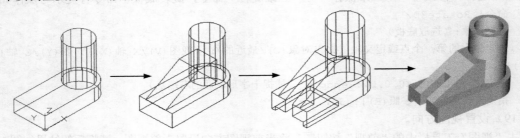

图 11-100 机座

操作步骤：（光盘\动画演示\第 11 章\机座的绘制.avi）

（1）启动 AutoCAD 2014，使用默认绘图环境。

（2）设置线框密度。命令行提示与操作如下：

```
命令：ISOLINES
输入 ISOLINES 的新值 <8>：10✓
```

（3）单击"视图"工具栏中的"西南等轴测视图"按钮⑨，将当前视图方向设置为西南等轴测视图。

（4）单击"建模"工具栏中的"长方体"按钮▢，指定角点为（0,0,0），长、宽、高分别为80、50、20 绘制长方体。

（5）单击"建模"工具栏中的"圆柱体"按钮▢，绘制以长方体底面右边中点为圆心，半径为25，高度为20 的圆柱体。

用同样方法，指定底面中心点的坐标为（80,25,0），底面半径为20，圆柱体高度为80，绘制圆柱体。

（6）单击"实体编辑"工具栏中的"并集"按钮⑨，选取长方体与两个圆柱体进行并集运算，结果如图 11-101 所示。

（7）设置用户坐标系。命令行提示与操作如下：

```
命令：UCS✓
当前 UCS 名称：*世界*
```

指定 UCS 的原点或 [面(F)/命名(NA)/对象(OB)/上一个(P)/视图(V)/世界(W)/X/Y/Z/Z 轴(ZA)] <世界>：（用鼠标点取实体顶面的左下顶点）

指定 X 轴上的点或 <接受>：✓

（8）单击"建模"工具栏中的"长方体"按钮▢，以（0,10）为角点，创建长为 80、宽为 30、高为 30 的长方体，结果如图 11-102 所示。

图 11-101　并集后的实体

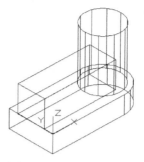

图 11-102　创建长方体

（9）单击"实体编辑"工具栏中的"倾斜面"按钮⌦，对长方体的左侧面进行倾斜操作。命令行提示与操作如下：

命令：SOLIDEDIT✓

实体编辑自动检查：SOLIDCHECK=1

输入实体编辑选项 [面(F)/边(E)/体(B)/放弃(U)/退出(X)] <退出>：F✓

输入面编辑选项 [拉伸(E)/移动(M)/旋转(R)/偏移(O)/倾斜(T)/删除(D)/复制(C)/颜色(L)/材质(A)/放弃(U)/退出(X)] <退出>：T✓

选择面或 [放弃(U)/删除(R)]：（如图 11-103 所示，选取长方体左侧面）

指定基点：_endp 于 （如图 11-103 所示，捕捉长方体端点 2）

指定沿倾斜轴的另一个点：_endp 于 （如图 11-103 所示，捕捉长方体端点 1）

指定倾斜角度：60✓

结果如图 11-104 所示。

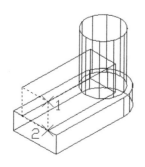

图 11-103　选取倾斜面

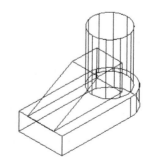

图 11-104　倾斜面后的实体

（10）单击"实体编辑"工具栏中的"并集"按钮⌸，将创建的长方体与实体进行并集运算。

（11）用同样方法，在命令行中输入"UCS"，将坐标原点移回到实体底面的左下顶点。

（12）单击"建模"工具栏中的"长方体"按钮▢，以（0,5）为角点，创建长为 50、宽为 40、高为 5 的长方体；继续以（0,20）为角点，创建长为 30、宽为 10、高为 50 的长方体。

（13）单击"实体编辑"工具栏中的"差集"按钮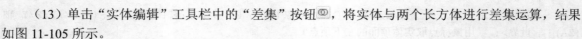，将实体与两个长方体进行差集运算，结果如图 11-105 所示。

（14）单击"建模"工具栏中的"圆柱体"按钮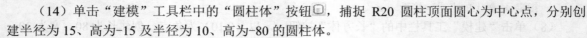，捕捉 R20 圆柱顶面圆心为中心点，分别创建半径为 15、高为-15 及半径为 10、高为-80 的圆柱体。

（15）单击"实体编辑"工具栏中的"差集"按钮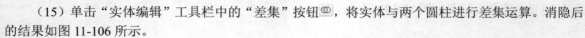，将实体与两个圆柱进行差集运算。消隐后的结果如图 11-106 所示。

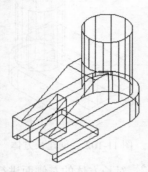
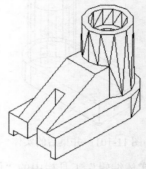

图 11-105　差集后的实体　　　　　　　图 11-106　消隐后的实体

（16）渲染处理。单击"渲染"工具栏中的"材质"按钮，选择适当的材质对图形进行渲染。渲染后的结果如图 11-100 所示。

11.3.11　复制面

1. 执行方式

☑　命令行：SOLIDEDIT。

☑　菜单栏："修改"→"实体编辑"→"复制面"。

☑　工具栏："实体编辑"→"复制面"。

2. 操作步骤

```
命令：_solidedit
实体编辑自动检查：SOLIDCHECK=1
输入实体编辑选项 [面(F)/边(E)/体(B)/放弃(U)/退出(X)] <退出>：_face
输入面编辑选项[拉伸(E)/移动(M)/旋转(R)/偏移(O)/倾斜(T)/删除(D)/复制(C)/颜色(L)/材质(A)/放弃(U)/退出(X)] <退出>：_copy
选择面或 [放弃(U)/删除(R)]：（选择要复制的面）
选择面或 [放弃(U)/删除(R)/全部(ALL)]：（继续选择或按 Enter 键结束选择）
指定基点或位移：（输入基点的坐标）
指定位移的第二点：（输入第二点的坐标）
```

11.3.12　着色面

1. 执行方式

☑　命令行：SOLIDEDIT。

☑ 　菜单栏："修改"→"实体编辑"→"着色面"。

☑ 　工具栏："实体编辑"→"着色面" 🎨。

2. 操作步骤

```
命令: _solidedit
实体编辑自动检查: SOLIDCHECK=1
输入实体编辑选项 [面(F)/边(E)/体(B)/放弃(U)/退出(X)] <退出>: _face
输入面编辑选项[拉伸(E)/移动(M)/旋转(R)/偏移(O)/倾斜(T)/删除(D)/复制(C)/颜色(L)/材
质(A)/放弃(U)/退出(X)] <退出>: _color
选择面或 [放弃(U)/删除(R)]: (选择要着色的面)
选择面或 [放弃(U)/删除(R)/全部(ALL)]: (继续选择或按Enter键结束选择)
```

选择好要着色的面后，系统打开"选择颜色"对话框，根据需要选择合适颜色作为要着色面的颜色。操作完成后，该表面将被相应的颜色覆盖。

11.3.13　复制边

1. 执行方式

☑ 　命令行：SOLIDEDIT。

☑ 　菜单栏："修改"→"实体编辑"→"复制边"。

☑ 　工具栏："实体编辑"→"复制边" 🗐。

2. 操作步骤

```
命令: _solidedit
实体编辑自动检查: SOLIDCHECK=1
输入实体编辑选项 [面(F)/边(E)/体(B)/放弃(U)/退出(X)] <退出>: _edge
输入边编辑选项 [复制(C)/着色(L)/放弃(U)/退出(X)] <退出>: _copy
选择边或 [放弃(U)/删除(R)]: (选择曲线边)
选择边或 [放弃(U)/删除(R)]: (按Enter键)
指定基点或位移: (单击确定复制基准点)
指定位移的第二点: (单击确定复制目标点)
```

如图 11-107 所示为复制边的图形结果。

（a）选择边　　　　　　　　　　　（b）复制边

图 11-107　复制边

11.3.14　实例——摇杆的创建

本实例主要介绍"复制边"命令的运用，绘制摇杆的流程图如图 11-108 所示。

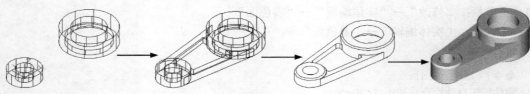

图 11-108　摇杆

操作步骤：（光盘\动画演示\第 11 章\摇杆的绘制.avi）

（1）在命令行中输入"ISOLINES"，设置线框密度为 10。单击"视图"工具栏中的"西南等轴测视图"按钮，切换到西南等轴测视图。

（2）单击"建模"工具栏中的"圆柱体"按钮，以坐标原点为圆心，分别创建半径为 30、15，高为 20 的圆柱。

（3）单击"实体编辑"工具栏中的"差集"按钮，将 R30 圆柱与 R15 圆柱进行差集运算。

（4）单击"建模"工具栏中的"圆柱体"按钮，以（150,0,0）为圆心，分别创建半径为 50、30，高为 30 的圆柱，以及半径为 40、高为 10 的圆柱。

（5）单击"实体编辑"工具栏中的"差集"按钮，将 R50 圆柱与 R30、R40 圆柱进行差集运算。

（6）单击"实体编辑"工具栏中的"复制边"按钮。命令行提示与操作如下：

```
命令：_solidedit
实体编辑自动检查：SOLIDCHECK=1
输入实体编辑选项 [面(F)/边(E)/体(B)/放弃(U)/退出(X)] <退出>：_edge
输入边编辑选项 [复制(C)/着色(L)/放弃(U)/退出(X)] <退出>：_copy
选择边或 [放弃(U)/删除(R)]：如图 11-109 所示，选择左边 R30 圆柱体的底边↙
指定基点或位移：0,0↙
指定位移的第二点：0,0↙
输入边编辑选项 [复制(C)/着色(L)/放弃(U)/退出(X)] <退出>：C↙
选择边或 [放弃(U)/删除(R)]：方法同前，选择如图 11-110 中右边 R50 圆柱体的底边
指定基点或位移：0,0↙
指定位移的第二点：0,0↙
输入边编辑选项 [复制(C)/着色(L)/放弃(U)/退出(X)] <退出>：↙
```

（7）单击"视图"工具栏中的"仰视图"按钮，切换到仰视图。单击"渲染"工具栏中的"隐藏"按钮，进行消隐处理。

（8）单击"绘图"工具栏中的"构造线"按钮，分别绘制所复制的 R30 及 R50 圆的外公切线，并绘制通过圆心的竖直线。绘制结果如图 11-110 所示。

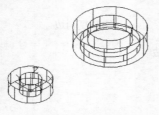

图 11-109　创建圆柱体

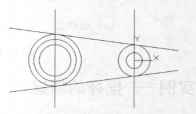

图 11-110　绘制辅助构造线

（9）单击"修改"工具栏中的"偏移"按钮，将绘制的外公切线分别向内偏移 10，并将左边

竖直线向右偏移 45，将右边竖直线向左偏移 25。偏移结果如图 11-111 所示。

（10）单击"修改"工具栏中的"修剪"按钮 ，对辅助线及复制的边进行修剪。在命令行中输入"ERASE"，或单击"修改"工具栏中的"删除"按钮 ，删除多余的辅助线，结果如图 11-112 所示。

（11）单击"视图"工具栏中的"西南等轴测视图"按钮 ，切换到西南等轴测视图。在命令行中输入"REGION"，单击"绘图"工具栏中的"面域"按钮 ，分别将辅助线与圆及辅助线之间围成的两个区域创建为面域。

（12）单击"修改"工具栏中的"移动"按钮 ，将内环面域向上移动 5。

（13）单击"实体编辑"工具栏中的"拉伸面"按钮 ，分别将外环及内环面域向上拉伸 16 及 11。

（14）单击"实体编辑"工具栏中的"差集"按钮 ，将拉伸生成的两个实体进行差集运算，结果如图 11-113 所示。

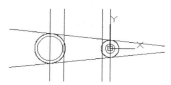

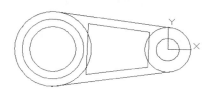
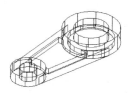

图 11-111　偏移辅助线　　　图 11-112　修剪辅助线及圆　　　图 11-113　差集拉伸实体

（15）单击"实体编辑"工具栏中的"并集"按钮 ，将所有实体进行并集运算。

（16）对实体倒圆角。单击"修改"工具栏中的"圆角"按钮 ，对实体中间内凹处进行倒圆角操作，圆角半径为 5。

（17）单击"修改"工具栏中的"倒角"按钮 ，对实体左右两部分顶面进行倒角操作，倒角距离为 3。单击"渲染"工具栏中的"隐藏"按钮 ，对图形进行消隐处理，结果如图 11-114 所示。

（18）选择"修改"→"三维操作"→"三维镜像"命令。命令行提示与操作如下：

```
命令： _ mirror3d
选择对象：选择实体✓
指定镜像平面（三点）的第一个点或[对象(O)/最近的(L)/Z 轴(Z)/视图(V)/XY 平面(XY)/YZ
平面(YZ)/ZX 平面(ZX)/三点(3)] <三点>：XY✓
指定 XY 平面上的点 <0,0,0>：✓
是否删除源对象？[是(Y)/否(N)] <否>：✓
```

镜像结果如图 11-115 所示。

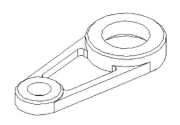

图 11-114　倒圆角及倒角后的实体　　　图 11-115　镜像后的实体

（19）选择"视图"→"视觉样式"→"概念"命令，最终显示结果如图 11-108 所示。

Note

11.3.15 着色边

1. 执行方式

☑ 命令行：SOLIDEDIT。

☑ 菜单栏："修改"→"实体编辑"→"着色边"。

☑ 工具栏："实体编辑"→"着色边" 🔲。

2. 操作步骤

```
命令：_solidedit
实体编辑自动检查：SOLIDCHECK=1
输入实体编辑选项 [面(F)/边(E)/体(B)/放弃(U)/退出(X)] <退出>：_edge
输入边编辑选项 [复制(C)/着色(L)/放弃(U)/退出(X)] <退出>：L
选择边或 [放弃(U)/删除(R)]：（选择要着色的边）
选择面或 [放弃(U)/删除(R)/全部(ALL)]：（继续选择或按 Enter 键结束选择）
```

选择好边后，系统将打开"选择颜色"对话框。此时用户可根据需要选择合适的颜色作为要着色边的颜色。

11.3.16 压印边

1. 执行方式

☑ 命令行：IMPRINT。

☑ 菜单栏："修改"→"实体编辑"→"压印边"。

☑ 工具栏："实体编辑"→"压印边" 🔲。

2. 操作步骤

```
命令：imprint
选择三维实体或曲面：
选择要压印的对象：
是否删除源对象 [是(Y)/否(N)] <N>：
```

依次选择三维实体、要压印的对象和设置是否删除源对象。如图 11-116 所示为将五角星压印在长方体上的图形。

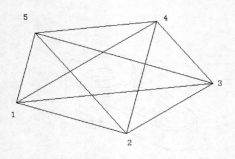
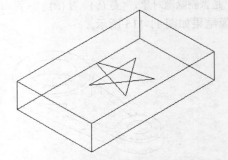

（a）五角星和五边形　　　　　　　　（b）压印后的长方体和五角星

图 11-116　压印对象

11.3.17 清除

1. 执行方式

☑ 命令行：SOLIDEDIT。

☑ 菜单栏："修改"→"实体编辑"→"清除"。

☑ 工具栏："实体编辑"→"清除" 。

2. 操作步骤

命令：_solidedit
实体编辑自动检查：SOLIDCHECK=1
输入实体编辑选项 [面(F)/边(E)/体(B)/放弃(U)/退出(X)] <退出>：_body
输入体编辑选项[压印(I)/分割实体(P)/抽壳(S)/清除(L)/检查(C)/放弃(U)/退出(X)] <退出>：
_clean
选择三维实体：(选择要删除的对象)

11.3.18 分割

1. 执行方式

☑ 命令行：SOLIDEDIT。

☑ 菜单栏："修改"→"实体编辑"→"分割"。

☑ 工具栏："实体编辑"→"分割" 。

2. 操作步骤

命令：_solidedit
实体编辑自动检查： SOLIDCHECK=1
输入实体编辑选项 [面(F)/边(E)/体(B)/放弃(U)/退出(X)] <退出>：_body
输入体编辑选项[压印(I)/分割实体(P)/抽壳(S)/清除(L)/检查(C)/放弃(U)/退出(X)] <退出>：
_sperate
选择三维实体：(选择要分割的对象)

11.3.19 抽壳

1. 执行方式

☑ 命令行：SOLIDEDIT。

☑ 菜单栏："修改"→"实体编辑"→"抽壳"。

☑ 工具栏："实体编辑"→"抽壳" 。

2. 操作步骤

命令：_solidedit
实体编辑自动检查： SOLIDCHECK=1
输入实体编辑选项 [面(F)/边(E)/体(B)/放弃(U)/退出(X)] <退出>：_body
输入体编辑选项[压印(I)/分割实体(P)/抽壳(S)/清除(L)/检查(C)/放弃(U)/退出(X)] <退出>：
_shell

选择三维实体: 选择三维实体

删除面或 [放弃(U)/添加(A)/全部(ALL)]: 选择开口面

输入抽壳偏移距离: 指定壳体的厚度值

如图 11-117 所示为利用"抽壳"命令创建的花盆。

（a）创建初步轮廓

（b）完成创建

（c）消隐结果

图 11-117　花盆

注意：抽壳是用指定的厚度创建一个空的薄层。可以为所有面指定一个固定的薄层厚度，通过选择面可以将这些面排除在壳外。一个三维实体只能有一个壳，一般情况下是通过将现有面偏移出其原位置来创建新的面。

11.3.20　检查

1. 执行方式

☑　命令行：SOLIDEDIT。

☑　菜单栏："修改"→"实体编辑"→"检查"。

☑　工具栏："实体编辑"→"检查"　。

2. 操作步骤

```
命令: _solidedit
实体编辑自动检查: SOLIDCHECK=1
输入实体编辑选项 [面(F)/边(E)/体(B)/放弃(U)/退出(X)] <退出>: _body
输入体编辑选项[压印(I)/分割实体(P)/抽壳(S)/清除(L)/检查(C)/放弃(U)/退出(X)] <退出>:
_check
选择三维实体:（选择要检查的三维实体）
```

选择实体后，AutoCAD 将在命令行中显示出该对象是否是有效的 ACIS 实体。

11.3.21　夹点编辑

利用夹点编辑功能可以很方便地对三维实体进行编辑，这与二维对象夹点编辑功能相似。

其方法很简单，单击要编辑的对象，系统显示编辑夹点，选择某个夹点，按住鼠标左键拖动，则三维对象随之改变。选择不同的夹点，可以编辑对象的不同参数，红色夹点为当前编辑夹点，如图 11-118 所示。

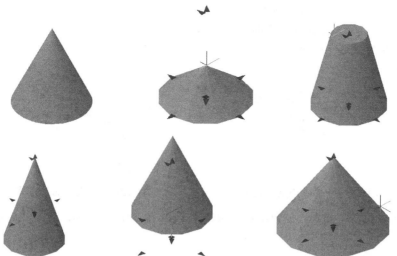

图 11-118 圆锥体及其夹点编辑

11.3.22 实例——固定板的创建

本实例应用"长方体"、"抽壳"和"剖切"命令创建固定板的外形；应用"圆柱体"、"三维阵列"和"差集"命令创建固定板上的孔。流程图如图 11-119 所示。

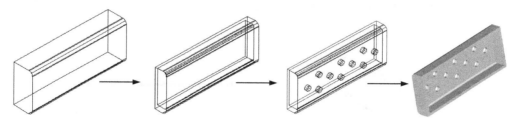

图 11-119 固定板

操作步骤：（光盘\动画演示\第 11 章\固定板的绘制.avi）

（1）启动 AutoCAD 2014，使用默认设置画图。

（2）在命令行中输入"ISOLINES"，设置线框密度为 10。单击"视图"工具栏中的"西南等轴测视图"按钮，切换到西南等轴测视图。

（3）单击"建模"工具栏中的"长方体"按钮，创建长为 200、宽为 40、高为 80 的长方体。

（4）单击"修改"工具栏中的"圆角"按钮，对长方体前端面进行倒圆角操作，圆角半径为 8，结果如图 11-120 所示。

（5）单击"实体编辑"工具栏中的"抽壳"按钮，对创建的长方体进行抽壳操作，命令行提示与操作如下：

```
命令：Solidedit✓
实体编辑自动检查： SOLIDCHECK=1
输入实体编辑选项 [面(F)/边(E)/体(B)/放弃(U)/退出(X)] <退出>：_body
输入体编辑选项[压印(I)/分割实体(P)/抽壳(S)/清除(L)/检查(C)/放弃(U)/退出(X)] <退出>：
_shell
```

选择三维实体：（选取创建的长方体）
删除面或 [放弃(U)/添加(A)/全部(ALL)]：↙
输入抽壳偏移距离：5↙

结果如图 11-121 所示。

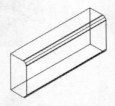

图 11-120　倒圆角后的长方体

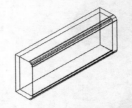

图 11-121　抽壳后的长方体

（6）单击"建模"工具栏中的"剖切"按钮，剖切创建的长方体，命令行提示与操作如下：

命令：Slice↙
选择对象：（选取长方体）
指定切面上的第一个点，依照 [对象(O)/Z 轴(Z)/视图(V)/XY 平面(XY)/YZ 平面(YZ)/ZX 平面
(ZX)/三点(3)] <三点>：ZX↙
指定 ZX 平面上的点 <0,0,0>：_mid 于（捕捉长方体顶面左边的中点）
在要保留的一侧指定点或 [保留两侧(B)]：（在长方体前侧单击，保留前侧）

结果如图 11-122 所示。

（7）单击"视图"工具栏中的"前视"按钮，切换到前视图。单击"建模"工具栏中的"圆柱体"按钮，分别以（25,40）、（50,25）为圆心，创建半径为 5、高为-5 的圆柱，结果如图 11-123 所示。

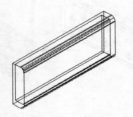

图 11-122　剖切长方体

图 11-123　创建圆柱

（8）选择"修改"→"三维操作"→"三维阵列"命令，将创建的圆柱分别进行 2 行 3 列及 1 行 4 列的矩形阵列，行间距为 30，列间距为 50。单击"视图"工具栏中的"西南等轴测视图"按钮，切换到西南等轴测视图，结果如图 11-124 所示。

（9）单击"实体编辑"工具栏中的"差集"按钮，将创建的长方体与圆柱进行差集运算。

（10）单击"渲染"工具栏中的"隐藏"按钮，对图形进行消隐处理，如图 11-125 所示。

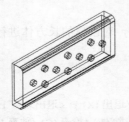

图 11-124　阵列圆柱

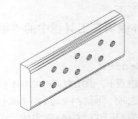

图 11-125　差集运算后的实体

（11）单击"渲染"工具栏中的"材质"按钮 ，选择适当的材质进行渲染。渲染后的结果如图 11-119 所示。

11.4 综合实例——战斗机的绘制

战斗机由战斗机机身（包括发动机喷口和机舱）、机翼、水平尾翼、阻力伞舱、垂尾、武器挂架和导弹发射架、所携带的导弹和副油箱、天线和大气数据探头等部分组成。其绘制流程图如图 11-126 所示。

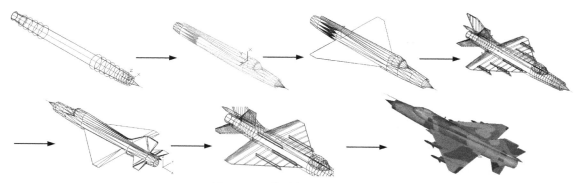

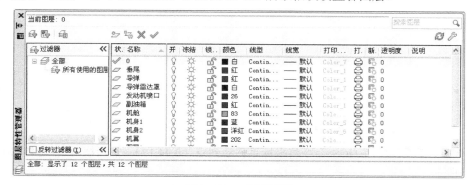

图 11-126 战斗机绘制流程图

操作步骤：（光盘\动画演示\第 11 章\战斗机的绘制.avi）

11.4.1 机身与机翼

本例制作的是战斗机的机身和机翼图。战斗机机身是一个典型的旋转体，因此在绘制战斗机机身的过程中，应首先使用"多段线"命令绘制出机身的半剖面，然后执行"旋转"命令旋转得到，最后使用"多段线"和"拉伸"等命令绘制机翼和水平尾翼。

（1）使用"图层"命令设置图层。参照图 11-127 所示依次设置各图层。

图 11-127 设置图层

（2）使用 SURFTAB1 和 SURFTAB2 命令设置线框密度为 24。

（3）将"中心线"图层设置为当前图层，单击"绘图"工具栏中的"直线"按钮 ，绘制一条中心线，起点和终点坐标分别为（0,-40）和（0,333）。

（4）绘制机身截面轮廓线。将"机身1"图层设置为当前图层，单击"绘图"工具栏中的"多段线"按钮，指定起点坐标为（0,0），然后依次输入（8,0）→（11.5,-4）→A→S→（12,0）→（14,28）→S→（16,56）→（17,94）→L→（15.5,245）→A→S→（14,277）→（13,303）→L→（0,303）→C，结果如图11-128所示。

（5）绘制雷达罩截面轮廓线。首先单击"绘图"工具栏中的"多段线"按钮，指定起点坐标为（0,0），指定下两个点坐标为（8,0）和（0,-30）。然后输入"C"将图形封闭，结果如图11-129所示。

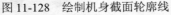
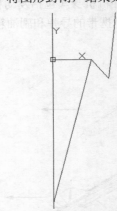

图 11-128　绘制机身截面轮廓线　　　　　　图 11-129　绘制雷达罩截面轮廓线

（6）绘制发动机喷口截面轮廓线。首先单击"绘图"工具栏中的"多段线"按钮，指定起点坐标为（10,303），指定下 3 个点坐标分别为（13,303）、（10,327）和（9,327）。然后输入"C"将图形封闭，结果如图11-130所示。

（7）旋转轮廓线。单击"建模"工具栏中的"旋转"按钮，旋转刚才绘制的机身、雷达罩和发动机喷口截面。用 VIEW 命令将视图转换成西南等轴测视图，结果如图11-131所示。

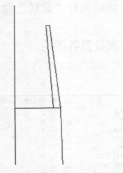
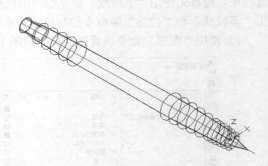

图 11-130　绘制发动机喷口截面轮廓线　　　　　图 11-131　旋转轮廓线

（8）设置坐标系。使用 UCS 命令将坐标系移动到点（0,94,17），然后绕 Y 轴旋转-90°，结果如图11-132所示。

（9）绘制旋转轴。单击"绘图"工具栏中的"多段线"按钮，再将视图变为俯视图。将"机身1"图层关闭，设置"中心线"图层为当前图层，然后单击"绘图"工具栏中的"直线"按钮，绘制旋转轴，起点和终点坐标分别为（-2,-49）和（1.5,209），结果如图11-133所示。

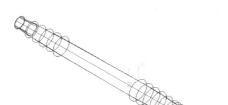

图 11-132 变换坐标系

图 11-133 绘制旋转轴

（10）绘制机身上部截面轮廓线。将"机身 2"图层设置为当前图层，单击"绘图"工具栏中的"多段线"按钮，指定起点坐标为（0,0），其余各个点坐标依次为（11,0）、（5,209）和（0,209）。然后输入"C"将图形封闭，结果如图 11-134 所示。

（11）绘制机舱连接处截面轮廓线。单击"绘图"工具栏中的"多段线"按钮，指定起点坐标为（10.6,-28.5），指定下 3 个点坐标分别为（8,-27）、（7,-30）和（9.8,-31）。然后输入"C"将图形封闭，结果如图 11-135 所示。

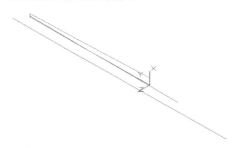

图 11-134 绘制机身上部截面轮廓线　　图 11-135 绘制机舱连接处截面轮廓线

（12）绘制机舱截面轮廓线。将"机舱"图层设置为当前图层，单击"绘图"工具栏中的"多段线"按钮，指定起点坐标为（11,0），然后依次输入"A→S→（10,-28.5）→（-2,-49）→L→（0,0）→C"，结果如图 11-136 所示。

（13）修剪机舱截面轮廓线。使用"剪切"、"直线"等命令将机身上部分修剪为如图 11-137 所示的效果，然后单击"绘图"工具栏中的"面域"按钮，将剩下的机身上部截面轮廓线和直线封闭的区域创建成面域。单击"绘图"工具栏中的"面域"按钮，旋转机身上部截面面域、机舱截面和机舱连接处截面。

（14）并集运算。将"机身 1"图层打开，并设置为当前图层。单击"实体编辑"工具栏中的"并集"按钮，将机身、机身上部和机舱连接处合并，然后使用 HIDE 命令消除隐藏线，结果如图 11-138 所示。

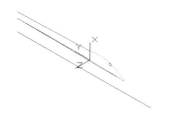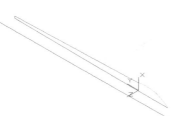

图 11-136 绘制机舱截面轮廓线　　图 11-137 调整图形　　图 11-138 战斗机机身

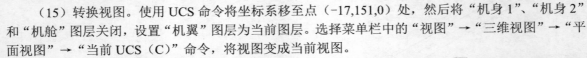

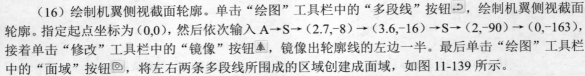

（15）转换视图。使用 UCS 命令将坐标系移至点（-17,151,0）处，然后将"机身 1"、"机身 2"和"机舱"图层关闭，设置"机翼"图层为当前图层。选择菜单栏中的"视图"→"三维视图"→"平面视图"→"当前 UCS（C）"命令，将视图变成当前视图。

（16）绘制机翼侧视截面轮廓。单击"绘图"工具栏中的"多段线"按钮，绘制机翼侧视截面轮廓。指定起点坐标为（0,0），然后依次输入 A→S→（2.7,-8）→（3.6,-16）→S→（2,-90）→（0,-163），接着单击"修改"工具栏中的"镜像"按钮，镜像出轮廓线的左边一半。最后单击"绘图"工具栏中的"面域"按钮，将左右两条多段线所围成的区域创建成面域，如图 11-139 所示。

（17）拉伸机翼。使用"视图"命令将视图转换成西南等轴测视图。然后单击"建模"工具栏中的"拉伸"按钮，拉伸刚才创建的面域，并设置拉伸高度为 100，倾斜角度值为 1.5，结果如图 11-140所示。

（18）坐标设置。使用 UCS 命令将坐标系绕 Y 轴旋转 90°，然后沿着 Z 轴移动，其值为-3.6。

（19）绘制机翼俯视截面轮廓线。单击"绘图"工具栏中的"多段线"按钮，绘制机翼俯视截面轮廓线，然后依次输入（0,0）→（0,-163）→（-120,0）→C，最后单击"建模"工具栏中的"拉伸"按钮，将多段线拉伸为高度为 7.2 的实体，结果如图 11-141 所示。

　　　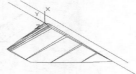　　　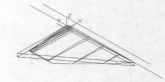

图 11-139　机翼侧视截面轮廓　　　图 11-140　拉伸机翼侧视截面　　　图 11-141　拉伸机翼俯视截面

（20）交集运算。单击"实体编辑"工具栏中的"交集"按钮，对拉伸机翼侧视截面形成的实体和拉伸机翼俯视截面形成的实体求交集，结果如图 11-142 所示。

（21）三维旋转。选择菜单栏中的"修改"→"三维操作"→"三维旋转"命令，将机翼绕 Y轴旋转-5°。选择菜单栏中的"修改"→"三维操作"→"三维镜像"命令，镜像出另一半机翼，然后单击"实体编辑"工具栏中的"并集"按钮，合并所有实体，结果如图 11-143 所示。

（22）切换视图。使用 UCS 命令将坐标系绕 Y 轴旋转-90°，然后移至点（3.6,105,0）处，将"机身 1"、"机身 2"、"机翼"和"机舱"图层关闭，并设置"尾翼"图层为当前图层，即用 PLAN 命令将视图变成当前视图。

（23）绘制机尾翼侧视截面轮廓线。单击"绘图"工具栏中的"多段线"按钮，起点坐标为（0,0），然后依次输入 A→S→（2,-20）→（3.6,-55）→S→（2.7,-80）→（0,-95）。

（24）单击"修改"工具栏中的"镜像"按钮，镜像出轮廓线的左边一半，如图 11-144 所示。然后使用"面域"命令将刚才绘制的多段线和镜像生成的多段线所围成的区域创建成面域。

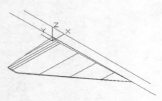　　　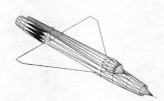　　　

图 11-142　求交集　　　图 11-143　机翼　　　图 11-144　尾翼侧视截面轮廓线

（25）单击"视图"工具栏中的"西南等轴测视图"按钮 ，再单击"建模"工具栏中的"拉伸"按钮 ，拉伸刚才创建的面域，设置拉伸高度为 50，倾斜角度为 3°，结果如图 11-145 所示。

（26）绘制机翼。用 UCS 命令将坐标系统 Y 轴旋转 90° 并沿 Z 轴移动-3.6。单击"绘图"工具栏中的"多段线"按钮 ，起点坐标为（0,-95），其他 5 个点坐标分别为（-50,-50）→（-50,-29）→（-13,-40）→（-14,-47）→（0,-47）。然后输入"C"将图形封闭，再单击"建模"工具栏中的"拉伸"按钮 ，将多段线拉伸成高度值为 7.2 的实体，如图 11-146 所示。

（27）单击"实体编辑"工具栏中的"交集"按钮 ，对拉伸机翼侧视截面和俯视截面形成的实体求交集，然后单击"修改"工具栏中的"圆角"按钮 ，为翼缘添加圆角，如图 11-147 所示。

（28）选择菜单栏中的"修改"→"三维操作"→"三维镜像"命令，镜像出另一半机翼，然后单击"实体编辑"工具栏中的"并集"按钮 ，将其与机身合并。

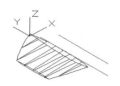

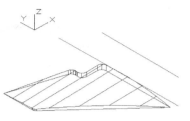

图 11-145　拉伸尾翼侧视截面　　图 11-146　拉伸尾翼俯视截面　　图 11-147　单个尾翼结果图

11.4.2　附件

本例制作的战斗机附件如图 11-148 所示。首先使用"圆"和"拉伸"等命令绘制阻力伞舱，然后使用"多段线"和"拉伸"等命令绘制垂尾，最后使用"多段线"、"拉伸"、"剖切"和"三维镜像"等命令绘制武器挂架和导弹发射架。

（1）单击"视图"工具栏中的"东北等轴测视图"按钮 ，切换到东北等轴测视图，并将"机身 2"图层设置为当前图层。使用"窗口缩放"命令将机身尾部截面局部放大。再使用 UCS 命令将坐标系移至点（0,0,3.6），然后将它绕着 X 轴旋转-90°。单击"渲染"工具栏中的"隐藏"按钮 ，隐藏线。单击"绘图"工具栏中的"圆"按钮 ，以机身上部的尾截面上圆心作为圆心，选取尾截面上轮廓线上一点确定半径，如图 11-149 所示。

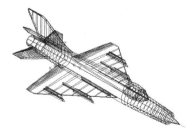
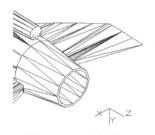

图 11-148　武器挂架和导弹发射架效果　　　　　图 11-149　绘制圆

（2）单击"建模"工具栏中的"拉伸"按钮 ，用窗口方式选中刚才绘制的圆，设置拉伸高度为 28，倾斜角度为 0°，同时使用 HIDE 命令消除隐藏线，结果如图 11-150 所示。

（3）绘制阻力伞舱舱盖。类似于步骤（1），在刚才拉伸成的实体后部截面上绘制一个圆。单击"建模"工具栏中的"拉伸"按钮 ，用窗口方式选中刚才绘制的圆，设置拉伸高度为 14，倾斜角度为 12°，同时使用 HIDE 命令消除隐藏线，结果如图 11-151 所示。

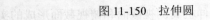

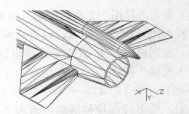

图 11-150　拉伸圆　　　　　　　　　图 11-151　绘制尾翼侧视截面轮廓线

（4）使用 UCS 命令将坐标系绕 Y 轴旋转-90°，然后移至点（0,0,-2.5），并将"机身 1"、"机身 2"和"机舱"图层关闭，设置"尾翼"图层为当前图层，即使用 PLAN 命令将视图变成当前视图。

（5）绘制垂尾侧视截面轮廓线。首先用"窗口缩放"命令将飞机的尾部处局部放大，然后单击"绘图"工具栏中的"多段线"按钮 ，依次指定起点坐标为（-200,0）→（-105,-30）→（-55,-65）→（-15,-65）→（-55,0），最后输入"C"将图形封闭，结果如图 11-152 所示。

（6）单击"视图"工具栏中的"东北等轴测视图"按钮 ，切换到东北等轴测视图，然后单击"建模"工具栏中的"拉伸"按钮 ，设置拉伸高度为 5，倾斜角度为 0°的实体。单击"修改"工具栏中的"圆角"按钮 ，为尾垂相应位置添加圆角，半径为 2，结果如图 11-153 所示。

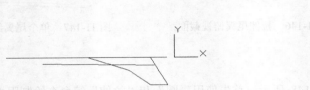

图 11-152　绘制垂尾侧视截面轮廓线　　　　　　图 11-153　添加圆角后的尾垂

（7）绘制垂尾俯视截面轮廓线。使用 UCS 命令将坐标系原点移至点（0,0,2.5），然后绕 X 轴旋转 90°。同时将"尾翼"图层关闭，"机翼"图层设置为当前图层。

（8）将图形局部放大后，单击"绘图"工具栏中的"多段线"按钮 ，指定起点坐标为（30,0），然后依次输入 A→S→（-35,1.8）→（-100,2.5）→L→（-184,2.5）→A→（-192,2）→（-200,0）。单击"修改"工具栏中的"镜像"按钮 ，镜像出轮廓线的左边一半。单击"绘图"工具栏中的"面域"按钮 ，将刚才绘制的多段线和镜像生成的多段线所围成的区域创建成面域，如图 11-154 所示。

（9）单击"视图"工具栏中的"东北等轴测视图"按钮 ，切换到东北等轴测视图。单击"建模"工具栏中的"拉伸"按钮 ，拉伸刚才创建的面域，其拉伸高度为 65，倾斜角度为 0.35°，结果如图 11-155 所示。

图 11-154　绘制垂尾俯视截面轮廓线　　　　　　图 11-155　拉伸垂尾俯视截面

（10）打开"尾翼"图层，并设置为当前图层。单击"实体编辑"工具栏中的"交集"按钮 对拉伸垂尾侧视截面形成的实体和拉伸俯视截面形成的实体求交集，结果如图 11-156 所示。

（11）将"机身 1"、"机身 2"、"机翼"和"机舱"图层打开，并将"机身 1"图层设置为当前图层。单击"实体编辑"工具栏中的"交集"按钮⑩，将机身、垂尾和阻力伞舱体合并，然后单击"渲染"工具栏中的"隐藏"按钮⊝，消除隐藏线，结果如图 11-157 所示。

图 11-156 求交集

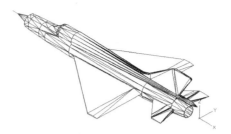

图 11-157 垂尾结果

（12）使用 UCS 命令将坐标系绕 Z 轴旋转 90°，然后移至点（0,105,0）处，将视图切换到西南等轴测视图，最后将"机身 1"、"机身 2"和"机舱"图层关闭，将"机翼"图层设置为当前图层。

（13）绘制长武器挂架截面。首先用"多段线"命令绘制一条连接点（0,0）→（1,0）→（1,70）→（0,70）的封闭曲线，单击"建模"工具栏中的"拉伸"按钮⑪，将其拉伸成高为 6.3 的实体，如图 11-158 所示。

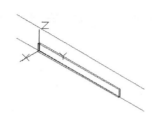

图 11-158 拉伸并转换视图

（14）选择菜单栏中的"修改"→"三维操作"→"剖切"命令，进行切分的结果如图 11-159 所示。然后使用"三维镜像"和"并集"命令，将其加工成如图 11-160 所示的结果。最后使用"圆角"命令为挂架几条边添加圆角，圆角半径为 0.5，如图 11-161 所示。

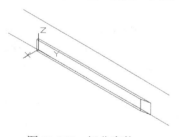

图 11-159 切分实体

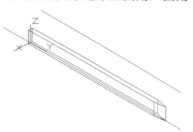

图 11-160 镜像并合并实体图

图 11-161 添加圆角

（15）单击"修改"工具栏中的"复制"按钮⁀，复制出机腹下的长武器挂架（如图 11-162 所示）和机翼内侧长武器挂架（如图 11-163 所示）。然后删除原始武器挂架，单击"实体编辑"工具栏中的"并集"按钮⑩，将长武器挂架和机身合并。

（16）采用同样的方法绘制短武器挂架（如图 11-164 所示），然后单击"修改"工具栏中的"复制"按钮⁀，为机身安装短武器挂架（如图 11-165（a）所示）。

图 11-162 复制出机腹挂架

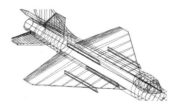

图 11-163 机翼内侧长武器挂架

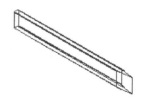

图 11-164 短武器挂架

（17）采用同样的方法绘制导弹发射架（如图 11-165（b）所示），并为机身安装导弹发射架，结果如图 11-148 所示。

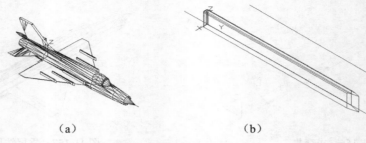

（a）　　　　　　　　　　　　　（b）

图 11-165　导弹发射架

11.4.3　细节完善

当本例中的战斗机绘制完成后，还需进行细节方面的完善。首先，使用"多段线"、"拉伸"、"差集"和"三维镜像"等命令细化发动机喷口和机舱，然后绘制导弹和副油箱。在绘制过程中，采用了"装配"的方法，即先将导弹和副油箱绘制好并分别保存成单独的文件，然后再使用"插入块"命令将这些文件的图形装配到战斗机上。这种方法与直接在源图中绘制的方法相比，避免了繁琐的坐标系变换，更加简单实用。不过在绘制导弹和副油箱时仍然需要注意坐标系的设置。最后，对其他细节进行完善，并赋材渲染。

（1）使用 UCS 命令将坐标系原点移至点（0,–58,0）处，然后用 LAYER 命令将"尾翼"图层改成"发动机喷口"；将"发动机喷口"图层改为"发动机喷口"；将"机身 1"、"机身 2"和"机舱"图层关闭，将"发动机喷口"图层设置为当前图层。

（2）在西南等轴测状态下，使用"窗口缩放"命令将图形局部放大。使用 UCS 命令将坐标系沿着 Z 轴移动–0.3，然后绘制长武器挂架截面。单击"绘图"工具栏中的"多段线"按钮⌐，绘制多段线，指定起点坐标为（–12.7,0），其他各点坐标依次为（–20,0）→（–20,–24）→（–9.7,–24）→C，将图形封闭，如图 11-166 所示。

（3）单击"建模"工具栏中的"拉伸"按钮⊡，拉伸刚才绘制的封闭多段线，设置拉伸高度为 0.6，倾斜角度为 0°。将图形放大，结果如图 11-167 所示。最后使用 UCS 命令将坐标系沿着 Z 轴移动 0.3。

（4）单击"修改"工具栏中的"复制"按钮℃，对刚才拉伸后的实体在原处复制一份，然后选择菜单栏中的"修改"→"三维操作"→"三维旋转"命令，设置旋转角度为 22.5°，旋转轴为 Y 轴，结果如图 11-168 所示。

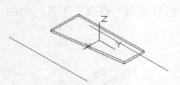

图 11-166　绘制多段线

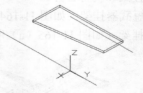

图 11-167　拉伸

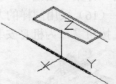

图 11-168　复制并旋转

（5）参照步骤（4）中所用的方法再进行 7 次复制旋转，结果如图 11-169 所示。

（6）选择菜单栏中的"修改"→"三维操作"→"三维镜像"命令，对刚才复制和旋转后的 9 个实体进行镜像，镜像面为 XY 平面，结果如图 11-170 所示。

（7）单击"实体编辑"工具栏中的"差集"按钮◎，从发动机喷口实体中减去刚才通过复制、旋转和镜像得到的实体，结果如图 11-171 所示。

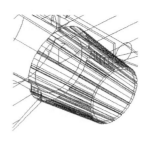

图 11-169　继续复制旋转　　　　图 11-170　镜像实体　　　　图 11-171　求差

（8）使用 UCS 命令将坐标系原点移至点（0,209,0）处，将坐标系绕 Y 轴旋转-90°，将视图变成当前视图，然后使用"窗口缩放"命令将机舱部分图形局部放大。此时，可发现机舱前部和机身相交成如图 11-172 所示的尖锥形，需要进一步进行修改。

（9）关闭"机身 1"、"机身 2"和"发动机喷口"图层，保持"机舱"图层为打开状态，然后将"中心线"图层设置为当前图层。单击"绘图"工具栏中的"直线"按钮，绘制旋转轴、起点和终点坐标分别为（15,50）和（15,-10），如图 11-173 所示。

（10）选择菜单栏中的"视图"→"三维视图"→"平面视图"→"当前 UCS（C）"命令，将视图变成当前视图。打开"机身 1"、"机身 2"图层，保持"机舱"图层为打开状态，将"中心线"图层设置为当前图层。单击"绘图"工具栏中的"多段线"按钮，指定起点坐标为（28,0），然后依次输入 A→S→（27,28.5）→（23,42）→S→（19.9,46）→（15,49）→L→（15,0）→C，结果如图 11-174 所示。

（11）单击"建模"工具栏中的"旋转"按钮，将刚才绘制的封闭曲线围绕步骤（2）中绘制的旋转轴旋转成实体，如图 11-175 所示。

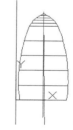

图 11-172　机舱俯视图　　图 11-173　绘制旋转轴　　图 11-174　绘制多段线　　图 11-175　旋转成实体

（12）打开"机身 1"、"机身 2"、"发动机喷口"图层，然后用"自由动态观察器"将图形调整到合适的视角，对比原来的机舱和新的机舱（红色线），如图 11-176 所示。此时，可发现机舱前部和机身相交处已经不再是尖锥形。处理方法是，将原来的机舱实体删除，并把新的机舱图层类型改成"机舱"。

（13）单击"实体编辑"工具栏中的"差集"按钮，从机身实体中减去机舱实体，如图 11-177 所示。

（14）关闭"机身 1"、"机身 2"、"发动机喷口"图层，并设置"机舱"图层为当前图层。

（15）单击"绘图"工具栏中的"多段线"按钮，指定起点坐标为（28,0），然后依次输入 A→S→（27,28.5）→（23,42.2）→S→（19.9,46.2）→（15,49），结果如图 11-178 所示。

（16）单击"建模"工具栏中的"旋转"按钮，将刚才绘制的曲线围绕绘制的旋转轴旋转成曲面，如图 11-179 所示。

（17）打开"机身 1"、"机身 2"、"发动机喷口"图层，然后用"自由动态观察器" 将图形调整到合适的视角。单击"渲染"工具栏中的"隐藏"按钮 ，消除隐藏线，结果如图 11-180 所示。最后，使用 UCS 命令将坐标系原点移至点（0,-151,0）处，并且绕 X 轴旋转-90°。

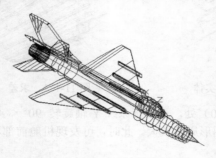

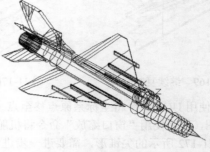

图 11-176 对比机舱形状   图 11-177 布尔运算

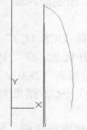

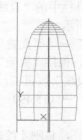

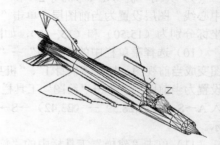

图 11-178 绘制多段线   图 11-179 旋转成曲面   图 11-180 机舱结果

（18）将"导弹"图层设置为当前图层，然后用 ISOLINES 命令设置总网格线数为 8。单击"绘图"工具栏中的"圆"按钮 ，绘制一个圆心在原点、半径为 2.5 的圆。将视图转换成西南等轴测视图，单击"建模"工具栏中的"拉伸"按钮 ，拉伸刚才绘制的封闭多段线，设置拉伸高度为 70，倾斜角度为 0°，并将图形放大，结果如图 11-181 所示。

（19）使用 UCS 命令将坐标系绕着 X 轴旋转 90°，结果如图 11-182 所示。

（20）将"导弹雷达罩"图层设置为当前图层后，单击"绘图"工具栏中的"多段线"按钮 ，指定起点坐标为（0,70），然后依次输入（2.5,70）→A→S→（1.8,75）→（0,80）→L→C，结果如图 11-183 所示。

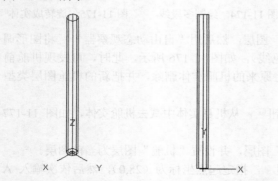

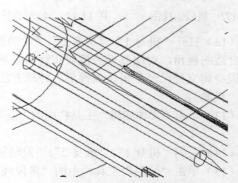

图 11-181 拉伸   图 11-182 变换坐标系和视图   图 11-183 绘制封闭多段线

（21）使用 SURFTAB1 和 SURFTAB2 命令设置线框数为 30。单击"建模"工具栏中的"旋转"按钮，旋转绘制多段线，指定旋转轴为 Y 轴，结果如图 11-184 所示。

（22）将"导弹"图层设置为当前图层，使用 UCS 命令将坐标系沿着 Z 轴移动-0.3。放大导弹局部尾部，单击"绘图"工具栏中的"多段线"按钮，绘制导弹尾翼截面轮廓，指定起点坐标为（7.5,0），然后依次输入坐标（@0,10）→（0,20）→（-7.5,10）→（@0,-10）→C，将图形封闭，结果如图 11-185 所示。

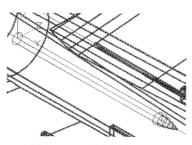
图 11-184 旋转生成曲面

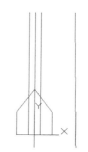
图 11-185 绘制导弹尾翼截面轮廓线

（23）将导弹缩小至全部可见，然后单击"绘图"工具栏中的"多段线"按钮，绘制导弹中翼截面轮廓线，输入起点坐标（7.5,50），其余各个点坐标为（0,62）→（@-7.5,-12）→C，将图形封闭，结果如图 11-186 所示。

（24）用"自由动态观察器"将视图调整到合适的角度，然后单击"建模"工具栏中的"拉伸"按钮，拉伸刚才绘制的封闭多段线，设置拉伸高度为 0.6，倾斜角度为 0°，并将图形放大，结果如图 11-187 所示。

图 11-186 绘制导弹中翼截面线

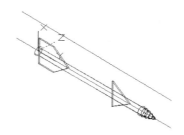
图 11-187 拉伸截面

（25）复制对象。使用 UCS 命令将坐标系沿着 Z 轴移动 0.3。单击"修改"工具栏中的"复制"按钮，对刚才拉伸后的实体在原处复制一份，然后选择菜单栏中的"修改"→"三维操作"→"三维旋转"命令，旋转复制形成的实体，设置旋转角度为 90°，旋转轴为 Y 轴，结果如图 11-188 所示。

（26）并集运算。将"导弹"图层设置为当前图层，然后单击"实体编辑"工具栏中的"并集"按钮，除导弹上雷达罩以外的其他部分全部合并，如图 11-189 所示。

（27）圆角运算。单击"修改"工具栏中的"圆角"按钮，为弹翼和导弹后部打上圆角，圆角半径设置为 0.2，结果如图 11-190 所示。

（28）三维旋转。选择菜单栏中的"修改"→"三维操作"→"三维旋转"命令，将整个导弹绕着 Y 轴旋转 45°，绕着 X 轴旋转-90°，结果如图 11-191 所示。

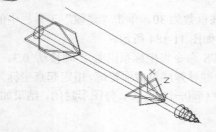

图 11-188　旋转导弹弹翼

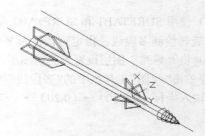

图 11-189　合并实体

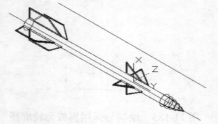

图 11-190　为一些边打上圆角

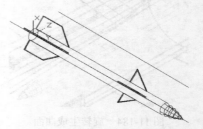

图 11-191　旋转导弹

（29）保存文件。单击"标准"工具栏中的"保存"按钮■，将文件保存为"导弹.dwg"。

（30）绘制副油箱。新建一个文件，再新建图层"副油箱"。

（31）设置线框密度。将"副油箱"图层设置为当前图层，然后用 SURFTAB1 和 SURFTAB2 命令设置总网格线数为 30。单击"绘图"工具栏中的"直线"按钮╱，绘制旋转轴，指定起点和终点坐标分别为（0,−50）和（0,150），然后用 ZOOM 命令将图形缩小，结果如图 11-192 所示。

（32）绘制多段线。单击"绘图"工具栏中的"多段线"按钮⊃，指定起点坐标为（0,−40），然后输入"A"，绘制圆弧，接着输入"S"，指定圆弧上的第二个点坐标为（5,−20），圆弧的端点为（8,0）；输入"L"，输入下一点的坐标为（8,60）；输入"A"，绘制圆弧，接着输入"S"，指定圆弧上的第二个点坐标为（5,90），圆弧的端点为（0,120）。最后将旋转轴直线删除，结果如图 11-193 所示。

（33）旋转操作。单击"建模"工具栏中的"旋转"按钮，旋转绘制多段线，指定旋转轴为 Y轴，结果如图 11-194 所示。

图 11-192　变换坐标系和视图　　　图 11-193　绘制多段线　　　图 11-194　旋转生成曲面

（34）保存文件。单击"标准"工具栏中的"保存"按钮■，最后将文件保存为"副油箱.dwg"。

（35）下面为战斗机安装导弹和副油箱。返回到战斗机绘图区，单击"绘图"工具栏中的"插入块"按钮，打开"插入"对话框，单击"浏览"按钮，打开文件"导弹.dwg"，设置插入点坐标为（75,15,−17），插入导弹图形，如图 11-195 所示。

Note

（36）再次打开"插入"对话框，单击"浏览"按钮，打开文件"导弹.dwg"，继续插入"导弹"图形，如图 11-196 所示。选择菜单栏中的"修改"→"三维操作"→"三维镜像"命令，镜像刚才插入的两枚导弹，结果如图 11-197 所示。

图 11-195　"插入"对话框

图 11-196　设置插入导弹

图 11-197　插入并且镜像导弹

（37）插入副油箱。再次打开"插入"对话框，单击"浏览"按钮，打开文件"副油箱.dwg"，如图 11-198 所示，设置插入点坐标为（0,45,-31）。单击"渲染"工具栏中的"隐藏"按钮 ⊙，消除隐藏线，结果如图 11-199 所示。

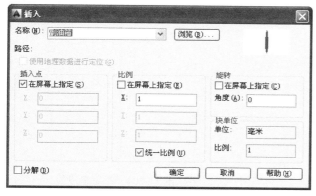

图 11-198　设置"插入"对话框

图 11-199　安装导弹和副油箱的结果

（38）绘制天线。使用 UCS 命令将坐标系绕 Y 轴旋转-90°并沿着 Z 轴移动-0.4。将"机翼"图层设置为当前图层，其他的图层全部关闭，将视图变成当前视图。

（39）单击"绘图"工具栏中的"多段线"按钮 ⊃，指定起点坐标为（0,120），其余各点坐标为（0,117）→（23,110）→（23,112），结果如图 11-200 所示。

（40）拉伸操作。单击"建模"工具栏中的"拉伸"按钮 ⬆，拉伸刚才绘制的封闭多段线，设置拉伸高度为 0.8，倾斜角度为 0°。用 UCS 命令将坐标系沿着 Z 轴移动 0.4，将图形放大，结果如图 11-201 所示。

（41）单击"修改"工具栏中的"圆角"按钮 ◻，为刚才拉伸后的实体添加圆角，其圆角半径为 0.3，结果如图 11-202 所示。

（42）单击"视图"工具栏中的"西北等轴测视图"按钮 ◈，切换到西北等轴测视图，打开其他的图层，并将"机身 1"图层设置为当前图层。单击"实体编辑"工具栏中的"并集"按钮 ⊚，合并天线和机身。单击"渲染"工具栏中的"隐藏"按钮 ⊙，消除隐藏线，结果如图 11-203 所示。

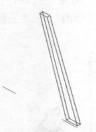

图 11-200　绘制多段线　　　　　图 11-201　拉伸　　　　　图 11-202　打圆角

（43）绘制天线。使用 UCS 命令将坐标系绕 Y 轴旋转-90°，并将原点移到（4.7,220,1.7）处。将"机翼"图层设置为当前图层，其他的图层全部关闭。

（44）下面绘制大气数据探头。单击"绘图"工具栏中的"多段线"按钮⊃，绘制多段线，起点坐标为（0,0），其余各点坐标为（0.9,0）→（@0,20）→（@-0.3,0）→（@-0.6,50），然后输入"C"将图形封闭，结果如图 11-204 所示。

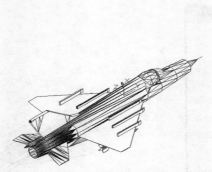

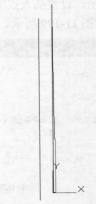

图 11-203　加上天线的结果图　　　　　图 11-204　绘制多段线

（45）单击"建模"工具栏中的"旋转"按钮⊜，旋转刚才绘制的封闭多段线生成实体，设置旋转轴为 Y 轴，然后使用 UCS 命令将视图变成西南等轴测视图，并将机头部分放大，结果如图 11-205 所示。

（46）单击"视图"工具栏中的"西南等轴测视图"按钮◎，打开其他的图层，将"机身 1"图层设置为当前图层。单击"实体编辑"工具栏中的"并集"按钮◎，合并大气数据探头和机身，然后单击"渲染"工具栏中的"隐藏"按钮◎，结果如图 11-206 所示。

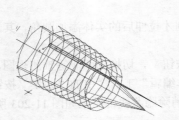

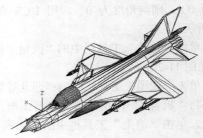

图 11-205　旋转生成实体并变换视图　　　　　图 11-206　加上大气数据探头的结果图

（47）机舱连接处圆角处理。将"机舱"图层设置为当前图层，单击"修改"工具栏中的"圆角"按钮□，为机舱连接处前端进行圆角处理，设置圆角半径为 0.3，结果如图 11-207 所示。

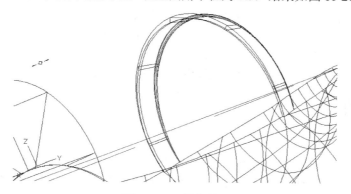

图 11-207　圆角处理

（48）将除了"中心线"图层以外的图层都关闭，单击"修改"工具栏中的"删除"按钮，删除所有的中心线。打开其他所有的图层，将图形调整到合适的大小和角度。输入"UCSICON"，然后输入"OFF"，将坐标系图标关闭，最后使用 HIDE 命令消除隐藏线。

（49）渲染处理。单击"渲染"工具栏中的"材质"按钮，为战斗机各部件赋予适当的材质，再单击"渲染"工具栏中的"渲染"按钮，对图形进行渲染。

11.5　实践与操作

通过本章的学习，读者对本章知识也有了大体的了解，本节将通过两个实践操作帮助读者进一步掌握本章的知识要点。

11.5.1　创建壳体

1. 目的要求

三维图形具有形象逼真的优点，但是其创建比较复杂，需要读者掌握的知识比较多。本例要求读者熟悉三维模型创建的步骤，掌握三维模型的创建技巧，创建出如图 11-208 所示的壳体。

图 11-208　壳体

2．操作提示

（1）利用"圆柱体"、"长方体"和"差集"命令创建壳体底座。

（2）利用"圆柱体"、"长方体"和"并集"命令创建壳体上部。

（3）利用"圆柱体"、"长方体"、"并集"以及二维命令创建壳体顶板。

（4）利用"圆柱体"和"差集"命令创建壳体孔。

（5）利用"多段线"、"拉伸"和"三维镜像"命令创建壳体肋板。

11.5.2　创建轴

1．目的要求

轴是最常见的机械零件之一。本例要求读者创建轴，该轴集中了很多典型的机械结构形式，如轴体、孔、轴肩、键槽、螺纹、退刀槽、倒角等，因此需要用到的三维命令也比较多。通过本例的练习，可以使读者进一步熟悉三维绘图的技能，如图 11-209 所示。

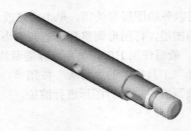

图 11-209　轴

2．操作提示

（1）创建直径不等的 4 个圆柱。

（2）对创建的 4 个圆柱进行并集处理。

（3）转换视角，绘制圆柱孔。

（4）镜像并拉伸圆柱孔。

（5）对轴体和圆柱孔进行差集处理。

（6）采用同样的方法创建键槽结构。

（7）创建螺纹结构。

（8）对轴体进行倒角处理。

（9）渲染处理。

第12章

减速器零部件设计

　　减速器是工程机械中广泛运用的一种机械装置，其主要功能是通过齿轮的啮合改变转速。减速器的传动形式主要有锥齿轮传动、圆柱齿轮传动、蜗轮蜗杆传动。在此主要介绍圆柱齿轮传动。圆柱齿轮传动箱主要由一对啮合的齿轮、箱体、轴承以及各种连接件和附件组成，在本章中将详细介绍各部分的三维造型绘制过程。

- ☑ 通用标准件立体图的绘制
- ☑ 螺纹连接件立体图的绘制
- ☑ 轴承
- ☑ 圆柱齿轮以及齿轮轴的绘制

任务驱动&项目案例

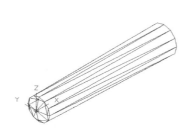

12.1 通用标准件立体图的绘制

本节将详细讲解几种简单三维实体的绘制方法，通过对销与平键设计、螺母设计及螺栓设计，轴承和齿轮等几种图形的绘制，进一步掌握绘制三维图形的基础知识。

12.1.1 销立体图

本实例将运用基本二维命令绘制二维图形，然后结合三维命令中的"旋转"命令完成销的绘制。销为标准件，在此以销 A10×60 为例，其绘制流程图如图 12-1 所示。

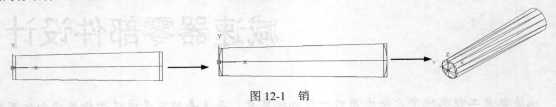

图 12-1 销

操作步骤：（光盘\动画演示\第 12 章\销立体图.avi）

（1）建立新文件

选择菜单栏中的"文件"→"新建"命令，弹出"选择样板"对话框，单击"打开"按钮右侧的下拉按钮▾，以"无样板打开－公制（毫米）"方式建立新文件，然后将新文件命名为"销.dwg"并保存。

（2）设置绘图工具栏

调出"标准"、UGS、"绘图"、"修改"、"建模"和"实体编辑"6 个工具栏，并将它们移动到绘图窗口中的适当位置。

（3）设置线框密度

线框密度默认值为 8，将其更改为 10。

（4）绘制图形

❶ 单击"绘图"工具栏中的"直线"按钮✐，以坐标原点为起点，绘制一条长度为 60 的水平直线。再次单击"绘图"工具栏中的"直线"按钮✐，以坐标原点为起点，绘制一条长度为 5 的竖直直线，如图 12-2 所示。

❷ 单击"修改"工具栏中的"偏移"按钮⬤，将竖直直线向右偏移，偏移距离分别为 1.2、25.8、27，效果如图 12-3 所示。

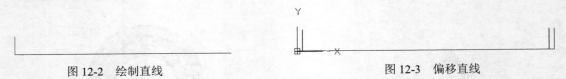

图 12-2 绘制直线　　　　　　　　　　　　　　图 12-3 偏移直线

❸ 单击"绘图"工具栏中的"直线"按钮✐，以最左端的直线端点为起点，绘制坐标点为（@30<1）的直线；单击"修改"工具栏中的"延伸"按钮⟶，将竖直直线延伸至斜直线；单击"修改"工具栏中的"修剪"按钮⤴，将多余的线段修剪掉，结果如图 12-4 所示。

❹ 单击"修改"工具栏中的"镜像"按钮⚏，将步骤❸中创建的图形以水平直线为镜像线进行镜

像，结果如图 12-5 所示。

图 12-4　绘制直线

图 12-5　镜像图形

❺ 单击"绘图"工具栏中的"圆弧"按钮 ，采用三点圆弧的绘制方式绘制圆弧，如图 12-6 所示。

❻ 单击"修改"工具栏中的"修剪"按钮 和"删除"按钮 ，修剪并删除多余的线段，如图 12-7 所示。

图 12-6　绘制圆弧

图 12-7　整理图形

❼ 合并多段线。在命令行中输入"PEDIT"，将步骤❻中创建的销轮廓合并为一条多段线，如图 12-8 所示。命令行提示与操作如下：

```
命令：pedit
选择多段线或 [多条(M)]：m
选择对象：（选择视图中所有的线段）
选择对象：
是否将直线、圆弧和样条曲线转换为多段线？[是(Y)/否(N)]？<Y>
输入选项 [闭合(C)/打开(O)/合并(J)/宽度(W)/拟合(F)/样条曲线(S)/非曲线化(D)/线型生成(L)/反转(R)/放弃(U)]：j
合并类型 = 延伸
输入模糊距离或 [合并类型(J)] <0.0000>：
多段线已增加 4 条线段
输入选项 [闭合(C)/打开(O)/合并(J)/宽度(W)/拟合(F)/样条曲线(S)/非曲线化(D)/线型生成(L)/放弃(U)]：
```

❽ 选择菜单栏中的"修改"→"三维操作"→"旋转"命令，将步骤❼中创建的多段线绕 X 轴旋转 360°，消隐后的效果如图 12-9 所示。命令行提示与操作如下：

```
命令：_revolve
当前线框密度：ISOLINES=10
选择要旋转的对象：（选择合并后的多段线）
选择要旋转的对象：
指定轴起点或根据以下选项之一定义轴 [对象(O)/X/Y/Z] <对象>：x
指定旋转角度或 [起点角度(ST)] <360>：
```

图 12-8　合并多段线

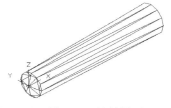

图 12-9　旋转图形

12.1.2　平键立体图

本小节将要讲述两种由二维图形生成三维实体的方法：拉伸实体和旋转实体。对于平键实体的绘制，应首先绘制二维轮廓线，再通过"拉伸"命令生成三维实体，最后利用"倒角"命令对平键实体进行倒直角操作；对于花键实体的绘制，一般采用二维轮廓线绕中心轴旋转的方法生成，对于均匀分布的花键则使用阵列实体的方法绘制。下面以平键立体图为例进行介绍，其绘制流程图如图 12-10 所示。

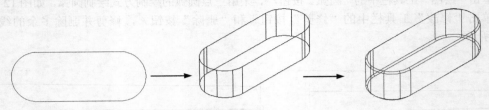

图 12-10　平键立体图

操作步骤：（光盘\动画演示\第 12 章\平键立体图.avi）

（1）建立新文件

选择菜单栏中的"文件"→"新建"命令，弹出"选择样板"对话框，单击"打开"按钮右侧的下拉按钮▼，以"无样板打开－公制（毫米）"方式建立新文件，然后将新文件命名为"平键.dwg"并保存。

（2）设置绘图工具栏

调出"标准"、"图层"、"对象特性"、"绘图"、"修改"和"标注"6 个工具栏，并将它们移动到绘图窗口中的适当位置。

（3）设置线框密度

线框密度默认值为 8，将其更改为 10。

（4）绘制图形

❶ 单击"绘图"工具栏中的"矩形"按钮▢，绘制圆角半径为 6，两个角点分别为（0,0）、（32,12）的矩形，效果如图 12-11 所示。

❷ 将视图切换到西南等轴测视图，单击"建模"工具栏中的"拉伸"按钮▣，将倒过圆角的长方体拉伸 8，消隐后的效果如图 12-12 所示。命令行提示与操作如下：

```
命令：_extrude
当前线框密度：ISOLINES=10，闭合轮廓创建模式 = 实体
选择要拉伸的对象或 [模式(MO)]：_MO 闭合轮廓创建模式 [实体(SO)/曲面(SU)] <实体>：_SO
选择要拉伸的对象或 [模式(MO)]：找到 6 个
选择要拉伸的对象或 [模式(MO)]：
指定拉伸的高度或 [方向(D)/路径(P)/倾斜角(T)/表达式(E)]：8
```

图 12-11　绘制轮廓线

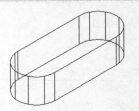

图 12-12　拉伸实体

❸ 单击"修改"工具栏中的"倒角"按钮 □，对图 12-13 中的 1 边进行倒角，倒角半径为 0.4，倒角结果如图 12-14 所示。命令行提示与操作如下：

```
命令: _chamfer
("修剪"模式) 当前倒角距离 1 = 0.0000，距离 2 = 0.0000
选择第一条直线或 [放弃(U)/多段线(P)/距离(D)/角度(A)/修剪(T)/方式(E)/多个(M)]:M
选择第一条直线或 [放弃(U)/多段线(P)/距离(D)/角度(A)/修剪(T)/方式(E)/多个(M)]:
基面选择...
输入曲面选择选项 [下一个(N)/当前(OK)] <当前(OK)>: (选择图 12-13 中的上表面)
指定基面倒角距离或[表达式(E)]: 0.4
指定其他曲面倒角距离或 [表达式(E)] <0.4000>:
选择边或 [环(L)]:(选择图 12-13 中上表面的各条边)
```

❹ 单击"修改"工具栏中的"倒角"按钮 □，对平键底面进行倒直角操作。至此，简单的平键实体绘制完毕，效果如图 12-15 所示。

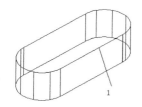

图 12-13　选择倒角基面

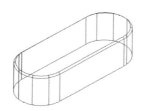

图 12-14　实体倒直角

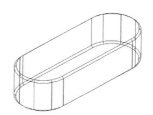

图 12-15　平键 12×32 设计

12.2　螺纹连接件立体图的绘制

本节主要介绍螺母和螺栓这两种基本螺纹零件立体图的绘制方法。

12.2.1　螺母立体图

本例要绘制的螺母是型号为 M10（GB 6172—2000）的薄螺母，其表示为公称直径 D=10mm，性能等级为 10 级，不经表面处理的六角螺母。具体制作思路是：首先绘制单个螺纹，然后使用"阵列"命令阵列所用的螺纹，再绘制外形轮廓，最后作差集处理，其绘制流程图如图 12-16 所示。

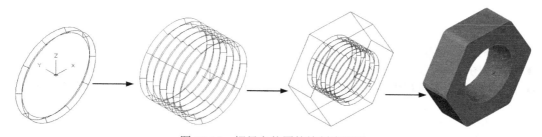

图 12-16　螺母立体图的绘制流程图

操作步骤：（光盘\动画演示\第 12 章\螺母立体图.avi）

（1）建立新文件

选择菜单栏中的"文件"→"新建"命令，弹出"选择样板"对话框，单击"打开"按钮右侧的

下拉按钮 ，以"无样板打开—公制（毫米）"方式建立新文件，然后将新文件命名为"螺母立体图.dwg"并保存。

（2）设置线框密度

线框密度默认值为 8，将其更改为 10。

（3）绘制螺纹

❶ 将当前视图方向设置为西南等轴测视图。

❷ 单击"绘图"工具栏中的"多段线"按钮 ，绘制闭合多段线，各点分别为（0,-0.5）、（@5,0）、（@-0.5,0.5）、（@0.5,0.5）、（@-5,0），结果如图 12-17 所示。

❸ 单击"建模"工具栏中的"旋转"按钮 ，将步骤❷中绘制的多段线绕 Y 轴旋转 360°，结果如图 12-18 所示。

❹ 选择菜单栏中的"修改"→"三维操作"→"三维阵列"命令，阵列步骤❸中旋转的图形，行数为 6，列数和层数均为 1，行间距为 1，消隐后的结果如图 12-19 所示。命令行提示与操作如下：

```
命令：_3darray
正在初始化... 已加载 3DARRAY。
选择对象：（选择旋转后的图形）
选择对象：
输入阵列类型 [矩形(R)/环形(P)] <矩形>：
输入行数 (---) <1>： 6
输入列数 (|||) <1>：
输入层数 (...) <1>：
指定行间距 (---)： 1
```

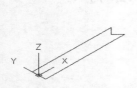
图 12-17　绘制多段线后的图形

图 12-18　旋转后的图形

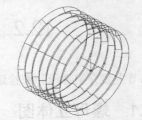
图 12-19　三维阵列后的图形

❺ 选择菜单栏中的"修改"→"实体编辑"→"并集"命令，将阵列后的螺纹进行并集处理。命令行提示与操作如下：

```
命令：_union
选择对象：（选择阵列后的图形）
选择对象：
```

（4）绘制外形轮廓

❶ 设置视图方向为前视图。

❷ 单击"绘图"工具栏中的"多边形"按钮 ，绘制正六边形。命令行提示与操作如下：

```
命令：POLYGON✓
输入侧面数 <4>:6✓
指定正多边形的中心点或 [边(E)]： 0,0✓
输入选项 [内接于圆(I)/外切于圆(C)] <I>:C✓
指定圆的半径:8✓
```

结果如图 12-20 所示。

❸ 将当前视图方向设置为西南等轴测视图，结果如图 12-21 所示。

❹ 单击"修改"工具栏中的"移动"按钮 ✛，将正六边形的中心从原点移动到点（0,0,-0.5），结果如图 12-22 所示。

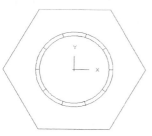

图 12-20　主视图图形

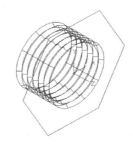

图 12-21　西南等轴测视图

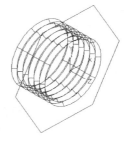

图 12-22　移动正多边形后的图形

❺ 单击"建模"工具栏中的"拉伸"按钮 ⬚，将正六边形拉伸为正六边体，拉伸高度为-5，结果如图 12-23 所示。

❻ 单击"实体编辑"工具栏中的"差集"按钮 ◎，将拉伸后的正多边形和阵列的螺纹进行差集处理。消隐后的结果如图 12-24 所示。

❼ 单击"修改"工具栏中的"倒角"按钮 ◁，将正六面体的上、下两个面的各边进行倒角处理，倒角距离是 1。消隐后的结果如图 12-25 所示。

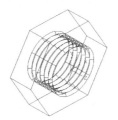

图 12-23　拉伸后的图形

图 12-24　差集处理后的图形

图 12-25　倒角并消隐

（5）渲染视图

单击"渲染"工具栏中的"渲染"按钮 ▱，选择适当的材质对图形进行渲染。渲染后的效果如图 12-16 所示。

12.2.2　螺栓立体图

本例要绘制的螺栓的型号为 M10×80（GB 5782），其表示为公称直径 d=10mm，长度 L=80mm，性能等级为 8.8 级，表面氧化，A 级六角螺栓。具体制作思路是：首先绘制单个螺纹，然后使用"阵列"命令阵列所用的螺纹，再绘制中间的连接圆柱体，最后绘制另一端的螺纹，其绘制流程图如图 12-26 所示。

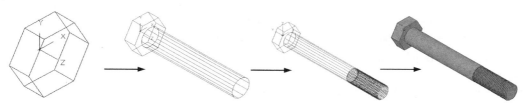

图 12-26　螺栓立体图的绘制流程图

Note

操作步骤：（光盘\动画演示\第 12 章\螺栓立体图.avi）

（1）建立新文件

选择菜单栏中的“文件”→“新建”命令，打开“选择样板”对话框，单击“打开”按钮右侧的下拉按钮，以“无样板打开－公制（毫米）”方式建立新文件，然后将新文件命名为“螺栓立体图.dwg”并保存。

（2）设置线框密度

线框密度默认值为 8，将其更改为 10。

（3）变换坐标系

❶ 将当前视图方向设置为西南等轴测视图。

❷ 在命令行中输入“UCS”，将坐标系绕 X 轴旋转 90°。命令行提示与操作如下：

```
命令: ucs
当前 UCS 名称: *世界*
指定 UCS 的原点或 [面(F)/命名(NA)/对象(OB)/上一个(P)/视图(V)/世界(W)/X/Y/Z/Z 轴(ZA)] <世界>: x
指定绕 X 轴的旋转角度 <90>:
```

（4）绘制螺栓头部

❶ 单击“绘图”工具栏中的“多边形”按钮，以坐标原点为中心点，绘制一个内接圆半径为 8 的六边形，结果如图 12-27 所示。

❷ 单击“建模”工具栏中的“拉伸”按钮，将步骤❶中绘制的六边形进行拉伸，拉伸距离为 6，结果如图 12-28 所示。

（5）绘制螺栓柱身

单击“建模”工具栏中的“圆柱体”按钮，以（0,0,6）为圆心，绘制一个半径为 5、高度为 54 的圆柱体，结果如图 12-29 所示。命令行提示与操作如下：

```
命令: _cylinder
指定底面的中心点或 [三点(3P)/两点(2P)/切点、切点、半径(T)/椭圆(E)]: 0,0,6
指定底面半径或 [直径(D)] <5.0000>: 5
指定高度或 [两点(2P)/轴端点(A)] <6.0000>: 54
```

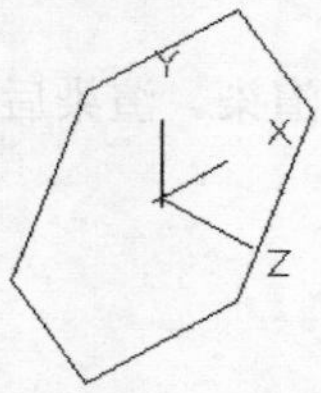

图 12-27　绘制正六边形

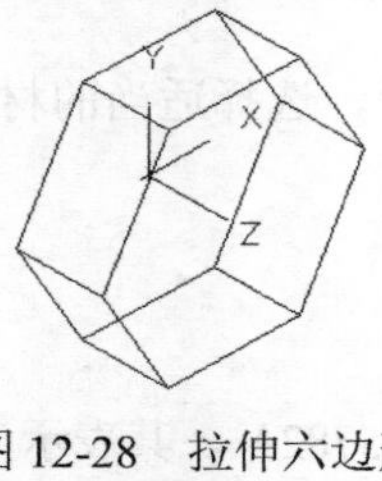

图 12-28　拉伸六边形

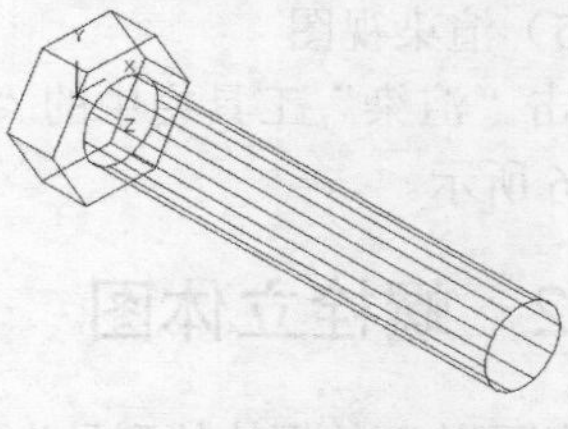

图 12-29　绘制圆柱体

（6）绘制螺纹

❶ 将视图切换到俯视图，单击“绘图”工具栏中的“多段线”按钮，绘制闭合多段线，各点分别为（0,-60）、（@5,0）、（@-0.5,-0.5）、（@-4.5,0）、C，结果如图 12-30 所示。

❷ 将视图切换到西南等轴测视图，单击“建模”工具栏中的“旋转”按钮，将步骤❶中绘制的多段线绕 Y 轴旋转 360°，结果如图 12-31 所示。

❸ 单击“建模”工具栏中的“三维阵列”按钮，阵列步骤❷中旋转的图形，行数为 26，列数和层数均为 1，行间距为-1，结果如图 12-32 所示。

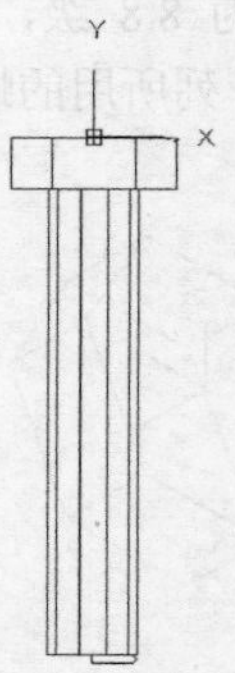

图 12-30　绘制多段线后的图形

❹ 单击"实体编辑"工具栏中的"并集"按钮⑩，将所绘制的图形进行并集处理，结果如图 12-33 所示。

图 12-31　三维旋转多段线　　　　图 12-32　阵列后的图形　　　　图 12-33　并集处理后的图形

（7）渲染视图

选择菜单栏中的"视图"→"视觉样式"→"概念"命令，效果如图 12-26 所示。

12.3　轴　　承

轴承是重要的机械零部件，本节将主要介绍几种轴承的绘制方法。

12.3.1　圆锥滚子轴承（3207）的绘制

圆锥滚子轴承的制作思路是：首先创建轴承的内圈、外圈及滚动体，然后用"阵列"命令对滚动体进行环形阵列操作，最后用"并集"命令完成立体创建。其绘制流程图如图 12-34 所示。

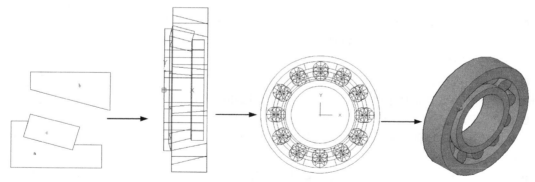

图 12-34　圆锥滚子轴承

操作步骤：（光盘\动画演示\第 12 章\圆锥滚子轴承（3207）的绘制.avi）

（1）建立新文件

选择菜单栏中的"文件"→"新建"命令，打开"选择样板"对话框，单击"打开"按钮右侧的下拉按钮▼，以"无样板打开－公制（毫米）"方式创建新文件。

（2）设置线框密度

命令行提示与操作如下：

```
命令：ISOLINES✓
输入 ISOLINES 的新值 <8>：10✓
```

Note

（3）绘制二维图形

❶ 单击"绘图"工具栏中的"直线"按钮，绘制坐标分别为（0,17.5）、（0,26.57）、（3,26.57）、（2.3,23.5）、（11.55,21）、（11.84,22）、（17,22）、（17,17.5）的闭合曲线，如图 12-35 所示。

❷ 单击"绘图"工具栏中的"直线"按钮，绘制坐标为（3.5,32.7）、（3.5,36）、（18.5,36）、（18.5,28.75）的闭合曲线，如图 12-36 所示。

❸ 单击"修改"工具栏中的"延伸"按钮，将直线 1 和直线 2 延伸至直线 3；单击"绘图"工具栏中的"直线"按钮，打开对象捕捉功能，捕捉延伸后的两直线中点；再利用"修剪"命令，将多余的线段修剪掉，结果如图 12-37 所示。

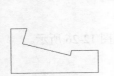

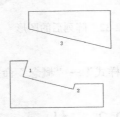

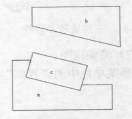

图 12-35　绘制闭合曲线 1　　　　图 12-36　绘制闭合曲线 2　　　　图 12-37　绘制二维图形

❹ 单击"绘图"工具栏中的"多段线"按钮，将重合线段重新绘制。选择菜单栏中的"绘图"→"面域"命令，分别将 3 个平面图形创建为 3 个面域。

（4）创建轴承内外圈

❶ 单击"建模"工具栏中的"旋转"按钮，将面域 a、b 绕 X 轴旋转 360°，结果如图 12-38 所示。

❷ 绘制直线。单击"绘图"工具栏中的"直线"按钮，绘制面域的最上边。

❸ 单击"建模"工具栏中的"旋转"按钮，将面域 c 绕步骤❷中绘制的直线旋转 360°，结果如图 12-39 所示。

（5）阵列滚动体

❶ 切换到左视图，单击"修改"工具栏中的"环形阵列"按钮，将绘制的一个滚动子绕 Z 轴环形阵列 12 个，结果如图 12-40 所示。

❷ 切换至西南等轴测视图，单击"实体编辑"工具栏中的"并集"按钮，将阵列后的滚动体与轴承的内外圈进行并集运算。

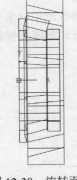

图 12-38　旋转面域

（6）渲染视图

❶ 单击"渲染"工具栏中的"隐藏"按钮，对图形进行消隐处理，效果如图 12-41 所示。

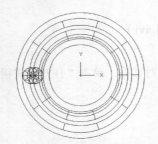

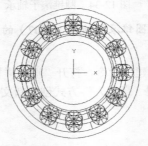

图 12-39　创建滚动体后的左视图　　　图 12-40　阵列滚动体　　　图 12-41　消隐后的轴承

❷ 选择菜单栏中的"视图"→"视觉样式"→"概念"命令，将视图切换到东南等轴测视图，最终效果如图 12-34 所示。

12.3.2　深沟球轴承（6207）的绘制

深沟球轴承的制作思路是：首先创建轴承的内圈、外圈及滚动体，然后用"阵列"命令对滚动体进行环形阵列操作，最后用"并集"命令完成立体创建。其绘制流程图如图 12-42 所示。

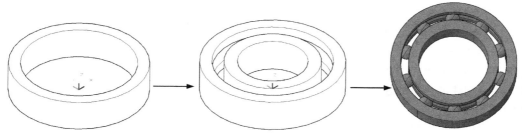

图 12-42　深沟球轴承（6207）

操作步骤：（光盘\动画演示\第 12 章\深沟球轴承（6207）的绘制.avi）

（1）建立新文件

选择菜单栏中的"文件"→"新建"命令，打开"选择样板"对话框，单击"打开"按钮右侧的下拉按钮 ，以"无样板打开－公制（毫米）"方式建立新文件，然后将新文件命名为"深沟球轴承.dwg"并保存。

（2）设置线框密度

命令行提示与操作如下：

```
命令：ISOLINES↙
输入 ISOLINES 的新值 <8>：10↙
```

（3）转换视图

单击"视图"工具栏中的"西南等轴测视图"按钮 ，切换到西南等轴测视图。

（4）创建外圈的圆柱

单击"建模"工具栏中的"圆柱体"按钮 ，创建两圆柱体，命令行提示与操作如下：

```
命令：Cylinder↙
指定圆柱体底面的中心点或 [椭圆(E)] <0,0,0>：
指定圆柱体底面的半径或 [直径(D)]：36↙
指定圆柱体高度或 [另一个圆心(C)]：17↙
命令：↙（继续创建圆柱）
指定圆柱体底面的中心点或 [椭圆(E)] <0,0,0>：↙
指定圆柱体底面的半径或 [直径(D)]：30↙
指定圆柱体高度或 [另一个圆心(C)]：17↙
```

（5）差集运算并消隐

单击"标准"工具栏中的"实时缩放"按钮 ，上下拖动鼠标对其进行适当的放大，然后在命令行中输入"SUBTRACT"，或者单击"实体编辑"工具栏中的"差集"按钮 ，将创建的两个圆柱进行差集运算。进行消隐处理后的图形如图 12-43 所示。

（6）创建内圈的圆柱

单击"建模"工具栏中的"圆柱体"按钮 ，以坐标原点为圆心，分别创建高度为 17，半径为

24、17.5 的两个圆柱；然后单击"实体编辑"工具栏中的"差集"按钮◎，对其进行差集运算，创建轴承的内圈圆柱，结果如图 12-44 所示。

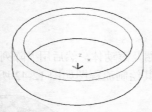
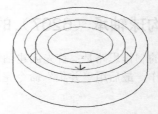

图 12-43　轴承外圈圆柱　　　　　　　　图 12-44　轴承内圈圆柱

（7）并集运算

在命令行中输入"UNION"，或者单击"实体编辑"工具栏中的"并集"按钮◎，将创建的轴承外圈与内圈圆柱进行并集运算。

（8）创建圆环

命令行提示与操作如下：

```
命令:Torus✓（或者单击"建模"工具栏中的"圆环体"按钮◎）
指定圆环体中心 <0,0,0>:0,0,8.5✓
指定圆环体半径或 [直径(D)]: 26.75✓
指定圆管半径或 [直径(D)]: 5✓
```

（9）差集运算

在命令行中输入"SUBTRACT"，或者单击"实体编辑"工具栏中的"差集"按钮◎，将创建的圆环与轴承的内外圈进行差集运算，结果如图 12-45 所示。

（10）创建滚动体

命令行提示与操作如下：

```
命令: Sphere✓（或者单击"建模"工具栏中的"球体"按钮○）
指定球体球心 <0,0,0>: 26.75,0,8.5✓
指定球体半径或 [直径(D)]: 5✓
```

（11）阵列滚动体

在命令行中输入"AR"，或者单击"修改"工具栏中的"环形阵列"按钮✛，将创建的滚动体进行环形阵列，阵列中心为坐标原点，数目为 10，结果如图 12-46 所示。

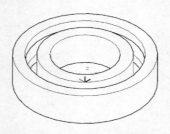
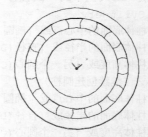

图 12-45　轴承的内外圈　　　　　　　　图 12-46　阵列滚动体

（12）并集运算

单击"实体编辑"工具栏中的"并集"按钮◎，将阵列的滚动体与轴承的内外圈进行并集运算。

（13）渲染处理

选择菜单栏中的"视图"→"视觉样式"→"概念"命令，最终效果如图 12-42 所示。

注意：深沟球轴承（6205）的绘制与深沟球轴承（6207）类似，这里不再赘述。深沟球轴承（6205）小径为 25mm，大径为 52mm，厚度为 15mm。

12.4 圆柱齿轮以及齿轮轴的绘制

圆柱齿轮与齿轮轴是比较典型的机械零件，应用非常广泛。本节在分析这种零件结构的基础上，将深入讲解每一种零件三维实体的绘制方法和技巧。首先绘制实体在二维平面上的截面轮廓线，然后通过旋转操作从二维曲面生成三维实体，再进行必要的图形细化处理，如倒直角、倒圆角及绘制键槽。对于轮齿，则采用环形阵列的方法生成。

12.4.1 传动轴立体图

本小节将要讲述传动轴立体图的绘制方法：第一步，通过旋转的方法绘制轴的外部轮廓；第二步，利用拉伸的方法绘制两个键槽。其绘制流程图如图 12-47 所示。

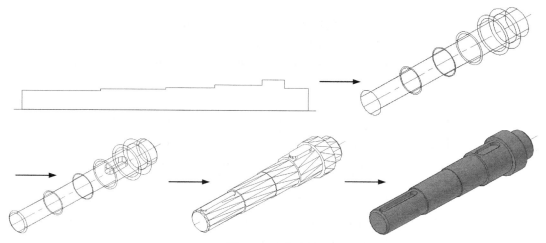

图 12-47 传动轴

操作步骤：（光盘\动画演示\第 12 章\传动轴立体图.avi）

（1）建立新文件

选择菜单栏中的"文件"→"新建"命令，打开"选择样板"对话框，单击"打开"按钮右侧的下拉按钮▼，以"无样板打开－公制（毫米）"方式建立新文件，然后将新文件命名为"传动轴.dwg"并保存。

（2）设置绘图工具栏

调出"标准"、"图层"、"特性"、"绘图"、"修改"和"标注"6 个工具栏，并将它们移动到绘图窗口中的适当位置。

（3）设置图形界限

线框密度默认值为 8，将其更改为 10。

（4）设置图层

选择菜单栏中的"格式"→"图层"命令，打开"图层特性管理器"选项板。单击"新建"按钮，新建"实体层"和"中心线"两个图层，然后修改图层的颜色、线型和线宽属性，如图12-48所示。

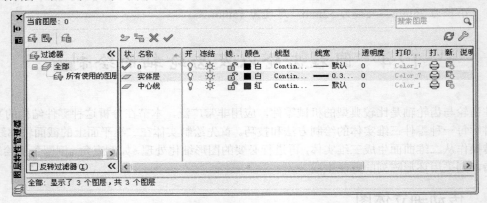

图12-48　新建图层

（5）绘制外轮廓

❶ 将"中心线"图层设置为当前图层。单击"绘图"工具栏中的"直线"按钮，绘制直线{（0,0），（250,0）}。

❷ 将当前图层从"中心线"图层切换到"实体层"图层。单击"绘图"工具栏中的"直线"按钮，绘制直线{（10,0），（10,24）}，如图12-49所示的直线1；单击"修改"工具栏中的"偏移"按钮，以直线1为起始，依次向右绘制直线2~直线7，偏移量依次为60、50、37.5、36、17.5和18，如图12-49所示。

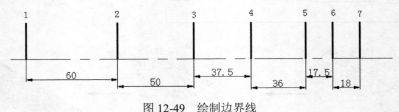

图12-49　绘制边界线

❸ 单击"修改"工具栏中的"偏移"按钮，向上偏移中心线，偏移量分别为15、16.3、17.5、20和24，同时更改其图层属性为实体层，如图12-50所示。

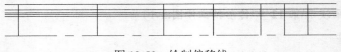

图12-50　绘制偏移线

❹ 单击"修改"工具栏中的"修剪"按钮，以5条横向直线作为剪切边，对7条纵向直线进行修剪，结果如图12-51所示。

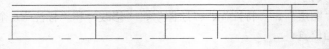

图12-51　修剪纵向直线

❺ 单击"修改"工具栏中的"修剪"按钮，以7条纵向直线作为剪切边，对5条横向直线进行修剪，结果如图12-52所示。

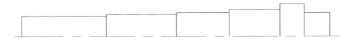

图 12-52　修剪横向直线

❻ 单击"修改"工具栏中的"修剪"按钮 ，修剪纵向直线；单击"绘图"工具栏中的"直线"按钮 ，连接轴的左右两端点，最终形成旋转体轮廓线，如图 12-53 所示。

图 12-53　绘制旋转体轮廓线

❼ 选择菜单栏中的"修改"→"对象"→"多段线"命令，将旋转体轮廓线合并为一条多段线，以满足"旋转"命令的要求。命令行提示与操作如下：

```
命令: pedit↙
选择多段线或 [多条(M)]: m↙
选择对象: (选择图中所有的实体线)
选择对象: 找到 1 个，总计 14 个
选择对象: ↙
是否将直线、圆弧和样条曲线转换为多段线? [是(Y)/否(N)]? <Y>: ↙
输入选项 [闭合(C)/打开(O)/合并(J)/宽度(W)/拟合(F)/样条曲线(S)/非曲线化(D)/线型生成
(L)/反转(R)/放弃(U)]: j↙
合并类型 = 延伸
输入模糊距离或 [合并类型(J)] <0.0000>:↙
多段线已增加 13 条线段
```

❽ 将视图切换到西南等轴测视图，单击"建模"工具栏中的"旋转"按钮 ，将轮廓线绕 X 轴旋转 360°，如图 12-54 所示。命令行提示与操作如下：

```
命令: _revolve
当前线框密度:  ISOLINES=10，闭合轮廓创建模式 = 实体
选择要旋转的对象或[模式(MO)]: _MO 闭合轮廓创建模式 [实体(SO)/曲面(SU)] <实体>: _SO
选择要旋转的对象或[模式(MO)]: (选择步骤❼中合并后的线段)
选择要旋转的对象或[模式(MO)]: ↙
指定轴起点或根据以下选项之一定义轴 [对象(O)/X/Y/Z] <对象>: x↙
指定旋转角度或[起点角度(ST)/反转(R)/表达式(EX)] <360>:↙
```

❾ 单击"修改"工具栏中的"倒角"按钮 ，选择端面的圆环线作为"第一条直线"，选择端面作为"基面"，基面的倒角距离为 2mm。单击"修改"工具栏中的"倒角"按钮 ，对传动轴的另一端面以同样参数进行倒直角操作。消隐后的结果如图 12-55 所示。

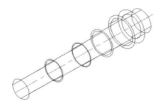

图 12-54　旋转实体

图 12-55　轴端面倒直角

（6）绘制键槽

❶ 将当前视图从西南等轴测视图切换为俯视图。

425

❷ 单击"绘图"工具栏中的"矩形"按钮□,指定矩形的两个角点为{(159.5,6),(191.5,-6)},圆角半径为6,结果如图12-56所示。

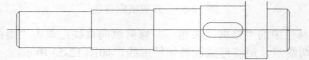

图12-56 绘制轮廓线

❸ 单击"建模"工具栏中的"拉伸"按钮⬛,将倒圆角后的矩形拉伸8,结果如图12-57所示。

❹ 单击"建模"工具栏中的"三维移动"按钮⊙,选择拉伸实体为移动对象,位移为(@0,0,15)。移动后的消隐结果如图12-58所示。

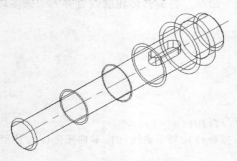
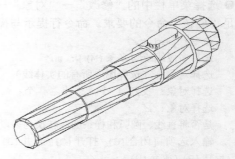

图12-57 拉伸实体

图12-58 移动实体

❺ 使用同样的方法,绘制矩形——两角点坐标为{(13,4),(@54,-8)},倒圆角半径为4mm,拉伸高度为7mm,向上移动所选基点,相对位移为(@0,0,9)。消隐后的结果如图12-59所示。

❻ 单击"实体编辑"工具栏中的"差集"按钮◎,选择传动轴和两个平键实体进行差集处理,从而在一个传动轴形成键槽,如图12-60所示。命令行提示与操作如下:

```
命令: _subtract
选择要从中减去的实体或面域...
选择对象:(选择旋转实体)
选择对象: ✓
选择要减去的实体或面域 …
选择对象:(选择两平键实体)
选择对象:找到 1 个,总计 2 个
选择对象: ✓
```

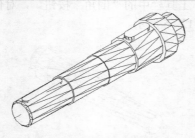
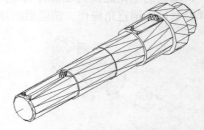

图12-59 绘制轴上的平键

图12-60 绘制键槽

(7)渲染视图

选择菜单栏中的"视图"→"视觉样式"→"概念"命令,最终效果如图12-47所示。

12.4.2 大齿轮立体图

本小节将要讲述大齿轮立体图的绘制。具体方法为：首先绘制齿轮二维剖切面轮廓线，使用从二维曲面通过旋转操作生成三维实体的方法绘制齿轮基体；然后绘制渐开线轮齿的二维轮廓线，使用从二维曲面通过拉伸操作生成三维实体的方法绘制齿轮轮齿；再调用"圆柱体"和"长方体"命令，配合布尔运算求差命令绘制齿轮的键槽、轴孔和减轻孔；最后利用渲染操作对齿轮进行渲染。其绘制流程图如图 12-61 所示。

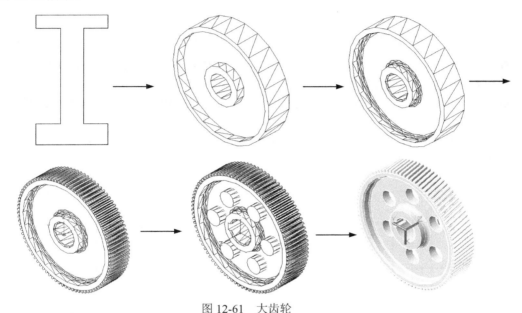

图 12-61 大齿轮

操作步骤：（光盘\动画演示\第 12 章\大齿轮立体图.avi）

（1）建立新文件

选择菜单栏中的"文件"→"新建"命令，打开"选择样板"对话框，单击"打开"按钮右侧的下拉按钮，以"无样板打开－公制（毫米）"方式建立新文件，然后将新文件命名为"大齿轮.dwg"并保存。

（2）设置绘图工具栏

调出"标准"、"图层"、"特性"、"绘图"、"修改"和"标注"6 个工具栏，并将它们移动到绘图窗口中的适当位置。

（3）设置图形界限

线框密度默认值为 8，将其更改为 10。

（4）绘制齿轮基体

❶ 单击"绘图"工具栏中的"直线"按钮，以坐标（0,0）、（40,0）为端点，绘制一条水平直线，如图 12-62 所示。

❷ 单击"修改"工具栏中的"偏移"按钮，将水平直线向上偏移 20、32、86、93.5，结果如图 12-63 所示。

❸ 单击"绘图"工具栏中的"直线"按钮，打开"对象捕捉"功能，捕捉第一条直线的中点

和最上边一条直线的中点，结果如图 12-64 所示。

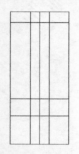

图 12-62　绘制水平直线　　　图 12-63　偏移后的图形　　　图 12-64　绘制竖直直线

❹ 单击"修改"工具栏中的"偏移"按钮，将步骤❸中绘制的竖直直线分别向左、右两侧偏移，偏移距离为6.5、20，结果如图 12-65 所示。

❺ 单击"修改"工具栏中的"修剪"按钮，对图形进行修剪，然后将多余的线段删除，结果如图 12-66 所示。

❻ 选择菜单栏中的"修改"→"对象"→"多段线"命令，将旋转体轮廓线合并为一条多段线，以满足"旋转"命令的要求，如图 12-67 所示。

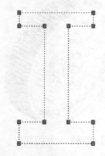

图 12-65　偏移直线后的图形　　　图 12-66　修剪图形　　　图 12-67　合并齿轮基体轮廓线

❼ 单击"建模"工具栏中的"旋转"按钮，将齿轮基体轮廓线绕 X 轴旋转 360°，然后切换视图为西南等轴测视图。消隐后的结果如图 12-68 所示。

❽ 单击"修改"工具栏中的"圆角"按钮，在齿轮内凹槽的轮廓线处绘制齿轮的铸造圆角，圆角半径为5，如图 12-69 所示。

❾ 单击"修改"工具栏中的"倒角"按钮，对轴孔边缘进行倒直角操作，倒角距离为2，结果如图 12-70 所示。

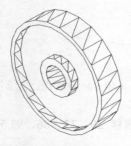

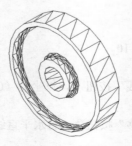

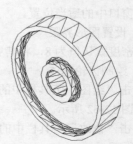

图 12-68　旋转实体　　　图 12-69　实体圆角　　　图 12-70　实体倒直角

（5）绘制齿轮轮齿

❶ 将当前视图方向切换为俯视图。

❷ 选择菜单栏中的"格式"→"图层"命令，打开"图层特性管理器"选项板，单击"新建"按钮，新建图层"图层 1"，并将齿轮基体图形对象的图层属性更改为"图层 1"。

❸ 在"图层特性管理器"选项板中单击"图层 1"的"打开/关闭"按钮，使之变为黯淡色，关闭并隐藏"图层 1"。

❹ 单击"绘图"工具栏中的"圆弧"按钮，在点（-1,4.5）和（-2,0）之间绘制半径为 10 的圆弧，如图 12-71 所示。

❺ 单击"修改"工具栏中的"三维镜像"按钮 %，将绘制的圆弧以 Y 轴为镜像轴进行镜像处理，如图 12-72 所示。

❻ 单击"绘图"工具栏中的"直线"按钮 ╱，利用"对象捕捉"功能绘制两段圆弧的端点连接直线，如图 12-73 所示。

图 12-71　绘制圆弧　　　　图 12-72　镜像圆弧　　　　图 12-73　连接圆弧

❼ 选择菜单栏中的"修改"→"对象"→"多段线"命令，将两段圆弧和两段直线合并为一条多段线，以满足"拉伸实体"命令的要求。

❽ 将当前视图切换为西南等轴测视图。

❾ 拉伸实体。单击"建模"工具栏中的"拉伸"按钮 ▥，将合并的多段线拉伸 40，结果如图 12-74 所示。

❿ 选择菜单栏中的"工具"→"新建 UCS"→"世界"命令，将坐标系切换至世界坐标系。单击"修改"工具栏中的"移动"按钮 ✥，选择轮齿实体作为"移动对象"，在轮齿实体上任意选择一点作为"移动基点"，"移动第二点"相对坐标为（@0, 93.5, 0）。

⓫ 单击"建模"工具栏中的"三维阵列"按钮 ⊞，将绘制的一个轮齿绕 Z 轴环形阵列 86 个，结果如图 12-75 所示。命令行提示与操作如下：

```
命令: _3darray
正在初始化... 已加载 3DARRAY
选择对象: （选择步骤❾中创建的拉伸体）
选择对象:↙
输入阵列类型 [矩形(R)/环形(P)] <矩形>:p↙
输入阵列中的项目数目: 86↙
指定要填充的角度 (+=逆时针, -=顺时针) <360>:↙
旋转阵列对象? [是(Y)/否(N)] <Y>:↙
指定阵列的中心点: 0,0,0↙
指定旋转轴上的第二点: 0,0,100↙
```

⓬ 单击"建模"工具栏中的"三维旋转"按钮 ◉，将所有轮齿绕 Y 轴旋转 90°，结果如图 12-76 所示。命令行提示与操作如下：

```
命令: _3drotate
UCS 当前的正角方向: ANGDIR=逆时针　ANGBASE=0
```

选择对象：（选择阵列后的所有实体）指定对角点：找到 86 个
选择对象：↙
指定基点：
拾取旋转轴：
指定角的起点或输入角度：90

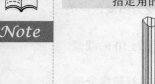

图 12-74 拉伸后的图形　　　图 12-75 环形阵列实体　　　图 12-76 旋转三维实体

⓭ 选择菜单栏中的"格式"→"图层"命令，打开"图层特性管理器"选项板，单击"图层 1"的"打开/关闭"按钮，使之变为鲜亮色，打开并显示"图层 1"，如图 12-77 所示。

⓮ 单击"实体编辑"工具栏中的"并集"按钮◎，选择图 12-77 中的所有实体，执行并集操作，使之成为一个三维实体。

（6）绘制键槽和减轻孔

❶ 单击"建模"工具栏中的"长方体"按钮▢，采用两个角点模式绘制长方体，第一个角点为（-20,12,-5），第二个角点为（@40,12,10），结果如图 12-78 所示。

❷ 单击"实体编辑"工具栏中的"差集"按钮◎，从齿轮基体中减去长方体，在齿轮轴孔中形成键槽，如图 12-79 所示。

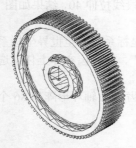

图 12-77 打开并显示图层　　　图 12-78 绘制长方体　　　图 12-79 绘制键槽

❸ 在命令行中输入"UCS"，将坐标系绕 Y 轴旋转 90°。单击"建模"工具栏中的"圆柱体"按钮▢，采用指定两个底面圆心点和底面半径的模式，绘制以（54,0,0）为圆心、半径为 13.5、高度为 40 的圆柱体，如图 12-80 所示。命令行提示与操作如下：

```
命令: _cylinder
指定底面的中心点或 [三点(3P)/两点(2P)/切点、切点、半径(T)/椭圆(E)]: 54,0,0↙
指定底面半径或 [直径(D)]: 13.5↙
指定高度或 [两点(2P)/轴端点(A)]:40↙
```

❹ 单击"建模"工具栏中的"三维阵列"按钮⊞，绕 Z 轴环形阵列 6 个圆柱体，结果如图 12-81 所示。

❺ 单击"实体编辑"工具栏中的"差集"按钮◎，执行命令后从齿轮基体中减去 6 个圆柱体，在齿轮凹槽内形成 6 个减轻孔，如图 12-82 所示。

图 12-80　绘制圆柱体

图 12-81　环形阵列圆柱体

图 12-82　绘制减轻孔

（7）渲染视图

选择菜单栏中的"视图"→"视觉样式"→"概念"命令，最终结果如图 12-61 所示。

12.4.3　齿轮轴的绘制

齿轮轴由齿轮和轴两部分组成，另外还需要绘制键槽。其制作思路是：首先绘制齿轮，然后绘制轴，再绘制键槽，最后通过"并集"命令将全部图形合并为一个整体。其绘制流程图如图 12-83 所示。

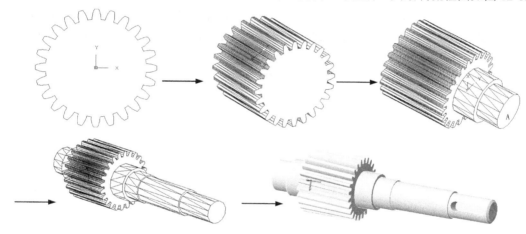
图 12-83　齿轮轴

操作步骤：（光盘\动画演示\第 12 章\齿轮轴的绘制.avi）

（1）建立新文件

选择菜单栏中的"文件"→"新建"命令，打开"选择样板"对话框，单击"打开"按钮右侧的下拉按钮，以"无样板打开－公制（毫米）"方式建立新文件；将新文件命名为"齿轮轴立体图.dwg"并保存。

（2）设置绘图工具栏

调出"标准"、"图层"、"特性"、"绘图"、"修改"和"标注"6 个工具栏，并将它们移动到绘图窗口中的适当位置。

（3）设置图形界限

线框密度默认值为 8，将其更改为 10。

（4）绘制齿轮

❶ 单击"绘图"工具栏中的"圆"按钮，绘制以原点为圆心、直径为 43 和 52 的两个圆，如

图 12-84 所示。

❷ 单击"绘图"工具栏中的"直线"按钮✎，绘制两条直线。

直线 1：起点为（0,0），长度为 30，角度为 92°。

直线 2：起点为（0,0），长度为 30，角度为 95°。

结果如图 12-85 所示。

❸ 单击"绘图"工具栏中的"圆弧"按钮✎，在图 12-85 所示的 1 点和 2 点之间绘制一条半径为 10 的圆弧，如图 12-86 所示。

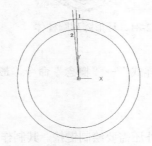
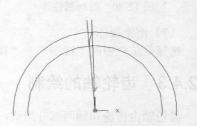

图 12-84　绘制圆后的图形　　　　图 12-85　绘制直线后的图形　　　　图 12-86　绘制圆弧后的图形

❹ 单击"修改"工具栏中的"删除"按钮✎，删除图 12-86 中的两条直线，如图 12-87 所示。

❺ 单击"修改"工具栏中的"镜像"按钮⚐，将所绘制的圆弧沿（0,0）和（0,10）形成的直线作镜像处理，效果如图 12-88 所示。

❻ 单击"修改"工具栏中的"修剪"按钮✎，将图 12-88 所示的图形修剪成如图 12-89 所示。

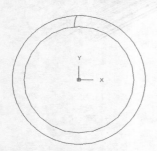
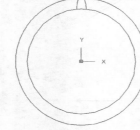

图 12-87　删除直线后的图形　　　　图 12-88　镜像圆弧后的图形　　　　图 12-89　修剪后的图形

❼ 单击"修改"工具栏中的"环形阵列"按钮✎，设置阵列数目为 24，填充角度为 360°，然后选择绘制的齿的外形为阵列对象，结果如图 12-90 所示。

❽ 单击"修改"工具栏中的"修剪"按钮✎，将图 12-90 所示的图形修剪成如图 12-91 所示。

❾ 将当前视图方向设置为西南等轴测视图，然后选择菜单栏中的"视图"→"动态观察"→"自由动态观察"命令，将视图切换成如图 12-92 所示。

❿ 选择菜单栏中的"修改"→"对象"→"多段线"命令，将图 12-92 中的所有条线编辑成一条多段线，为后面拉伸作准备。

⓫ 拉伸多段线。利用"拉伸"命令，将步骤❿中合并的多段线拉伸 45mm，如图 12-93 所示。

（5）绘制齿轮轴

❶ 选择菜单栏中的"视图"→"动态观察"→"自由动态观察"命令，将视图切换成如图 12-94 所示。

❷ 单击"建模"工具栏中的"圆柱体"按钮▢，绘制两个圆柱体。

以（0,0,0）为底面圆心，直径为 30，高度为-15。

以（0,0,-15）为底面圆心，直径为 25，高度为-15。

消隐后的结果如图 12-95 所示。

图 12-90 阵列后的图形

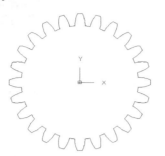

图 12-91 修剪后的图形

图 12-92 切换至西南等轴测视图后的图形

图 12-93 拉伸多段线后的图形

图 12-94 视图调整后的图形

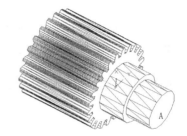

图 12-95 绘制圆柱体后的图形

❸ 单击"修改"工具栏中的"倒角"按钮 ⌐，对图 12-95 中的 A 边进行倒角处理，倒角长度为 1.5。消隐后的结果如图 12-96 所示。

❹ 选择菜单栏中的"视图"→"动态观察"→"自由动态观察"命令，将视图切换成如图 12-97 所示。

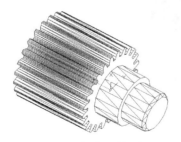

图 12-96 倒角后的图形

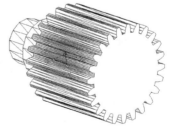

图 12-97 切换视图后的图形

❺ 单击"建模"工具栏中的"圆柱体"按钮 ⌐，绘制 4 个圆柱体。

以（0,0,45）为底面圆心，直径为 30，高度为 15。

以（0,0,60）为底面圆心，直径为 25，高度为 15。

以（0,0,75）为底面圆心，直径为 23，高度为 50。

以（0,0,125）为底面圆心，直径为 20，高度为 35。

消隐后的结果如图 12-98 所示。

❻ 单击"修改"工具栏中的"倒角"按钮 ⌐，对最小的圆柱体边缘进行倒角处理，倒角长度为 1.5。消隐后的结果如图 12-99 所示。

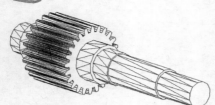

图 12-98　绘制圆柱体后的图形

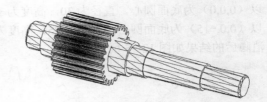

图 12-99　倒角后的图形

❼ 移动坐标系。利用 UCS 命令，平移坐标系原点到（0,0,6），建立新的用户坐标系。命令行提示与操作如下：

```
命令：ucs
当前 UCS 名称：*左视*
指定 UCS 的原点或 [面(F)/命名(NA)/对象(OB)/上一个(P)/视图(V)/世界(W)/X/Y/Z/Z 轴
(ZA)] <世界>：0,0,6
指定 X 轴上的点或 <接受>：
```

❽ 设置视图方向。将当前视图方向设置为左视图。

❾ 单击"绘图"工具栏中的"矩形"按钮▭，绘制一个圆角半径为 4，第一角点为（-4,157），第二角点为（@8,-30）的矩形，结果如图 12-100 所示。

❿ 设置视图方向。利用自由动态观察器，将视图切换成如图 12-101 所示。

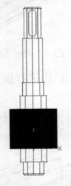

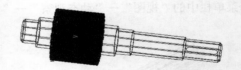

图 12-100　绘制矩形后的图形　　　　图 12-101　切换至西南等轴测视图后的图形

⓫ 单击"建模"工具栏中的"拉伸"按钮🗔，将步骤❾中绘制的矩形拉伸 7mm，如图 12-102 所示。

⓬ 将当前视图方向设置为西南等轴测视图。

⓭ 单击"实体编辑"工具栏中的"差集"按钮⓪，将绘制的圆柱体与拉伸后的图形进行差集处理。消隐后的结果如图 12-103 所示。

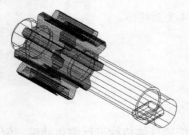

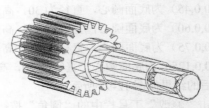

图 12-102　拉伸多段线后的图形　　　　图 12-103　消隐后的图形

（6）渲染视图

选择菜单栏中的"视图"→"视觉样式"→"概念"命令，最终效果如图 12-83 所示。

12.5 实践与操作

通过本章的学习，读者对本章知识也有了大体的了解，本节将通过两个实践操作帮助读者进一步掌握本章的知识要点。

12.5.1 绘制螺栓

1. 目的要求

本例要绘制的螺栓型号为 M6×16 GB 5782—1986，其含义为"螺纹规格 d=M12，公称长度 L=16mm，性能等级为 8.8 级，表面氧化，A 级的六角头螺栓"，如图 12-104 所示。通过本实例的练习，可以帮助读者进一步掌握三维命令的使用。

图 12-104 螺栓

2. 操作提示

（1）利用"多段线"命令绘制螺纹轮廓。

（2）利用三维命令中的"旋转"命令对二维图形进行旋转。

（3）利用"圆柱体"、"正多边形"和"拉伸"命令绘制柱头。

（4）渲染视图。

12.5.2 绘制压紧螺母

1. 目的要求

本例要绘制的压紧螺母在机械设计中是比较常用的零件，主要起密封及固定作用，如图 12-105 所示。通过本实例的练习，可以帮助读者进一步掌握三维命令的使用。

图 12-105 压紧螺母

2. 操作提示

（1）利用"多段线"命令绘制连接螺纹。

（2）利用三维命令中的"旋转"命令对二维图形进行旋转。

（3）利用"圆柱体"和"差集"命令绘制退刀槽。

（4）利用"圆柱体"、"并集"和"倒角"命令绘制外形轮廓。

（5）渲染视图。

第13章

减速器附件及箱体设计

　　箱体和箱盖是减速器的主要支撑结构。为了支撑和固定齿轮与轴，并保持齿轮润滑，在箱体上还有一系列的附件。

　　本章将详细介绍减速器及附件的三维造型设计，通过本章的学习，将帮助读者掌握机械零件的三维造型设计基本方法与技巧。

　　☑　附件设计　　　　　　　　　　　☑　箱体与箱盖设计

任务驱动&项目案例

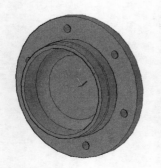

13.1　附 件 设 计

本节将详细讲解箱体端盖、油标尺立体图的设计和绘制过程，进一步巩固和复习多个三维绘图与编辑命令，与此同时，还将学习到一些常用的三维绘图技巧和方法。

13.1.1　箱体端盖的绘制

本小节中箱体端盖立体图的绘制将采用以下方法：从二维曲面通过旋转操作生成三维实体的方法以及利用"圆柱体"、"圆环体"等命令直接绘制三维实体造型方法。其绘制流程图如图 13-1 所示。

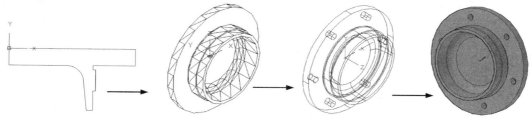

图 13-1　箱体端盖

操作步骤：（光盘\动画演示\第 13 章\箱体端盖.avi）

（1）建立新文件

选择菜单栏中的"文件"→"新建"命令，打开"选择样板"对话框，单击"打开"按钮右侧的下拉按钮 ▼，以"无样板打开—公制（毫米）"方式建立新文件。同时将新文件命名为"端盖.dwg"并保存。

（2）设置绘图工具栏

调出"标准"、"图层"、"特性"、"绘图"、"修改"和"标注"6 个工具栏，并将它们移动到绘图窗口中的适当位置。

（3）设置图形界限

线框密度默认值为 8，将其更改为 10。

（4）创建二维图形

❶ 打开前面绘制的端盖平面图，如图 13-2 所示。

❷ 删除尺寸和多余的线段，整理后的图形如图 13-3 所示。

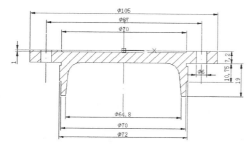

图 13-2　端盖平面图

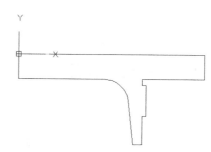

图 13-3　整理后的图形

❸ 选择菜单栏中的"绘图"→"面域"命令，将整理后的图形创建成面域。

（5）创建端盖的三维视图

❶ 将视图切换到西南等轴测视图，单击"建模"工具栏中的"旋转"按钮，将左侧轮廓线绕 Y 轴旋转 360°，如图 13-4 所示。

❷ 在命令行中输入"UCS"，将坐标系绕 X 轴旋转 90°。单击"建模"工具栏中的"圆柱体"按钮，采用指定两个底面圆心点和底面半径的模式，绘制圆心为（43.5,0,0），半径为 3、高为 7.2 的圆柱体，结果如图 13-5 所示。

❸ 单击"建模"工具栏中的"三维阵列"按钮，将步骤❷中创建的圆柱体绕 Z 轴进行环形阵列，阵列个数为 6，结果如图 13-6 所示。

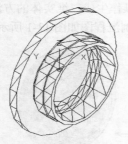

图 13-4　旋转实体

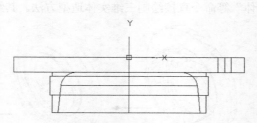

图 13-5　绘制圆柱体

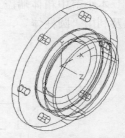

图 13-6　三维阵列圆柱体

❹ 单击"实体编辑"工具栏中的"差集"按钮，从端盖中减去 6 个圆柱体，然后单击"渲染"工具栏中的"隐藏"按钮。消隐后的结果如图 13-7 所示。

❺ 单击"建模"工具栏中的"圆柱体"按钮，以坐标原点为圆心，绘制半径为 35、高为 1 的圆柱体。单击"实体编辑"工具栏中的"差集"按钮，将端盖与圆柱体进行求差操作。单击"修改"工具栏中的"圆角"按钮，对差集后的凹槽底边进行圆角处理，圆角半径为 0.5。选择菜单栏中的"视图"→"动态观察"→"自由动态观察"命令，调整到适当位置。消隐后的结果如图 13-8 所示。

（6）渲染视图

选择菜单栏中的"视图"→"视觉样式"→"概念"命令，效果如图 13-9 所示。

图 13-7　绘制孔

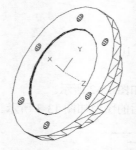

图 13-8　绘制端盖凹槽

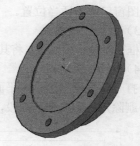

图 13-9　渲染后的图形

13.1.2　油标尺立体图

油标尺零件由一系列同轴的圆柱体组成，从下到上分为标尺、连接螺纹、密封环和油标尺帽 4 个部分。因此，在绘制过程中，可以首先绘制一组同心的二维圆，调用"拉伸"命令绘制出相应的圆柱体。然后调用"圆环体"和"球体"命令，细化油标尺，最终完成立体图的绘制。流程图如图 13-10 所示。

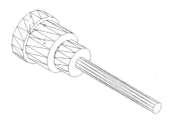

图 13-10　油标尺

操作步骤：（光盘\动画演示\第 13 章\油标尺立体图.avi）

（1）建立新文件

选择菜单栏中的"文件"→"新建"命令，打开"选择样板"对话框，单击"打开"按钮右侧的下拉按钮 ▾，以"无样板打开—公制（毫米）"方式创建新文件，同时将新文件命名为"油标尺.dwg"并保存。

（2）设置绘图工具栏

调出"标准"、"图层"、"特性"、"绘图"、"修改"和"标注"6 个工具栏，并将它们移动到绘图窗口中的适当位置。

（3）设置图形界限

线框密度默认值为 8，将其更改为 10。

（4）绘制油标尺

❶ 在命令行中输入"UCS"，将坐标系绕 X 轴旋转 90°。

❷ 单击"建模"工具栏中的"圆柱体"按钮 □，以坐标原点为圆心绘制半径为 13、高度为 8 的圆柱体 1；以圆柱体 1 的端点圆心为圆心绘制半径为 11、高度为 15 的圆柱体 2；以圆柱体 2 的端点圆心为圆心绘制半径为 6、高度为 2 的圆柱体 3；以圆柱体 3 的端点圆心为圆心绘制半径为 8、高度为 10 的圆柱体 4；以圆柱体 4 的端点圆心为圆心绘制半径为 3、高度为 55 的圆柱体 5，结果如图 13-11 所示。

❸ 单击"建模"工具栏中的"圆环体"按钮 ◎，绘制以（0,0,13）为中心，圆环半径为 11，圆管半径为 5 的圆环体，如图 13-12 所示。

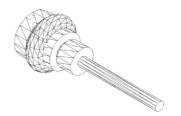

图 13-11　绘制圆柱体　　　　　　　　　　图 13-12　绘制圆环体

❹ 单击"实体编辑"工具栏中的"差集"按钮 ◎，从圆柱体 2 中减去圆环体，消隐后的结果如图 13-13 所示。

❺ 单击"修改"工具栏中的"倒角"按钮 △，对圆柱体 1 的两端面进行倒角，倒角距离为 1；对圆柱体 4 的下端面进行倒角，倒角距离为 1.5。消隐后的结果如图 13-14 所示。

❻ 单击"实体编辑"工具栏中的"并集"按钮 ◎，将图 13-14 中的所有实体合并为一个实体，调整视图，如图 13-15 所示。

（5）渲染视图

选择菜单栏中的"视图"→"视觉样式"→"概念"命令，效果如图 13-10 所示。

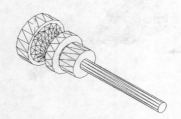
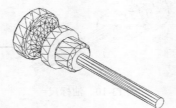

图 13-13　布尔运算求差集　　　　图 13-14　倒角后的图形　　　　图 13-15　布尔运算求并集

13.1.3　通气器立体图

首先绘制通气器的六边形头部，然后绘制一个螺纹并进行阵列得到整个零件基体，最后绘制两个圆柱运用求差得到通气孔，通气器绘制完成。流程图如图 13-16 所示。

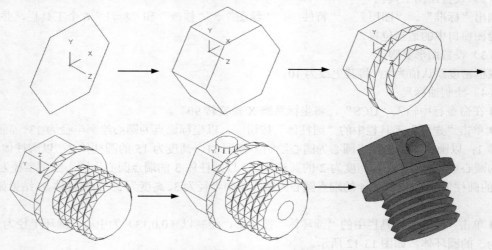

图 13-16　通气器立体图的绘制流程图

操作步骤：（光盘\动画演示\第 13 章\通气器立体图.avi）

（1）建立新文件

选择菜单栏中的"文件"→"新建"命令，打开"选择样板"对话框，单击"打开"按钮右侧的下拉按钮 ，以"无样板打开－公制（毫米）"方式创建新文件，同时将新文件命名为"通气器.dwg"并保存。

（2）设置绘图工具栏

调出"标准"、"图层"、"特性"、"绘图"、"修改"和"标注" 6 个工具栏，并将它们移动到绘图窗口中的适当位置。

（3）设置图形界限

线框密度默认值为 8，将其更改为 10。

（4）绘制图形

❶ 在命令行中输入"UCS"，将坐标系统 X 轴旋转 90°，将视图切换到西南等轴测视图。

❷ 单击"绘图"工具栏中的"正多边形"按钮 ，绘制以坐标原点为中心点，内接圆半径为 8.5 的正六边形，如图 13-17 所示。

❸ 单击"建模"工具栏中的"拉伸"按钮⬚，拉伸步骤❷中创建的正六边形，拉伸高度为 9，结果如图 13-18 所示。

❹ 单击"建模"工具栏中的"圆柱体"按钮⬚，以坐标点（0,0,9）为圆心，绘制半径为 11、高为 2 的圆柱体，结果如图 13-19 所示。

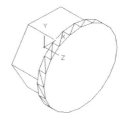

图 13-17　绘制六边形　　　　图 13-18　拉伸后的图形　　　　图 13-19　绘制圆柱体

❺ 单击"建模"工具栏中的"圆柱体"按钮⬚，以坐标点（0,0,11）为圆心，绘制半径为 7、高为 2 的圆柱体，结果如图 13-20 所示。

❻ 将视图切换到俯视图。单击"绘图"工具栏中的"多段线"按钮⬚，绘制坐标为（0,-13）、（@7,0）、（@1,-1）、（@-1,-1）、（@-7,0）的多段线，如图 13-21 所示。

❼ 将视图切换到西南等轴测视图。单击"建模"工具栏中的"旋转"按钮⬚，将步骤❻中绘制的多段线绕 Y 轴旋转 360°，结果如图 13-22 所示。

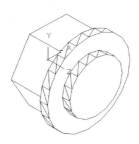
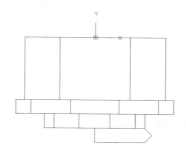
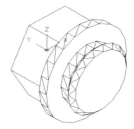

图 13-20　绘制圆柱体　　　　图 13-21　绘制多段线　　　　图 13-22　三维旋转后的图形

❽ 单击"建模"工具栏中的"三维阵列"按钮⬚，将步骤❼中创建的旋转实体进行矩形阵列，阵列行数为 5，行间距为-2，结果如图 13-23 所示。

❾ 单击"实体编辑"工具栏中的"并集"按钮⬚，将视图中所有的实体进行并集运算，结果如图 13-24 所示。

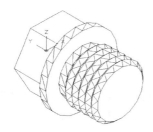
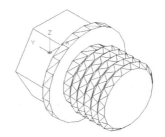

图 13-23　阵列螺纹后的图形　　　　　　图 13-24　并集运算后的图形

❿ 单击"建模"工具栏中的"圆柱体"按钮⬚，绘制以（0,-4.5,-10）为圆心，半径为 2.5、高为 20 的圆柱体，如图 13-25 所示。

⓫ 在命令行中输入"UCS",将坐标系绕 X 轴旋转 90°。单击"建模"工具栏中的"圆柱体"按钮▢,绘制以(0,0,23)为圆心,半径为 2.5、高为-21 的圆柱体,如图 13-26 所示。

⓬ 单击"实体编辑"工具栏中的"差集"按钮◎,将合并后的实体与圆柱体进行差集运算,结果如图 13-27 所示。

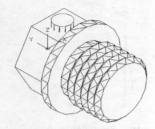
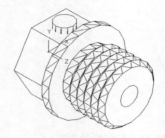
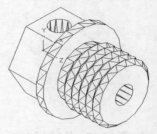

图 13-25　绘制圆柱体 1　　　　　图 13-26　绘制圆柱体 2　　　　　图 13-27　差集后的图形

（5）渲染视图

选择菜单栏中的"视图"→"动态观察"→"自由动态观察"命令,将视图调整到适当位置。然后选择菜单栏中的"视图"→"视觉样式"→"概念"命令,效果如图 13-16 所示。

13.1.4　视孔盖立体图

视孔盖的基体绘制可以采用前面平键的方法,首先绘制二维轮廓,然后拉伸实体,最后倒角;也可以采用"长方体"命令创建长方体后倒圆角的方法绘制。最后利用"圆柱体"命令绘制 4 个圆柱体,并用"差集"命令生成安装孔。视孔盖绘制完成,流程图如图 13-28 所示。

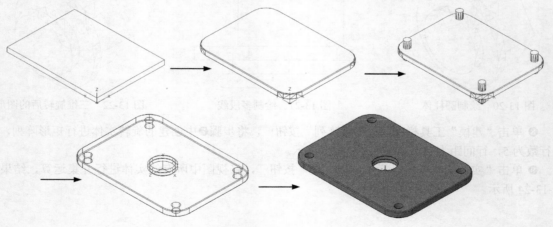

图 13-28　视孔盖

操作步骤：（光盘\动画演示\第 13 章\视孔盖立体图.avi）

（1）建立新文件

选择菜单栏中的"文件"→"新建"命令,打开"选择样板"对话框,单击"打开"按钮右侧的下拉按钮▾,以"无样板打开－公制（毫米）"方式创建新文件,同时将新文件命名为"视孔盖.dwg"并保存。

（2）设置绘图工具栏

调出"标准"、UCS、"绘图"、"修改"、"建模"和"实体编辑"6 个工具栏,并将它们移动到绘图窗口中的适当位置。

（3）设置线框密度

线框密度默认值为 8，将其更改为 10。

（4）绘制图形

❶ 单击"建模"工具栏中的"长方体"按钮▭，采用两个角点模式绘制长方体，第一个角点为（0,0,0），第二个角点为（60,80,4），如图 13-29 所示。

❷ 单击"修改"工具栏中的"圆角"按钮▭，对图 13-29 中的 4 个棱边进行圆角，圆角半径为 10，圆角结果如图 13-30 所示。命令行提示与操作如下：

```
命令：_fillet
当前设置：模式 = 修剪，半径 = 0.0000
选择第一个对象或 [放弃(U)/多段线(P)/半径(R)/修剪(T)/多个(M)]：M
选择第一个对象或 [放弃(U)/多段线(P)/半径(R)/修剪(T)/多个(M)]：（选择一条棱边）
输入圆角半径或 [表达式(E)]：10
选择边或 [链(C)/环(L)/半径(R)]：（选择第二条棱边）
选择边或 [链(C)/环(L)/半径(R)]：（选择第三条棱边）
选择边或 [链(C)/环(L)/半径(R)]：（选择第四条棱边）
已选定 4 个边用于圆角。
```

图 13-29　绘制长方体

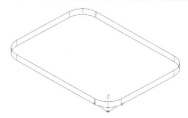

图 13-30　绘制圆角

❸ 单击"修改"工具栏中的"圆角"按钮▭，对图 13-30 中的上下两个面的边线进行倒圆角，圆角半径为 0.4 ，倒角结果如图 13-31 所示。

❹ 单击"建模"工具栏中的"圆柱体"按钮▭，以（7,7,-5）为圆心绘制半径为 2.5、高为 15 的圆柱体，结果如图 13-32 所示。命令行提示与操作如下：

```
命令：_cylinder
指定底面的中心点或 [三点(3P)/两点(2P)/切点、切点、半径(T)/椭圆(E)]：7,7,-5
指定底面半径或 [直径(D)] <5.0000>：2.5
指定高度或 [两点(2P)/轴端点(A)] <6.0000>:15
```

图 13-31　绘制圆角

图 13-32　绘制圆柱体

❺ 单击"建模"工具栏中的"圆柱体"按钮▭，绘制其余 3 个圆柱体。

以（7,73,-5）为底面圆心，半径为 2.5，圆柱高为 15。

以（53,7,-5）为底面圆心，半径为 2.5，圆柱高为 15。

以（53,73,-5）为底面圆心，半径为 2.5，圆柱高为 15。

结果如图 13-33 所示。

❻ 单击"实体编辑"工具栏中的"差集"按钮⚭，将视孔盖基体和绘制的 4 个圆柱体进行差集处理。消隐后的结果如图 13-34 所示。

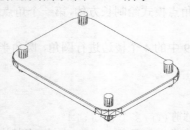

图 13-33　绘制其余圆柱

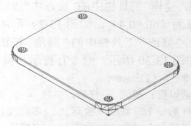

图 13-34　差集运算

❼ 将视图切换到左侧视图。单击"绘图"工具栏中的"多段线"按钮⌐⊃，绘制坐标为（-40,0,-30）、（@7,0）、（@1,-1）、（@-1,-1）、（@-7,0）、C 的多段线，如图 13-35 所示。

❽ 选择菜单栏中的"工具"→"新建 UCS"→"世界"命令，将坐标系进行移动。命令行提示与操作如下：

```
命令：UCS
当前 UCS 名称：*没有名称*
指定 UCS 的原点或 [面(F)/命名(NA)/对象(OB)/上一个(P)/视图(V)/世界(W)/X/Y/Z/Z 轴
(ZA)] <世界>：-40,0,-30
指定 X 轴上的点或 <接受>：
```

❾ 将视图切换到西南等轴测视图。单击"建模"工具栏中的"旋转"按钮⟳，将步骤❽中绘制的多段线绕 Y 轴旋转 360°，结果如图 13-36 所示。

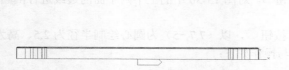

图 13-35　绘制多段线

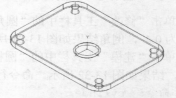

图 13-36　三维旋转后的图形

❿ 单击"建模"工具栏中的"三维阵列"按钮⚏，将步骤❾中创建的旋转实体进行矩形阵列，阵列个数为 4，行间距为 2，结果如图 13-37 所示。

⓫ 单击"实体编辑"工具栏中的"差集"按钮⚭，将拉伸后的正多边形和阵列的螺纹进行差集处理，如图 13-38 所示。

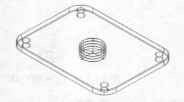

图 13-37　阵列螺纹后的图形

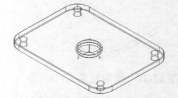

图 13-38　差集运算后的图形

（5）渲染视图

选择菜单栏中的"视图"→"视觉样式"→"概念"命令，结果如图 13-28 所示。

13.1.5 螺塞立体图

螺塞与螺栓形状类似，首先绘制通气器的六边形头部，然后绘制一个螺纹并进行阵列，阵列到整个零件基体。绘制螺塞的流程图如图 13-39 所示。

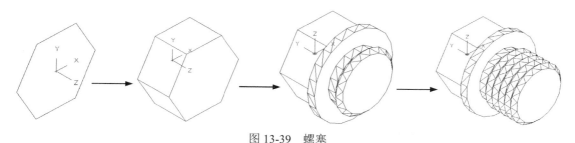

图 13-39 螺塞

操作步骤：（光盘\动画演示\第 13 章\螺塞立体图.avi）

（1）建立新文件

选择菜单栏中的"文件"→"新建"命令，打开"选择样板"对话框，单击"打开"按钮右侧的下拉按钮 ▾，以"无样板打开－公制（毫米）"方式创建新文件，同时将新文件命名为"螺塞.dwg"并保存。

（2）设置绘图工具栏

调出"标准"、"图层"、"特性"、"绘图"、"修改"和"标注"6 个工具栏，并将它们移动到绘图窗口中的适当位置。

（3）设置图形界限

线框密度默认值为 8，将其更改为 10。

（4）绘制图形

❶ 在命令行中输入"UCS"，将坐标系绕 X 轴旋转 90°。将视图切换到西南等轴测视图。

❷ 单击"绘图"工具栏中的"正多边形"按钮 ⬡，以坐标原点为中心点，绘制内接圆半径为 8.5 的正六边形，如图 13-40 所示。

❸ 单击"建模"工具栏中的"拉伸"按钮 ⬓，拉伸步骤❷中创建的正六边形，拉伸高度为 8，结果如图 13-41 所示。

❹ 单击"建模"工具栏中的"圆柱体"按钮 ⬭，以坐标点（0,0,9）为圆心，绘制半径为 11、高度为 2 的圆柱体，结果如图 13-42 所示。

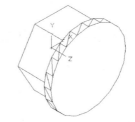

图 13-40 绘制六边形　　　图 13-41 拉伸六边形　　　图 13-42 绘制圆柱体

❺ 单击"建模"工具栏中的"圆柱体"按钮 ⬭，以坐标点（0,0,11）为圆心，绘制半径为 7、高度为 2 的圆柱体，结果如图 13-43 所示。

❻ 将视图切换到俯视图。单击"绘图"工具栏中的"多段线"按钮，绘制坐标为（0,-13）、（@7,0）、（@1,-1）、（@-1,-1）、（@-7,0）、C 的多段线，如图 13-44 所示。

❼ 将视图切换到西南等轴测视图。单击"建模"工具栏中的"旋转"按钮，将步骤❻中绘制的多段线绕 Y 轴旋转 360°，结果如图 13-45 所示。

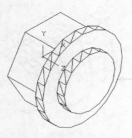

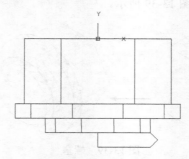

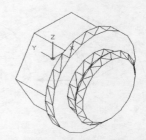

图 13-43　绘制圆柱体　　　　图 13-44　绘制多段线　　　　图 13-45　三维旋转后的图形

❽ 单击"建模"工具栏中的"三维阵列"按钮，将步骤❼中创建的旋转实体进行矩形阵列，阵列个数为 5，行间距为-2，结果如图 13-46 所示。

❾ 单击"实体编辑"工具栏中的"并集"按钮，将视图中所有的实体进行并集运算，结果如图 13-47 所示。

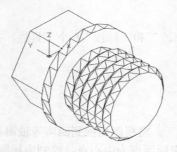

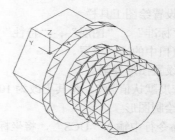

图 13-46　阵列后的图形　　　　　　　　　　　图 13-47　合并后的图形

13.2　箱体与箱盖设计

箱体和箱盖是变速箱的重要零件，本节介绍箱体和箱盖的绘制方法。

13.2.1　减速器箱体的绘制

减速器箱体的绘制过程可以说是三维图形制作中比较经典的实例，从绘图环境的设置、多种三维实体绘制命令、用户坐标系的建立到剖切实体都得到了充分的使用，是系统使用 AutoCAD 2014 三维绘图功能的综合实例。本实例的制作思路是：首先绘制减速器箱体的主体部分，从底向上依次绘制减速器箱体底板、中间膛体和顶板，绘制箱体的轴承通孔、螺栓筋板和侧面肋板，调用布尔运算完成箱体主体设计和绘制；然后绘制箱体底板和顶板上的螺纹、销等孔系；最后绘制箱体上的耳片实体和油标尺插孔实体，对实体进行渲染得到最终的箱体三维立体图。流程图如图 13-48 所示。

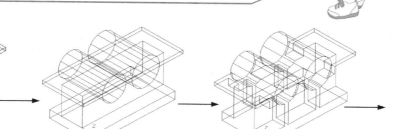

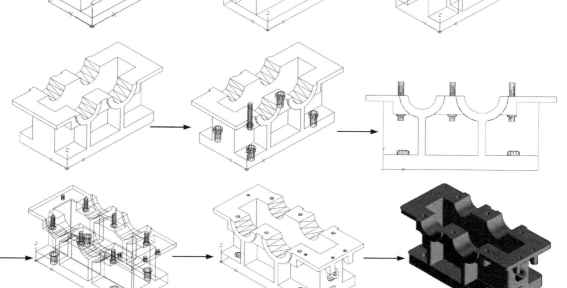

图 13-48　箱体立体图

操作步骤：（光盘\动画演示\第 13 章\减速器箱体的绘制.avi）

（1）建立新文件

选择菜单栏中的"文件"→"新建"命令，打开"选择样板"对话框，单击"打开"按钮右侧的下拉按钮，以"无样板打开—公制（毫米）"方式创建新文件，同时将新文件命名为"减速器箱体.dwg"并保存。

（2）设置绘图工具栏

调出"标准"、"图层"、"特性"、"绘图"、"修改"和"标注"6 个工具栏，并将它们移动到绘图窗口中的适当位置。

（3）设置图形界限

线框密度默认值为 8，将其更改为 10。

（4）绘制箱体主体

❶ 将当前视图方向设置为西南等轴测视图。

❷ 单击"建模"工具栏中的"长方体"按钮，绘制底板、中间膛体和顶面，采用角点和长宽高模式绘制 3 个长方体。

以（0,0,0）为角点，长度为 310，宽度为 170，高度为 30。

以（0,45,30）为角点，长度为 310，宽度为 80，高度为 110。

以（-35,5,140）为角点，长度为 380，宽度为 160，高度为 12。

结果如图 13-49 所示。

注意： 在绘制三维实体造型时，如果使用视图的切换功能，例如使用"俯视图"、"东南等轴测视图"等，视图的切换也可能导致空间三维坐标系的暂时旋转，即使用户没有执行 UCS 命令。长方体的长、宽、高分别对应 X、Y、Z 方向上的长度，所以坐标系的不同会导致长方体的形状大不相同，因此若采用角点和长宽高模式绘制长方体，一定要注意观察当前所提示的坐标系。

❸ 单击"建模"工具栏中的"圆柱体"按钮▢，绘制轴承支座，采用指定两个底面圆心点和底面半径的模式，绘制两个圆柱体。

以（77,0,152）为底面中心点，半径为 45，轴端点为（77,170,152）。

以（197,0,152）为底面中心点，半径为 53.5，轴端点为（197,170,152）。

结果如图 13-50 所示。

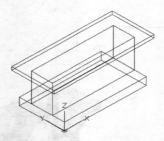

图 13-49　绘制底板、中间膛体和顶面

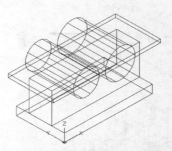

图 13-50　绘制轴承支座

❹ 单击"建模"工具栏中的"长方体"按钮▢，绘制螺栓筋板，采用角点和长宽高模式绘制长方体，角点为（10,5,114），长度为 264，宽度为 160，高度为 38。

❺ 再次单击"建模"工具栏中的"长方体"按钮▢，绘制肋板，采用角点和长宽高模式绘制两个长方体。

以（70,0,30）为角点，长度为 14，宽度为 160，高度为 80。

以（190,0,30）为角点，长度为 14，宽度为 160，高度为 80。

结果如图 13-51 所示。

❻ 单击"实体编辑"工具栏中的"并集"按钮⊚，将现有的所有实体合并使之成为一个三维实体，结果如图 13-52 所示。

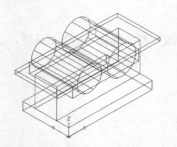

图 13-51　绘制轴承支座和肋板

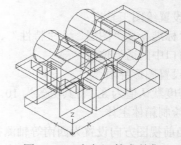

图 13-52　布尔运算求并集

❼ 单击"建模"工具栏中的"长方体"按钮▢，采用角点和长宽高模式绘制长方体，角点为（8,47.5,20），长度为 294，宽度为 65，高度为 152，如图 13-53 所示。

❽ 单击"建模"工具栏中的"圆柱体"按钮▢，采用指定两个底面圆心点和底面半径的模式绘制两个圆柱体：以（77,0,152）为底面中心点，半径为 27.5，轴端点为（77,170,152）的圆柱体；以（197,0,152）为底面中心点，半径为 36，轴端点为（197,170,152）的圆柱体，如图 13-54 所示。

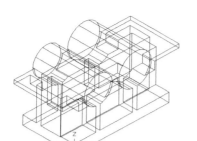

图 13-53 绘制腔体

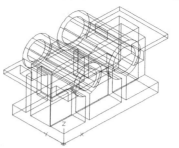

图 13-54 绘制轴承通孔

Note

❾ 单击"实体编辑"工具栏中的"差集"按钮⟲，从箱体主体中减去腔体长方体和两个轴承通孔。消隐后的结果如图 13-55 所示。

❿ 选择菜单栏中的"修改"→"三维操作"→"剖切"命令，从箱体主体中剖切掉顶面上多余的实体，沿由点（0,0,152）、（100,0,152）、（0,100,152）组成的平面将图形剖切开，保留箱体下方，如图 13-56 所示。命令行提示与操作如下：

```
命令：slice
选择要剖切的对象：找到 1 个
选择要剖切的对象：
指定切面的起点或 ［平面对象(O)/曲面(S)/Z 轴(Z)/视图(V)/XY(XY)/YZ(YZ)/ZX(ZX)/三点
(3)］ <三点>：3
    指定平面上的第一个点：0,0,152
    指定平面上的第二个点：100,0,152
    指定平面上的第三个点：0,100,152
    在所需的侧面上指定点或 ［保留两个侧面(B)］ <保留两个侧面>：（选择箱体下半部分）
```

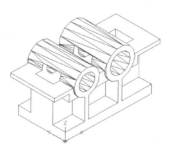

图 13-55 布尔运算求差集

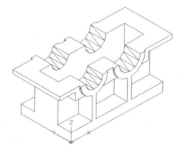

图 13-56 剖切实体图

（5）绘制箱体孔系

❶ 单击"建模"工具栏中的"圆柱体"按钮▱，采用指定底面圆心点、底面半径和圆柱高度的模式，中心点为（40,25,0），半径为 8.5，高度为 40，绘制底座沉孔。

❷ 使用同样方法，绘制另一圆柱体，底面圆心为（40,25,28.4），半径为 12，高度为 10，如图 13-57 所示。

❸ 单击"建模"工具栏中的"三维阵列"按钮⊞，将步骤❶和步骤❷中绘制的两个圆柱体阵列 2 行 2 列，行间距为 120，列间距为 221，结果如图 13-58 所示。

❹ 单击"建模"工具栏中的"圆柱体"按钮▱，采用指定底面圆心点、底面半径和圆柱高度的模式绘制两个圆柱体。

底面中心点为（34.5,25,100），半径为 5.5，高度为 80。

底面中心点为（34.5,25,110），半径为9，高度为5。

结果如图 13-59 所示。

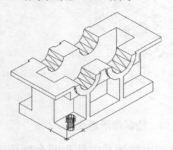

图 13-57　绘制底座沉孔

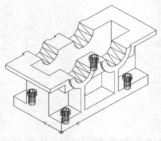

图 13-58　矩形阵列图形

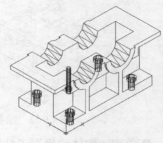

图 13-59　绘制螺栓通孔

❺ 单击"建模"工具栏中的"三维阵列"按钮，将步骤❹中绘制的两个圆柱体阵列 2 行 2 列，行间距为 120，列间距为 103，结果如图 13-60 所示。

❻ 单击"建模"工具栏中的"三维镜像"按钮，将步骤❺中创建的中间 4 个圆柱体进行镜像处理，镜像的平面为由（197,0,152）、（197,100,152）、（197,50,50）组成的平面。三维镜像结果如图 13-61 所示。

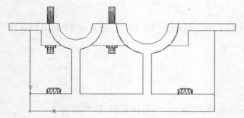

图 13-60　矩形阵列图形

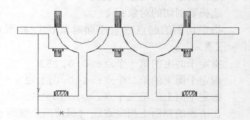

图 13-61　三维镜像图形

❼ 单击"建模"工具栏中的"圆柱体"按钮，采用指定底面圆心点、底面半径和圆柱高度的模式绘制两个圆柱体。

底面中心点为（335,62,120），半径为4.5，高度为40。

底面中心点为（335,62,130），半径为7.5，高度为11。

结果如图 13-62 所示。

❽ 单击"建模"工具栏中的"三维镜像"按钮，镜像对象为刚绘制的两个圆柱体，镜像平面上 3 点是{（0,85,0），（100,85,0），（0,85,100）}，切换到东南等轴测视图。三维镜像结果如图 13-63 所示。

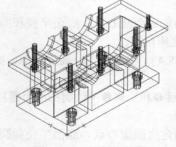

图 13-62　绘制螺栓通孔

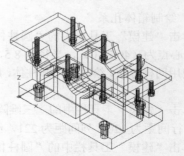

图 13-63　三维镜像图形

❾ 单击"建模"工具栏中的"圆柱体"按钮，采用指定底面圆心点、底面半径和圆柱高度的

模式，以底面（288,25,130）为中心点，半径为 4，高度为 30，绘制销孔。

❿ 用同样方法，绘制另一个圆柱体，其底面圆心点为（-17,112,130）、底面半径为 4，圆柱高度为 30。结果如图 13-64 所示，左侧图显示处于箱体右侧顶面的销孔，右侧图显示处于箱体左侧顶面上的销孔。

⓫ 单击"实体编辑"工具栏中的"差集"按钮⑩，从箱体主体中减去所有圆柱体，形成箱体孔系，如图 13-65 所示。

（6）绘制箱体其他部件

❶ 单击"建模"工具栏中的"长方体"按钮▢，采用角点和长宽高模式绘制两个长方体。

以（-35,75,-113）为角点，长度为 35，宽度为 20，高度为 27。

以（310,45,113）为角点，长度为 35，宽度为 20，高度为 27。

❷ 单击"建模"工具栏中的"三维镜像"按钮％，将步骤❶中创建的两个长方体进行镜像处理，镜像的平面为由（0,85,0）、（0,85,152）、（310,85,152）组成的平面，如图 13-66 所示。

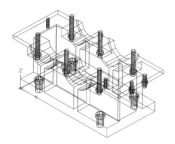
图 13-64　绘制销孔

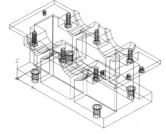
图 13-65　绘制箱体孔系

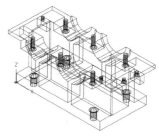
图 13-66　绘制长方体和圆柱体

❸ 单击"建模"工具栏中的"圆柱体"按钮▢，采用指定两个底面圆心点和底面半径的模式绘制两个圆柱体。

以（-11,75,113）为底面圆心，半径为 11，顶圆圆心为（-11,95,113）。

以（321,75,113）为底面圆心，半径为 11，顶圆圆心为（321,95,113）。

❹ 单击"实体编辑"工具栏中的"差集"按钮⑩，从左右 4 个长方体中减去圆柱体，形成左右耳片。

❺ 单击"实体编辑"工具栏中的"并集"按钮⑩，将现有的左右耳片与箱体主体合并使之成为一个三维实体，如图 13-67 所示。

❻ 在命令行中输入"UCS"，将当前坐标系绕 X 轴旋转 90°。

❼ 单击"建模"工具栏中的"圆柱体"按钮▢，采用指定两个底面圆心点和底面半径的模式绘制两个圆柱体。

以（320,85,-85）为圆心，半径为 14，顶圆圆心为（@-50<45）。

以（320,85,-85）为圆心，半径为 8，顶圆圆心为（@-50<45）。

结果如图 13-68 所示。

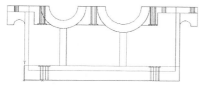
图 13-67　绘制耳片

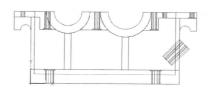
图 13-68　绘制圆柱体

❽ 在命令行中输入"UCS"，将坐标系恢复到世界坐标系。选择菜单栏中的"修改"→"三维操

作"→"剖切"命令，剖切掉两个圆柱体左侧实体，剖切平面上的 3 点为（302,0,0）、（302,0,100）、（302,100,0），保留两个圆柱体右侧，剖切结果如图 13-69 所示。

❾ 单击"实体编辑"工具栏中的"并集"按钮◎，将箱体和大圆柱体合并为一个整体。

❿ 单击"实体编辑"工具栏中的"差集"按钮◎，从箱体中减去小圆柱体，形成油标尺插孔，如图 13-70 所示。

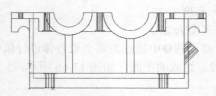

图 13-69　剖切圆柱体

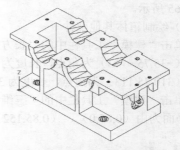

图 13-70　绘制油标尺插孔

⓫ 在命令行中输入"UCS"，将坐标系返回到世界坐标系。单击"建模"工具栏中的"圆柱体"按钮◻，采用指定两个底面圆心点和底面半径的模式绘制圆柱体，以（302,85,24）为底面圆心，半径为 7，顶圆圆心为（330,85,24）。

⓬ 单击"建模"工具栏中的"长方体"按钮◻，采用角点和长宽高模式绘制长方体，角点为（310,72.5,13），长度为 4，宽度为 23，高度为 23，如图 13-71 所示。

⓭ 单击"实体编辑"工具栏中的"并集"按钮◎，将箱体和长方体合并为一个整体。

⓮ 单击"实体编辑"工具栏中的"差集"按钮◎，从箱体中减去大、小圆柱体，如图 13-72 所示。

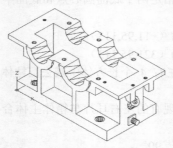

图 13-71　绘制长方体

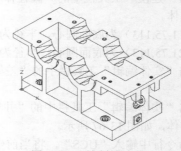

图 13-72　绘制放油孔

（7）细化箱体

❶ 单击"修改"工具栏中的"圆角"按钮◻，对箱体底板、中间腔体和顶板的各自 4 个直角外沿倒圆角，圆角半径为 10。

❷ 用同样方法，对箱体腔体 4 个直角内沿倒圆角，圆角半径为 5。

❸ 用同样方法，对箱体前后肋板的各自直角边沿倒圆角，圆角半径为 3。

❹ 用同样方法，对箱体左右两个耳片直角边沿倒圆角，圆角半径为 5。

❺ 用同样方法，对箱体顶板下方的螺栓筋板的直角边沿倒圆角，圆角半径为 10，结果如图 13-73 所示。

❻ 单击"建模"工具栏中的"长方体"按钮◻，采用角点和长宽高模式绘制长方体，角点为（0,43,0），长度为 310，宽度为 84，高度为 5，绘制底板凹槽。

❼ 单击"实体编辑"工具栏中的"差集"按钮◎，从箱体中减去长方体。

❽单击"修改"工具栏中的"圆角"按钮 ▱ ，对凹槽的直角内沿倒圆角，圆角半径为 5mm，如图 13-74 所示。

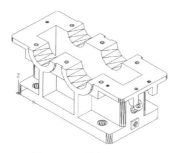
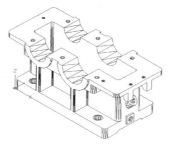

图 13-73　箱体倒角　　　　　　　图 13-74　绘制底板凹槽

（8）渲染视图

单击"渲染"工具栏中的"渲染"按钮 ▱ ，选择适当的材质对图形进行渲染，渲染后的效果如图 13-48 所示。

13.2.2　减速器箱盖的绘制

减速器箱盖的绘制过程与箱体相似，均为箱体类三维图形的绘制，从绘图环境的设置、多种三维实体绘制命令、用户坐标系的建立到剖切实体都得到了充分的使用，是系统使用 AutoCAD 2014 三维绘图功能的综合实例。本实例的制作思路是：首先绘制减速器箱盖的主体部分，绘制箱盖的轴承通孔、筋板和侧面肋板，调用布尔运算完成箱体主体设计和绘制；然后绘制箱盖底板上的螺纹、销等孔系；最后对实体进行渲染得到最终的箱体三维立体图。流程图如图 13-75 所示。

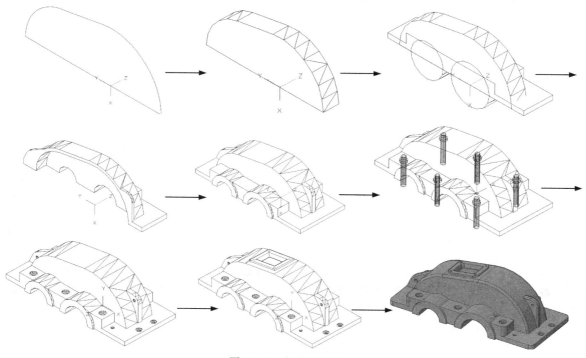

图 13-75　箱盖立体图

操作步骤：（光盘\动画演示\第 13 章\减速器箱盖的绘制.avi）

（1）建立新文件

选择菜单栏中的"文件"→"新建"命令，打开"选择样板"对话框，单击"打开"按钮右侧的下拉按钮▼，以"无样板打开－公制（毫米）"方式建立新文件，同时将新文件命名为"减速器箱盖.dwg"并保存。

（2）设置绘图工具栏

调出"标准"、"图层"、"特性"、"绘图"、"修改"和"标注"6 个工具栏，并将它们移动到绘图窗口中的适当位置。

（3）设置图形界限

线框密度默认值为 8，将其更改为 10。

（4）绘制箱体主体

❶ 将当前视图方向设置为西南等轴测视图。

❷ 在命令行中输入"UCS"，将坐标系绕 Y 轴旋转 90°，然后单击"绘图"工具栏中的"直线"按钮✐，以坐标（0,–116）、（0,197）绘制一条直线。单击"绘图"工具栏中的"圆弧"按钮⌒，分别以（0,0）为圆心、（0,–116）为一端点绘制-120°的圆弧和以（0,98）为圆心、（0,197）为一端点绘制 120°的圆弧，再单击"绘图"工具栏中的"直线"按钮✐，绘制两圆弧的切线，结果如图 13-76 所示。

❸ 单击"修改"工具栏中的"修剪"按钮╱，对图形进行修剪，然后将多余的线段删除，结果如图 13-77 所示。

❹ 选择菜单栏中的"修改"→"对象"→"多段线"命令，将两段圆弧和两段直线合并为一条多段线，满足"拉伸实体"命令的要求。

❺ 单击"建模"工具栏中的"拉伸"按钮▣，将步骤❹中绘制的多段线拉伸 40.5mm，如图 13-78 所示。

图 13-76　绘制草图

图 13-77　修剪完成后

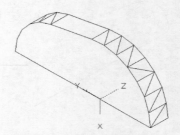

图 13-78　拉伸后的图形

❻ 单击"绘图"工具栏中的"直线"按钮✐，依次连接坐标（0,–150）、（0,230）、（–12,230）、（–12,187）、（–38,187）、（–38,–77）、（–12,–77）、（–12,–150）、（0,–150）绘制箱盖拉伸的轮廓，结果如图 13-79 所示。

❼ 选择菜单栏中的"修改"→"对象"→"多段线"命令，将直线合并为一条多段线，满足"拉伸实体"命令的要求。

❽ 单击"建模"工具栏中的"拉伸"按钮▣，将步骤❼中绘制的多段线拉伸 80，如图 13-80 所示。

❾ 单击"建模"工具栏中的"圆柱体"按钮▣，采用指定两个底面圆心点和底面半径的模式，绘制两个圆柱体。

以（0,120,0）为底面中心点，半径为 45，高度为 85。

以（0,0,0）为底面中心点，半径为 53.5，高度为 85。

结果如图 13-81 所示。

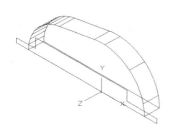

图 13-79　绘制草图

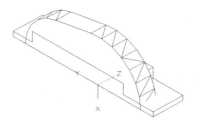

图 13-80　拉伸后的图形

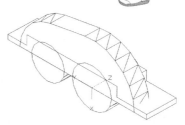

图 13-81　绘制圆柱体

⑩ 与前面步骤类似，绘制箱盖两边的筋板，结果如图 13-82 所示。

⑪ 单击"实体编辑"工具栏中的"并集"按钮◎，将现有的所有实体合并使之成为一个三维实体，结果如图 13-83 所示。

（5）绘制剖切部分

❶ 单击"绘图"工具栏中的"直线"按钮╱，以坐标（0,-108）、（0,189）绘制一条直线。单击"绘图"工具栏中的"圆弧"按钮╱，分别以（0,0）为圆心、（0,-108）为一端点绘制-120°的圆弧和以（0,98）为圆心、（0,189）为一端点绘制 120°的圆弧，再单击"绘图"工具栏中的"直线"按钮╱，绘制两圆弧的切线，结果如图 13-84 所示。

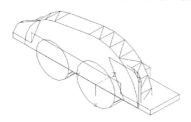

图 13-82　绘制筋板

图 13-83　布尔运算求并集

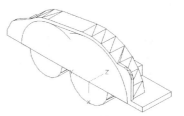

图 13-84　绘制草图

❷ 单击"修改"工具栏中的"修剪"按钮┷，对图形进行修剪，然后将多余的线段删除，结果如图 13-85 所示。

❸ 选择菜单栏中的"修改"→"对象"→"多段线"命令，将两段圆弧和两段直线合并为一条多段线，满足"拉伸实体"命令的要求。

❹ 单击"建模"工具栏中的"拉伸"按钮▣，将步骤❸中绘制的多段线拉伸 32.5mm，如图 13-86 所示。

❺ 单击"建模"工具栏中的"圆柱体"按钮▢，采用指定两个底面圆心点和底面半径的模式绘制两个圆柱体。

以（0,120,0）为底面中心点，半径为 27.5，高度为 85。

以（0,0,0）为底面中心点，半径为 36，高度为 85。

结果如图 13-87 所示。

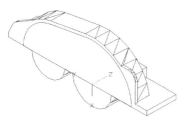

图 13-85　修剪完成后

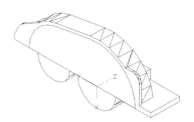

图 13-86　拉伸后的图形

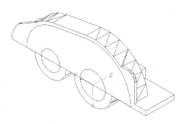

图 13-87　绘制轴承通孔

❻ 单击"实体编辑"工具栏中的"差集"按钮◎，从箱盖主体中减去剖切部分和两个轴承通孔，消隐后的结果如图 13-88 所示。

❼ 选择菜单栏中的"修改"→"三维操作"→"剖切"命令，从箱体主体中剖切掉顶面上多余的实体，沿 YZ 平面将图形剖切开，保留箱盖上方，结果如图 13-89 所示。

❽ 选择菜单栏中的"修改"→"三维操作"→"三维镜像"命令，将步骤❼中创建的箱盖部分进行镜像处理，镜像的平面为由 XY 组成的平面。三维镜像结果如图 13-90 所示。

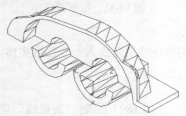

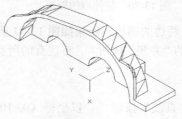
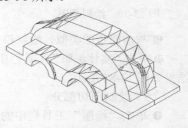

图 13-88　布尔运算求差集　　　　图 13-89　剖切实体图　　　　图 13-90　镜像图形

❾ 单击"实体编辑"工具栏中的"并集"按钮◎，将两个实体合并使之成为一个三维实体，结果如图 13-91 所示。

（6）绘制箱盖孔系

❶ 选择菜单栏中的"工具"→"新建 UCS"→"世界"命令，将坐标系恢复到世界坐标系。单击"建模"工具栏中的"圆柱体"按钮◻，采用指定底面圆心点、底面半径和圆柱高度的模式，绘制两个圆柱体。

底面中心点为（-60,-59.5,48），半径为 5.5，高度为-80。

底面中心点为（-60,-59.5,38），半径为 9，高度为-5。

结果如图 13-92 所示。

❷ 选择菜单栏中的"修改"→"三维操作"→"三维镜像"命令，将步骤❶中创建的两个圆柱体进行镜像处理，镜像的平面为 YZ 平面。三维镜像的结果如图 13-93 所示。

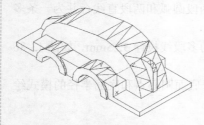
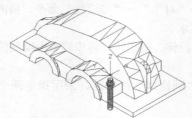
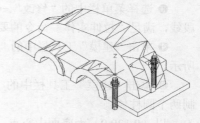

图 13-91　布尔运算求并集　　　　图 13-92　绘制螺栓通孔　　　　图 13-93　第一次三维镜像图形

❸ 用同样方法，将步骤❶和步骤❷中创建的 4 个圆柱体进行镜像处理，镜像的平面为 ZX 平面。三维镜像的结果如图 13-94 所示。

❹ 单击"建模"工具栏中的"三维阵列"按钮⊞，将步骤❸中绘制的中间的 4 个圆柱体阵列 2 行 1 列，1 层，行间距为 103，结果如图 13-95 所示。

❺ 单击"建模"工具栏中的"圆柱体"按钮◻，采用指定底面圆心点、底面半径和圆柱高度的模式绘制圆柱体，底面中心点为（-23,-138,22），半径为 4.5，高度为-40。

❻ 用同样方法，采用指定底面圆心点、底面半径和圆柱高度的模式绘制圆柱体，底面中心点为（-23,-138,12），半径为 7.5，高度为-2，如图 13-96 所示。

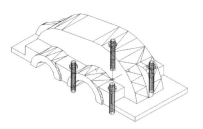
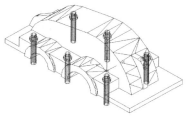

图 13-94　三维镜像图形　　　　　图 13-95　矩形阵列图形　　　　　图 13-96　绘制螺栓通孔

❼ 选择菜单栏中的"修改"→"三维操作"→"三维镜像"命令，镜像对象为刚绘制的两个圆柱体，镜像平面为 YZ 面。三维镜像结果如图 13-97 所示。

❽ 单击"建模"工具栏中的"圆柱体"按钮▢，采用指定底面圆心点、底面半径和圆柱高度的模式，以底面中心点为（-60，-91，22），半径为 4，高度为-30，绘制销孔。

❾ 用同样方法，绘制另一个圆柱体，底面圆心点为（27，214，22）、底面半径为 4，圆柱高度为-30，结果如图 13-98 所示，左侧图显示处于箱体右侧顶面的销孔，右侧图显示处于箱体左侧顶面上的销孔。

❿ 单击"实体编辑"工具栏中的"差集"按钮◎，从箱体主体中减去所有圆柱体，形成箱体孔系，如图 13-99 所示。

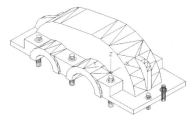
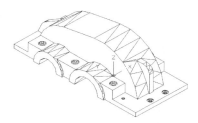

图 13-97　三维镜像图形　　　　　图 13-98　绘制销孔　　　　　　　图 13-99　绘制箱体孔系

（7）绘制箱体的其他部件

❶ 在命令行中输入"UCS"，将坐标系绕 Y 轴旋转 90°。单击"建模"工具栏中的"圆柱体"按钮▢，采用指定两个底面圆心点和底面半径的模式绘制两个圆柱体。

以（-35，205，20）为底面圆心，半径为 4，圆柱高为-40。

以（-70，-105，20）为底面圆心，半径为 4，圆柱高为-40。

结果如图 13-100 所示。

❷ 单击"实体编辑"工具栏中的"差集"按钮◎，从箱盖减去两个圆柱体，形成左右耳孔，结果如图 13-101 所示。

（8）绘制视孔

❶ 绘制长方体。在命令行中输入"UCS"，返回世界坐标系，将坐标系绕 X 轴旋转-10°。单击"建模"工具栏中的"长方体"按钮▢，以（-30，10，110）点为一角点，创建长为 60、宽为 80、高为 10 的长方体。

❷ 布尔运算求并集。单击"实体编辑"工具栏中的"并集"按钮◎，将两个实体合并使之成为一个三维实体，结果如图 13-102 所示。

❸ 绘制孔。单击"建模"工具栏中的"长方体"按钮▢，以（-20，20，100）点为一角点，创建长为 40、宽为 60、高为 30 的长方体。

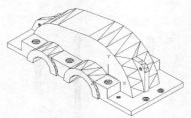

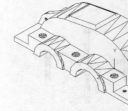

图 13-100　绘制长方体和圆柱体　　　　图 13-101　绘制耳孔　　　　　图 13-102　布尔运算求并集

❹ 布尔运算求差集。单击"实体编辑"工具栏中的"差集"按钮⚪，从箱盖减去长方体，形成视孔，如图 13-103 所示。

❺ 绘制圆柱体。单击"建模"工具栏中的"圆柱体"按钮⚪，采用指定 4 个底面圆心点和底面半径的模式绘制 4 个圆柱体。

以（−23,17,90）为底面圆心，半径为 2.5，圆柱高为 50。

以（−23,83,90）为底面圆心，半径为 2.5，圆柱高为 50。

以（23,17,90）为底面圆心，半径为 2.5，圆柱高为 50。

以（23,83,90）为底面圆心，半径为 2.5，圆柱高为 50。

❻ 布尔运算求差集。单击"实体编辑"工具栏中的"差集"按钮⚪，从箱盖减去 4 个圆柱体，形成安装孔，如图 13-104 所示。利用 UCS 命令将坐标系恢复到世界坐标系。

（9）细化箱盖

❶ 箱盖外侧倒圆角。单击"修改"工具栏中的"圆角"按钮⚪，对箱盖底板、中间膛体和顶板的各自 4 个直角外沿倒圆角，圆角半径为 10。

❷ 膛体内壁倒圆角。单击"修改"工具栏中的"圆角"按钮⚪，对箱盖膛体 4 个直角内沿倒圆角，圆角半径为 5。

❸ 肋板倒圆角。单击"修改"工具栏中的"圆角"按钮⚪，对箱盖前后肋板的各自直角边沿倒圆角，圆角半径为 3。

❹ 耳片倒圆角。单击"修改"工具栏中的"圆角"按钮⚪，对箱盖左右两个耳片直角边沿倒圆角，圆角半径为 5。

❺ 螺栓筋板倒圆角。单击"修改"工具栏中的"圆角"按钮⚪，对箱盖顶板上方的螺栓筋板的直角边沿倒圆角，圆角半径为 10。

❻ 视孔外部圆角。单击"修改"工具栏中的"圆角"按钮⚪，对箱盖顶板上方的外孔板的直角边沿倒圆角，圆角半径为 10。

❼ 视孔内部圆角。单击"修改"工具栏中的"圆角"按钮⚪，对箱盖顶板上方的内孔板的直角边沿倒圆角，圆角半径为 5，结果如图 13-105 所示。

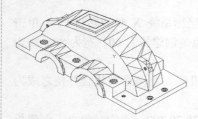

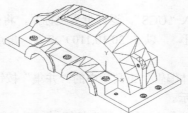

图 13-103　绘制视孔　　　　　图 13-104　绘制安装孔　　　　　图 13-105　箱体倒角

（10）渲染视图

单击"渲染"工具栏中的"渲染"按钮 ，选择适当的材质对图形进行渲染。渲染后的效果如图 13-75 所示。

13.3　实践与操作

通过本章的学习，读者对本章知识也有了大体的了解，本节将通过两个实践操作帮助读者进一步掌握本章的知识要点。

13.3.1　绘制短齿轮轴

1. 目的要求

短齿轮轴由齿轮和轴两部分组成，另外还需要绘制倒角，如图 13-106 所示。本例要求读者熟悉三维模型创建的步骤，掌握三维模型的创建技巧。

2. 操作提示

（1）利用基本的二维命令绘制齿轮轮廓并结合"拉伸"命令创建齿轮。

（2）利用"圆柱体"和"倒角"命令绘制齿轮轴。

（3）渲染视图。

13.3.2　绘制长齿轮轴

1. 目的要求

长齿轮轴由齿轮和轴两部分组成，另外还需要绘制键槽及锁紧螺纹，如图 13-107 所示。通过本例的练习，可以使读者进一步熟悉三维绘图的技能。

图 13-106　短齿轮轴　　　　　图 13-107　长齿轮轴

2. 操作提示

（1）利用"圆柱体"和"倒角"命令绘制齿轮轴。

（2）利用"多段线"、"旋转"、"阵列"和"并集"命令绘制压紧螺纹。

（3）渲染视图。

第14章

减速器立体图装配

三维造型装配图可以形象直观地反映机械部件或机器的整体组合装配关系和空间相对位置。

本章将详细介绍减速器部件及整体的三维装配设计,通过本章的学习,可以使读者掌握机械零件的三维装配设计基本方法与技巧。

☑ 减速器齿轮组件装配   ☑ 总装立体图

任务驱动&项目案例

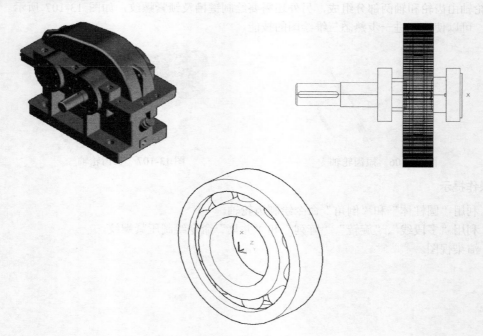

14.1 减速器齿轮组件装配

本节主要介绍减速器各个部件的装配方法。流程图如图 14-1 所示。

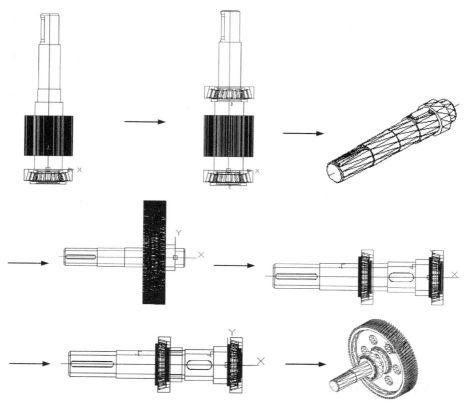

图 14-1 装配减速器齿轮组件

操作步骤：（光盘\动画演示\第 14 章\减速器齿轮组件装配.avi）

14.1.1 创建小齿轮及其轴图块

（1）打开文件

单击快速访问工具栏中的"打开"按钮，弹出"选择文件"对话框，打开"齿轮轴立体图.dwg"文件，如图 14-2 所示。

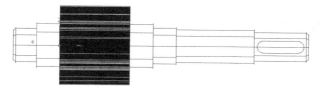

图 14-2 齿轮轴立体图

Note

（2）创建零件图块

单击"绘图"工具栏中的"创建块"按钮□，弹出"块定义"对话框，如图 14-3 所示。单击"选择对象"按钮□，回到绘图窗口，使用鼠标左键选取小齿轮及其轴，回到"块定义"对话框，在"名称"文本框中添加名称"齿轮轴立体图块"，"基点"设置为图 14-2 中的 O 点，其他选项使用默认设置，完成创建零件图块的操作。

（3）保存零件图块

在命令行中输入"WBLOCK"，并按 Enter 键，弹出"写块"对话框，如图 14-4 所示。在"源"选项组中选择"块"模式，从其下拉列表框中选择"齿轮轴立体图块"选项，在"目标"选项组中选择文件名和路径，完成零件图块的保存。至此，在以后使用小齿轮及其轴零件时，可以直接以块的形式插入目标文件中。

图 14-3　"块定义"对话框

图 14-4　"写块"对话框

14.1.2　创建大齿轮图块

（1）打开文件

单击快速访问工具栏中的"打开"按钮□，弹出"选择文件"对话框，打开"大齿轮立体图.dwg"文件。

（2）创建并保存大齿轮图块

仿照前面创建与保存图块的操作方法，依次调用 BLOCK 和 WBLOCK 命令，将图 14-5 中的 A 点设置为"基点"，其他选项使用默认设置，创建并保存"大齿轮立体图块"，结果如图 14-5 所示。

14.1.3　创建齿轮轴图块

（1）打开文件

单击快速访问工具栏中的"打开"按钮□，弹出"选择文件"对话框，打开"轴立体图.dwg"文件。

图 14-5　三维大齿轮图块

（2）创建并保存齿轮轴图块

仿照前面创建与保存图块的操作方法，依次调用 BLOCK 和 WBLOCK 命令，将图 14-6 中的 B 点设置为"基点"，其他选项使用默认设置，创建并保存"轴立体图块"，如图 14-6 所示。

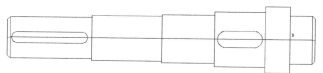

图 14-6　三维齿轮轴图块

14.1.4　创建轴承图块

（1）打开文件

单击快速访问工具栏中的"打开"按钮 📂，弹出"选择文件"对话框，分别打开大、小圆柱滚子轴承文件。

（2）创建并保存大、小轴承图块

仿照前面创建与保存图块的操作方法，依次调用 BLOCK 和 WBLOCK 命令，大轴承图块的"基点"设置为（0,0,0），小轴承图块的"基点"设置为（0,0,0），其他选项使用默认设置，创建并保存"大轴承立体图块"和"小轴承立体图块"，结果如图 14-7 所示。

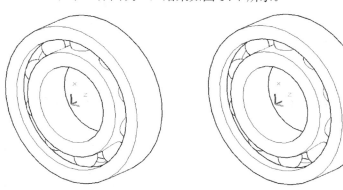

图 14-7　三维大、小轴承图块

14.1.5　创建平键图块

（1）打开文件

单击快速访问工具栏中的"打开"按钮 📂，弹出"选择文件"对话框，打开"平键立体图.dwg"文件。

（2）创建并保存平键图块

仿照前面创建与保存图块的操作方法，依次调用 BLOCK 和 WBLOCK 命令，平键图块的"基点"设置为（0,0,0），其他选项使用默认设置，创建并保存"减速器箱盖立体图块"，如图 14-8 所示。

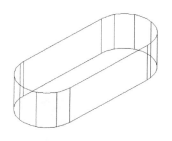

图 14-8　三维平键图块

14.1.6 装配小齿轮组件

（1）建立新文件

选择菜单栏中的"文件"→"新建"命令，弹出"选择样板"对话框，以"无样板打开—公制（毫米）"方式建立新文件，同时将新文件命名为"齿轮轴装配图.dwg"并保存。

（2）配置绘图环境

将常用的二维和三维编辑与显示工具栏调出，如"修改"、"视图"、"对象捕捉"、"着色"和"渲染"工具栏，放置在绘图窗口中。

（3）插入"齿轮轴立体图块"

单击"绘图"工具栏中的"插入块"按钮🖼，打开"插入"对话框，如图 14-9 所示。单击"浏览"按钮，弹出"选择图形文件"对话框，如图 14-10 所示。选择"齿轮轴立体图块.dwg"，单击"打开"按钮，返回"插入"对话框。设置"插入点"坐标为（0,0,0），缩放比例和旋转使用默认设置。单击"确定"按钮完成块插入操作。

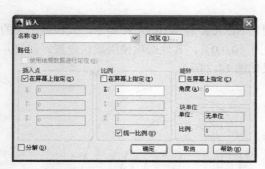

图 14-9 "插入"对话框

图 14-10 "选择图形文件"对话框

（4）插入"小轴承立体图块"

❶ 单击"绘图"工具栏中的"插入块"按钮🖼，打开"插入"对话框，单击"浏览"按钮，在"选择图形文件"对话框中选择"小轴承立体图块.dwg"。设置插入属性："插入点"设置为（0,0,0），缩放比例和旋转使用默认设置。单击"确定"按钮完成块插入操作，俯视结果如图 14-11 所示。

❷ 单击"建模"工具栏中的"三维旋转"按钮🌐，将小轴承图块绕 Z 轴旋转 90°，旋转结果如图 14-12 所示。

❸ 单击"修改"工具栏中的"复制"按钮🗐，将小轴承从 C 点复制到 D 点，结果如图 14-13 所示。

图 14-11 插入齿轮轴和小轴承图块

图 14-12 旋转小轴承图块

图 14-13 复制小轴承图块

14.1.7 装配大齿轮组件

（1）建立新文件

选择菜单栏中的"文件"→"新建"命令，弹出"选择样板"对话框，以"无样板打开—公制（毫米）"方式建立新文件，同时将新文件命名为"大齿轮装配图.dwg"并保存。

（2）配置绘图环境

将常用的二维和三维编辑与显示工具栏调出来，如"修改"、"视图"、"对象捕捉"、"着色"和"渲染"工具栏，放置在绘图窗口中。

（3）插入"轴立体图块"

单击"绘图"工具栏中的"插入块"按钮 🖧，打开"插入"对话框，单击"浏览"按钮，在"选择图形文件"对话框中选择"轴立体图块.dwg"。设置插入属性："插入点"设置为（0,0,0），缩放比例和旋转使用默认设置。单击"确定"按钮完成块插入操作。

（4）插入"键立体图块"

❶ 继续单击"绘图"工具栏中的"插入块"按钮 🖧，打开"插入"对话框，单击"浏览"按钮，在"选择图形文件"对话框中选择"键立体图块.dwg"。设置插入属性："插入点"设置为（0,0,0），缩放比例和旋转使用默认设置。单击"确定"按钮完成块插入操作。

❷ 单击"建模"工具栏中的"三维移动"按钮 ⊕，选择键图块的左端底面圆心，"相对位移"为键槽的左端底面圆心，如图 14-14 所示。

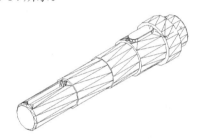

图 14-14 安装平键

（5）插入"大齿轮立体图块"

❶ 单击"绘图"工具栏中的"插入块"按钮 🖧，打开"插入"对话框，单击"浏览"按钮，在"选择图形文件"对话框中选择"大齿轮立体图块.dwg"。设置插入属性："插入点"设置为（0,0,0），缩放比例和旋转使用默认设置。单击"确定"按钮完成块插入操作，俯视结果如图 14-15 所示。

❷ 单击"建模"工具栏中的"三维移动"按钮 ⊕，选择大齿轮图块，"基点"任意选取，"相对位移"为（@-57.5,0,0），结果如图 14-16 所示。

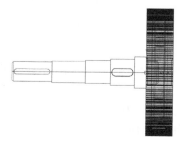

图 14-15 插入大齿轮图块

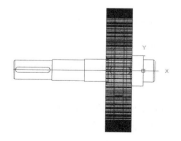

图 14-16 移动大齿轮图块

❸ 切换到右视图，如图 14-17 所示。

❹ 单击"建模"工具栏中的"三维旋转"按钮 ，将大齿轮图块绕轴旋转 180°，如图 14-18 所示。

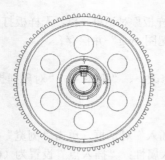

图 14-17　切换观察视角

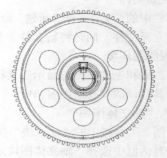

图 14-18　旋转大齿轮图块

（6）插入"大轴承立体图块"

❶ 新建图层 1，将大齿轮切换到图层 1 上，并将图层 1 冻结。

❷ 单击"绘图"工具栏中的"插入块"按钮 ，打开"插入"对话框，单击"浏览"按钮，在"选择图形文件"对话框中选择"大轴承立体图块.dwg"。设置插入属性："插入点"设置为（0,0,0），缩放比例和旋转使用默认设置。单击"确定"按钮完成块插入操作，如图 14-19 所示。

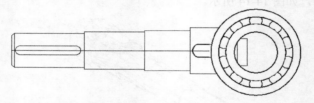

图 14-19　插入大轴承图块

❸ 单击"建模"工具栏中的"三维旋转"按钮，对轴承图块进行三维旋转操作，将轴承的轴线与齿轮轴的轴线相重合，即将大轴承图块绕 Y 轴旋转 90°，如图 14-20 所示。

❹ 单击"修改"工具栏中的"复制"按钮，将大轴承图块从原点复制到（-91,0,0），结果如图 14-21 所示。

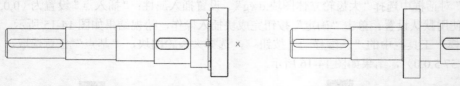

图 14-20　旋转大轴承图块　　　　　　　　图 14-21　复制大轴承图块

（7）绘制圆柱体

单击"建模"工具栏中的"圆柱体"按钮，采用指定两个底面圆心点和底面半径的模式绘制两个圆柱体。

❶ 以（0,0,300）为底面中心点，半径为 17.5，顶圆圆心为（@-16.5,0,0）。

❷ 以（0,0,300）为底面中心点，半径为 22，顶圆圆心为（@-16.5,0,0）。

结果如图 14-22 所示。

（8）绘制定距环

❶ 单击"实体编辑"工具栏中的"差集"按钮⌽，从大圆柱体中减去小圆柱体，得到定距环实体。

❷ 移动定距环实体。单击"建模"工具栏中的"三维移动"按钮⌽，选择大轴承图块，"基点"任意选取，"相对位移"是（-74,0,0），如图 14-23 所示。

图 14-22　绘制圆柱体

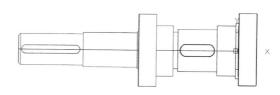

图 14-23　移动定距环

（9）更改大齿轮图层属性

打开大齿轮图层，显示大齿轮实体，更改其图层属性为实体层。至此，完成了大齿轮组件装配立体图的设计，如图 14-24 所示。

图 14-24　大齿轮组件装配立体图

14.1.8　绘制爆炸图

爆炸图就好像在实体内部产生爆炸一样，各个零件按照切线方向向外飞出，既可以直观地显示装配图中各个零件的实体模型，又可以表征各个零件的装配关系。在其他绘图软件，例如 SolidWorks 中集成了爆炸图自动生成功能，系统可以自动生成装配图的爆炸效果图。而 AutoCAD 2014 暂时还没有集成这一功能，不过利用实体的编辑命令，同样可以在 AutoCAD 2014 中创建爆炸效果图。

（1）剥离左右轴承

单击"建模"工具栏中的"三维移动"按钮⌽，选择左侧轴承图块，"基点"任意选取，"相对位移"是（@50,0,0）；选择右侧轴承图块，"基点"任意选取，"相对位移"是（@-400,0,0）。

（2）剥离定距环

继续单击"建模"工具栏中的"三维移动"按钮⌽，选择定距环图块，"基点"任意选取，"相对位移"是（@-350,0,0）。

（3）剥离齿轮

继续单击"建模"工具栏中的"三维移动"按钮⌽，选择齿轮图块，"基点"任意选取，"相对位移"是（@-220,0,0）。

（4）剥离平键

继续单击"建模"工具栏中的"三维移动"按钮⌽，选择平键图块，"基点"任意选取，"相对位移"是（@0,50,0）。爆炸效果如图 14-25 所示。

Note

图 14-25　大齿轮组件爆炸图

14.2　总装立体图

　　总装立体图的制作思路是：先将减速器箱体图块插入预先设置好的装配图样中，起到为后续零件装配定位的作用，然后分别插入 14.1 节中保存过的大、小齿轮组件装配图块，调用"三维移动"和"三维旋转"命令使其安装到减速器箱体中合适的位置；插入减速器其他装配零件，并将其放置到箱体合适位置，完成减速器总装立体图的设计与绘制，最后进行实体渲染与保存操作。流程图如图 14-26 所示。

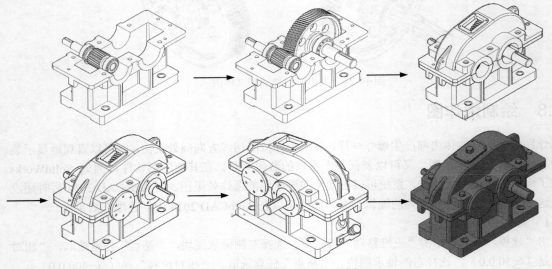

图 14-26　装配总立体图形

操作步骤：（光盘\动画演示\第 14 章\总装立体图.avi）

14.2.1　创建箱体图块

　　（1）打开文件

　　单击快速访问工具栏中的"打开"按钮 📂，弹出"选择文件"对话框，打开"减速器箱体立体图.dwg"文件。

　　（2）创建箱体图块

　　单击"绘图"工具栏中的"创建块"按钮 🔲，打开"块定义"对话框，单击"选择对象"按钮，回到绘图窗口，使用鼠标左键选取减速器箱体，回到"块定义"对话框，在"名称"文本框中添加名称"三维箱体图块"，"基点"设置为（0,0,0），其他选项使用默认设置，单击"确定"按钮完成创建箱体图块的操作。

（3）保存箱体图块

在命令行中输入"WBLOCK"并按 Enter 键，打开"写块"对话框，在"源"选项组中选择"块"模式，从其下拉列表框中选择"箱体立体图块"选项，在"目标"选项组中选择文件名和路径，完成箱体图块的保存，如图 14-27 所示。至此，在以后使用箱体零件时，可以直接以块的形式插入目标文件中。

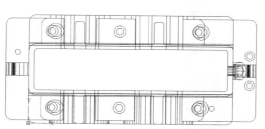

图 14-27　三维箱体图块

14.2.2　创建箱盖图块

（1）打开文件

单击快速访问工具栏中的"打开"按钮，弹出"选择文件"对话框，打开"减速器箱盖立体图.dwg"文件，如图 14-28 所示。

（2）创建并保存减速器箱盖立体图图块

仿照前面创建与保存图块的操作方法，依次调用 BLOCK 和 WBLOCK 命令，平键图块的"基点"设置为（-85,0,0），其他选项使用默认设置，创建并保存"减速器箱盖立体图块"，如图 14-29 所示。

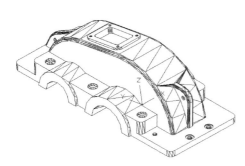

图 14-28　三维箱盖图块

图 14-29　"写块"对话框

14.2.3　创建大、小齿轮组件图块

（1）创建并保存大齿轮组件图块

仿照前面创建与保存图块的操作方法，依次调用 BLOCK 和 WBLOCK 命令，"基点"设置为

Note

（0,0,0），其他选项使用默认设置，创建并保存"大齿轮组件立体图块"，结果如图 14-30 所示。

（2）创建并保存小齿轮组件图块

仿照前面创建与保存图块的操作方法，依次调用 BLOCK 和 WBLOCK 命令，"基点"设置为（0,0,0），其他选项使用默认设置，创建并保存"齿轮轴组件立体图块"，如图 14-31 所示。

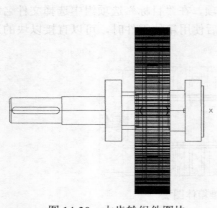

图 14-30　大齿轮组件图块

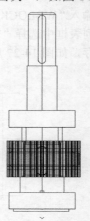

图 14-31　小齿轮组件图块

14.2.4　创建其他零件图块

（1）创建并保存箱体端盖图块

仿照前面创建与保存图块的操作方法，分别打开大端盖、大端盖带孔、小端盖、小端盖带孔立体图，将坐标系绕 X 轴旋转，如图 14-32 所示。在命令行中输入"WBLOCK"，"基点"设置为（0,0,0），创建各立体图块。

（2）创建并保存油标尺图块

仿照前面创建与保存图块的操作方法，打开"油标尺.dwg"，依次调用 BLOCK 和 WBLOCK 命令，"基点"设置为（0,0,0），创建和保存油标尺图块，如图 14-33 所示。

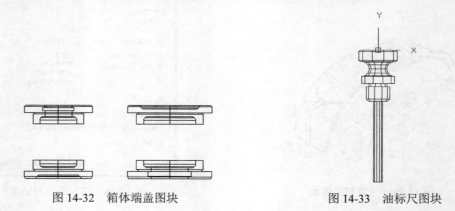

图 14-32　箱体端盖图块

图 14-33　油标尺图块

14.2.5　总装减速器

（1）建立新文件

选择菜单栏中的"文件"→"新建"命令，弹出"选择样板"对话框，以"无样板打开一公制（毫米）"方式建立新文件，同时将新文件命名为"减速器箱体装配.dwg"并保存。

（2）配置绘图环境

将常用的二维和三维编辑与显示工具栏调出，如"修改"、"视图"、"对象捕捉" 和"渲染"工具栏，放置在绘图窗口中。

（3）插入"箱体立体图块"

单击"绘图"工具栏中的"插入块"按钮，打开"插入"对话框，单击"浏览"按钮，在"选择图形文件"对话框中选择"箱体立体图块.dwg"。设置插入属性："插入点"设置为（0,0,0），缩放比例和旋转使用默认设置。单击"确定"按钮完成块插入操作。

（4）插入"齿轮轴组件立体图块"

单击"绘图"工具栏中的"插入块"按钮，打开"插入"对话框，单击"浏览"按钮，在"选择图形文件"对话框中选择"齿轮轴组件立体图块.dwg"。设置插入属性："插入点"设置为（77,47.5,152），"缩放比例"为1，"旋转"为0°。单击"确定"按钮完成块插入操作，如图 14-34 所示。

（5）插入"三维大齿轮组件图块"

单击"绘图"工具栏中的"插入块"按钮，打开"插入"对话框，单击"浏览"按钮，在"选择图形文件"对话框中选择"三维大齿轮组件图块.dwg"。设置插入属性："插入点"设置为（197,122.5,152），"缩放比例"为 1，"旋转"为 90°。单击"确定"按钮完成块插入操作，如图 14-35 所示。

（6）插入"减速器箱盖立体图块"

单击"绘图"工具栏中的"插入块"按钮，打开"插入"对话框，单击"浏览"按钮，在"选择图形文件"对话框中选择"减速器箱盖立体图块.dwg"。设置插入属性："插入点"设置为（197,0,152），"缩放比例"为1，"旋转"为 90°。单击"确定"按钮完成块插入操作，如图 14-36 所示。

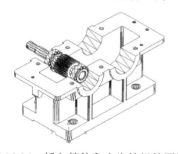　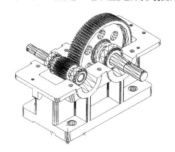　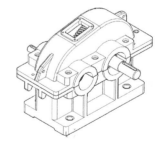

图 14-34　插入箱体和小齿轮组件图块　　图 14-35　插入大齿轮组件图块　　　图 14-36　插入箱盖图块

（7）插入 4 个"箱体端盖图块"

单击"绘图"工具栏中的"插入块"按钮，打开"插入"对话框，单击"浏览"按钮，在"选择图形文件"对话框中选择 4 个"箱体端盖图块.dwg"。设置插入属性：小端盖无孔——"插入点"设置为（77,-7.2,152），"缩放比例"为 1，"旋转"为 180°；大端盖带孔——"插入点"设置为（197,-7.2,152），"缩放比例"为 1，"旋转"为 180°；小端盖带孔——"插入点"设置为（77,177.2,152），"缩放比例"为 1，"旋转"为 0°；大端盖无孔——"插入点"设置为（197,177.2,152），"缩放比例"为 1，"旋转"为 0°。单击"确定"按钮完成块插入操作，如图 14-37 所示。

（8）插入"三维油标尺图块"

❶ 选择菜单栏中的"工具"→"新建 UCS"→"世界"命令，绕 X 轴旋转 90°，建立新的用户

坐标系。

❷ 单击"绘图"工具栏中的"插入块"按钮 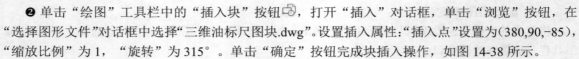，打开"插入"对话框，单击"浏览"按钮，在"选择图形文件"对话框中选择"三维油标尺图块.dwg"。设置插入属性："插入点"设置为(380,90,-85)，"缩放比例"为1，"旋转"为315°。单击"确定"按钮完成块插入操作，如图14-38所示。

❸ 将当前视图切换为前视图，如图14-39所示。打开对象捕捉的圆心命令，单击"建模"工具栏中的"三维移动"按钮，选择游标尺作为"移动对象"，在游标尺上选择1点作为"移动基点"，"移动第二点"选择为减速器齿轮组件基体上的2点。完成游标尺的创建，如图14-40所示。

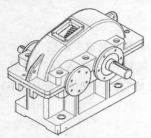
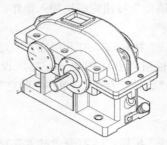
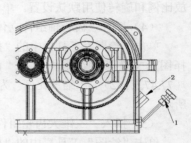

图14-37　插入4个箱体端盖图块　　图14-38　新建坐标系与插入游标尺图块　　图14-39　切换视图方向

（9）插入"视孔盖图块"

❶ 单击"绘图"工具栏中的"插入块"按钮 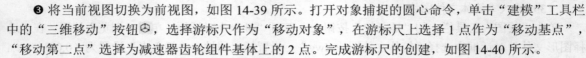，打开"插入"对话框，单击"浏览"按钮，在"选择图形文件"对话框中选择"视孔盖图块.dwg"。设置插入属性："插入点"设置为(100,300,-85)，"缩放比例"为1，"旋转"为10°。单击"确定"按钮完成块插入操作，如图14-41所示。

❷ 将当前视图切换为前视图，如图14-42所示。打开对象捕捉的圆心命令，单击"建模"工具栏中的"三维移动"按钮，选择游标尺作为"移动对象"，在视孔盖上选择1点作为"移动基点"，"移动第二点"选择为减速器齿轮组件基体上的2点。完成视孔盖的创建，结果如图14-43所示。

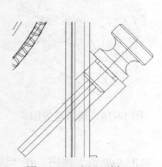
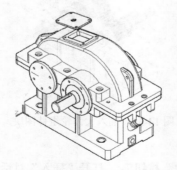
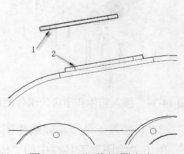

图14-40　插入游标尺　　　　　　图14-41　插入视孔盖图块　　　　　图14-42　切换视图方向

（10）插入"通气器立体图块"

❶ 选择菜单栏中的"工具"→"新建UCS"→"世界"命令，将坐标系返回到世界坐标系。

❷ 单击"绘图"工具栏中的"插入块"按钮，打开"插入"对话框，单击"浏览"按钮，在"选择图形文件"对话框中选择"通气器立体图块.dwg"。设置插入属性："插入点"设置为(100,85,300)，"缩放比例"为1，"旋转"为0°。单击"确定"按钮完成块插入操作，如图14-44所示。

❸ 将当前视图切换为前视图。

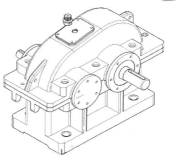

图 14-43　插入视孔盖　　　　　　　　图 14-44　新建坐标系与插入通气孔图块

❹ 单击"建模"工具栏中的"三维旋转"按钮◎，将通气器旋转 190°，如图 14-45 所示。

❺ 打开对象捕捉的圆心命令，单击"建模"工具栏中的"三维移动"按钮◎，选择游标尺作为"移动对象"，在通气器上选择 1 点作为"移动基点"，"移动第二点"选择为减速器齿轮组件基体上的 2 点。完成通气器的创建，如图 14-46 所示。

（11）其他零件的插入

其他零件，如螺栓与销等的装配过程与上面介绍类似，此处不再赘述。

（12）渲染视图

选择菜单栏中的"视图"→"视觉样式"→"概念"命令，结果如图 14-47 所示。

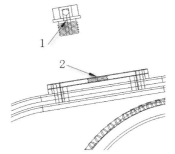

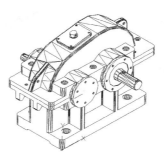

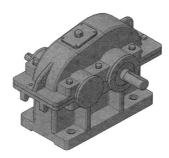

图 14-45　切换视图方向与旋转后视图　图 14-46　添加完通气孔后的图形　　图 14-47　渲染效果图

14.3　实践与操作

通过本章的学习，读者对本章知识也有了大体的了解，本节将通过两个实践操作帮助读者进一步掌握本章的知识要点。

14.3.1　绘制齿轮泵装配图

1．目的要求

齿轮泵装配图由泵体、垫片、左端盖、右端盖、长齿轮轴、短齿轮轴、轴套、锁紧螺母、键锥齿轮、垫圈、压紧螺母等组成，如图 14-48 所示。通过本例的练习，可以使读者进一步熟悉三维绘图的技能。

图 14-48　齿轮泵 1

2．操作提示

（1）利用前面学习的二维和三维基础知识绘制泵体、垫片、左端盖、右端盖、长齿轮轴、短齿轮轴、轴套、锁紧螺母、键锥齿轮、垫圈、压紧螺母等零件。

（2）结合设置视图方向将零件插入到齿轮泵中完成装配图的绘制。

14.3.2　剖切齿轮泵装配图

1．目的要求

剖切齿轮泵装配图如图 14-49 所示。通过本例的练习，可以使读者进一步熟悉三维绘图的技能。

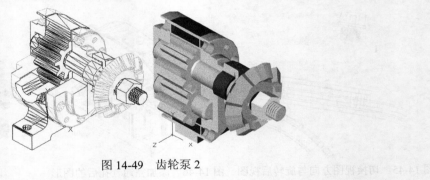

图 14-49　齿轮泵 2

2．操作提示

（1）打开前面绘制的齿轮泵。

（2）利用"剖切"命令剖切视图。

精品图书 推荐阅读

　　"高效办公视频大讲堂"系列丛书为清华社"视频大讲堂"大系中的子系列，是一套旨在帮助职场人士高效办公的从入门到精通类丛书。全系列包括 8 个品种，含行政办公、数据处理、财务分析、项目管理、商务演示等多个方向，适合行政、文秘、财务及管理人员使用。全系列均配有高清同步视频讲解，可帮助读者快速入门，在成就精英之路上助你一臂之力。另外，本系列丛书还有如下特点：

1. 职场案例 + 拓展练习，让学习和实践无缝衔接
2. 应用技巧 + 疑难解答，有问有答让你少走弯路
3. 海量办公模板，让你工作事半功倍
4. 常用实用资源随书送，随看随用，真方便

（本系列丛书在各地新华书店、书城及当当网、亚马逊、京东商城有售）

精 品 图 书　推 荐 阅 读

　　如果给你足够的时间，你可以学会任何东西，但是很多情况下，东西尚未学会，人却老了。时间就是财富、效率就是竞争力，谁能够快速学习，谁就能增强竞争力。

　　以下图书为大学艺术设计专业讲师和专职设计师联合编写，采用"视频 + 实例 + 专题 + 案例 + 实例素材"的形式，致力于让读者在最短时间内掌握最有用的技能。以下图书含图像处理、平面设计、数码照片处理、3d 和效果图制作等多个方向，适合想学习相关内容的入门类读者使用。

（本系列丛书在各地新华书店、书城及当当网、亚马逊、京东商城有售）

精品图书 推荐阅读

"善于工作讲方法，提高效率有捷径。"清华大学出版社"高效随身查"系列就是一套致力于提高职场人员工作效率的"口袋书"。全系列包括 11 个品种，含图像处理与绘图、办公自动化及操作系统等多个方向，适合于设计人员、行政管理人员、文秘、网管等读者使用。

一两个技巧，也许能解除您一天的烦恼，让您少走很多弯路；一本小册子，也可能让您从职场中脱颖而出。"高效随身查"系列图书，教你以一当十的"绝活"，教你不加班的秘诀。

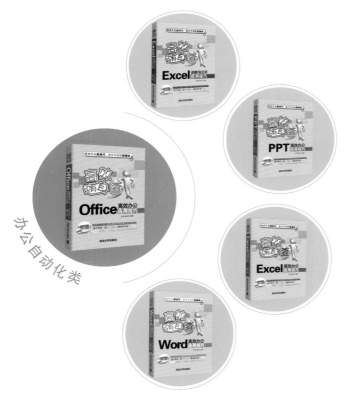

（本系列丛书在各地新华书店、书城及当当网、亚马逊、京东商城有售）

精品图书　推荐阅读

　　"画卷"系列是一套图形图像软件从入门到精通类丛书。全系列包括 12 个品种，含平面设计、3d、数码照片处理、影视后期制作等多个方向。全系列唯美、实用、好学，适合专业入门类读者使用。该系列丛书还有如下特点：

1. 同步视频讲解，让学习更轻松更高效
2. 资深讲师编著，让图书质量更有保障
3. 大量中小实例，通过多动手加深理解
4. 多种商业案例，让实战成为终极目的
5. 超值学习套餐，让学习更方便更快捷

（本系列丛书在各地新华书店、书城及当当网、亚马逊、京东商城有售）